DIE GRUNDLEHREN DER
MATHEMATISCHEN WISSENSCHAFTEN

IN EINZELDARSTELLUNGEN MIT BESONDERER
BERÜCKSICHTIGUNG DER ANWENDUNGSGEBIETE

HERAUSGEGEBEN VON

W. BLASCHKE · R. GRAMMEL · E. HOPF · F. K. SCHMIDT
B. L. VAN DER WAERDEN

BAND LII

FORMELN UND SÄTZE
FÜR DIE SPEZIELLEN FUNKTIONEN
DER MATHEMATISCHEN PHYSIK

VON

WILHELM MAGNUS UND FRITZ OBERHETTINGER

2. AUFLAGE

Springer-Verlag Berlin Heidelberg GmbH

FORMELN UND SÄTZE FÜR DIE SPEZIELLEN FUNKTIONEN DER MATHEMATISCHEN PHYSIK

Dr. WILHELM MAGNUS
PROFESSOR DER MATHEMATIK AN DER UNIVERSITÄT GÖTTINGEN

UND

Dr. FRITZ OBERHETTINGER
DOZENT FÜR MATHEMATIK AN DER UNIVERSITÄT MAINZ

2. AUFLAGE

Springer-Verlag Berlin Heidelberg GmbH

ISBN 978-3-662-01223-9   ISBN 978-3-662-01222-2 (eBook)
DOI 10.1007/978-3-662-01222-2

Vorwort zur ersten Auflage.

Die zunehmende Verwendung mathematischer Hilfsmittel in der physikalischen und technischen Literatur macht ein ständiges Nachschlagen in umfangreichen, mitunter schwer zugänglichen Werken der mathematischen Fachliteratur und in zahlreichen Einzelarbeiten notwendig. Dabei gibt es aber eine sehr große Zahl von Resultaten, insbesondere von Formeln, die sich auf geringem Raum wiedergeben lassen und einen großen Teil dessen ausmachen, was immer wieder gebraucht wird und immer wieder mit Mühe zusammengesucht werden muß. Die Verfasser hoffen, daß die von ihnen vorgelegte Übersicht über die Eigenschaften einer Reihe von speziellen Funktionen hier von Nutzen sein wird.

Um Unterbrechungen des Textes durch allzu viele Hinweise zu vermeiden, sind Zusammenstellungen der benutzten Abkürzungen und der verschiedenen Funktionssymbole sowie das Literaturverzeichnis am Schluß des Buches angefügt worden.

Alle Beweise, und alles, was zur Methode gehört, ist fortgelassen worden. Dementsprechend sind z. B. auch die zahlreichen Darstellungen der behandelten Funktionen durch Schleifenintegrale nicht aufgenommen worden, da diese wesentlich ein methodisches Hilfsmittel und nicht unmittelbar anzuwendende Formeln darstellen und im übrigen in den meisten Fällen aus den mitgeteilten Formeln in leicht ersichtlicher Weise gewonnen werden können.

Der Fragenkreis der Reihenentwicklungen nach orthogonalen Funktionen ist nicht berücksichtigt worden, da dies ohne ein ausführliches Eingehen auf Konvergenz- und Entwicklungssätze wenig sinnvoll zu sein schien; dementsprechend sind außer einigen speziellen Reihenentwicklungen nur die verschiedenen Orthogonalitätsrelationen angegeben worden.

Die LAMÉschen Funktionen sind fortgelassen und die Behandlung der MATHIEUschen Funktionen ist auf ein Mindestmaß beschränkt worden, da für diese beiden Funktionenklassen nur wenige abgeschlossene Resultate vorliegen, so daß ihre Verwendung ein Einarbeiten in die Methoden unerläßlich macht; gerade für diese Funktionen existiert im übrigen die ausführliche Monographie von M. I. STRUTT, auf die hier verwiesen werden kann.

Für freundlichen Rat und wertvolle Hilfe sind wir Frau Dr. FLÜGGE-LOTZ und den Herren Dr.-Ing. FLÜGGE, Professor Dr. H. GEPPERT, Professor Dr. R. GRAMMEL, Professor Dr. H. SCHMIDT und insbesondere Herrn Professor Dr. W. SÜSS zu größtem Dank verpflichtet.

Dem Springer-Verlag danken wir für die großzügige Unterstützung unserer Arbeit.

Berlin, im Januar 1943.

Die Verfasser.

Vorwort zur zweiten Auflage.

Die neue Auflage unterscheidet sich von der ersten durch die Verbesserung einiger Irrtümer und Druckfehler und durch kleinere und größere Zusätze. Das Kapitel über elliptische Funktionen wurde völlig neu geschrieben; sein Umfang hat sich verdoppelt. Größere Zusätze finden sich bei der allgemeinen und der konfluenten hypergeometrischen Funktion, den Zylinderfunktionen und der Gammafunktion. Als Anhang wurde ein Abschnitt über elementare Funktionen angefügt, der einige Fourierreihen und solche Formeln enthält, die bei der Untersuchung der im Hauptteil des Buches behandelten Funktionen von Bedeutung sind. Ferner wurden bei den Integraldarstellungen mehrfach auch Kontur-Integrale mit herangezogen.

Hinweise auf numerische Tafeln sind nicht aufgenommen worden. Ein kritischer Bericht über dieses ganze Gebiet, der viel eingehender und vollständiger ist als alles, was wir in dieser Hinsicht hätten geben können, findet sich in dem Werk „An index of mathematical tables" von A. Fletcher, J. C. P. Miller, L. Rosenhead (London 1946, Scientific Computing Service Ltd). Eine laufende Berichterstattung über numerische Tafeln und verwandte Fragen findet sich in der Zeitschrift „Mathematical tables and other aids to computation" (National Research Council, Lancaster Pa. and Washington D. C., U.S.A., seit 1943).

Für Hinweise, Anregungen und wertvolle Ratschläge sind wir einer großen Zahl von Mathematikern und Physikern zu Dank verpflichtet, vor allem den Herren Dr. A. Erdélyi, Professor Dr. G. Herglotz, Professor Dr. J. Meixner, Professor Dr. F. Rellich, Professor Dr. Hermann Schmidt, Geheimrat Professor Dr. A. Sommerfeld und Mr. John Todd.

Dem Springer-Verlag danken wir abermals für wesentliche Unterstützung unserer Arbeit.

Göttingen und Mainz, im März 1948.

Die Verfasser.

Berichtigungen:

Seite   12, letzte Formelzeile, lies $(-z)^s$ statt $(-z)$,
Seite   98, vorletzte Formelzeile, rechts, lies α^λ statt α,
Seite 103, vierte Formelzeile, lies $(n!)^{-1/2}$ statt $(n!)^{1/2}$.

Inhaltsverzeichnis.

Seite

Erstes Kapitel.

Die Gammafunktion.

Die Funktion [1] $\Gamma(z)$ ist eine analytische meromorphe Funktion von z mit einfachen Polen an den Stellen $z = -l$ für $l = 0, 1, 2, \ldots$ und den diesbezüglichen Residuen $\dfrac{(-1)^l}{l!}$. Sie ist als solche durch die folgenden drei Eigenschaften und die Forderung $\Gamma(1) = 1$ eindeutig bestimmt:

Die *Funktionalgleichung* $\Gamma(z+1) = z\,\Gamma(z)$.

$\Gamma(z)$ ist reell und positiv, wenn z reell und positiv ist.

Für reelle positive Werte von z ist $(\Gamma'(z))^2 < \Gamma(z)\,\Gamma''(z)$.

Weitere Funktionalgleichungen:

$$\Gamma(z)\,\Gamma(1-z) = \frac{\pi}{\sin \pi z}; \quad \Gamma\left(\frac{1}{2} + z\right)\Gamma\left(\frac{1}{2} - z\right) = \frac{\pi}{\cos \pi z}$$

(*Ergänzungssätze*),

$$\Gamma(z)\,\Gamma\left(z + \frac{1}{n}\right)\Gamma\left(z + \frac{2}{n}\right) \cdots \Gamma\left(z + \frac{n-1}{n}\right) = (2\pi)^{(n-1)/2}\, n^{1/2 - nz}\, \Gamma(nz)$$

(*Multiplikationstheorem; $n = 2, 3, 4, \ldots$*).

Insbesondere für $n = 2$ und $n = 3$

$$\Gamma(2z) = \frac{1}{\sqrt{2\pi}} \cdot 2^{-1/2} 2^{2z}\, \Gamma(z)\,\Gamma\left(z + \frac{1}{2}\right)$$

$$\Gamma(3z) = \frac{1}{2\pi} \cdot 3^{-1/2} 3^{3z}\, \Gamma(z)\,\Gamma\left(z + \frac{1}{3}\right)\Gamma\left(z + \frac{2}{3}\right).$$

Spezielle Werte:

$$\Gamma(n+1) = n!\ (n = 0, 1, 2, \ldots);$$

$$\Gamma\left(\frac{1}{2}\right) = \sqrt{\pi}; \quad \prod_{n=1}^{8} \Gamma\left(\frac{n}{3}\right) = \frac{640}{3^6}\left(\frac{\pi}{\sqrt{3}}\right)^3;$$

$$\frac{(\Gamma(\tfrac{1}{4}))}{16\pi^2} = \frac{3^2}{3^2 - 1}\,\frac{5^2 - 1}{5^2}\,\frac{7^2}{7^2 - 1}\,\frac{9^2 - 1}{9^2}\cdots; \quad \frac{\Gamma'(1)}{\Gamma(1)} - \frac{\Gamma'(\tfrac{1}{2})}{\Gamma(\tfrac{1}{2})} = 2\ln 2.$$

---

[1] Vielfach wird $\Gamma(z+1)$ mit $\Pi(z)$ oder mit $z!$ bezeichnet und „Fakultät von z" genannt.

Verschiedene analytische Ausdrücke für $\Gamma(z)$*:*

$$\Gamma(z) = \int_0^1 e^{-t}\, t^{z-1}\, dt = \int_0^1 \left(\ln \frac{1}{t}\right)^{z-1} dt \quad (\operatorname{Re} z > 0),$$

$$\Gamma(z) = \frac{1}{e^{2\pi i z} - 1} \int_\infty^{(0+)} e^{-t}\, t^{z-1}\, dt = \int_0^\infty \left[e^{-t} - \sum_{l=0}^{n} \frac{(-t)^l}{l!} \right] t^{z-1}\, dt,$$

wobei n die nächst kleinere ganze Zahl der Reihe $0, 1, 2, \ldots$ zu Re $(-z)$ ist.

Für beliebige Werte von z gilt ferner:

$$\Gamma(z) = \int_1^\infty e^{-t}\, t^{z-1}\, dt + \sum_{n=0}^\infty \frac{(-1)^n}{n!\,(z+n)}$$

(„PRYMsche Zerlegung"), sowie

$$\frac{1}{\Gamma(z)} = \frac{1}{2\pi i} \int_{-\infty}^{(0+)} e^t\, t^{-z}\, dt = z \prod_{n=1}^\infty \left(1 + \frac{z}{n}\right)\left(1 + \frac{1}{n}\right)^{-z}$$

$$\frac{1}{\Gamma(z)} = z\, e^{Cz} \prod_{n=1}^\infty \left(1 + \frac{z}{n}\right) e^{-z/n} = \lim_{m \to \infty} m^{1-z} \prod_{n=1}^{m} \left(1 + \frac{z-1}{n}\right)$$

mit
$$C = \lim_{m \to \infty} \left(\sum_{l=1}^{m} \frac{1}{l} - \ln m \right) = 0{,}577215\ldots;$$

C heißt „EULERsche Konstante"; diese wird vielfach auch mit γ bezeichnet.

$$\frac{\Gamma(x+1)\,\Gamma(y+1)}{\Gamma(x+y+1)} = \prod_{n=1}^\infty \frac{n\,(y+x+n)}{(x+n)\,(y+n)}$$

$$(x,\, y \neq -1,\, -2,\, -3,\, \ldots).$$

Es sei $\alpha = e^{2\pi i/n}$ und $n = 2, 3, 4, \ldots$; dann ist

$$\frac{1}{\Gamma(-z)\,\Gamma(-\alpha z)\ldots\Gamma(-\alpha^{n-1} z)} = -z^n \left[1 - \left(\frac{z}{1}\right)^n\right]\left[1 - \left(\frac{z}{2}\right)^n\right]\left[1 - \left(\frac{z}{3}\right)^n\right]\cdots$$

$$\frac{\sqrt{\pi}}{\Gamma\left(1 + \frac{z}{2}\right)\Gamma\left(\frac{1-z}{2}\right)} = (1-z)\left(1 + \frac{z}{2}\right)\left(1 - \frac{z}{3}\right)\left(1 + \frac{z}{4}\right)\cdots$$

$$\frac{\Gamma(x+iy)}{\Gamma(y)} = e^{-iCy}\, \frac{x}{x+iy} \prod_{n=1}^\infty \left[\frac{e^{iy/n}}{1 + \dfrac{iy}{x+n}}\right]$$

$$(x,\, y \text{ reell};\ x > 0),$$

$$\frac{\Gamma(x+iy)\,\Gamma(x-iy)}{\Gamma^2(x)} \;=\; \left|\frac{\Gamma(x+iy)}{\Gamma(x)}\right|^2 \;=\; \prod_{n=0}^{\infty}\left[\frac{1}{1+\dfrac{y^2}{(x+n)^2}}\right]$$

$$(x,\ y \text{ reell};\ x>0),$$

$$|\Gamma(iy)|^2 \;=\; \frac{\pi}{y\,\mathfrak{Sin}\,\pi y}, \quad |\Gamma(\tfrac12+iy)|^2 \;=\; \frac{\pi}{\mathfrak{Cos}\,\pi y}$$

$$(y \text{ reell}),$$

$$\frac{\Gamma(z)\,\Gamma(\tfrac12)}{\Gamma(z+\tfrac12)} \;=\; \sum_{n=0}^{\infty}\frac{(2n)!}{2^{2n}\,n!\,n!}\,\frac{1}{z+n},$$

$$\frac{\Gamma(z)\,\Gamma(a+1)}{\Gamma(z+a)} \;=\; \sum_{n=0}^{\infty}(-1)^n\frac{a(a-1)(a-2)\ldots(a-n)}{n!}\,\frac{1}{z+n}$$

$$(a \text{ reell und positiv}).$$

Formel von J. Knar

$$\Gamma(1+z) \;=\; 4^z \prod_{n=1}^{\infty}\frac{\Gamma(\tfrac12+2^{-n}z)}{\Gamma(\tfrac12)}.$$

Die Funktion $\dfrac{d\ln\Gamma(z)}{d(z)} = \dfrac{\Gamma'(z)}{\Gamma(z)}$ wird mit $\psi(z)$ bezeichnet.

Die Funktion $\psi(z)$ ist durch ihre Funktionalgleichung

$$\psi(z+1)-\psi(z) \;=\; \frac{1}{z}$$

und die Eigenschaft

$$\lim_{n\to\infty}\{\psi(z+n)-\ln n\} \;=\; 0$$

als meromorphe analytische Funktion von z eindeutig bestimmt. Es ist:

$$\psi(nz) \;=\; \frac{1}{n}\sum_{\nu=0}^{n-1}\psi\left(z+\frac{\nu}{n}\right)+\ln n$$

$$(n = 2, 3, 4, \ldots).$$

Für Re $z>0$ ist

$$\psi(z) \;=\; \int_0^{\infty}\left[\frac{e^{-t}}{t}-\frac{e^{-zt}}{1-e^{-t}}\right]dt \;=\; \int_0^{\infty}\left[e^{-t}-\frac{1}{(1+t)^z}\right]\frac{dt}{t}$$

$$=\; \int_0^1\left[\frac{1}{\ln t}-\frac{t^{z-1}}{1-t}\right]dt$$

$$=\; -C+\int_0^1\frac{1-t^{z-1}}{1-t}\,dt \;=\; -C+\sum_{n=0}^{\infty}\left(\frac{1}{n+1}-\frac{1}{z+n}\right).$$

Für alle Werte von $z \neq 0, -1, -2, \ldots$ ist

$$\psi(z) = \ln z - \sum_{n=0}^{\infty} \left[\frac{1}{z+n} - \ln\left(1 + \frac{1}{z+n}\right) \right].$$

$$\psi\left(\frac{z+1}{2}\right) - \psi\left(\frac{z}{2}\right) = 2 \sum_{n=0}^{\infty} \frac{(-1)^n}{z+n} = 2 \int_0^{\infty} \frac{e^{-zt}}{1+e^{-t}}\, dt.$$

Die letzte Beziehung sowie die folgenden beiden gelten nur für $\operatorname{Re} z > 0$:

$$\psi(z) = \ln z + \int_0^{\infty} e^{-tz} \left[\frac{1}{t} - \frac{1}{1-e^{-t}} \right] dt$$

$$= \ln z - \frac{1}{2z} - 2 \int_0^{\infty} \frac{t\, dt}{(t^2 + z^2)(e^{2\pi t} - 1)}$$

$$\left(|\arg z| < \frac{\pi}{2} \right).$$

$$\frac{d^2 \ln \Gamma(z)}{dz^2} = \frac{\Gamma(z)\Gamma''(z) - \Gamma'^2(z)}{\Gamma^2(z)} \equiv \psi'(z) = \sum_{n=0}^{\infty} \frac{1}{(z+n)^2},$$

$$\psi(1) = -C; \quad \psi(n+1) = -C + 1 + \tfrac{1}{2} + \tfrac{1}{3} + \cdots + \frac{1}{n}$$

$$(n = 1, 2, 3, \ldots),$$

$$\psi(\tfrac{1}{2}) = -C - 2 \ln 2,$$

$$\psi(\tfrac{1}{2} \pm n) = -\ln 4\gamma + 2\left[1 + \tfrac{1}{3} + \tfrac{1}{5} + \cdots + \frac{1}{2n-1} \right]$$

$$(n = 1, 2, 3, \ldots;\ \gamma = e^C = 1{,}78107 \ldots),$$

$$\psi\left(\frac{l}{n}\right) + C = -\frac{\pi}{2} \cot \frac{l\pi}{n} + 2 \sum_{\nu=1}^{\left[\frac{n+1}{2}\right]-1} \left[\cos\left(\frac{2l\nu\pi}{n}\right) \ln\left(\sin\frac{\nu\pi}{n}\right) \right] - \ln 2n$$

$$(n = 2, 3, \ldots,\ l = 1, 2, \ldots, n-1).$$

$$\ln \Gamma(z) = (z - \tfrac{1}{2}) \ln z - z + \tfrac{1}{2} \ln 2\pi + \int_0^{\infty} \left[\frac{1}{2} - \frac{1}{t} + \frac{1}{e^t - 1} \right] \frac{e^{-tz}}{t}\, dt,$$

$$\ln \Gamma(z) = (z - \tfrac{1}{2}) \ln z - z + \tfrac{1}{2} \ln 2\pi + 2 \int_0^{\infty} \frac{\operatorname{arctg} t/z}{e^{2\pi t} - 1}\, dt;$$

wobei Re $z > 0$ und $\operatorname{arc tg} w = \int\limits_0^w \dfrac{d s}{1 + s^2}$, erstreckt über einen geradlinigen Integrationsweg in der komplexen w-Ebene ist.

Ferner ist für $|z| < 1$:

$$\ln \Gamma(1 + z) = -\tfrac{1}{2} \ln \frac{\sin \pi z}{\pi z} - C z - \sum_{r=1}^{\infty} \frac{\zeta(2 r + 1)}{2 r + 1} z^{2r+1}$$

mit $\zeta(s) = \sum_{n=1}^{\infty} n^{-s}$. Für reelle Werte von x mit $0 < x < 1$ gilt:

$$\ln \Gamma(x) = \tfrac{1}{2} \ln 2 \pi + \sum_{n=1}^{\infty} \left[\frac{\cos 2 n \pi x}{2 n} + (C + \ln 2 \pi n) \frac{\sin 2 n \pi x}{\pi n} \right].$$

Asymptotische Entwicklung für $\Gamma(z)$ bei großen Werten von $|z|$: Die Formel von Stirling:

$$\ln \Gamma(z) = (z - \tfrac{1}{2}) \ln z - z + \tfrac{1}{2} \ln 2 \pi + \sum_{n=1}^{N-1} (-1)^{n-1} \frac{B_{2n} z^{1-2n}}{2 n (2 n - 1)} + R_N(z).$$

Hierbei ist $|\arg z| < \pi$, die Zahlen B_{2n} sind die Bernoullischen Zahlen, welche durch

$$B_0 = 1, \quad B_1 = \tfrac{1}{2}, \quad B_{2n+1} = 0 \quad (\text{für } n = 1, 2, \ldots),$$

$$B_{2n} = \frac{2 (2 n)!}{(2 \pi)^{2n}} \sum_{k=1}^{\infty} \frac{1}{k^{2n}},$$

also z. B.

$$B_2 = \frac{1}{6}, \ B_4 = \frac{1}{30}, \ B_6 = \frac{1}{42}, \ B_8 = \frac{1}{30}, \ B_{10} = \frac{5}{66}, \ B_{12} = \frac{691}{2730}$$

oder durch

$$\frac{t}{1 - e^{-t}} = B_0 + B_1 t + \sum_{n=1}^{\infty} (-1)^{n+1} \frac{B_{2n}}{(2 n)!} t^{2n}$$

definiert sind, und es ist, mit $\arg z = \varphi$,

$$|R_N(z)| \leqq \frac{B_{2N}}{2 N (2 N - 1) |z|^{2N-1} \left(\cos \dfrac{\varphi}{2} \right)^{2N-1}}.$$

Hieraus findet man für $\Gamma(z)$ eine asymptotische Entwicklung, deren erste Glieder die Formel ergeben:

$$\Gamma(z) = e^{(z-1/2) \ln z - z} \sqrt{2 \pi} \left[1 + \frac{1}{12 z} + \frac{1}{288 z^2} - \frac{139}{51840 z^3} - \frac{71}{2488320 z^4} + O(z^{-5}) \right]$$

$$(|\arg z| < \pi).$$

Für reelle positive z ist der Fehler kleiner als das letzte noch berücksichtigte Glied.

Für-reelle Werte von x und y gilt speziell

$$\lim_{|y| \to \infty} |\Gamma(x + iy)| \, e^{\frac{\pi}{2}|y|} \, |y|^{\frac{1}{2} - x} = \sqrt{2\pi}.$$

Ferner gilt für-beliebiges a:

$$\lim_{|z| \to \infty} \frac{\Gamma(z + a)}{\Gamma(z)} \, e^{-a \ln z} = 1.$$

Bestimmte Integrale, die auf die Gammafunktion führen: Man definiert die *Beta-Funktion* $B(x, y)$ durch

$$B(x, y) = \int_0^1 t^{x-1} (1 - t)^{y-1} \, dt$$

$$(\operatorname{Re} x > 0, \ \operatorname{Re} y > 0).$$

Es ist

$$B(x, y) = \frac{\Gamma(x)\,\Gamma(y)}{\Gamma(x + y)} = B(y, x),$$

$$B(x, y)\, B(x + y, z) = B(y, z)\, B(y + z, x).$$

Für $n, m = 1, 2, 3, \ldots$ ist

$$\frac{1}{B(n, m)} = m \binom{n + m - 1}{n - 1} = n \binom{n + m - 1}{m - 1},$$

$$\int_0^1 t^{x-1} (1 - t)^{y-1} \frac{dt}{(t + p)^{x+y}} = \frac{\Gamma(x)\,\Gamma(y)}{\Gamma(x + y)} \, \frac{1}{(1 + p)^x \, p^y}$$

$$(\operatorname{Re} x > 0, \ \operatorname{Re} y > 0; \ p \text{ reell und positiv}),$$

$$\int_0^\infty \frac{t^x}{(1 + t)^{1+y}} \, dt = \frac{\Gamma(x + 1)\,\Gamma(y - x)}{\Gamma(y + 1)}$$

$$(\operatorname{Re} y > \operatorname{Re} x > -1),$$

$$\int_0^\infty \frac{t^x}{(1 + t^z)^{1+y}} \, dt = \frac{1}{z} \, \frac{\Gamma\!\left(\dfrac{x + 1}{z}\right) \Gamma\!\left(y - \dfrac{x - z + 1}{z}\right)}{\Gamma(y + 1)}$$

$$\left(\operatorname{Re} z > 0; \ \operatorname{Re} y > \operatorname{Re} \frac{x - z + 1}{z}; \ \operatorname{Re} x > -1; \ \operatorname{Re} y > -1\right),$$

$$\int_0^1 t^{x-1} (1 - t^z)^{y-1} \, dt = \frac{1}{z} \, \frac{\Gamma\!\left(\dfrac{x}{z}\right) \Gamma(y)}{\Gamma\!\left(\dfrac{x}{z} + y\right)}$$

$$\left(\operatorname{Re} z > 0, \ \operatorname{Re} \frac{x}{z} > 0, \ \operatorname{Re} y > 0\right).$$

$$\int_{-\infty}^{+\infty} \frac{e^{ixy}}{(a+iy)^\nu}\,dy = \begin{cases} \dfrac{2\pi x^{\nu-1} e^{-ax}}{\Gamma(\nu)} & \text{für } x > 0 \\[2mm] 0 & \text{für } x < 0. \end{cases}$$

$$\left(x,\ a \text{ reell},\ a > 0,\ \mathrm{Re}\,\nu > 0,\ -\frac{\pi}{2} < \arg(a+iy) < \frac{\pi}{2}\right).$$

$$\int_{-\infty}^{+\infty} \frac{dt}{(a+it)^x (b-it)^y} = 2\pi (a+b)^{1-x-y}\,\frac{\Gamma(x+y-1)}{\Gamma(x)\,\Gamma(y)}$$

$$\int_{-\infty}^{+\infty} \frac{dt}{(a-it)^x (b-it)^y} = 0$$

$(a,\ b$ reell und positiv; $x,\ y$ reell, $x+y > 1)$.

$$\int_0^\infty e^{-at^x} t^y\,dt = \frac{1}{y+1}\,\frac{\Gamma\!\left(\dfrac{x+y+1}{x}\right)}{a^{(y+1)/x}}$$

$(\mathrm{Re}\,a > 0,\ \mathrm{Re}\,x > 0,\ \mathrm{Re}\,y > -1)$,

$$\int_{-1}^{+1} \frac{(1+t)^{2x-1}(1-t)^{2y-1}}{(1+t^2)^{x+y}}\,dt = 2^{x+y-2}\,\frac{\Gamma(x)\,\Gamma(y)}{\Gamma(x+y)}$$

$(\mathrm{Re}\,x > 0,\ \mathrm{Re}\,y > 0)$,

$$\int_0^1 (1-t^x)^{-1/y}\,dt = \frac{\Gamma\!\left(\dfrac{1+x}{x}\right)\Gamma\!\left(\dfrac{y-1}{y}\right)}{\Gamma\!\left(1+\dfrac{1}{x}-\dfrac{1}{y}\right)}$$

$(x,\ y$ reell; $x > 0,\ y > 1)$,

$$\int_b^a (a-t)^{x-1}(t-b)^{y-1}\,dt = (a-b)^{x+y-1}\,\frac{\Gamma(x)\,\Gamma(y)}{\Gamma(x+y)}$$

$(a,\ b$ reell, $0 < b < a$; $\mathrm{Re}\,x > 0,\ \mathrm{Re}\,y > 0)$

$$\int_b^a \frac{(a-t)^{x-1}(t-b)^{y-1}}{|t-c|^{x+y}}\,dt = \frac{(a-b)^{x+y-1}}{|a-c|^y |b-c|^x}\,\frac{\Gamma(x)\,\Gamma(y)}{\Gamma(x+y)}$$

$(a,\ b,\ c$ reell, $0 < c < b < a$ oder $0 < b < a < c$, $\mathrm{Re}\,x > 0,\ \mathrm{Re}\,y > 0)$

$$\int_0^{\pi/2} \sin^{2x}\varphi\,\cos^{2y}\varphi\,d\varphi = \frac{\pi}{2^{2x+2y+1}}\,\frac{\Gamma(2x+1)\,\Gamma(2y+1)}{\Gamma(x+1)\,\Gamma(y+1)\,\Gamma(x+y+1)}$$

$$= \frac{\Gamma(x+\tfrac{1}{2})\,\Gamma(y+\tfrac{1}{2})}{2\,\Gamma(x+y+1)}$$

$$(\operatorname{Re} x > -\tfrac{1}{2},\ \operatorname{Re} y > -\tfrac{1}{2}),$$

$$\int_0^{\pi/2} \cos^x t \, \cos yt \, dt = \frac{\pi}{2^{x+1}} \, \frac{\Gamma(x+1)}{\Gamma\left(\dfrac{x+y}{2}+1\right)\Gamma\left(\dfrac{x-y}{2}+1\right)}$$

$$(\operatorname{Re} x > 1),$$

$$\int_0^{\pi} \sin^x t \, e^{iyt} \, dt = \frac{\pi}{2^x} \, \frac{\Gamma(x+1)}{\Gamma\left(1+\dfrac{x+y}{2}\right)\Gamma\left(1+\dfrac{x-y}{2}\right)} \, e^{i\pi y/2}$$

$$(\operatorname{Re} x > -1),$$

$$\int_0^{\pi/2} \sin^{x-1} t \, \cos^{y-1} t \, e^{i(x+y)t} \, dt = \frac{\Gamma(x)\,\Gamma(y)}{\Gamma(x+y)} \, e^{i\pi x/2}$$

$$\int_0^{\pi/2} \frac{\cos^{2x-1} t \, \sin^{2y-1} t}{(p\cos^2 t + g\sin^2 t)^{x+y}} \, dt = \frac{1}{2\,p^x g^y} \, \frac{\Gamma(x)\,\Gamma(y)}{\Gamma(x+y)}$$

$$(p,\ g \text{ reell und positiv};\ \operatorname{Re} x > 0,\ \operatorname{Re} y > 0).$$

$$\int_0^{\infty} t^{y-1} e^{-xt\cos\beta} \, e^{ixt\sin\beta} = x^{-y}\,\Gamma(y)\,e^{i\beta y}$$

$$\left(x,\ y,\ \beta \text{ reell},\ x,\ y > 0,\ |\beta| < \frac{\pi}{2}\right)$$

$$\int_0^{\infty} \frac{e^{-zt}}{\mathfrak{Coj}\, t} \, dt = \tfrac{1}{2}\left[\psi\left(\frac{z+3}{4}\right) - \psi\left(\frac{z+1}{4}\right)\right] \quad \text{für } \operatorname{Re} z > 0.$$

$$\int_{-\infty}^{\infty} \frac{e^{iyt}\, dt}{\mathfrak{Coj}^x(\beta t + \gamma)} = \frac{2^{x-1}}{\beta} \, e^{-iy\gamma/\beta} \, \frac{\Gamma\left(\dfrac{x}{2}+\dfrac{iy}{2\beta}\right)\Gamma\left(\dfrac{x}{2}-\dfrac{iy}{2\beta}\right)}{\Gamma(x)}$$

$$(y,\ \beta,\ \gamma \text{ reell},\ \beta > 0,\ \operatorname{Re} x > 0).$$

$$\int_0^{\infty} \frac{\sin xt}{t^y} \, dt = \frac{\Gamma(1-y)}{x^{1-y}} \, \cos\frac{\pi y}{2}$$

$$(x,\ y \text{ reell und positiv};\ 0 < y < 2).$$

$$\int_0^{\infty} \frac{\cos xt}{t^y} \, dt = \frac{\Gamma(1-y)}{x^{1-y}} \, \sin\frac{\pi y}{2}$$

$$(x,\ y \text{ reell und positiv};\ 0 < y < 1),$$

$$\int_0^\infty \frac{\mathfrak{Cof}\,(2\,y\,t)}{(\mathfrak{Cof}\,t)^{2x}}\,d\,t = 2^{2x-2}\,\frac{\Gamma(x+y)\,\Gamma(x-y)}{\Gamma(2\,x)}$$

$$(\operatorname{Re}x > \operatorname{Re}y|;\ \operatorname{Re}x > 0),$$

$$\int_0^{\pi/2}\sin^{3/2}t\,d\,t = \int_0^{\pi/2}\cos^{3/2}t\,d\,t = \frac{1}{6\sqrt{2\,\pi}}\,\Gamma\left(\frac{1}{4}\right),$$

$$\int_0^1 \frac{d\,t}{\sqrt{1-t^3}} = \frac{1}{2\,\pi\,3^{1/2}\,2^{1/3}}\,\Gamma^2\left(\frac{1}{3}\right);\quad \int_0^1 \frac{t\,d\,t}{\sqrt{1-t^3}} = \frac{\sqrt{3}}{\pi\,2^{2/3}}\,\Gamma^2\left(\frac{2}{3}\right),$$

$$\int_0^1 \frac{d\,t}{\sqrt{1-t^4}} = \frac{1}{4\sqrt{2\,\pi}}\,\Gamma^2\left(\frac{1}{4}\right),$$

$$\int_0^1 \frac{t^{x-1}}{1+t}\,d\,t = \frac{1}{2}\left[\psi\left(\frac{1+x}{2}\right) - \psi\left(\frac{x}{2}\right)\right]$$

$$(\operatorname{Re}x > 0),$$

$$\int_0^1 \frac{t^{x-1}(1-t^y)}{1-t}\,d\,t = \psi(x+y) - \psi(x)$$

$$(\operatorname{Re}(x+y) > 0,\ \operatorname{Re}x > 0),$$

$$\int_0^1 \frac{t^x - t^y}{t\,(1-t)}\,d\,t = \psi(y) - \psi(x)$$

$$(\operatorname{Re}x > 0,\ \operatorname{Re}y > 0).$$

Ergänzungen:

$$\ln\Gamma(z) = \left(z - \tfrac{1}{2}\right)\ln z - z + \tfrac{1}{2}\ln 2\,\pi +$$

$$+\frac{1}{2}\left[\frac{1}{2.3}\sum_{n=1}^\infty \frac{1}{(z+n)^2} + \frac{2}{3.4}\sum_{n=1}^\infty \frac{1}{(z+n)^3} + \frac{3}{4.5}\sum_{n=1}^\infty \frac{1}{(z+n)^4} + \cdots\right]$$

$$(|\arg z| < \pi),$$

$$\int_z^{z+1} \ln\Gamma(\zeta)\,d\,\zeta = z\ln z - z + \tfrac{1}{2}\ln 2\,\pi$$

(geradliniger Integrationsweg; $|\arg z| < \pi$).

Einige bestimmte Integrale für die Eulersche *Konstante:*

$$C = -\int_0^\infty e^{-t}\ln t\,d\,t = -\int_0^1 \ln\left(\ln\frac{1}{t}\right)d\,t$$

$$C = \int_0^1 \left[\frac{1}{\ln t} + \frac{1}{1-t} \right] dt = -\int_0^\infty \left[\cos t - \frac{1}{1+t} \right] \frac{dt}{t}$$

$$= -\int_0^\infty \left[e^{-t} - \frac{1}{1+t} \right] \frac{dt}{t} = 1 - \int_0^\infty \left[\frac{\sin t}{t} - \frac{1}{1+t} \right] \frac{dt}{t}$$

$$= -\int_0^\infty \left[e^{-t} - \frac{1}{1+t^2} \right] \frac{dt}{t}.$$

Integrale mit der Gammafunktion im Integranden treten hauptsächlich bei der MELLIN-Transformation auf; vgl. Kap. VIII, § 4. Hier ist noch anzumerken:

$$\int_{-\infty}^{+\infty} \frac{e^{its}\, ds}{\Gamma(\mu+s)\,\Gamma(\nu-s)} = \begin{cases} \dfrac{[2\cos\frac{1}{2}t]^{\mu+\nu-2}}{\Gamma(\mu+\nu-1)}\, e^{1/2\,it(\nu-\mu)} & \text{für } |t| < \pi \\[2ex] 0 & \text{für } |t| > \pi \end{cases}$$

$$(t \text{ reell}; \ \mathrm{Re}\,(\nu+\mu) > 1).$$

Zweites Kapitel.

Die hypergeometrische Funktion.

§ 1. Die hypergeometrische Reihe.

Hypergeometrische Funktionen werden die Lösungen der hypergeometrischen Differentialgleichung

$$z(1-z)\frac{d^2u}{dz^2} + [c-(a+b+1)z]\frac{du}{dz} - abu = 0$$

genannt; eine bei $z = 0$ reguläre Lösung dieser Differentialgleichung wird gegeben durch die hypergeometrische Reihe

$$u = F(a, b;\, c;\, z) = 1 + \frac{ab}{c}\frac{z}{1!} + \frac{a(a+1)\,b(b+1)}{c(c+1)}\frac{z^2}{2!} + \cdots.$$

Die hypergeometrische Reihe bricht ab, wenn a oder b gleich $-n$ ($n = 0,\ 1,\ 2,\ \ldots$) ist.

Wenn $c = -n$, ist die Reihe wegen des Verschwindens der Nenner vom $n+2$ten Gliede ab nicht definiert, sofern sie nicht wegen a oder b gleich $-m$ ($m < n$, $m = 0,\ 1,\ 2,\ \ldots$) abbricht.

Es gilt aber:

$$\lim_{c=-n} \frac{F(a, b;\ c;\ z)}{\Gamma(c)}$$

$$= \frac{a(a+1)\ldots(a+n)\,b\,(b+1)\ldots(b+n)\,z^{n+1}\,F(a+n+1, b+n+1; n+2; z)}{(n+1)!}$$

$$(n\ =\ 0,\ 1,\ 2,\ \ldots).$$

Falls a, b, c von Null verschieden und keine negativen ganzen Zahlen sind, ist der Konvergenzkreis der hypergeometrischen Reihe der Einheitskreis $|z| = 1$. Es gelten dann folgende Konvergenzbedingungen:

$1 > \mathrm{Re}\,(a+b-c) \geqq 0$ Konvergenz auf dem ganzen Einheitskreis mit Ausnahme von $z = 1$.

$\mathrm{Re}\,(a+b-c) < 0$ (Absolute) Konvergenz auf dem ganzen Einheitskreis einschließlich $z = 1$.

$\mathrm{Re}\,(a+b-c) \geqq 1$ Divergenz auf dem ganzen Einheitskreis.

Für $z = 1$ ergibt sich im Falle $\mathrm{Re}\,(a+b-c) < 0$

$$F(a, b;\ c;\ 1) = \frac{\Gamma(c)\,\Gamma(c-a-b)}{\Gamma(c-a)\,\Gamma(c-b)}.$$

Es gilt ferner allgemein für $c \neq 0, -1, -2, \ldots$.

$$F\left(a, 1-a;\ c;\ \tfrac{1}{2}\right) = \frac{2^{1-c}\,\sqrt{\pi}\,\Gamma(c)}{\Gamma\left(\dfrac{c+a}{2}\right)\,\Gamma\left(\dfrac{c+1-a}{2}\right)}.$$

Für die Ableitungen gilt:

$$\frac{dF}{dz} = \frac{ab}{c}\,F(a+1, b+1;\ c+1;\ z),$$

$$\frac{d^2F}{dz^2} = \frac{a\,(a+1)\,b\,(b+1)}{c\,(c+1)}\,F(a+2, b+2;\ c+2; z).$$

Darstellung elementarer Funktionen durch hypergeometrische Reihen:

$$(1+x)^n\ =\ F(-n, 1;\ 1;\ -x),\quad F\left(\frac{1+n}{2}, \frac{1-n}{2};\ \frac{3}{2};\ x^2\right)\ =\ \frac{\sin(n\,\mathrm{arc}\,\sin x)}{n\,x},$$

$$\ln(1+x)\ =\ x\,F(1, 1;\ 2;\ -x),\quad F\left(1+\frac{n}{2}, 1-\frac{n}{2};\ \frac{3}{2};\ x^2\right)\ =\ \frac{\sin(n\,\mathrm{arc}\,\sin x)}{n\,x\,\sqrt{1-x^2}},$$

$$\mathrm{arc}\,\sin x\ =\ x\,F\left(\frac{1}{2}, \frac{1}{2};\ \frac{3}{2};\ x^2\right),\quad F\left(\frac{n}{2}, -\frac{n}{2};\ \frac{1}{2};\ x^2\right)\ =\ \cos(n\,\mathrm{arc}\,\sin x$$

$$\mathrm{arc}\,\mathrm{tg}\,x\ =\ x\,F\left(\frac{1}{2}, 1;\ \frac{3}{2};\ -x^2\right),\quad F\left(\frac{1+n}{2}, \frac{1-n}{2};\ \frac{1}{2};\ x^2\right)\ =\ \frac{\cos(n\,\mathrm{arc}\,\sin x)}{\sqrt{1-x^2}},$$

$$\sin nx\ =\ n\,\sin x\,F\left(\frac{1+n}{2}, \frac{1-n}{2};\ \frac{3}{2};\ \sin^2 x\right),$$

$$e^{-nx} = (2\,\mathfrak{Cof}\,x)^{-n}\,\frac{\mathfrak{Sin}\,x}{\mathfrak{Cof}\,x}\,F\Big(1+\frac{n}{2},\ \frac{1+n}{2};\ 1+n;\ \frac{1}{\mathfrak{Cof}^2\,x}\Big),$$

$$\cos n\,x = F\Big(\frac{n}{2},\ -\frac{n}{2};\ \frac{1}{2};\ \sin^2 x\Big),$$

$$\cos n\,x = \cos x\,F\Big(\frac{1+n}{2},\ \frac{1-n}{2};\ \frac{1}{2};\ \sin^2 x\Big),$$

$$\cos n\,x = \cos^n x\,F\Big(-\frac{n}{2},\ \frac{1-n}{2};\ \frac{1}{2};\ -\mathrm{tg}^2 x\Big),$$

$$\ln\Big(\frac{1+x}{1-x}\Big) = 2\,x\,F\Big(\frac{1}{2},\ 1;\ \frac{3}{2};\ x^2\Big).$$

Für die hypergeometrische Reihe existieren folgende Integraldarstellungen:

$$F(a, b;\ c;\ z) = \frac{\Gamma(c)}{\Gamma(b)\,\Gamma(c-b)}\int_0^1 t^{b-1}(1-t)^{c-b-1}(1-t z)^{-a}\,d t$$

$$(\mathrm{Re}\ c > \mathrm{Re}\ b > 0,\ |z| < 1).$$

$$\frac{\Gamma(a)\,\Gamma(b)}{\Gamma(c)}\,F(a, b;\ c;\ z) = \frac{1}{2\pi i}\int_{-i\infty}^{+i\infty}\frac{\Gamma(a+s)\,\Gamma(b+s)\,\Gamma(-s)}{\Gamma(c+s)}\,(-z)\,d s.$$

Hierin ist der Integrationsweg so zu wählen, daß die Pole von $\Gamma(a+s)$ und $\Gamma(b+s)$, d. h. die Stellen $s = -a-n$ und $s = -b-n$ $(n = 0, 1, 2, \ldots)$ zu seiner Linken, die Pole von $\Gamma(-s)$, d. h. die Stellen $s = 0, 1, 2, \ldots$ zu seiner Rechten liegen. Die Fälle, daß $-a$, $-b$ oder $-c$ nicht negative ganze Zahlen oder daß $a-b$ eine ganze Zahl ist, sind auszuschließen. Es ist $|\arg -z| < \pi$ zu wählen.

Transformationsformeln und analytische Fortsetzung für die durch die hypergeometrische Reihe definierte Funktion.

Die Reihe $F(a, b;\ c;\ z)$ definiert eine analytische Funktion, die im allgemeinen die Stellen $z = 0, 1, \infty$ als Singularitäten (und zwar im allgemeinen als Verzweigungspunkte) besitzt. Schneidet man die z-Ebene längs der reellen z-Achse von $z = 1$ bis $z = \infty$ auf, verlangt man also $|\arg -z| < \pi$ für $|z| \geqq 1$, so gestattet die Reihe $F(a, b;\ c;\ z)$ in der so aufgeschnittenen Ebene eine eindeutige analytische Fortsetzung, die mit Ausnahme der Fälle daß c eine nicht positive ganze Zahl oder $a-b$ oder $c-a-b$ ganze Zahlen sind, durch die nachstehenden Formeln bewerkstelligt wird, welche F auch für Werte von $|z| > 1$ in dem angegebenen Gebiet zu berechnen gestatten. Zu ihnen treten noch einige weitere, ebenfalls z. T. für die analytische Fortsetzung benutzbare Transformationsformeln hinzu, falls besondere Beziehungen zwischen a, b, c bestehen.

Transformationsformeln für die hypergeometrische Funktion:

$$F(a, b: c; z) = (1-z)^{-a} F\left(a, c-b;\ c;\ \frac{z}{z-1}\right)$$

$$= (1-z)^{-b} F\left(b, c-a;\ c;\ \frac{z}{z-1}\right)$$

$$= (1-z)^{c-a-b} F(c-a, c-b;\ c;\ z),$$

$$F(a, b;\ c;\ z) = (1-z)^{-a} \frac{\Gamma(c)\,\Gamma(b-a)}{\Gamma(b)\,\Gamma(c-a)}\, F\left(a, c-b;\ a-b+1;\ \frac{1}{1-z}\right) +$$

$$+ (1-z)^{-b} \frac{\Gamma(c)\,\Gamma(a-b)}{\Gamma(a)\,\Gamma(c-b)}\, F\left(b, c-a;\ b-a+1;\ \frac{1}{1-z}\right),$$

$$F(a, b;\ c;\ z) = \frac{\Gamma(c)\,\Gamma(c-a-b)}{\Gamma(c-a)\,\Gamma(c-b)}\, F(a,\ b;\ a+b-c+1;\ 1-z) +$$

$$+ (1-z)^{c-a-b}\, \frac{\Gamma(c)\,\Gamma(a+b-c)}{\Gamma(a)\,\Gamma(b)}\, F(c-a,\ c-b;\ c-a-b+1;\ 1-z),$$

$$F(a, b;\ c;\ z) = \frac{\Gamma(c)\,\Gamma(b-a)}{\Gamma(b)\,\Gamma(c-a)}\, (-z)^{-a} F\left(a, 1-c+a;\ 1-b+a; \frac{1}{z}\right) +$$

$$+ \frac{\Gamma(c)\,\Gamma(a-b)}{\Gamma(a)\,\Gamma(c-b)}\, (-z)^{-b} F\left(b, 1-c+b;\ 1-a+b; \frac{1}{z}\right),$$

$$F(a, b; 2b; z) = \left(1-\frac{z}{2}\right)^{-a} F\left[\frac{a}{2}, \frac{a+1}{2};\ b+\frac{1}{2};\ \left(\frac{z}{2-z}\right)\right].$$

$$(1+z)^{2a} F\left(a, a+\frac{1}{2}-b;\ b+\frac{1}{2};\ z^2\right) = F\left(a, b;\ 2b;\ \frac{4z}{(1+z)^2}\right) \text{(Gauss)},$$

$$(1+z)^{2a} F(2a, 2a+1-c;\ c;\ z) = F\left(a, a+\frac{1}{2};\ c;\ \frac{4z}{(1+z)^2}\right) \text{(Gauss)},$$

$$F\left(a, b;\ a+b+\frac{1}{2};\ \sin^2\vartheta\right) = F\left(2a, 2b;\ a+b+\frac{1}{2};\ \sin^2\frac{\vartheta}{2}\right) \text{(Kummer)}.$$

$$\left(x = \sin^2\frac{\vartheta}{2}\ \text{reell};\ \frac{1-\sqrt{2}}{2} < x < \frac{1}{2}\right).$$

Rekursionsformeln von Gauss.

$$c\,[c-1-(2c-a-b-1)z]\, F(a, b;\ c;\ z) + (c-a)(c-b)z\, F(a, b;\ c+1;\ z) +$$

$$+ c\,(c-1)(z-1)\, F(a, b;\ c-1;\ z) = 0$$

$$(2a-c-az+bz)\, F(a, b;\ c;\ z) + (c-a)\, F(a-1, b;\ c;\ z) +$$

$$+ a\,(z-1)\, F(a+1, b;\ c;\ z) = 0$$

$$(2b-c-bz+az)\, F(a, b;\ c;\ z) + (c-b)\, F(a, b-1;\ c;\ z) +$$

$$+ b\,(z-1)\, F(a, b+1;\ c;\ z) = 0$$

$$c\, F(a, b-1;\ c;\ z) - c\, F(a-1, b;\ c;\ z) + (a-b)z\, F(a, b;\ c+1;\ z) = 0$$

$$c(a-b)\,F(a,\,b;\,c;\,z)-a(c-b)\,F(a+1,\,b;\,c+1;\,z)+$$
$$+\,b(c-a)\,F(a,\,b+1;\,c+1;\,z)\;=\;0$$

$$c(c+1)\,F(a,\,b;\,c;\,z)-c(c+1)\,F(a,\,b;\,c+1;\,z)-$$
$$-\,ab\,z\,F(a+1,\,b+1;\,c+2;\,z)\;=\;0$$

$$c\,F(a,\,b;\,c;\,z)-(c-a)\,F(a,\,b+1;\,c+1;\,z)-$$
$$-\,a(1-z)\,F(a+1,\,b+1;\,c+1;\,z)\;=\;0$$

$$c\,F(a,\,b;\,c;\,z)+(b-c)\,F(a+1,\,b;\,c+1;\,z)-$$
$$-\,b(1-z)\,F(a+1,\,b+1;\,c+1;\,z)\;=\;0$$

$$c(c-b\,z-a)\,F(a,\,b;\,c;\,z)-c(c-a)\,F(a-1,\,b;\,c;\,z)+$$
$$+\,ab\,z(1-z)\,F(a+1,\,b+1;\,c+1;\,z)\;=\;0$$

$$c(c-a\,z-b)\,F(a,\,b;\,c;\,z)-c(c-b)\,F(a,\,b-1;\,c;\,z)+$$
$$+\,ab\,z(1-z)\,F(a+1,\,b+1;\,c+1;\,z)\;=\;0$$

$$c\,F(a,\,b;\,c;\,z)-c\,F(a,\,b+1;\,c;\,z)+a\,z\,F(a+1,\,b+1;\,c+1;\,z)\;=\;0$$

$$c\,F(a,\,b;\,c;\,z)-c\,F(a+1,\,b;\,c;\,z)+b\,z\,F(a+1,\,b+1;\,c+1;\,z)\;=\;0$$

$$c\{a-(c-b)\,z\}\,F(a,\,b;\,c;\,z)-ac(1-z)\,F(a+1,\,b;\,c;\,z)+$$
$$+\,(c-a)(c-b)\,z\,F(a,\,b;\,c+1;\,z)\;=\;0$$

$$c\{b-(c-a)\,z\}\,F(a,\,b;\,c;\,z)-bc(1-z)\,F(a,\,b+1;\,c;\,z)+$$
$$+\,(c-a)(c-b)\,z\,F(a,\,b;\,c+1,\,z)\;=\;0$$

$$c(c+1)\,F(a,\,b;\,c;\,z)-c(c+1)\,F(a,\,b+1;\,c+1;\,z)+$$
$$+\,a(c-b)\,z\,F(a+1,\,b+1;\,c+2;\,z)\;=\;0$$

$$c(c+1)\,F(a,\,b;\,c;\,z)-c(c+1)\,F(a+1,\,b;\,c+1;\,z)+$$
$$+\,b(c-a)\,z\,F(a+1,\,b+1;\,c+2;\,z)\;=\;0$$

$$c\,F(a,\,b;\,c;\,z)-(c-b)\,F(a,\,b;\,c+1;\,z)-b\,F(a,\,b+1;\,c+1;\,z)\;=\;0$$

$$c\,F(a,\,b;\,c;\,z)-(c-a)\,F(a,\,b;\,c+1;\,z)-a\,F(a+1,\,b;\,c+1;\,z)\;=\;0$$

Die hypergeometrische Reihe läßt sich verallgemeinern; man schreibt in der Bezeichnungsweise von BARNES:

$$_pF_q(\alpha_1,\,\ldots,\,\alpha_p;\,\beta_1,\,\ldots,\,\beta_q;\,z)\;=\;\sum_{n=0}^{\infty}\frac{(\alpha_1)_n\ldots(\alpha_p)_n}{(\beta_1)_n\ldots(\beta_q)_n}\frac{z^n}{n!}$$

mit

$$(\alpha)_n\;=\;\alpha(\alpha+1)\ldots(\alpha+n-1);\;\alpha_0\;=\;1,$$
$$(\beta)_n\;=\;\beta(\beta+1)\ldots(\beta+n-1);\;\beta_0\;=\;1.$$

In dieser Schreibweise wird $F(a, b; c; z) \equiv {}_2F_1(a, b; c; z)$; ferner wird z. B.:

$$e^z = {}_1F_1(\beta; \beta; z),$$

$$e^{iz} J_\nu(z) = \frac{\left(\frac{z}{2}\right)^\nu}{\Gamma(\nu+1)} {}_1F_1\left(\nu+\frac{1}{2}; 2\nu+1; 2iz\right),$$

$$\mathfrak{P}_\nu^\mu(z) = \frac{(z+1)^{\frac{\mu}{2}}}{(z-1)^{\frac{\mu}{2}}} \frac{1}{\Gamma(1-\mu)} {}_2F_1\left(-\nu, \nu+1; 1-\mu; \frac{1-z}{2}\right),$$

$$\mathfrak{Q}_\nu^\mu(z) = \frac{e^{\mu\pi i}}{2^{\nu+1}} \frac{\Gamma(\nu+\mu+1)}{\Gamma(\nu+\frac{3}{2})} \frac{\Gamma(\frac{1}{2})(z^2-1)^{\frac{\mu}{2}}}{z^{\nu+\mu+1}} \times$$

$$\times {}_2F_1\left(\frac{\nu+\mu+2}{2}, \frac{\nu+\mu+1}{2}; \nu+\frac{3}{2}; \frac{1}{z^2}\right),$$

$$\mathsf{K}(k) = \frac{\pi}{2} {}_2F_1\left(\frac{1}{2}, \frac{1}{2}; 1; k^2\right) \quad \text{Vollständiges elliptisches Integral 1. Gattung,}$$

$$\mathsf{E}(k) = \frac{\pi}{2} {}_2F_1\left(-\frac{1}{2}, \frac{1}{2}; 1; k\right) \quad \text{Vollständiges elliptisches Integral 2. Gattung.}$$

Differentiationsformeln.

$$(a)_n x^{a-1} {}_2F_1(a+n, b; c; x) = \frac{d^n}{dx^n}\left[x^{a+n-1} {}_2F_1(a, b; c; x)\right],$$

$$\frac{(a)_n(b)_n}{(c)_n} {}_2F_1(a+n, b+n; c+n; x) = \frac{d^n}{dx^n} F_1(a, b; c; x),$$

$$(c-n)_n x^{c-1-n} {}_2F_1(a, b; c-n; x) = \frac{d^n}{dx^n}[x^{c-1} {}_2F_1(a, b; c; x)],$$

$$(c-a)_n x^{c-a-1}(1-x)^{a+b-c-n} {}_2F_1(a-n, b; c; x)$$

$$= \frac{d^n}{dx^n}[x^{c-a+n-1}(1-x)^{a+b-c} {}_2F_1(a, b; c; x)],$$

$$(c-n)_n x^{c-1-n}(1-x)^{a+b-c-n} {}_2F_1(a-n, b-n; c-n; x)$$

$$= \frac{d^n}{dx^n}[x^{c-1}(1-x)^{a+b-c} {}_2F_1(a, b; c; x)],$$

$$\frac{(c-a)_n(c-b)_n}{(c)_n}(1-x)^{a+b-c-n} {}_2F_1(a, b; c+n; x)$$

$$= \frac{d^n}{dx^n}[(1-x)^{a+b-c} {}_2F_1(a, b; c; x)],$$

$$\frac{-1)^n (a)_n (c-b)_n}{(c)_n} (1-x)^{a-1} {}_2F_1 (a+n,\, b;\, c+n,\, x)$$

$$= \frac{d^n}{d x^n} [(1-x)^{a+n-1} {}_2F_1 (a,\, b;\, c;\, x)],$$

$$(c-n)_n\, x^{c-1-n} (1-x)^{b-c} {}_2F_1 (a-n,\, b;\, c-n;\, x)$$

$$= \frac{d^n}{d x^n} [x^{c-1} (1-x)^{b-c+n} {}_2F_1 (a,\, b;\, c;\, x)].$$

Ergänzungen.

Für die Funktion ${}_3F_2$ existiert eine Transformationsformel von
WHIPPLE

$${}_3F_2 (a,\, b,\, c;\, a-b+1,\, a-c+1;\, z)$$

$$= (1-z)^{-a}\, {}_3F_2 \left(\frac{a}{2},\, \frac{a+1}{2},\, a-b-c+1;\, a-b+1,\, a-c+1;\, \frac{-4 z}{(1-z)^2} \right).$$

Es ist

$${}_3F_2 (a,\, b,\, c;\, 1+a-b,\, 1+a-c;\, 1)$$

$$= \frac{\Gamma\left(1+\dfrac{a}{2}\right) \Gamma (1+a-b)\, \Gamma (1+a-c)\, \Gamma\left(1+\dfrac{a}{2}-b-c\right)}{\Gamma (1+a)\, \Gamma\left(1+\dfrac{a}{2}-b\right) \Gamma\left(1+\dfrac{a}{2}-c\right) \Gamma (1+a-b-c)}$$

Einige Integralbeziehungen:

$${}_2F_1 (a,\, b;\, c;\, z) = \frac{\Gamma (c)}{\Gamma (\lambda)\, \Gamma (c-\lambda)} \int_0^1 x^{\lambda-1} (1-x)^{c-\lambda-1}\, {}_2F_1 (a,\, b;\, \lambda;\, x z)\, d x$$

$$(\operatorname{Re} c > \operatorname{Re} \lambda > 0;\; |\arg (1-z)| < \pi;\; z \neq 1),$$

$${}_2F_1 (\nu,\, n+\nu;\, n+1;\, t^2) = \frac{1}{2 \pi} t^{-n} \frac{\Gamma (\nu)\, \Gamma (n+1)}{\Gamma (n+\nu)} \int_0^{2\pi} \frac{\cos n \varphi\, d \varphi}{(1-2 t \cos \varphi + t^2)^\nu}$$

$$(n = 0, 1, 2, \ldots;\; \nu \neq 0, -1, -2, \ldots).$$

$${}_2F_1 \left(-m,\, \frac{\nu+m}{2};\, 1 - \frac{\nu+m}{2};\, -1 \right) = \frac{(-2)^m (\nu+m)}{\sin \nu \pi} \int_0^\pi \cos^m \vartheta \cos \nu \vartheta\, d \vartheta.$$

$$(m = 0, 1, 2, \ldots;\; 0 < \operatorname{Re} \nu < 1).$$

Asymptotische Formeln: Über das Verhalten von ${}_2F_1 (a,\, b;\, c;\, z)$ bei
großen Werten von $|a|$, $|b|$, $|c|$ vgl. G. N. WATSON (s. Literaturver-
zeichnis).

§ 2. Die Lösungen der hypergeometrischen Differentialgleichung.

Die hypergeometrische Differentialgleichung

$$z\,(1-z)\,\frac{d^2 u}{d z^2} + [c - (a+b+1)\,z]\,\frac{du}{dz} - a\,b\,u \;=\; 0$$

besitzt zwei linear unabhängige Lösungen, die sich in der z-Ebene, höchstens mit Ausnahme der drei Punkte $z = 0$, 1 und ∞ unbeschränkt analytisch fortsetzen lassen. Im allgemeinen sind die Punkte $0, 1$ und ∞ Verzweigungspunkte mindestens eines Zweiges von jeder Lösung der hypergeometrischen Differentialgleichung. Ist $w(z)$ der Quotient irgend zweier linear unabhängiger Lösungen, so genügt $w(z)$ der Differentialgleichung

$$2\,\frac{w'''}{w'} - 3\left(\frac{w''}{w'}\right)^2 \;=\; \frac{1-\alpha_1^2}{z^2} + \frac{1-\alpha_2^2}{(z-1)^2} + \frac{\alpha_1^2 + \alpha_2^2 - \alpha_3^2 - 1}{z\,(z-1)}\,,$$

worin $\dfrac{d\,w}{d\,z} = w'$ gesetzt ist (u. s. w.), und

$$\alpha_1^2 = (1-c)^2,\quad \alpha_2^2 = (c-a-b)^2,\quad \alpha_3^2 = (a-b)^2$$

ist. Sind a, b, c reell, so bildet $w(z)$ die obere oder die untere Halbebene Im $z > 0$ bzw. Im $z < 0$ auf das Innere eines (im allgemeinen nicht schlichten) Kreisbogendreiecks mit den Winkeln $\pi\,\alpha_1,\,\pi\,\alpha_2,\,\pi\,\alpha_3$ und mit den Bildpunkten von $z = 0$, $z = 1$, $z = \infty$ als Ecken ab.

Im Inneren des Einheitskreises $|z| < 1$ erhält man zwei linear unabhängige Lösungen $u_1(z)$ und $u_2(z)$ der hypergeometrischen Differentialgleichung durch die folgenden Formeln:

I. Wenn c keine ganze Zahl ist:

$$u_1 = {}_2F_1(a, b;\, c, z),$$
$$u_2 = z^{1-c}\,{}_2F_1(a-c+1,\, b-c+1;\, 2-c;\, z).$$

II. Wenn $c = 1$ ist:

$$u_1 = {}_2F_1(a, b;\, 1;\, z),$$
$$u_2 = {}_2F_1(a, b;\, 1;\, z)\,\ln z$$
$$+ \sum_{n=1}^{\infty} z^n\,\frac{(a)_n (b)_n}{n!\,n!}\,\{\psi(a+n) - \psi(a) + \psi(b+n) - \psi(b) + 2\,\psi(n+1) - 2\,\psi(1)\}.$$

III. Wenn $c = m+1$ mit $m = 1, 2, 3, \ldots$ ist, und nicht gleichzeitig a oder b gleich einer positiven Zahl $\leqq m$ ist:

$$u_1 = {}_2F_1(a, b;\, m+1;\, z),$$
$$u_2 = {}_2F_1(a, b;\, m+1;\, z)\,\ln z$$
$$+ \sum_{n=1}^{\infty} z^n\,\frac{(a)_n (b)_n}{(1+m)_n\,n!}\,\{h(n) - h(0)\} - \sum_{n=1}^{m} \frac{(n-1)!\,(-m)_n}{(1-a)_n\,(1-b)_n}\,z^{-n},$$

worin für $n = 0, 1, 2, \ldots$

$$h(n) = \psi(a+n) + \psi(b+n) - \psi(m+1+n) - \psi(n+1)$$

gesetzt ist.

IV. Wenn $c = 1 + m$ mit $m = 1, 2, 3$ ist und gleichzeitig a oder b gleich einer positiven ganzen Zahl $1 + m'$ ist, wobei $0 \leqq m' < m$ ist. Es sei etwa $a = 1 + m'$. Dann kann man setzen:

$$u_1 = {}_2F_1(1 + m', b; \; 1 + m; \; z)$$
$$u_2 = z^{-m} {}_2F_1(1 + m' - m, \; b - m; \; 1 - m; \; z).$$

In diesem Falle ist u_2 ein Polynom von z^{-1}.

V. Wenn $c = 1 - m$ mit $m = 1, 2, 3, \ldots$ ist, und nicht gleichzeitig a oder b gleich einer ganzen Zahl $-m'$ der Reihe $m' = 0, 1, 2, \ldots,$ $m - 1$ ist:

$$u_1 = z^m {}_2F_1(a + m, \; b + m; \; 1 + m; \; z)$$
$$u_2 = z^m {}_2F_1(a + m, \; b + m; \; 1 + m; \; z) \ln z$$
$$+ z^m \sum_{n=1}^{\infty} z^n \frac{(a+m)_n \, (b+m)_n}{(1+m)_n \, n!} \{h^*(n) - h^*(o)\}$$
$$- \sum_{n=1}^{m} \frac{(n-1)! \, (-m)_n}{(1-a-m)_n \, (1-b-m)_n} z^{m-n},$$

worin für $n = 0, 1, 2, \ldots$

$$h^*(n) = \psi(a + m + n) + \psi(b + m + n) - \psi(1 + m + n) - \psi(1 + n)$$

gesetzt ist.

VI. Wenn $c = 1 - m$ mit $m = 1, 2, 3, \ldots$ ist, und gleichzeitig a oder b gleich einer ganzen Zahl $-m'$ der Reihe $m' = 0, 1, \ldots,$ $m - 1$ ist. Es sei etwa $a = -m'$. Dann kann man setzen:

$$u_1 = {}_2F_1(-m', b; \; 1 - m; \; z)$$
$$u_2 = z^m {}_2F_1(-m' + m, \; b + m; \; 1 + m; \; z).$$

Zu den Formeln in II bis V ist noch anzumerken, daß für $n = 1, 2, 3, \ldots$

$$\psi(a + n) - \psi(a) = \frac{1}{a} + \frac{1}{a+1} + \cdots + \frac{1}{a+n-1}$$

ist, und daß für den Fall, daß a gleich einer nicht positiven ganzen Zahl $-l$ mit $l = 0, 1, 2, \ldots$ wird, der Ausdruck

$$(a)_n \, [\psi(a + n) - \psi(a)]$$

für $n = l + 1, l + 2, \ldots$ zu ersetzen ist durch

$$(-1)^l \, l! \, (n - l - 1)!$$

VII. Wenn $c = \frac{1}{2}(a+b+1)$ ist, so sind

$$u_1 = {}_2F_1(a,b;\tfrac{1}{2}(a+b+1);z)$$
$$u_2 = {}_2F(a,b;\tfrac{1}{2}(a+b+1);1-z)$$

linear unabhängige Lösungen der hypergeometrischen Differentialgleichung, sofern nicht a, b oder c gleich $0, -1, -2, \ldots$ wird.

Analytische Fortsetzung der bei $z = 0$ regulären Lösung.

Die Formeln von § 1 ermöglichen die analytische Fortsetzung der für $|z| < 1$ durch die hypergeometrische Reihe ${}_2F_1(a,b;c;z)$ definierten Funktion $F(a,b;c;z)$ in das Gebiet $|z| > 1$, $|\arg - z| < \pi$, sofern nicht $a - b$ eine ganze Zahl wird. Wenn dies der Fall ist, so werde etwa

$$b = a+m, \qquad (m = 0, 1, 2, \ldots)$$

angenommen. Dann wird, für $|z| > 1$, $|\arg - z| < \pi$:

(1)
$$\frac{\Gamma(a)\,\Gamma(a+m)}{\Gamma(c)} F(a, a+m; c; z)$$
$$= \frac{\sin \pi(c-a)}{\pi} \left\{ \sum_{n=0}^{m-1} \frac{\Gamma(a+n)\,\Gamma(1-c+a+n)\,\Gamma(m-n)}{n!} (-z)^{-a-n} \right.$$
$$\left. + (-z)^{-a-m} \sum_{n=0}^{\infty} \frac{\Gamma(a+m+n)\,\Gamma(1-c+a+m+n)}{n!\,(n+m)!} g(n)\, z^{-n} \right\}$$

mit

(2)
$$g(n) = \ln(-z) + \pi \operatorname{ctg} \pi(c-a) + \psi(n+1) + \psi(n+m+1)$$
$$- \psi(a+m+n) - \psi(1-c+a+m+n).$$

Für $m = 0$ ist $\sum\limits_{n=0}^{m-1} = 0$ zu setzen. Die Formel gilt nicht, wenn a, c oder $a - c + 1$ gleich einer der Zählen $0, -1, -2, \ldots$ ist. In diesen Fällen gilt:

1. Wenn a eine nicht positive ganze Zahl aber c keine ganze Zahl ist, so ist $F(a, a+m; c; z)$ ein Polynom in z.

2. Wenn c eine nicht positive ganze Zahl ist, aber a keine ganze Zahl ist, so setze man etwa $c = -l$ mit $l = 0, 1, 2. \ldots$ Es wird dann

$$\frac{\Gamma(a+l+1)\,\Gamma(a+m+l+1)}{\Gamma(l+2)} z^{l+1} F(a+l+1, a+m+l+1; l+2; z)$$

eine bei $z = 0$ reguläre Lösung der hypergeometrischen Differentialgleichung, und diese ist gleich der rechten Seite von (1), wenn man dort und in (2) durchweg $-c$ durch l ersetzt.

3. Wenn $a - c + 1$ eine nicht positive ganze Zahl ist, aber a und c beide keine ganzen Zahlen sind, benutze man die Formel

$$F(a, a+m; c; z) = (1-z)^{c-2a-m} F(c-a-m, c-a; c; z),$$

und wende auf die rechte Seite Formel (1) an, falls nicht $c - a - m \leqq 0$ ist, so daß die rechte Seite ein Polynom wird, das mit einer Potenz von $1 - z$ multipliziert ist.

4. Wenn a, b und c ganze Zahlen sind, so besitzt die hypergeometrische Differentialgleichung stets eine bei $z = 0$ reguläre Lösung der Form

$$R_1(z) + \ln(1 - z) R_2(z),$$

wobei $R_1(z)$ und $R_2(z)$ rationale Funktionen von z sind. Man erhält diese Lösung, indem man auf $F(a, b; c; z)$ oder, für $c = -l$ ($l = 0$, 1, 2, ...) auf

$$z^{l+1} F(a + l + 1, \ b + l + 1; \ l + 2; \ z)$$

die drei ersten „Rekursionsformeln von Gauss" aus § 1 anwendet, um im Falle positiver Werte der Parameter diese schrittweise auf Zwei, Eins oder Null zu reduzieren. Aus

$$_2F_1(1, 1; 2; z) = - z^{-1} \ln(1 - z),$$
$$_2F_1(0, b; c; z) = _2F_1(a, 0; c; z) = 1$$

erhält man dann die behauptete Form der Lösung.

§ 3. Die Riemannsche Differentialgleichung.

Die hypergeometrische Differentialgleichung ist ein Spezialfall der Riemannschen Differentialgleichung.

$$\frac{d^2 u}{d z^2} + \left[\frac{1 - \alpha - \alpha'}{z - a} + \frac{1 - \beta - \beta'}{z - b} + \frac{1 - \gamma - \gamma'}{z - c} \right] \frac{d u}{d z}$$
$$+ \left[\frac{\alpha \alpha'(a - b)(a - c)}{z - a} + \frac{\beta \beta'(b - c)(b - a)}{z - b} + \frac{\gamma \gamma'(c - a)(c - b)}{z - c} \right] \frac{u}{(z - a)(z - b)(z - c)} = 0.$$

Die Koeffizienten dieser Differentialgleichung sind singulär an den Stellen $z = a$; $z = b$; $z = c$.

α, α'; β, β'; γ, γ' nennt man die zu den Polen a, b, c gehörigen Exponenten.

Die Exponenten müssen folgende Nebenbedingung erfüllen

$$\alpha + \alpha' + \beta + \beta' + \gamma + \gamma' = 1.$$

Die Differentialgleichung für u pflegt man durch folgendes Schema darzustellen:

$$u = P \left\{ \begin{matrix} a & b & c & \\ \alpha & \beta & \gamma & z \\ \alpha' & \beta' & \gamma' & \end{matrix} \right\}.$$

Sonderfälle der Riemannschen Differentialgleichung: Die hypergeometrische Differentialgleichung

$$z(1-z)\frac{d^2u}{dz^2} + [c-(a+b+1)z]\frac{du}{dz} - abu = 0$$

wird dargestellt durch

$$u = P\left\{\begin{matrix} 0 & \infty & 1 & \\ 0 & a & 0 & z \\ 1-c & b & c-a-b & \end{matrix}\right\}.$$

Die sogenannte „*verallgemeinerte*" hypergeometrische Differential-gleichung

$$\frac{d^2u}{dz^2} + \left[\frac{1-\alpha-\alpha'}{z} + \frac{1-\gamma-\gamma'}{z-1}\right]\frac{du}{dz} + \left[\frac{-\alpha\alpha'}{z} + \frac{\gamma\gamma'}{z-1} + \beta\beta'\right]\frac{u}{z(z-1)} = 0$$

wird dargestellt durch:

$$u = P\left\{\begin{matrix} 0 & \infty & 1 & \\ \alpha & \beta & \gamma & z \\ \alpha' & \beta' & \gamma' & \end{matrix}\right\}.$$

Die Differentialgleichung der zugeordneten LEGENDREschen Poly-nome $u = P_n^m(z)$

$$(1-z^2)\frac{d^2u}{dz^2} - 2z\frac{du}{dz} + \left[-\frac{m^2}{1-z^2} + n(n+1)\right]u = 0$$

ist gegeben durch:

$$u = P\left\{\begin{matrix} 0 & \infty & 1 & \\ -\dfrac{1}{2}n & \dfrac{1}{2}m & 0 & \dfrac{1}{1-z^2} \\ \dfrac{1}{2}n+\dfrac{1}{2} & -\dfrac{1}{2}m & \dfrac{1}{2} & \end{matrix}\right\}.$$

Die mit den zugeordneten LEGENDREschen Polynomen $P_n^m(z)$ zu-sammenhängenden Polynome $C_n^\mu(z)$, gegeben durch

$$(1-2hz+h^2)^{-\mu} = \sum_0^\infty h^n C_n^\mu(z),$$

erfüllen die Differentialgleichung

$$u = P\left\{\begin{matrix} -1 & \infty & 1 & \\ \tfrac{1}{2}-\mu & n+2\mu & \tfrac{1}{2}-\mu & z \\ 0 & -n & 0 & \end{matrix}\right\}.$$

Die Differentialgleichung der konfluenten hypergeometrischen Funk-tion

$$\frac{d^2u}{dz^2} + \frac{du}{dz} + \left(\frac{\tfrac{1}{4}-m^2}{z^2} + \frac{k}{z}\right)u = 0$$

ist gegeben durch folgendes Schema:

$$u = \left\{ \begin{array}{ccc} 0 & \infty & c \\ \tfrac{1}{2}+m & -c & c-k \\ \tfrac{1}{2}-m & 0 & k \end{array} \; z \right\} \quad \text{mit} \; \lim c \to \infty.$$

Transformationsformeln für RIEMANNS *P-Gleichung:*

Es gelten folgende zwei Transformationsformeln:

$$\left(\frac{z-a}{z-b}\right)^{k}\left(\frac{z-c}{z-b}\right)^{l} P \left\{ \begin{array}{ccc} a & b & c \\ \alpha & \beta & \gamma \\ \alpha' & \beta' & \gamma' \end{array} \; z \right\} = P \left\{ \begin{array}{ccc} a & b & c \\ \alpha+k & \beta-k-l & \gamma+l \\ \alpha'+k & \beta'-k-l & \gamma'+l \end{array} \; z \right\},$$

$$P \left\{ \begin{array}{ccc} a & b & c \\ \alpha & \beta & \gamma \\ \alpha' & \beta' & \gamma' \end{array} \; z \right\} = P \left\{ \begin{array}{ccc} a_1 & b_1 & c_1 \\ \alpha & \beta & \gamma \\ \alpha' & \beta' & \gamma' \end{array} \; z_1 \right\}.$$

Die erste Transformationsformel sagt aus, daß, falls

$$u = P \left\{ \begin{array}{ccc} a & b & c \\ \alpha & \beta & \gamma \\ \alpha' & \beta' & \gamma' \end{array} \; z \right\}$$

der Ausdruck

$$u_1 = \left(\frac{z-a}{z-b}\right)^{k}\left(\frac{z-c}{z-b}\right)^{l} u$$

eine Differentialgleichung zweiter Ordnung mit den gleichen singulären Punkten abc und den Exponenten $\alpha+k$, $\alpha'+k$; $\beta-k-l$; $\beta'-k-l$; $\gamma+l$, $\gamma'+l$ erfüllt. Die zweite Transformationsformel führt eine Differentialgleichung mit den Singularitäten a, b, c, den Exponenten α, α'; β, β'; γ, γ' und der Variablen z über in eine mit den gleichen Exponenten, den Singularitäten a_1, b_1, c_1 und der Variablen z_1, wobei die Variable z_1 aus z durch eine gebrochen lineare Transformation

$$z = \frac{A z_1 + B}{C z_1 + D} \qquad (AD - BC \neq 0)$$

hervorgeht. Die a_1, b_1, c_1 bestimmen sich aus den a, b, c durch die gleiche gebrochen lineare Transformation.

Lösung der RIEMANN*schen Differentialgleichung.*

Durch aufeinanderfolgende Anwendung beider Transformationsformeln läßt sich die RIEMANNsche Differentialgleichung auf die hypergeometrische Differentialgleichung und daher ihre Lösung auf die hypergeometrische Funktion zurückführen.

Für $k = -\alpha$ und $l = -\gamma$ sowie $z_1 = \dfrac{(z-a)\,(c-b)}{(z-b)\,(c-a)}$ wird:

$$u = P\left\{\begin{matrix} a & b & c \\ \alpha & \beta & \gamma \\ \alpha' & \beta' & \gamma' \end{matrix}\; z\right\} = \left(\frac{z-a}{z-b}\right)^{\alpha}\left(\frac{z-c}{z-b}\right)^{\gamma} P\left\{\begin{matrix} a & b & c \\ 0 & \beta+\alpha+\gamma & 0 \\ \alpha'-\alpha & \beta'+\alpha+\gamma & \gamma'-\gamma \end{matrix}\; z\right\}$$

$$= \left(\frac{z-a}{z-b}\right)^{\alpha}\left(\frac{z-c}{z-b}\right)^{\gamma} P\left\{\begin{matrix} 0 & \infty & 1 \\ 0 & \beta+\alpha+\gamma & 0 \\ \alpha'-\alpha & \beta'+\alpha+\gamma & \gamma'-\gamma \end{matrix}\; \frac{(z-a)(c-b)}{(z-b)(c-a)}\right\}.$$

Eine Lösung drückt sich daher nach dem Vorhergehenden folgendermaßen durch die hypergeometrische Reihe aus:

$$u = \left(\frac{z-a}{z-b}\right)^{\alpha}\left(\frac{z-c}{z-b}\right)^{\gamma} F\left(\alpha+\beta+\gamma,\; \alpha+\beta+\gamma;\; 1+\alpha-\alpha';\; \frac{(z-a)(c-b)}{(z-b)(c-a)}\right).$$

Da die Riemannsche Gleichung ungeändert bleibt, wenn die Konstanten a, b, c; α, α'; β, β'; γ, γ' in geeigneter Weise untereinander vertauscht werden, so ergeben sich insgesamt 24 Lösungen der Differentialgleichung, die unter der Voraussetzung, daß die Größen $\alpha-\alpha'$, $\beta-\beta'$, $\gamma-\gamma'$ weder Null noch eine ganze Zahl sind, folgende Form haben:

$$u_1 = \left(\frac{z-a}{z-b}\right)^{\alpha}\left(\frac{z-c}{z-b}\right)^{\gamma} F\left(\alpha+\beta+\gamma,\; \alpha+\beta'+\gamma;\; 1+\alpha-\alpha';\; \frac{(c-b)(z-a)}{(c-a)(z-b)}\right),$$

$$u_2 = \left(\frac{z-a}{z-b}\right)^{\alpha'}\left(\frac{z-c}{z-b}\right)^{\gamma} F\left(\alpha'+\beta+\gamma,\; \alpha'+\beta'+\gamma;\; 1+\alpha'-\alpha;\; \frac{(c-b)(z-a)}{(c-a)(z-b)}\right),$$

$$u_3 = \left(\frac{z-a}{z-b}\right)^{\alpha}\left(\frac{z-c}{z-b}\right)^{\gamma'} F\left(\alpha+\beta+\gamma',\; \alpha+\beta'+\gamma';\; 1+\alpha-\alpha';\; \frac{(c-b)(z-a)}{(c-a)(z-b)}\right),$$

$$u_4 = \left(\frac{z-a}{z-b}\right)^{\alpha'}\left(\frac{z-c}{z-b}\right)^{\gamma'} F\left(\alpha'+\beta+\gamma',\; \alpha'+\beta'+\gamma';\; 1+\alpha'-\alpha;\; \frac{(c-b)(z-a)}{(c-a)(z-b)}\right),$$

$$u_5 = \left(\frac{z-b}{z-c}\right)^{\beta}\left(\frac{z-a}{z-c}\right)^{\alpha} F\left(\beta+\gamma+\alpha,\; \beta+\gamma'+\alpha;\; 1+\beta-\beta';\; \frac{(a-c)(z-b)}{(a-b)(z-c)}\right),$$

$$u_6 = \left(\frac{z-b}{z-c}\right)^{\beta'}\left(\frac{z-a}{z-c}\right)^{\alpha} F\left(\beta'+\gamma+\alpha,\; \gamma'+\beta'+\alpha;\; 1+\beta'-\beta;\; \frac{(a-c)(z-b)}{(a-b)(z-c)}\right),$$

$$u_7 = \left(\frac{z-b}{z-c}\right)^{\beta}\left(\frac{z-a}{z-c}\right)^{\alpha'} F\left(\beta+\gamma+\alpha'\; \beta+\gamma'+\alpha';\; 1+\beta-\beta';\; \frac{(a-c)(z-b)}{(a-b)(z-c)}\right),$$

$$u_8 = \left(\frac{z-b}{z-c}\right)^{\beta'}\left(\frac{z-a}{z-c}\right)^{\alpha'} F\left(\beta'+\gamma+\alpha',\; \beta'+\gamma'+\alpha';\; 1+\beta'-\beta;\; \frac{(a-c)(z-b)}{(a-b)(z-c)}\right),$$

$$u_9 = \left(\frac{z-c}{z-a}\right)^{\gamma}\left(\frac{z-b}{z-a}\right)^{\beta} F\left(\gamma+\alpha+\beta,\; \gamma+\alpha'+\beta;\; 1+\gamma-\gamma';\; \frac{(b-a)(z-c)}{(b-c)(z-a)}\right),$$

$$u_{10} = \left(\frac{z-c}{z-a}\right)^{\gamma'}\left(\frac{z-b}{z-a}\right)^{\beta} F\left(\gamma'+\alpha+\beta,\; \gamma'+\alpha'+\beta;\; 1+\gamma'-\gamma;\; \frac{(b-a)(z-c)}{(b-c)(z-a)}\right),$$

$$u_{11} = \left(\frac{z-c}{z-a}\right)^{\gamma}\left(\frac{z-b}{z-a}\right)^{\beta'} F\left(\gamma+\alpha+\beta',\; \gamma+\alpha'+\beta';\; 1+\gamma-\gamma';\; \frac{(b-a)(z-c)}{(b-c)(z-a)}\right),$$

$$u_{12} = \left(\frac{z-c}{z-a}\right)^{\gamma'} \left(\frac{z-b}{z-a}\right)^{\beta'} F\left(\gamma'+\alpha+\beta',\ \gamma'+\alpha'+\beta';\ 1+\gamma'-\gamma;\ \frac{(b-a)(z-c)}{(b-c)(z-a)}\right),$$

$$u_{13} = \left(\frac{z-a}{z-c}\right)^{a} \left(\frac{z-b}{z-c}\right)^{\beta} F\left(\alpha+\gamma+\beta,\ \alpha+\gamma'+\beta;\ 1+\alpha-\alpha';\ \frac{(b-c)(z-a)}{(b-a)(z-c)}\right),$$

$$u_{14} = \left(\frac{z-a}{z-c}\right)^{a'} \left(\frac{z-b}{z-c}\right)^{\beta} F\left(\alpha'+\gamma+\beta,\ \alpha'+\gamma'+\beta;\ 1+\alpha'-\alpha;\ \frac{(b-c)(z-a)}{(b-a)(z-c)}\right),$$

$$u_{15} = \left(\frac{z-a}{z-c}\right)^{a} \left(\frac{z-b}{z-c}\right)^{\beta'} F\left(\alpha+\gamma+\beta',\ \alpha+\gamma'+\beta';\ 1+\alpha-\alpha';\ \frac{(b-c)(z-a)}{(b-a)(z-c)}\right),$$

$$u_{16} = \left(\frac{z-a}{z-c}\right)^{a'} \left(\frac{z-b}{z-c}\right)^{\beta'} F\left(\alpha'+\gamma+\beta',\ \alpha'+\gamma'+\beta';\ 1+\alpha'-\alpha;\ \frac{(b-c)(z-a)}{(b-a)(z-c)}\right),$$

$$u_{17} = \left(\frac{z-c}{z-b}\right)^{\gamma} \left(\frac{z-a}{z-b}\right)^{a} F\left(\gamma+\beta+\alpha,\ \gamma+\beta'+\alpha;\ 1+\gamma-\gamma';\ \frac{(a-b)(z-c)}{(a-c)(z-b)}\right),$$

$$u_{18} = \left(\frac{z-c}{z-b}\right)^{\gamma'} \left(\frac{z-a}{z-b}\right)^{a} F\left(\gamma'+\beta+\alpha,\ \gamma'+\beta'+\alpha;\ 1+\gamma'-\gamma;\ \frac{(a-b)(z-c)}{(a-c)(z-b)}\right),$$

$$u_{19} = \left(\frac{z-c}{z-b}\right)^{\gamma} \left(\frac{z-a}{z-b}\right)^{a'} F\left(\gamma+\beta+\alpha',\ \gamma+\beta'+\alpha';\ 1+\gamma-\gamma';\ \frac{(a-b)(z-c)}{(a-c)(z-b)}\right),$$

$$u_{20} = \left(\frac{z-c}{z-b}\right)^{\gamma'} \left(\frac{z-a}{z-b}\right)^{a'} F\left(\gamma'+\beta+\alpha',\ \gamma'+\beta'+\alpha';\ 1+\gamma'-\gamma;\ \frac{(a-b)(z-c)}{(a-c)(z-b)}\right),$$

$$u = \left(\frac{z-b}{z-a}\right)^{\beta} \left(\frac{z-c}{z-a}\right)^{\gamma} F\left(\beta+\alpha+\gamma,\ \beta+\alpha'+\gamma;\ 1+\beta-\beta';\ \frac{(c-a)(z-b)}{(c-b)(z-a)}\right),$$

$$u_{22} = \left(\frac{z-b}{z-a}\right)^{\beta'} \left(\frac{z-c}{z-a}\right)^{\gamma} F\left(\beta'+\alpha+\gamma,\ \beta'+\alpha'+\gamma;\ 1+\beta'-\beta;\ \frac{(c-a)(z-b)}{(c-b)(z-a)}\right),$$

$$u_{23} = \left(\frac{z-b}{z-a}\right)^{\beta} \left(\frac{z-c}{z-a}\right)^{\gamma'} F\left(\beta+\alpha+\gamma',\ \beta+\alpha'+\gamma';\ 1+\beta-\beta';\ \frac{(c-a)(z-b)}{(c-b)(z-a)}\right),$$

$$u_{24} = \left(\frac{z-b}{z-a}\right)^{\beta'} \left(\frac{z-c}{z-a}\right)^{\gamma'} F\left(\beta'+\alpha+\gamma',\ \beta'+\alpha'+\gamma';\ 1+\beta'-\beta;\ \frac{(c-a)(z-b)}{(c-b)(z-a)}\right).$$

Die hypergeometrische sowie die „verallgemeinerte" hypergeometrische Differentialgleichung sind charakterisiert durch $a=0$; $b=\infty$; $c=1$.

In diesem Falle sind in den vorstehenden 24 Lösungen die Faktoren der hypergeometrischen Funktion F, welche die Gestalt einer Potenz von $z-b$ haben, gleich eins zu setzen. Im Argument von F hat man dagegen den Grenzübergang $b \to \infty$ zu vollziehen.

Drittes Kapitel.

Zylinderfunktionen.

§ 1. Definitionen, Differentialgleichung, Rekursionsformeln, Reihenentwicklung, Mehrdeutigkeit, Unbestimmte Integrale.

Die Zylinderfunktionen $\mathfrak{Z}_\nu(z)$ sind Lösungen der Differentialgleichung

$$(1) \qquad \frac{d^2 \mathfrak{Z}_\nu}{dz^2} + \frac{1}{z}\frac{d\mathfrak{Z}_\nu}{dz} + \left(1 - \frac{\nu^2}{z^2}\right)\mathfrak{Z}_\nu = 0.$$

Ihre Abhängigkeit von dem Parameter ν wird nach N. Nielsen gewöhnlich so normiert, daß sie den Rekursionsformeln

$$(2\,\text{a}) \qquad \mathfrak{Z}_{\nu-1}(z) + \mathfrak{Z}_{\nu+1}(z) = \frac{2\nu}{z}\mathfrak{Z}_\nu(z), \qquad (\text{vgl. § 8, b})$$

$$(2\,\text{b}) \qquad \mathfrak{Z}_{\nu-1}(z) - \mathfrak{Z}_{\nu+1}(z) = 2\frac{d\mathfrak{Z}_\nu(z)}{dz}$$

genügen. Spezielle Zylinderfunktionen, die (2 a) und (2 b) befriedigen, sind die Besselschen, Neumannschen und Hankelschen Funktionen $J_\nu(z)$, $N_\nu(z)$, $H_\nu^{(1)}(z)$ bzw. $H_\nu^{(2)}(z)$, welche auch Zylinderfunktionen 1., 2., 3. Art heißen[1] und durch die Reihentwicklungen

$$J_\nu(z) = \left(\frac{z}{2}\right)^\nu \sum_{l=0}^\infty \frac{\left(\frac{iz}{2}\right)^{2l}}{l!\,\Gamma(\nu+l+1)} = \frac{\left(\frac{1}{2}z\right)^\nu}{\Gamma(\nu+1)}\,{}_0F_1(\nu+1;\,-\tfrac{1}{4}z^2)$$

$$(|\arg z| < \pi),$$

$$N_\nu(z) = \frac{1}{\sin\nu\pi}\left[\cos\nu\pi\,J_\nu(z) - J_{-\nu}(z)\right]$$

$$= \frac{1}{\sin\nu\pi}\left[\left(\frac{z}{2}\right)^\nu \cos\nu\pi \sum_{l=0}^\infty \frac{\left(\frac{iz}{2}\right)^{2l}}{l!\,\Gamma(\nu+l+1)} - \left(\frac{z}{2}\right)^{-\nu} \sum_{l=0}^\infty \frac{\left(\frac{iz}{2}\right)^{2l}}{l!\,\Gamma(-\nu+l+1)}\right]$$

$$(\nu \neq 0,\ \pm 1,\ \pm 2,\ \ldots;\ |\arg z| < \pi),$$

$$N_n(z) = \frac{2}{\pi}J_n(z)\ln\frac{\gamma z}{2} - \frac{1}{\pi}\left(\frac{z}{2}\right)^n \sum_{l=0}^\infty \frac{(-1)^l}{l!\,(n+l)!}\left(\frac{z}{2}\right)^{2l}\left(\sum_{m=1}^l \frac{1}{m} + \sum_{m=1}^{l+n} \frac{1}{m}\right)$$

$$- \frac{1}{\pi}\left(\frac{z}{2}\right)^{-n} \sum_{l=0}^{n-1} \frac{(n-l-1)!}{l!}\left(\frac{z}{2}\right)^{2l}$$

$$(\ln\gamma = C,\ \text{vgl. S. 2};\ n = 0, 1, 2, \ldots;\ |\arg z| < \pi;$$

Summen, in denen der obere Wert des Summationsindex kleiner ist als der untere (leere Summen), sind durch Null zu ersetzen.)

---

[1] Für N_ν ist auch die Bezeichnung Y_ν sehr gebräuchlich.

$$N_{-n}(z) = (-1)^n N_n(z); \quad J_{-n}(z) = (-1)^n J_n(z)$$
$$(n = 1, 2, 3, \ldots),$$
$$H_\nu^{(1)}(z) = J_\nu(z) + i N_\nu(z)$$
$$H_\nu^{(2)}(z) = J_\nu(z) - i N_\nu(z)$$
$$(\nu \text{ beliebig})$$

definiert werden können. Die Funktionenpaare

$$H^{(1)}(z), H_\nu^{(2)}(z); \quad J_\nu(z), N_\nu(z); \quad J_\nu(z), J_{-\nu}(z) \quad \text{für} \quad \nu \neq 0, \pm 1, \pm 2, \ldots$$

sind Fundamentalsysteme (d. h. linear unabhängige Lösungen) von (1); ihre WRONSKISCHEN Determinanten (s. IX, § 3) haben die Werte

$$-\frac{4i}{\pi z}; \quad \frac{2}{\pi z}; \quad -\frac{2}{\pi z} \sin \nu \pi.$$

Die Funktionen J_ν, N_ν, $H_\nu^{(1, 2)}$ sind mit Ausnahme der Funktionen $J_n(z)$ ($n = 0, \pm 1, \pm 2, \ldots$) nicht eindeutig, sondern besitzen bei $z = 0$ einen Verzweigungspunkt. Der Übergang zu verschiedenen Funktionszweigen über $(-\infty, 0)$ als Verzweigungsschnitt hinweg wird durch die Umlaufsrelationen

$$J_\nu(e^{m\pi i} z) = e^{m\nu\pi i} J_\nu(z);$$
$$N_\nu(e^{m\pi i} z) = e^{-m\nu\pi i} N_\nu(z) + 2i \sin m\nu\pi \cot \nu\pi \, J_\nu(z),$$
$$H_\nu^{(1)}(e^{m\pi i} z) = \frac{-\sin(m-1)\nu\pi}{\sin \nu\pi} H_\nu^{(1)}(z) - e^{-\nu\pi i} \frac{\sin m\nu\pi}{\sin \nu\pi} H_\nu^{(2)}(z),$$
$$H_\nu^{(2)}(e^{m\pi i} z) = e^{\nu\pi i} \frac{\sin m\nu\pi}{\sin \nu\pi} H_\nu^{(1)}(z) + \frac{\sin(m+1)\nu\pi}{\sin \nu\pi} H_\nu^{(2)}(z),$$
$$(m = \pm 1, \pm 2, \pm 3, \ldots)$$

ermöglicht; zu diesen Formeln treten noch die folgenden hinzu:

$$H_\nu^{(1)}(e^{i\pi} z) = -H_{-\nu}^{(2)}(z) = -e^{-i\pi\nu} H_\nu^{(2)}(z),$$
$$H_\nu^{(2)}(e^{-i\pi} z) = -H_{-\nu}^{(1)}(z) = -e^{+i\pi\nu} H_\nu^{(1)}(z),$$
$$\overline{H_\nu^{(2)}(z)} = H_{-\nu}^{(1)}(\bar{z}).$$

(Ein Querstrich bedeutet die konjugiert-komplexe Größe.)

Die Funktion $u = z^{\beta\nu - \alpha} \mathfrak{Z}_\nu(\gamma z^\beta)$ genügt der Differentialgleichung

$$z^2 \frac{d^2 u}{dz^2} + (2\alpha - 2\nu\beta + 1) z \frac{du}{dz} + [\beta^2 \gamma^2 z^{2\beta} + \alpha(\alpha - 2\nu\beta)] u = 0;$$

durch spezielle Wahl von $\alpha, \beta, \gamma, \nu$ ergeben sich hieraus die Lösungen einer Reihe von Differentialgleichungen mit Hilfe von Zylinderfunktionen; insbesondere hat

$$\frac{d^2 v}{dz^2} + c^2 z^{2q-2} v = 0 \quad \text{die Lösung} \quad v = \sqrt{z} \, \mathfrak{Z}_{1/2q}\left(\frac{c}{q} z^q\right).$$

Ferner sind $y = \mathfrak{Z}_\nu(e^z)$ bzw. $y = z\,\mathfrak{Z}_\nu(e^{1/z})$ Lösungen von

$$\frac{d^2 y}{dz^2} + (e^{2z} - \nu^2)\,y = 0 \quad\text{bzw.}\quad \frac{d^2 y}{dz^2} + \frac{e^{2/z} - \nu^2}{z^4}\,y = 0.$$

Die Zylinderfunktionen von halbzahligem Index $\nu = n + \tfrac{1}{2}$ mit $n = 0, \pm 1, \pm 2, \ldots$ sind elementare Funktionen[1]; insbesondere ist

$$J_{1/2}(z) = \sqrt{\frac{2}{\pi}}\,\frac{\sin z}{\sqrt{z}}, \quad J_{-1/2}(z) = \sqrt{\frac{2}{\pi}}\,\frac{\cos z}{\sqrt{z}},$$

$$J_{3/2}(z) = \sqrt{\frac{2}{\pi}}\left(\frac{-\cos z}{\sqrt{z}} + \frac{\sin z}{z\sqrt{z}}\right), \quad J_{-3/2}(z) = \sqrt{\frac{2}{\pi}}\left(\frac{-\sin z}{\sqrt{z}} - \frac{\cos z}{z\sqrt{z}}\right),$$

$$J_{5/2}(z) = \sqrt{\frac{2}{\pi}}\left[\left(-1 + \frac{3}{z^2}\right)\frac{\sin z}{\sqrt{z}} - \frac{3\cos z}{z\sqrt{z}}\right],$$

$$J_{-5/2}(z) = \sqrt{\frac{2}{\pi}}\left[\left(-1 + \frac{3}{z^2}\right)\frac{\cos z}{\sqrt{z}} + \frac{3\sin z}{z\sqrt{z}}\right],$$

$$H^{(1)}_{1/2}(z) = \sqrt{\frac{2}{\pi z}}\,\frac{1}{i}\,e^{iz}, \quad H^{(2)}_{1/2}(z) = \sqrt{\frac{2}{\pi z}}\,\frac{e^{-iz}}{-i},$$

$$H^{(1)}_{-1/2}(z) = \sqrt{\frac{2}{\pi z}}\,e^{iz}, \quad H^{(2)}_{-1/2}(z) = \sqrt{\frac{2}{\pi z}}\,e^{-iz}.$$

Allgemein ist für $n = 1, 2, 3, \ldots$:

$$J_{n+1/2}(z) = \sqrt{\frac{2}{\pi}}\,z^{n+1/2}\left(-\frac{1}{z}\frac{d}{dz}\right)^n \frac{\sin z}{z},$$

$$N_{n+1/2}(z) = (-1)^{n+1} J_{-(n+1/2)}(z).$$

Man vergleiche hierzu § 3a.

Besonders einfache Eigenschaften besitzen ferner die BESSELschen Funktionen $J_n(z)$ mit ganzzahligem Index $n = 0, 1, 2, \ldots$ Sie sind überall eindeutige, ganze transzendente Funktionen, die sich auf folgende Arten als Koeffizienten von Reihenentwicklungen ergeben:

$$e^{z(t - t^{-1})/2} = J_0(z) + \sum_{n=1}^{\infty} \left[t^n + (-t)^{-n}\right] J_n(z),$$

$$e^{\pm iz\sin\vartheta} = \sum_{n=0}^{\infty} \left[\varepsilon_{2n} J_{2n}(z)\cos 2n\vartheta \pm i\,\varepsilon_{2n+1} J_{2n+1}(z)\sin(2n+1)\vartheta\right],$$

$$e^{iz\cos\vartheta} = \sum_{n=-\infty}^{+\infty} i^n J_n(z) e^{in\vartheta} = \sum_{n=0}^{\infty} i^n \varepsilon_n J_n(z)\cos n\vartheta$$

$$(\varepsilon_n = 2 \text{ für } n = 1, 2, 3, \ldots;\quad \varepsilon_0 = 1)$$

(JACOBI-ANGERSche Formel).

---

[1] Man schreibt vielfach nach SOMMERFELD

$$\psi_n(z) = \sqrt{\frac{\pi}{2z}}\,J_{n+1/2}(z); \quad \zeta_n^{(1)}(z) = \sqrt{\frac{\pi}{2z}}\,H^{(1)}_{n+1/2}(z); \quad \zeta_n^{(2)}(z) = \sqrt{\frac{\pi}{2z}}\,H^{(2)}_{n+1/2}(z).$$

Für die Besselschen Funktionen mit ganz- oder halbzahligem Index läßt sich ebenfalls eine einfache erzeugende Funktion angeben; es ist:

$$\sqrt{\frac{i}{\pi}}\, e^{iz\cos 2\vartheta} \int_{-\infty}^{u} e^{-it^2}\, dt \;=\; \tfrac{1}{2} J_0(z) + \sum_{n=1}^{\infty} e^{n\pi i/4} J_{n/2}(z) \cos n\,\vartheta.$$

$$(u = \sqrt{2z}\cos\vartheta).$$

Die Potenzen von z lassen sich linear und bilinear durch die $J_n(z)$ ausdrücken:

$$1 = \sum_{n=0}^{\infty} \varepsilon_n J_{2n}(z),$$

$$(\tfrac{1}{2} z)^m = \sum_{n=0}^{\infty} \frac{(m+2n)(m+n-1)!}{n!} J_{2n+m}(z) \qquad (m = 1, 2, 3, \ldots),$$

$$1 = \sum_{n=0}^{\infty} \varepsilon_n J_n^2(z),$$

$$z^{2k+r} = 2^{2k+r} k!\,(k+r)! \sum_{n=0}^{\infty} \frac{(2n+2k+r)(n+2k+r-1)!}{n!\,(2k+r)!} J_{n+k}(z) J_{n+k+r}(z)$$

$$(k, r = 0, 1, 2, \ldots; \quad 2k+r > 0).$$

Die Produkte zweier beliebigen Besselschen Funktionen besitzen einfache Potenzreihenentwicklungen:

$$J_\mu(z) J_\nu(z) = \sum_{n=0}^{\infty} \frac{(-1)^n \left(\dfrac{z}{2}\right)^{\mu+\nu+2n} (\mu+\nu+n+1)_n}{n!\,\Gamma(\mu+n+1)\,\Gamma(\nu+n+1)}$$

$$J_\mu(a z) J_\nu(b z) = \frac{\left(\dfrac{a z}{2}\right)^{\mu}\left(\dfrac{b z}{2}\right)^{\nu}}{\Gamma(\nu+1)} \sum_{n=0}^{\infty} \frac{(-1)^n \left(\dfrac{a z}{2}\right)^{2n} {}_2F_1\!\left(-n, -\mu-n; \nu+1; \dfrac{b^2}{a^2}\right)}{n!\,\Gamma(\mu+n+1)}$$

Modifizierte Zylinderfunktionen.

Vielfach treten Zylinderfunktionen $\mathfrak{Z}_\nu(z)$ mit festem, von Null verschiedenem Wert von arg z auf. Man hat für diese in einigen Fällen besondere Bezeichnungen eingeführt, indem man definiert:

$$I_\nu(z) = e^{-\nu\pi i/2} J_\nu(e^{i\pi/2} z) = e^{3\nu\pi i/2} J_\nu(e^{-3\pi i/2} z)$$

$$\left(-\pi < \arg z < \frac{\pi}{2}\right) \left(\frac{\pi}{2} < \arg z \leqq \pi\right),$$

$$K_\nu(z) = \frac{i\pi}{2} e^{i\nu\pi/2} H_\nu^{(1)}(z e^{i\pi/2}) = -i\,\frac{\pi}{2} e^{-i\nu\pi/2} H_\nu^{(2)}(z e^{-i\pi/2})$$

$$K_\nu(z) = \frac{\pi}{2}\,\frac{I_{-\nu}(z) - I_\nu(z)}{\sin\nu\pi}$$

$$(\nu \neq 0, \pm 1, \pm 2, \ldots).$$

Reihenentwicklungen:

$$I_\nu(z) = \sum_{n=0}^{\infty} \frac{\left(\dfrac{z}{2}\right)^{\nu+2n}}{n!\,\Gamma(\nu+n+1)}$$

$$K_n(z) = K_{-n}(z) = (-1)^{n+1} I_n(z) \ln\left(\frac{\gamma z}{2}\right)$$

$$+ \tfrac{1}{2}(-1)^n \sum_{l=0}^{\infty} \frac{\left(\dfrac{z}{2}\right)^{n+2l}}{l!\,(n+l)!}\left(\sum_{m=1}^{l}\frac{1}{m}+\sum_{m=1}^{l+n}\frac{1}{m}\right)$$

$$+ \tfrac{1}{2}\sum_{l=0}^{n-1}\frac{(-1)^l(n-l-1)!}{l!}\left(\frac{z}{2}\right)^{2l-n}.$$

($n = 0, 1, 2, \ldots$; leere Summen (vgl. S. 25) sind durch Null zu ersetzen; $\ln\gamma = C =$ EULERsche Konstante). $I_\nu(z)$ bzw. K_ν heißen „*modifizierte* BESSELsche bzw. HANKELsche *Funktion*" und genügen den Beziehungen

$$I_{\nu-1}(z) - I_{\nu+1}(z) = \frac{2\nu}{z} I_\nu(z); \quad I_{\nu-1}(z) + I_{\nu+1}(z) = 2 I_\nu'(z),$$

$$K_{\nu-1}(z) - K_{\nu+1}(z) = -\frac{2\nu}{z} K_\nu(z); \quad K_{\nu-1}(z) + K_{\nu+1}(z) = -2 K_\nu'(z),$$

$$K_{-\nu}(z) = K_\nu(z).$$

Es bestehen die Umlaufsrelationen:

$$I_\nu(e^{im\pi} z) = e^{im\nu\pi} I_\nu(z)$$

$$K_\nu(e^{im\pi} z) = e^{-im\nu\pi} K_\nu(z) - i\pi\,\frac{\sin m\nu\pi}{\sin\nu\pi} I_\nu(z)$$

$$(m = 0, \pm 1, \pm 2, \ldots).$$

Die WRONSKIschen Determinanten der Funktionenpaare (Kap. 9, § 3) $I_\nu(z)$, $I_{-\nu}(z)$ bzw. $I_\nu(z)$, $K_\nu(z)$ sind gleich

$$-\frac{2\sin\nu\pi}{\pi z} \quad \text{bzw.} \quad -\frac{1}{z}.$$

$I_\nu(z)$, $I_{-\nu}(z)$ und $K_\nu(z)$ genügen der Differentialgleichung

$$\frac{d^2 u}{dz^2} + \frac{1}{z}\frac{du}{dz} - \left(1 + \frac{\nu^2}{z^2}\right)u = 0.$$

Die vier Funktionen $J_\nu(z)$, $N_\nu(z)$, $I_\nu(z)$, $K_\nu(z)$ sind linear **unabhän**gige Lösungen der Differentialgleichung 4. Ordnung

$$\frac{d^4 y}{dz^4} + \frac{2}{z}\frac{d^3 y}{dz^3} - \frac{2\nu^2+1}{z^2}\frac{d^2 y}{dz^2} + \frac{2\nu^2+1}{z^3}\frac{dy}{dz} + \left(\frac{\nu^4-4\nu^2}{z^4} - 1\right)y = 0.$$

Man definiert ferner die bei reellem v für reelle positive Werte von z reellen Funktionen $ber_v(z)$, $bei_v(z)$; $her_v(z)$, $hei_v(z)$; $ker_v(z)$, $kei_v(z)$, in denen man den Index v für $v = 0$ wegläßt, also „ber" statt „ber_0" schreibt usw., durch die Beziehungen:

$$ber_v(z) \pm i\, bei_v(z) \;=\; J_v(e^{\pm 3\pi i/4}\, z),$$

$$her_v(z) \pm i\, hei_v(z) \;=\; H_v^{(1)}(e^{\pm 3\pi i/4}\, z),$$

$$ker_v(z) \;=\; -\frac{\pi}{2}\, hei_v(z), \qquad kei_v(z) \;=\; \frac{\pi}{2}\, her_v(z).$$

Für ganzzahlige Werte von $n = 0, 1, 2, \ldots$ und reelle Werte von $r > 0$ ist insbesondere

$$J_n(r\sqrt{i}) \;=\; (-1)^n\,[ber_n(r) - i\, bei_n(r)],$$

$$H_n^{(1)}(r\sqrt{i}) \;=\; (-1)^{n+1}\,[her_n(r) - i\, hei_n(r)].$$

Unbestimmte Integrale.

Eine Folge von (1) und (2 a), (2 b) sind die für irgend zwei Zylinderfunktionen $\mathfrak{Z}_v$ und Z_μ bestehenden Beziehungen:

$$\int \left[(\alpha^2 - \beta^2)\, z - \frac{\mu^2 - v^2}{z}\right] \mathfrak{Z}_v(\beta z)\, Z_\mu(\alpha z)\, dz$$

$$= z\,[\beta\, Z_\mu(\alpha z)\, \mathfrak{Z}_v'(\beta z) - \alpha\, \mathfrak{Z}_v(\beta z)\, Z_\mu'(\alpha z)]$$

$$= z\,[\beta\, Z_\mu(\alpha z)\, \mathfrak{Z}_{v-1}(\beta z) - \alpha\, Z_{\mu-1}(\alpha z)\, \mathfrak{Z}_v(\beta z)] + (\mu - v)\, Z_\mu(\alpha z)\, \mathfrak{Z}_v(\beta z).$$

Ferner gilt:

$$\int J_v(z)\, dz \;=\; 2 \sum_{n=0}^{\infty} J_{v+2n+1}(z),$$

$$\int z^{v+1}\, \mathfrak{Z}_v(z)\, dz \;=\; z^{v+1}\, \mathfrak{Z}_{v+1}(z),$$

$$\int z^{-v}\, \mathfrak{Z}_{v+1}(z)\, dz \;=\; -z^{-v}\, \mathfrak{Z}_v(z).$$

Weitere Formeln in § 10 und bei R. STRAUBEL (s. Literaturverzeichnis).

§. 2. Additionstheoreme. Multiplikationstheorem.

Es seien r, ϱ und $R = \sqrt{r^2 + \varrho^2 - 2\, r\varrho \cos \varphi}$ reelle positive Größen, und es sei φ reell. Dann sind r, ϱ, R die Seiten eines Dreiecks, wobei φ der Winkel zwischen r und ϱ ist. Es sei $\varrho < r$ und ψ der der Seite ϱ gegenüberliegende Winkel, also

$$0 < \psi < \frac{\pi}{2}, \qquad e^{2i\psi} \;=\; \frac{r - \varrho\, e^{-i\varphi}}{r - \varrho\, e^{i\varphi}};$$

k sei eine beliebige komplexe Zahl. Dann gilt für jede Zylinderfunktion $\mathfrak{Z}_v$ das Additionstheorem

$$(3) \qquad e^{i\nu\psi}\,\mathfrak{Z}_\nu(kR) \;=\; \sum_{n=-\infty}^{+\infty} J_n(k\varrho)\,\mathfrak{Z}_{\nu+n}(kr)\,e^{in\varphi}$$

$$(0 < \varrho < r;\quad k\ \text{beliebig komplex}),$$

wobei die Funktionen $\mathfrak{Z}_{\nu+n}$ die Rekursionsformeln (2a, 2b) befriedigen müssen; dies ist insbesondere erfüllt für

$$\mathfrak{Z}_{\nu+n} = J_{\nu+n},\quad N_{\nu+n},\quad H^{(1)}_{\nu+n},\quad H^{(2)}_{\nu+n}.$$

Für $\mathfrak{Z}_\nu = J_\nu$ und ganzzahlige Werte von ν ist die Beschränkung $\varrho < r$ überflüssig. Man kann in (3) für r, ϱ, φ auch komplexe Größen wählen, wenn diese sich nebst R und ψ stetig in reelle positive überführen lassen, wobei überdies beständig $|\varrho\,e^{\pm i\varphi}| < |r|$ zu gelten hat.

Es gilt speziell:

$$(3\,\text{a}) \qquad J_0\!\left(k\sqrt{r^2 + \varrho^2 - 2r\varrho\cos\varphi}\right) = \sum_{n=0}^{\infty} \varepsilon_n J_n(k\varrho)\,J_n(kr)\cos n\varphi.$$

$$(3\,\text{b}) \qquad H^{(1,\,2)}_0\!\left(k\sqrt{r^2 + \varrho^2 - 2r\varrho\cos\varphi}\right) = \sum_{n=0}^{\infty} \varepsilon_n J_n(k\varrho)\,H^{(1,\,2)}_n(kr)\cos n\varphi$$

$$(\varrho < r).$$

$$J_0(z\sin\alpha) = \sum_{n=0}^{\infty} \varepsilon_n J_n^2\!\left(\frac{z}{2}\right)\cos 2n\alpha$$

$$= \sqrt{\frac{2\pi}{z}}\,\sum_{n=0}^{\infty} (2n+\tfrac{1}{2})\,\frac{(2n)!}{2^{2n}\,n!\,n!}\,J_{2n+1/2}(z)\,P_{2n}(\cos\alpha).$$

Ebenfalls als „Additionstheorem" werden die Formeln bezeichnet:

$$(4) \qquad \frac{\mathfrak{Z}_\nu(kR)}{R^\nu} = 2^\nu k^{-\nu}\,\Gamma(\nu)\sum_{m=0}^{\infty} (\nu+m)\,\frac{J_{\nu+m}(k\varrho)\,\mathfrak{Z}_{\nu+m}(kr)}{\varrho^\nu\,r^\nu}\,C_m^{(\nu)}(\cos\varphi)$$

$$[\nu \neq -1, -2, -3, \ldots;\quad \text{Bedingungen für } r, \varrho, R, \varphi, k \text{ wie bei (3)].}$$

Für $\nu = 0$ liefern sie durch Grenzübergang (3a), (3b); für $\mathfrak{Z}_\nu \equiv J_\nu$ sind sie bei beliebigen Werten von r, ϱ, φ richtig. Für $\nu = \tfrac{1}{2}$ liefern sie die Formeln:

$$(4\,\text{a}) \qquad \frac{e^{\pm ikR}}{R} = \frac{\pi}{2}\,\frac{\pm i}{\sqrt{r\varrho}}\sum_{m=0}^{\infty} (2m+1)\,J_{m+1/2}(k\varrho)\,H^{(1,\,2)}_{m+1/2}(kr)\,P_m(\cos\varphi)$$

$$(H^{(1)}\ \text{bei } +ikR,\quad H^{(2)}\ \text{bei } -ikR).$$

Schließlich gilt das aus (4a) bzw. (4) durch Grenzübergang $r \to \infty$ gewonnene „ausgeartete Additionstheorem":

$$e^{ik\varrho\cos\varphi} = \left(\frac{\pi}{2k\varrho}\right)^{1/2}\sum_{m=0}^{\infty} i^m (2m+1)\,J_{m+1/2}(k\varrho)\,P_m(\cos\varphi)$$

$$= 2^\nu \Gamma(\nu)\sum_{m=0}^{\infty} (\nu+m)\,i^m\,J_{\nu+m}(k\varrho)\,(k\varrho)^{-\nu}\,C_m^{(\nu)}(\cos\varphi)$$

$$(\nu \neq 0, -1, -2, \ldots),$$

welches für $\nu \to 0$ in die JACOBI-ANGERSCHE Formel aus § 1 übergeht.
Als „*Multiplikationstheorem*" wird die Formel bezeichnet:

$$\mathfrak{Z}_\nu(\lambda z) = \lambda^\nu \sum_{m=0}^{\infty} \frac{1}{m!} \mathfrak{Z}_{\nu+m}(z) \left[\frac{1-\lambda^2}{2} z\right]^m ;$$

sie gilt für $\mathfrak{Z}_\nu \equiv J_\nu$ bei beliebigen Werten von λ und z, sonst nur
für $|1 - \lambda^2| < 1$.

§ 3. Asymptotische Entwicklungen.

a) Die asymptotischen Reihen von HANKEL. Es sei:

$$(\nu, m) \equiv \frac{[4\nu^2 - 1^2][4\nu^2 - 3^2] \ldots [4\nu^2 - (2m-1)^2]}{2^{2m} m!}, \qquad (\nu. 0) \equiv 1.$$

$$(m = 1, 2, 3, \ldots).$$

Dann gelten die für $|z| \gg |\nu|$, $|z| \gg 1$ zu benutzenden Formeln:

$$(5\,a) \quad H_\nu^{(1)}(z) = \sqrt{\frac{2}{\pi z}}\, e^{i\left(z - \frac{\nu \pi}{2} - \frac{\pi}{4}\right)} \left[\sum_{m=0}^{M-1} \frac{(\nu, m)}{(-2iz)^m} + O(|z|^{-M})\right]$$
$$(-\pi < \arg z < 2\pi),$$

$$(5\,b) \quad H_\nu^{(2)}(z) = \sqrt{\frac{2}{\pi z}}\, e^{-i\left(z - \frac{\nu \pi}{2} - \frac{\pi}{4}\right)} \left[\sum_{m=0}^{M-1} \frac{(\nu, m)}{(2iz)^m} + O(|z|^{-M})\right]$$
$$(-2\pi < \arg z < \pi).$$

$$(5\,c) \quad J_\nu(z) = \sqrt{\frac{2}{\pi z}} \cos\left(z - \frac{\nu \pi}{2} - \frac{\pi}{4}\right) \left[\sum_{m=0}^{M-1} (-1)^m \frac{(\nu, 2m)}{(2z)^{2m}} + O(|z|^{-2M})\right]$$
$$- \sqrt{\frac{2}{\pi z}} \sin\left(z - \frac{\nu \pi}{2} - \frac{\pi}{4}\right) \left[\sum_{m=0}^{M-1} (-1)^m \frac{(\nu, 2m+1)}{(2z)^{2m+1}} + O(|z|^{-2M-1})\right]$$
$$(-\pi < \arg z < \pi).$$

$$(5\,d) \quad N_\nu(z) = \sqrt{\frac{2}{\pi z}} \sin\left(z - \frac{\nu \pi}{2} - \frac{\pi}{4}\right) \left[\sum_{m=0}^{M-1} (-1)^m \frac{(\nu, 2m)}{(2z)^{2m}} + O(|z|^{-2M})\right]$$
$$+ \sqrt{\frac{2}{\pi z}} \cos\left(z - \frac{\nu \pi}{2} - \frac{\pi}{4}\right) \left[\sum_{m=0}^{M-1} (-1)^m \frac{(\nu, 2m+1)}{(2z)^{2m+1}} + O(|z|^{-2M-1})\right]$$
$$(-\pi < \arg z < \pi).$$

Für halbzahliges $\nu = \dfrac{2n+1}{2}$ $(n = 0, 1, 2, \ldots)$ brechen diese Reihen
ab und liefern die für alle Werte von z gültigen geschlossenen Ausdrücke:

$$H_{n+1/2}^{(1)}(z) \equiv \sqrt{\frac{2z}{\pi}}\, \zeta_n^{(1)}(z) = \sqrt{\frac{2}{\pi z}}\, i^{-n-1} e^{iz} \sum_{m=0}^{n} (-1)^m \frac{\left(n+\frac{1}{2}, m\right)}{(2iz)^m},$$

$$H_{n+1/2}^{(2)}(z) \equiv \sqrt{\frac{2z}{\pi}}\, \zeta_n^{(2)}(z) = \sqrt{\frac{2}{\pi z}}\, i^{n+1} e^{-iz} \sum_{m=0}^{n} \frac{\left(n+\frac{1}{2}, m\right)}{(2iz)^m}.$$

Für reelle positive Werte von z und ν und $2M > \nu - \frac{1}{2}$ ist der Fehler beim Abbrechen der Reihen (5a), (5b) kleiner als der absolute Betrag des ersten nicht mehr berücksichtigten Gliedes. Für Werte von $\arg z$, die nahe an $\pm \pi$ liegen, werden diese Reihen dagegen unter Umständen sehr schlecht brauchbar; insbesondere kann der Fehler für $|\arg z| > 0$ größer als der Betrag des ersten unberücksichtigten Gliedes werden.

b) Die asymptotischen Reihen von Debye. Diese gelten für große Werte von $|\nu|$ und $|z|$. In den folgenden Formeln mögen ν und x reelle positive Größen bedeuten; für den Fall komplexer Werte vergleiche man die Arbeiten von Debye (s. Literaturverzeichnis). Es sei ferner ε eine beliebig kleine, feste, reelle positive Zahl < 1. Dann gilt:

b_1) Für $1 - \dfrac{\nu}{x} > \varepsilon$; $\dfrac{\nu}{x} = \sin \alpha$ die insbesondere für $1 - \dfrac{\nu}{x} > \dfrac{3}{x} \nu^{1/3}$ gut brauchbare asymptotische Reihe für $H_\nu^{(2)}(x)$, deren erste Glieder lauten

$$H_\nu^{(1)}(x) \sim \frac{1}{\pi} e^{ix\left[\cos \alpha + \left(\alpha - \frac{\pi}{2}\right)\sin \alpha\right]}$$

$$\times \left\{ \frac{e^{i\pi/4}\,\Gamma(\frac{1}{2})}{\left(-\dfrac{x}{2}\cos \alpha\right)^{1/2}} + \left(\frac{1}{8} + \frac{5}{24}\,\mathrm{tg}^2\,\alpha\right)\frac{e^{3\pi i/4}\,\Gamma(\frac{3}{2})}{\left(-\dfrac{x}{2}\cos \alpha\right)^{3/2}} \right.$$

$$\left. + \left(\frac{3}{128} + \frac{77}{576}\,\mathrm{tg}^2\,\alpha + \frac{385}{3456}\,\mathrm{tg}^4\,\alpha\right)\frac{e^{5\pi i/4}\,\Gamma(\frac{5}{2})}{\left(-\dfrac{x}{2}\cos \alpha\right)^{5/2}} + \cdots \right\}.$$

b_2) für $\dfrac{\nu}{x} - 1 > \varepsilon$, $\dfrac{\nu}{x} = \mathfrak{Cof}\,\sigma$, insbesondere für $|\nu^2 - x^2|^{1/2}$ und $|\nu^2 - x^2|^{3/2}\,\nu^{-2} \gg 1$

$$H_\nu^{(1)}(x) \sim \frac{1}{\pi} e^{x(\sigma\,\mathfrak{Cof}\,\sigma - \mathfrak{Sin}\,\sigma)}$$

$$\times \left\{ \frac{\Gamma(\frac{1}{2})}{\left(-\dfrac{x}{2}\mathfrak{Sin}\,\sigma\right)^{1/2}} + \left(\frac{1}{8} - \frac{5}{24}\,\mathfrak{Cotg}^2\,\sigma\right)\frac{\Gamma(\frac{3}{2})}{\left(-\dfrac{x}{2}\mathfrak{Sin}\,\sigma\right)^{3/2}} \right.$$

$$\left. + \left(\frac{3}{128} - \frac{77}{576}\,\mathfrak{Cotg}^2\,\sigma + \frac{385}{3456}\,\mathfrak{Cotg}^4\,\sigma\right)\frac{\Gamma(\frac{5}{2})}{\left(-\dfrac{x}{2}\mathfrak{Sin}\,\sigma\right)^{5/2}} + \cdots \right\}.$$

b_3) für $\nu \approx x$, $|x - \nu| \ll x^{1/3}$; $x \gg 1$ mit $x - \nu = \delta$:

$$H_\nu^{(2)}(x) \sim \frac{3^{-1/2}\,6^{1/3}\,e^{i\pi/3}}{\pi}\left\{ \frac{\Gamma(\frac{1}{3})}{x^{1/3}} - 6^{1/3}\,e^{i\pi/3}\,\delta\,\frac{\Gamma(\frac{2}{3})}{x^{2/3}} - \left(\delta^3 - \frac{2}{5}\,\delta\right)\frac{\Gamma(\frac{4}{3})}{x^{4/3}} \right.$$

$$\left. + \left(\frac{\delta^4}{4} - \frac{\delta^2}{4} + \frac{3}{140}\right)6^{1/3}\,e^{i\pi/3}\,\frac{\Gamma(\frac{5}{3})}{x^{5/3}} + \cdots \right\}.$$

Hieraus berechnet sich $H_\nu^{(1)}(x) = \overline{H_\nu^{(2)}(x)}$ und damit auch $N_\nu(x)$, $J_\nu(x)$ in den Fällen b_1), b), b_3); jedoch liefert b) für $J_\nu(x)$ die Entwicklung $J_\nu(x) \sim 0$, da $J_\nu(x)$ hier von höherer Größenordnung verschwindet als die in b_2) rechts auftretenden Terme. Man hat für diesen Fall die mit den Voraussetzungen von b_2) gültige Reihe zu benutzen:

$$
J_\nu(x) \sim \frac{1}{2\pi}\, e^{-x\,(\sigma\,\mathfrak{Cof}\,\sigma - \mathfrak{Sin}\,\sigma)} \left\{ \frac{\Gamma(\tfrac{1}{2})}{\left(\dfrac{x}{2}\,\mathfrak{Sin}\,\sigma\right)^{1/2}} + \left(\frac{1}{8} - \frac{5}{24}\,\mathfrak{Cotg}^2\,\sigma\right) \frac{\Gamma(\tfrac{3}{2})}{\left(\dfrac{x}{2}\,\mathfrak{Sin}\,\sigma\right)^{3/2}} \right.
$$

$$
\left. + \left(\frac{3}{128} - \frac{77}{576}\,\mathfrak{Cotg}^2\,\sigma + \frac{385}{3456}\,\mathfrak{Cotg}^4\,\sigma\right) \frac{\Gamma(\tfrac{5}{2})}{\left(\dfrac{x}{2}\,\mathfrak{Sin}\,\sigma\right)^{5/2}} + \cdots \right\}.
$$

c) Die Formeln von Watson und Nicholson. Die unter b_3) aufgeführten Formeln versagen, wenn dort $|x - \nu|$ mit $x^{1/3}$ vergleichbar wird; für diesen Fall, aber über ihn hinaus auch für größere und für beliebig kleine Werte von $|x - \nu|$ kann man die Formeln von Watson benutzen.

Es seien x und ν reell und positiv. Man setze

$$
w = \left(\frac{x}{\nu^2} - 1\right)^{1/2}.
$$

Dann wird

$$
H_\nu^{(1)}(x) = \frac{w}{\sqrt{3}}\, e^{i\pi/6}\, e^{+iv\{w - w^3/3 - \operatorname{arctg} w\}}\, H_{1/3}^{(1)}\left(\frac{\nu}{3}\, w^3\right) + O\,|\nu^{-1}|,
$$

$$
H_\nu^{(2)}(x) = \frac{w}{\sqrt{3}}\, e^{-i\pi/6}\, e^{-iv\{w - w^3/3 - \operatorname{arctg} w\}}\, H_{1/3}^{(2)}\left(\frac{\nu}{3}\, w^3\right) + O\,|\nu^{-1}|
$$

$$
\left(\operatorname{arctg} w = w - \frac{w^3}{3} + \frac{w^5}{5} \mp \cdots\right).
$$

Der Fehler $O\,|\nu^{-1}|$ ist dabei absolut genommen kleiner als $24\sqrt{2}\,|\nu^{-1}|$.

Die Debyeschen Formeln werden auch als *„Tangensapproximation"*, die Watsonschen Formeln als *„Hankelapproximation"* bezeichnet.

Asymptotische Formeln für Zylinderfunktionen von großem komlexen Index sind ebenfalls von Watson abgeleitet worden. (Vgl. G. N. Watson, a treatise on Bessel Functions, Kap. VIII, 6).

Für reelle positive ganzzahlige Werte von $\nu = n$ gelten für $n \gg 1$ nach Nicholson mit einem bisher nicht genau bekannten Fehler die aus den Airyschen Integralen (s. § 5, S. 40) abgeleiteten Formeln:

$$
J_n(x) \sim \tfrac{1}{2}\, e^{2\pi i/3} \sqrt{\frac{2(n-x)}{3x}}\, H_{1/3}^{(1)}\left[\frac{i}{3}\, \frac{2^{3/2}(n-x)^{3/2}}{\sqrt{x}}\right]
$$

$$
(n > x),
$$

$$J_n(x) \sim \frac{1}{\sqrt{3}} \sqrt{\frac{2(x-n)}{3x}} \left\{ J_{1/3}\left[\frac{1}{3} \frac{2^{3/2}(x-n)^{3/2}}{\sqrt{x}}\right] + J_{-1/3}\left[\frac{1}{3}\frac{2^{3/2}(x-n)^{3/2}}{\sqrt{x}}\right]\right\}$$

$$(x > n),$$

$$N_n(x) \sim -\sqrt{\frac{2(x-n)}{3x}} \left\{ J_{-1/3}\left[\frac{1}{3}\frac{2^{3/2}(x-n)^{3/2}}{\sqrt{x}}\right] - J_{1/3}\left[\frac{1}{3}\frac{2^{3/2}(x-n)^{3/2}}{\sqrt{x}}\right]\right\}$$

$$(x > n).$$

d) Ergänzungen:

Für $x \gg |\nu|$, x reell und positiv, ist

$$J_\nu(x) + J_{\nu+1}^2(x) \sim \frac{2}{\pi x}.$$

Für reelle positive Werte von ν und x ist

$$x[J_\nu(x) + N_\nu^2(x)]$$

als Funktion von x monoton abnehmend für $\nu > \frac{1}{2}$ und monoton zunehmend für $0 < \nu < \frac{1}{2}$. Ferner ist:

$$\frac{1}{\sqrt{x^2 - \nu^2}} > \frac{\pi}{2}[J_\nu^2(x) + N_\nu^2(x)] \geqq \frac{1}{x}$$

$$(x \geqq \nu \geqq \tfrac{1}{2}),$$

$$|J_n(nz)| \leqq 1, \quad \text{wenn} \quad \left|\frac{z\,e^{\sqrt{1-z^2}}}{1 + \sqrt{1-z^2}}\right| < 1. \qquad (n = 1, 2, 3, \ldots)$$

§ 4. Nullstellen. Produktzerlegung für $J_\nu(z)$. Eine Partialbruchzerlegung.

Die asymptotischen Entwicklungen von § 3 enthalten leicht explizit angebbare Aussagen über die Nullstellen der Zylinderfunktionen für großes Argument. Darüber hinaus gilt:

Ist ν reell und > -1, so besitzt $J_\nu(z)$ ausschließlich reelle Nullstellen. Ist s eine natürliche Zahl oder gleich Null, und liegt ν zwischen $-(2s+1)$ und $-(2s+2)$, so hat $J_\nu(z)$ genau $4s+2$ komplexe Nullstellen, von denen zwei rein imaginär sind; liegt ν zwischen $-2s$ und $-(2s+1)$ mit $s = 1, 2, 3, \ldots$, so hat $J_\nu(z)$ genau $4s$ komplexe Nullstellen, von denen keine rein imaginär ist.

Ist ν reell und > 0, und ist j_ν bzw. j'_ν die kleinste, positive Nullstelle von $J_\nu(z)$ bzw. $J'_\nu(z)$, so ist $j_\nu > \nu$, $j'_\nu > \nu$.

Für $n = 0, 1, 2, \ldots$ und $m = 1, 2, 3, \ldots$ haben $J_n(z)$ und $J_{n+m}(z)$ bzw. $J_{n+1/2}$ und $J_{n+m+1/2}$ keine gemeinsamen Nullstellen.

Für reelles $\nu \geqq 0$ ist die Anzahl der Nullstellen von $K_\nu(z)$ im Bereich $\operatorname{Re} z < 0$, $|\arg z| < \pi$ gleich der geraden Zahl die am nächsten an $v - \tfrac{1}{2}$ liegt, falls nicht $v - \tfrac{1}{2}$ eine ganze Zahl ist; in diesem Falle ist die fragliche Anzahl gleich $v - \tfrac{1}{2}$. Für $|\arg z| \leqq \dfrac{\pi}{2}$ hat $K_v(z)$ keine Nullstellen.

Es sei v beliebig, aber $\neq -1, -2, -3, \ldots$, und es seien $j_{v,n}$ für $n = 1, 2, 3, \ldots$ die nach wachsenden Absolutbeträgen ihrer Realteile geordneten Nullstellen von $z^{-v} J_v(z)$. Dann gilt für alle z die Produktzerlegung

$$J_v(z) = \frac{(\tfrac{1}{2} z)^v}{\Gamma(v + 1)} \prod_{n=1}^{\infty} \left(1 - \frac{z^2}{j_{v,n}^2}\right).$$

Die $j_{v,n}$ sind dabei alle voneinander verschieden. Sind ferner x und X reelle positive Zahlen, so gilt:

$$\frac{\pi J_v(x z)}{4 J_v(z)} \left[J_v(z) N_v(X z) - N_v(z) J_v(X z)\right] = \sum_{n=1}^{\infty} \frac{J_v(j_{v,n} x) J_v(j_{v,n} X)}{(z^2 - j_{v,n}^2) J_v'^2(j_{v,n})}$$

$$(0 < x < X < 1; \quad \mathrm{Re}\, z > 0)$$

(Formel von KNESER und SOMMERFELD).

§ 5. Integraldarstellungen.

Formeln von HANSEN *und* BESSEL *für* $n = 0, 1, 2, \ldots$.

$$J_n(z) = \frac{1}{2\pi} \int_{-\pi}^{\pi} e^{iz \cos t} e^{in\left(t - \frac{\pi}{2}\right)} dt = \frac{i^{-n}}{\pi} \int_0^{\pi} e^{iz \cos t} \cos nt \, dt$$

$$= \frac{1}{\pi} \int_0^{\pi} \cos(z \sin t - nt) \, dt.$$

$$J_{2n}(z) = \frac{2}{\pi} \int_0^{\pi/2} \cos(z \sin t) \cos 2nt \, dt$$

$$J_{2n+1}(z) = \frac{2}{\pi} \int_0^{\pi/2} \sin z \sin t) \sin(2n + 1) \, dt.$$

$$J_0(z) = \frac{2}{\pi} \int_0^1 \frac{\cos zt}{\sqrt{1 - t^2}} \, dt.$$

Formeln von MEHLER.

$$J_0(x) = \frac{2}{\pi} \int_0^{\infty} \sin(x \, \mathfrak{Cof}\, t) \, dt.$$

$$N_0(x) = -\frac{2}{\pi} \int\limits_0^\infty \cos\left(x \operatorname{\mathfrak{Cof}} t\right) d t.$$

$$(x \text{ reell und positiv}).$$

Ferner:

$$N_0(x) = \frac{4}{\pi^2} \int\limits_0^1 \frac{\arcsin t}{\sqrt{1-t^2}} \sin(t x)\, d t - \frac{4}{\pi^2} \int\limits_1^\infty \frac{\ln\left(t + \sqrt{t^2-1}\right)}{\sqrt{t^2-1}} \sin(t x)\, d t.$$

$$(x \text{ reell und positiv}).$$

Formeln für beliebigen Index ν:

Formeln von Poisson:

$$J_\nu(z) = \frac{2\left(\dfrac{z}{2}\right)^\nu}{\sqrt{\pi}\,\Gamma(\nu+\tfrac{1}{2})} \int\limits_0^{\pi/2} \cos(z \cos t) \sin^{2\nu} t\, d t.$$

$$(\operatorname{Re} \nu > -\tfrac{1}{2}).$$

$$N_\nu(z) = \frac{2\left(\dfrac{z}{2}\right)^\nu}{\sqrt{\pi}\,\Gamma(\nu+\tfrac{1}{2})} \left[\int\limits_0^{\pi/2} \sin(z \sin t) \cos^{2\nu} t\, d t - \int\limits_0^\infty e^{-z \operatorname{\mathfrak{Sin}} t} \operatorname{\mathfrak{Cof}}^{2\nu} t\, d t \right]$$

$$(\operatorname{Re} z > 0, \quad \operatorname{Re} \nu > -\tfrac{1}{2}).$$

Formeln von Schläfli:

$$J_\nu(z) = \frac{1}{\pi} \int\limits_0^\pi \cos(z \sin t - \nu t)\, d t - \frac{\sin \nu \pi}{\pi} \int\limits_0^\infty e^{-z \operatorname{\mathfrak{Sin}} t}\, e^{-\nu t}\, d t.$$

$$(\operatorname{Re} z > 0).$$

$$N_\nu(z) = \frac{1}{\pi} \int\limits_0^\pi \sin(z \sin t - \nu t)\, d t - \frac{1}{\pi} \int\limits_0^\infty e^{-z \operatorname{\mathfrak{Sin}} t} \left(e^{\nu t} + \cos \nu \pi\, e^{-\nu t}\right) d t$$

$$(\operatorname{Re} z > 0).$$

Weitere Formeln:

$$J_\nu(z) = \frac{z^\nu}{2\pi i} \int\limits_{c-i\infty}^{c+i\infty} e^{\frac{1}{2}\left(t - \frac{z^2}{t}\right)} t^{-\nu-1}\, d t$$

$$(c \text{ reell und positiv}, \ |\arg z| < \pi, \quad \operatorname{Re} \nu > -1).$$

Ferner gilt für reelle positive Werte von x:

$$J_\nu(x) = \frac{2\left(\dfrac{x}{2}\right)^{-\nu}}{\sqrt{\pi}\, \Gamma\left(\tfrac{1}{2}-\nu\right)} \int\limits_1^\infty \frac{\sin x t}{(t^2-1)^{\nu+1/2}}\, d t$$

$$(-\tfrac{1}{2} < \operatorname{Re} \nu < \tfrac{1}{2}).$$

$$N_\nu(x) = -\frac{2\left(\frac{x}{2}\right)^{-\nu}}{\sqrt{\pi}\,\Gamma(\tfrac{1}{2}-\nu)} \int\limits_1^\infty \frac{\cos xt}{(t^2-1)^{\nu+1/2}}\,dt$$

$$(-\tfrac{1}{2} < \operatorname{Re}\nu < \tfrac{1}{2}).$$

Integraldarstellungen für HANKEL*sche Funktionen*:

$$H_0^{(1)}(x) = -\frac{i}{\pi} \int\limits_{-\infty}^{+\infty} \frac{e^{i\sqrt{x^2+t^2}}}{\sqrt{x^2+t^2}}\,dt$$

$$(x \text{ reell und positiv}).$$

$$H_\nu^{(1)}(z) = -\frac{2i\left(\frac{2}{z}\right)^\nu}{\sqrt{\pi}\,\Gamma(\tfrac{1}{2}-\nu)} \int\limits_1^\infty \frac{e^{izt}}{(t^2-1)^{\nu+1/2}}\,dt$$

$$(\operatorname{Re}\nu < \tfrac{1}{2}, \ 0 < \arg z < \pi;$$
$$\text{falls } \arg z = 0 \text{ gültig für } -\tfrac{1}{2} < \operatorname{Re}\nu < \tfrac{1}{2}).$$

$$H_\nu^{(1)}(z) = -\frac{2i}{\pi} e^{-i\nu\pi/2} \int\limits_0^\infty e^{iz\,\mathfrak{Cof}\,t}\,\mathfrak{Cof}\,\nu t\,dt.$$

$$(0 < \arg z < \pi; \ \text{bei } \nu = 0 \ \text{auch für } \arg z = 0 \ \text{gültig}).$$

$$H_\nu^{(1)}(z) = -\frac{2i\,e^{-i\nu\pi}\left(\frac{z}{2}\right)^\nu}{\sqrt{\pi}\,\Gamma(\nu+\tfrac{1}{2})} \int\limits_0^\infty e^{iz\,\mathfrak{Cof}\,t}\,\mathfrak{Sin}^{2\nu}t\,dt$$

$$(0 < \arg z < \pi, \ \operatorname{Re}\nu > -\tfrac{1}{2};$$
$$\text{für } \arg z = 0 \ \text{gültig bei } -\tfrac{1}{2} < \operatorname{Re}\nu < \tfrac{1}{2}).$$

$$H_\nu^{(1)}(z) = -i\,\frac{e^{-i\nu\pi/2}}{\pi} \int\limits_0^\infty e^{i\frac{z}{2}(t+t^{-1})}\,t^{-\nu-1}\,dt$$

$$(0 < \arg z < \pi; \ \text{falls } \arg z = 0 \ \text{gültig für } -1 < \operatorname{Re}\nu < 1).$$

$$H_\nu^{(1)}(az) = -\frac{i}{\pi}\,e^{-i\nu\pi/2}\,z^\nu \int\limits_0^\infty e^{\frac{ia}{2}(t+z^2 t^{-1})}\,t^{-\nu-1}\,dt$$

$$(0 < \arg z < \frac{\pi}{2}, \ a \text{ reell und positiv. } \operatorname{Re}\nu > -1.$$

$$\text{Falls } \arg z = \frac{\pi}{2}, \ \text{gültig für } -1 < \operatorname{Re}\nu < 1).$$

$$H_\nu^{(1)}(a\,z) = \sqrt{\frac{2}{\pi\,z}}\,\frac{a^\nu\,e^{i(az-\nu\pi/2-\pi/4)}}{\Gamma(\nu+\tfrac{1}{2})}\int_0^\infty e^{-at}\,t^{\nu-1/2}\left(1+\frac{i\,t}{2\,z}\right)^{\nu-1/2}d\,t$$

$$\left(\operatorname{Re}\nu>-\tfrac{1}{2},\ -\frac{\pi}{2}<\arg z<\frac{3\,\pi}{2};\ a\ \text{reell und positiv}\right).$$

$$H_\nu^{(1)}(z) = -i\,\frac{2^{\nu+1}z^\nu}{\sqrt{\pi}\,\Gamma(\nu+\tfrac{1}{2})}\int_0^{\pi/2}\frac{e^{i(z-\nu t+t/2)}\cos^{\nu-1/2}t}{\sin^{2\nu+1}t}\,e^{-2z\,\cotg t}\,d\,t$$

$$\left(\operatorname{Re}\nu>-\tfrac{1}{2},\ \operatorname{Re}z>0\right).$$

Integraldarstellungen für die modifizierten Hankel*schen Funktionen:*

$$K_\nu(z) = \frac{\sqrt{\pi}\left(\dfrac{z}{2}\right)^\nu}{\Gamma(\nu+\tfrac{1}{2})}\int_1^\infty e^{-zt}(t^2-1)^{\nu-1/2}\,d\,t.$$

$$\left(\operatorname{Re}\nu>-\tfrac{1}{2},\ \operatorname{Re}z>0;\ \text{falls}\ \operatorname{Re}z=0\right.$$
$$\left.\text{nur gültig für}\ -\tfrac{1}{2}<\operatorname{Re}\nu<\tfrac{1}{2}\right).$$

$$K_\nu(z) = \int_0^\infty e^{-z\,\mathfrak{Cof}\,t}\,\mathfrak{Cof}\,\nu t\,d\,t.$$

$$\left(\operatorname{Re}z>0;\ \text{falls}\ \operatorname{Re}z=0\ \text{gültig bei}\ \nu=0\right).$$

$$K_\nu(z) = \frac{\sqrt{\pi}\left(\dfrac{z}{2}\right)^\nu}{\Gamma(\nu+\tfrac{1}{2})}\int_0^\infty e^{-z\,\mathfrak{Cof}\,t}\,\mathfrak{Sin}^{2\nu}t\,d\,t.$$

$$\left(\operatorname{Re}\nu>-\tfrac{1}{2},\ \operatorname{Re}z>0.\quad\text{Falls}\ -\tfrac{1}{2}<\operatorname{Re}\nu<\tfrac{1}{2}\right.$$
$$\left.\text{auch gültig für}\ \operatorname{Re}z=0\right).$$

$$K_\nu(a\,z) = \frac{z^\nu}{2}\int_0^\infty e^{-\frac{a}{2}(t+z^2t^{-1})}\,t^{-\nu-1}\,d\,t.$$

$$\left(|\arg z|<\frac{\pi}{4};\ \text{falls}\ \operatorname{Re}\nu<1\ \text{auch gültig für}\ |\arg z|=\frac{\pi}{4}\right).$$

$$K_\nu(a\,z) = \sqrt{\frac{\pi}{2\,z}}\,\frac{a^\nu\,e^{-az}}{\Gamma(\nu+\tfrac{1}{2})}\int_0^\infty e^{-at}\,t^{\nu-1/2}\left(1+\frac{t}{2\,z}\right)^{\nu-1/2}d\,t$$

$$\left(-\pi<\arg z<\pi;\ \operatorname{Re}\nu>-\tfrac{1}{2};\ a\ \text{reell und}\ >0\right).$$

$$K_\nu(a\,z) = \frac{\sqrt{\pi}}{\Gamma(\nu+\tfrac{1}{2})}\left(\frac{a}{2\,z}\right)^\nu\int_0^\infty\frac{e^{-a\sqrt{t^2+z^2}}}{\sqrt{t^2+z^2}}\,t^{2\nu}\,d\,t.$$

$$\left(\operatorname{Re}\nu>-\tfrac{1}{2},\ \operatorname{Re}z>0,\ \operatorname{Re}\sqrt{t^2+z^2}>0;\ a\ \text{reell und positiv}\right).$$

$$K_\nu(az) = \frac{\left(\dfrac{2z}{a}\right)^\nu \Gamma(\nu + \tfrac{1}{2})}{\sqrt{\pi}} \int\limits_0^\infty \frac{\cos at}{(t^2 + z^2)^{\nu + 1/2}}\, dt.$$

(Re $\nu > -\tfrac{1}{2}$,   Re $z > 0$, $|\arg(t + z^2)| < \pi$, a reell und positiv).

$$K_\nu(x) = \frac{1}{\cos(\nu\pi/2)} \int\limits_0^\infty \cos(x\,\mathfrak{Sin}\, t)\, \mathfrak{Cof}\, \nu t\, dt.$$

(x reell und positiv, $-1 < \mathrm{Re}\,\nu < 1$).

Weitere Formeln:

$$J_0(\sqrt{z^2 - \zeta^2}) = \frac{2}{\pi} \int\limits_0^{\pi/2} \mathfrak{Cof}\,(\zeta \cos t) \cos(z \sin t)\, dt$$

$$= \frac{2}{\pi} \int\limits_0^1 \frac{\mathfrak{Cof}\,(\zeta \sqrt{1 - t^2}) \cos zt}{\sqrt{1 - t^2}}\, dt.$$

$$\frac{J_\nu(\sqrt{z^2 - \zeta^2})}{(z^2 - \zeta^2)^{\nu/2}}$$

$$= \frac{1}{\pi(z + \zeta)^\nu}\left\{ \int\limits_0^\pi e^{\zeta \cos t} \cos(z \sin t - \nu t)\, dt - \sin \nu\pi \int\limits_0^\infty e^{-z\,\mathfrak{Sin}\,t - \zeta\,\mathfrak{Cof}\,t - \nu t}\, dt \right\}$$

(Re $(z + \zeta) > 0$).

$$H_0^{(1)}(a\sqrt{x^2 + y^2}) = -\frac{i}{\pi} \int\limits_{-\infty}^{+\infty} \frac{e^{-x\sqrt{t^2 - a^2}}}{\sqrt{t^2 - a^2}}\, e^{iyt}\, dt.$$

(x, y, a reell und positiv. $\sqrt{t^2 - a^2}$ positiv für $t^2 > a^2$ und negativ imaginär für $-a < t < a$).

AIRYsche *Integrale*:

$$\int\limits_0^\infty \cos(t^3 - tx)\, dt = \frac{\pi}{3}\sqrt{\frac{x}{3}}\left[J_{1/3}\left(\frac{2x\sqrt{x}}{3\sqrt{3}}\right) + J_{-1/3}\left(\frac{2x\sqrt{x}}{3\sqrt{3}}\right) \right]$$

$$\int\limits_0^\infty \cos(t^3 + tx)\, dt = \frac{1}{3}\sqrt{x}\, K_{1/3}\left(\frac{2x\sqrt{x}}{3\sqrt{3}}\right).$$

(x reell und positiv).

HARDYsche *Verallgemeinerung der* AIRYschen *Integrale*:
Man setze für $n = 2, 3, 4, \ldots$

$$T_n(t, x) = t^n F_1\left(-\frac{n}{2}, \frac{1-n}{2}; 1-n; -\frac{4x}{t^2}\right),$$

also

$$T_2(t, x) = t^2 + 2x$$
$$T_3(t, x) = t^3 + 3tx$$
$$T_4(t, x) = t^4 + 4t^2 x + 2x^2$$
$$T_5(t, x) = t^5 + 5t^3 x + 5t x^2$$

— — — — — — — —

Dann ist für reelle positive x:

$$\int_0^\infty \cos(T_n(t, -x))\, dt = \frac{\pi \sqrt{x}}{2n \sin \dfrac{\pi}{2n}} \left[J_{1/n}(2\, x^{n/2}) + J_{-1/n}(2\, x^{n/2}) \right]$$

$$\int_0^\infty \cos(T_{2m}(t, x))\, dt = \frac{\pi \sqrt{x}}{4m \sin \dfrac{\pi}{4m}} \left[J_{-1/(2m)}(2\, x^m) - J_{1/(2m)}(2\, x^m) \right]$$

$$(m = 1, 2, 3, \ldots).$$

$$\int_0^\infty \cos(T_{2m+1}(t, x))\, dt = \frac{2\sqrt{x} \cos \dfrac{\pi}{4m+2}}{2m+1}\, K_{1/(2m+1)}(2\, x^{m+1/2})$$

$$(m = 1, 2, 3, \ldots).$$

Integraldarstellung von LERCH:

$$\int_{2x}^\infty \frac{J_0(t)}{t}\, dt = \frac{1}{4\pi} \int_{-\frac{1}{2} - i\infty}^{-\frac{1}{2} + i\infty} \frac{\Gamma(-t)\, x^{2t}}{t\, \Gamma(1 + t)}\, dt$$

(x reell und positiv).

Darstellungen durch Kontourintegrale:

$$J_\nu(z) = \frac{z^\nu}{2\pi i} \int_{-\infty}^{(0+)} e^{\frac{1}{2}\left(t - \frac{z^2}{t}\right)} t^{-\nu-1}\, dt$$

$$J_\nu(z) = \frac{1}{2\pi i} \int_{-\infty}^{(0+)} e^{\frac{z}{2}(t - t^{-1})} t^{-\nu-1}\, dt$$

(Re $z > 0$).

Formeln von SOMMERFELD:

$$H_\nu^{(1)}(z) = \frac{1}{\pi} \int_{\mathfrak{C}_1} e^{iz \cos t}\, e^{i\nu(t - \pi/2)}\, dt$$

$$H_\nu^{(2)}(z) = \frac{1}{\pi} \int_{\mathfrak{C}_2} e^{iz \cos t}\, e^{i\nu(t - \pi/2)}\, dt$$

$$J_\nu(z) = \frac{1}{2\pi} \int_{\mathfrak{C}_3} e^{iz \cos t}\, e^{i\nu(t - \pi/2)}\, dt.$$

Hierin läuft der Integrationsweg $\mathfrak{C}_1$ in der (komplexen) t-Ebene von $-\eta + i\infty$ nach $\eta - i\infty$, der Integrationsweg $\mathfrak{C}_2$ läuft von $\eta - i\infty$ nach $2\pi - \eta + i\infty$ und der Integrationsweg $\mathfrak{C}_3$ läuft von $-\eta + i\infty$ nach $2\pi - \eta + i\infty$, wobei η eine beliebige der Ungleichung $0 < \eta < \pi$ genügende reelle Zahl ist; die Integraldarstellungen sind dann gültig für $-\eta < \arg z < \pi - \eta$.

§ 6. Integralbeziehungen zwischen Zylinderfunktionen.

$$J_\mu(z)\, J_\nu(z) = \frac{2}{\pi} \int_0^{\pi/2} J_{\mu+\nu}(2z\cos\vartheta) \cos(\mu-\nu)\vartheta\, d\vartheta$$

$$(\mathrm{Re}\,(\mu+\nu) > -1),$$

$$J_\mu(Rz)\, J_\nu(rz)$$

$$= \frac{1}{\pi} R^\mu r^\nu \int_{-\pi/2}^{+\pi/2} e^{i\vartheta(\mu-\nu)} \left(\frac{2\cos\vartheta}{R^2 e^{i\vartheta} + r^2 e^{-i\vartheta}}\right)^{\frac{\mu+\nu}{2}} J_{\mu+\nu}\left(z\sqrt{2\cos\vartheta\,[R^2 e^{i\vartheta} + r^2 e^{-i\vartheta}]}\right) d\vartheta$$

$$(\mathrm{Re}\,(\mu+\nu) > -1;\quad R \text{ und } r \text{ reell und positiv}),$$

$$J_\nu^2(z) = \frac{2 z^\nu}{\Gamma(\nu + {}^1\!/_2)\sqrt{\pi}} \int_0^{\pi/2} J_\nu(2z\sin\vartheta) \sin^\nu\vartheta \cos^{2\nu}\vartheta\, d\vartheta$$

$$(\mathrm{Re}\,\nu > -{}^1\!/_2)$$

$$\int_0^{\pi/2} \frac{J_1^2(z\sin\vartheta)}{\sin\vartheta}\, d\vartheta = \tfrac{1}{2} - \frac{J_1(2z)}{2z}$$

$$\int_0^{\pi/2} J_0^2(z\sin\vartheta) \sin\vartheta\, d\vartheta = \tfrac{1}{2} \int_0^z J_0(2t)\, dt$$

$$\int_0^{\pi/2} J_0^2(z\sin\vartheta) \sin^3\vartheta\, d\vartheta = \frac{1}{8z^2} J_0(2z) + \frac{1}{4z} J_1(2z)$$

$$+ \left(\frac{1}{2z} - \frac{1}{8z^3}\right) \int_0^z J_0(2t)\, dt$$

$$\int_0^{\pi/2} J_\nu(z\sin\vartheta) \sin\vartheta\, d\vartheta = \frac{1}{2z} \int_0^{2z} J_{2\nu}(t)\, dt$$

$$\int_0^z J_\mu(t)\, dt = \frac{1}{\pi} \int_0^\pi \frac{\sin(z\sin\vartheta)}{\sin\vartheta} \cos\mu\vartheta\, d\vartheta.$$

$$\frac{1}{2p^2} e^{-\frac{a^2+b^2}{4p^2}} I_\nu\left(\frac{ab}{2p^2}\right) = \int_0^\infty e^{-p^2 t^2} J_\nu(at)\, J_\nu(bt)\, t\, dt$$

$$\left(\mathrm{Re}\,\nu > -1;\quad |\arg p| < \frac{\pi}{4};\quad a, b \text{ reell und positiv}\right),$$

$$\frac{b^\mu}{a^\nu}\left[\frac{\sqrt{a^2+b^2}}{z}\right]^{\nu-\mu-1} K_{\nu-\mu-1}\left(z\sqrt{a^2+b^2}\right) = \int_0^\infty J_\mu(bt)\,\frac{K_\nu\left(a\sqrt{t^2+z^2}\right)}{(t^2+z^2)^{\nu/2}}\,t^{\mu+1}\,dt$$

$$\left(a,b \text{ reell und positiv; } |\arg z| < \frac{\pi}{4}; \text{ Re }\mu > -1\right),$$

$$\int_0^\infty J_\mu(bt)\,\frac{\prod_{n=1}^m J_\nu\left(a_n\sqrt{t^2+x^2}\right)}{(t^2+x^2)^{m\nu/2}}\,t^{\mu-1}\,dt = \frac{2^{\mu-1}\,\Gamma(\mu)}{b^\mu}\prod_{n=1}^m\left[\frac{J_\nu(a_n x)}{x^\nu}\right]$$

$$\{x, b, a_1, \ldots, a_m \text{ reell und positiv; } b > \sum_{n=1}^m a_n;$$

$$[\text{Re }(m\nu + \tfrac{1}{2}m + \tfrac{1}{2}) > \text{Re }\mu > 0]\},$$

$$\frac{\pi}{2}\,e^{-i\pi(\nu-\mu-1/2)}\,\frac{b^\mu}{a^\nu}\left[\frac{\sqrt{a^2+b^2}}{y}\right]^{\nu-\mu-1} H^{(2)}_{\nu-\mu-}\left(y\sqrt{a^2+b^2}\right)$$

$$= \int_0^\infty J_\mu(bt)\,K_\nu\left(a\sqrt{t^2-y^2}\right)(t^2-y^2)^{-\nu/2}\,t^{\mu+1}\,dt$$

$$\left(\text{Re }\nu < 1, \text{ Re }\mu > -1, \ a,b,y \text{ reell und positiv, } \arg\sqrt{t^2-y^2} = 0\right.$$

für $t > y$; $\arg(t^2-y^2)^\sigma = \pi\sigma$ für $t < y$, wobei $\sigma = \tfrac{1}{2}$ bzw. $\sigma = -\dfrac{\nu}{2}\Big)$.

Ein Spezialfall ($\mu = 0$, $\nu = \tfrac{1}{2}$) dieser WATSONschen Formel ist die Formel von SOMMERFELD (s. § 7). Eine verwandte Formel ist:

$$\frac{b^\mu}{a^\nu}\left(\frac{\sqrt{a^2-b^2}}{x}\right)^{\nu-\mu-1} H^{(2)}_{\nu-\mu-1}\left(x\sqrt{a^2-b^2}\right) = \int_0^\infty \frac{J_\mu(bt)\,H^{(2)}_\nu\left(a\sqrt{t^2+x^2}\right)}{(t^2+x^2)^{\nu/2}}\,t^{\mu+1}\,dt$$

$$(\text{Re }\mu > -1, \text{ Re }\nu < \text{Re }\mu, \ a,b,x \text{ reell und positiv,}$$

$$\arg\sqrt{a^2-b^2} = 0 \text{ für } a > b, \ \arg(a^2-b^2)^\sigma = -\pi\sigma \text{ für } a < b$$

$$\text{und } \sigma = \tfrac{1}{2} \text{ bzw. } 2\sigma = \nu-\mu-1).$$

Formeln von SONINE:

$$J_{\nu-\mu-1}(ax) = \frac{x^{\nu-\mu-1}\,a^{\mu+1}}{2^\mu\,\Gamma(\mu+1)}\int_0^\infty \frac{J_\nu\left(a\sqrt{t^2+x^2}\right)}{(t^2+x^2)^{\nu/2}}\,t^{2\mu+1}\,dt$$

$$\left(a,x \text{ reell und positiv; } \text{Re}\left(\frac{\nu}{2} - \frac{1}{4}\right) > \text{Re }\mu > -1\right),$$

$$K_{\nu-\mu-1}(ax) = \frac{x^{\nu-\mu-1}\,a^{\mu+1}}{2^\mu\,\Gamma(\mu+1)}\int_0^\infty \frac{K_\nu\left(a\sqrt{t^2+x^2}\right)}{(t^2+x^2)^{\nu/2}}\,t^{2\mu+1}\,dt$$

$$(a,x \text{ reell und positiv; } \text{Re }\mu > -1),$$

$$K_{\nu-\mu}(ax) = \frac{2^\mu\,\Gamma(\mu+1)}{a^\mu\,x^{\nu-\mu}}\int_0^\infty \frac{J_\nu(at)\,t^{\nu+1}}{(t^2+x^2)^{\mu+1}}\,dt$$

$$(a,x \text{ reell und positiv; } -1 < \text{Re }\nu < \text{Re }(2\mu + \tfrac{3}{2})).$$

$$J_{\nu+\mu+1}(z) = \frac{z^{\nu+1}}{2^\nu\,\Gamma(\nu+1)} \int_0^{\pi/2} J_\mu(z\sin\vartheta)\sin^{\mu+1}\vartheta\,\cos^{2\nu+1}\vartheta\,d\vartheta$$

$$(\operatorname{Re}\mu > -1;\quad \operatorname{Re}\nu > -1),$$

$$H_0^{(1)}(x) = -\frac{2i}{\pi}\int_0^\infty \frac{e^{i(t+x)}}{t+x}\,J_0(t)\,dt$$

$$(x\ \text{reell und positiv}),$$

$$\int_0^{\pi/2} J_\mu(z\sin\vartheta)\,J_\nu(\zeta\cos\vartheta)\sin^{\mu+1}\vartheta\,\cos^{\nu+1}\vartheta\,d\vartheta = \frac{z^\mu\,\zeta^\nu\,J_{\mu+\nu+1}\left(\sqrt{z^2+\zeta^2}\right)}{(z^2+\zeta^2)^{(\mu+\nu+1)/2}}$$

$$(\operatorname{Re}\mu > -1,\quad \operatorname{Re}\nu > -1).$$

Formeln von WATSON:

$$I_{\nu/2}(\tfrac{1}{2}\,a\,x)\,K_{\nu/2}(\tfrac{1}{2}\,a\,x) = \int_0^\infty \frac{J_\nu(a\,t)}{(t^2+x^2)^{1/2}}\,dt$$

$$\left(\operatorname{Re}\nu > -1,\ a\ \text{reell und positiv},\ |\arg x| < \frac{\pi}{2}\right),$$

$$J_\nu(a\,x)\,K_\nu(a\,x) = \frac{(2\,x)^{2\nu}\,\Gamma(\nu+\tfrac{1}{2})}{(\tfrac{1}{2}\,a)^\nu\,\sqrt{\pi}}\int_0^\infty \frac{t^{\nu+1}\,J_\nu(a\,t)}{(t^4+4\,x^4)^{\nu+1/2}}\,dt$$

$$\left(\operatorname{Re}\nu > -\tfrac{1}{2},\ a\ \text{reell und positiv},\ |\arg x| < \frac{\pi}{4}\right),$$

$$J_\nu(a\,x)\,K_\nu(a\,x) = \frac{2\,(2\,x)^{2\nu}\,\Gamma(\nu+\tfrac{3}{2})}{(\tfrac{1}{2}\,a)^{\nu+1}\,\sqrt{\pi}}\int_0^\infty \frac{t^{\nu+4}\,J_{\nu+1}(a\,t)}{(t^4+4\,x^4)^{\nu+3/2}}\,dt$$

$$\left(\operatorname{Re}\nu > -\tfrac{5}{6},\ a\ \text{reell und positiv},\ |\arg x| < \frac{\pi}{4}\right),$$

$$J_\mu(z)\,N_\nu(z) - J_\nu(z)\,N_\mu(z) = \frac{4\sin(\mu-\nu)\pi}{\pi^2}\int_0^\infty K_{\nu-\mu}(2z\operatorname{Sin}t)\,e^{(\mu+\nu)t}\,dt$$

$$(\operatorname{Re}z > 0,\ |\operatorname{Re}(\mu-\nu)| < 1),$$

$$J_\nu(z)\frac{\partial N_\nu(z)}{\partial\nu} - N_\nu(z)\frac{\partial J_\nu(z)}{\partial\nu} = -\frac{4}{\pi}\int_0^\infty K_0(2z\operatorname{Sin}t)\,e^{-2\nu t}\,dt$$

$$(\operatorname{Re}z > 0).$$

Formel von NICHOLSON:

$$J_\nu^2(z) + N_\nu^2(z) = \frac{8}{\pi^2}\int_0^\infty K_0(2z\operatorname{Sin}t)\operatorname{Cof}2\nu t\,dt$$

$$(\operatorname{Re}z > 0).$$

Formel von DIXON *und* FERRAR:

$$J_\nu^2(z) + N_\nu^2(z) = \frac{8 \cos \nu \pi}{\pi^2} \int\limits_0^\infty K_{2\nu}(2\,z\,\mathfrak{Sin}\,t)\,d\,t$$

$$(\mathrm{Re}\,z > 0;\quad -\tfrac{1}{2} < \mathrm{Re}\,\nu < \tfrac{1}{2}).$$

Formel von RAMANUJAN: Für $\; -\pi < t < \pi,\;$ $\mathrm{Re}\,(\mu + \nu) > 1\;$ und $x > 0,\; y > 0$ ist:

$$\int\limits_{-\infty}^{+\infty} \frac{J_{\mu+\xi}(x)}{x^{\mu+\xi}} \frac{J_{\nu-\xi}(y)}{y^{\nu-\xi}}\, e^{it\xi}\, d\,\xi$$

$$= \left[\frac{2\cos\dfrac{t}{2}}{x^2\,e^{-it/2} + y^2\,e^{it/2}}\right]^{(\mu+\nu)/2} e^{it\,(\nu-\mu)/2}\, J_{\mu+\nu}\!\left(\sqrt{(x^2\,e^{-it/2} + y^2\,e^{it/2})\,2\cos\tfrac{1}{2}\,t}\,\right).$$

Für alle anderen (reellen) Werte von t verschwindet das Integral. Für $t = 0,\; x = y$ wird

$$\int\limits_{-\infty}^{+\infty} J_{\mu+\xi}(x)\, J_{\nu-\xi}(x)\, d\,\xi = J_{\mu+\nu}(2\,x)$$

$$(\mathrm{Re}\,(\mu + \nu) > 1;\quad x \text{ reell und positiv}).$$

Weitere Formeln:

$$H_\nu^{(1,\,2)}(z)\, J_\nu(\zeta) = \frac{\pm 1}{\pi i} \int\limits_0^{c\,\pm\,i\,\infty} e^{1/2\,\{t - (z^2 + \zeta^2)\,t^{-1}\}}\, I_\nu\!\left(\frac{z\zeta}{t}\right) \frac{d\,t}{t}$$

$(+ \text{ bei } H^{(1)},\; - \text{ bei } H^{(2)},\; c \text{ reell und positiv},\; \mathrm{Re}\,\nu > -1,\; |\zeta| < |z|),$

$$K_\nu(z)\, K_\nu(\zeta) = \tfrac{1}{2} \int\limits_0^\infty e^{-1/2\,[t + (z^2 + \zeta^2)\,t^{-1}]}\, K_\nu\!\left(\frac{z\zeta}{t}\right) \frac{d\,t}{t}$$

$$\left(|\arg z| < \pi,\; |\arg \zeta| < \pi,\; |\arg(z + \zeta)| < \frac{\pi}{4}\right),$$

$$\frac{J_n(x)}{\sqrt{x}} = \sqrt{\frac{2}{\pi}} \int\limits_0^{\pi/2} J_{n-1|2}(x \sin \vartheta)\, \sin^{n+1/2}\vartheta\, d\,\vartheta$$

$$(n = 0, 1, 2, \ldots;\quad x \text{ reell und positiv}),$$

$$\frac{J_{n+1/2}(x)}{\sqrt{x}} = \sqrt{\frac{2}{\pi}} \int\limits_0^{\pi/2} J_n(x \sin \vartheta)\, \sin^{n+1}\vartheta\, d\,\vartheta$$

$$(n = 0, 1, 2, \ldots;\quad x \text{ reell und positiv}),$$

$$J_n^2(z) = (-1)^n \frac{1}{\pi} \int\limits_0^\pi J_0(2\,z \cos \varphi)\, \cos 2\,n\,\varphi\, d\varphi = \frac{1}{\pi} \int\limits_0^\pi J_0(2\,z \sin \varphi)\, \cos 2\,n\,\varphi\, d\varphi,$$

$$J_n^2(z) = \frac{2}{\pi} \int_0^{\pi/2} J_{2n}(2z\cos\vartheta)\,d\vartheta$$

$$(n = 0,\,1,\,2,\,\ldots),$$

$$J_{\nu/2}\left(k\frac{\sqrt{z^2+x^2}+x}{2}\right) J_{\nu/2}\left(k\frac{\sqrt{z^2+x^2}-x}{2}\right) = \frac{2}{\pi}\int_0^{\pi/2} J_\nu(kz\sin\vartheta)\cos(kx\cos\vartheta)\,d\vartheta$$

$$(\operatorname{Re}\nu > -1,\ \operatorname{Re} z > 0),$$

$$\frac{J_1(z)}{z} = 1 - 2\int_0^{\pi/2} \frac{J_1^2(z\sin\vartheta)}{\sin\vartheta}\,d\vartheta.$$

$$\int_0^\infty \frac{J_0(tx)\sin at}{b^2+t^2}\,dt = \frac{\operatorname{\mathfrak{Sin}} ab}{b}\,K_0(bx)$$

$$(a,\,b,\,x \text{ reell und positiv},\ x > a),$$

$$\int_0^\infty \frac{J_0(tx)\cos at}{b^2+t^2}\,dt = \frac{\pi}{2}\frac{e^{-ab}}{b}\,I_0(bx)$$

$$(a,\,b \text{ reell und positiv},\ x \text{ reell},\ -a < x < a).$$

$$J_{\nu/2}\left(\frac{x}{2}\right) N_{\nu/2}\left(\frac{x}{2}\right) = -\frac{2}{\pi}\int_0^\infty \frac{J_\nu(x\sqrt{t^2+1})}{\sqrt{t^2+1}}\,dt$$

$$(\operatorname{Re}\nu > -1,\ x \text{ reell und positiv}),$$

$$J_0(2\sqrt{x}) = \int_0^\infty J_0(s) J_0\left(\frac{x}{s}\right)\,ds$$

$$(x \text{ reell und positiv}),$$

$$I_0(ax) K_0(ax) = \int_0^\infty \frac{J_0^2(at)}{t^2+x^2}\,t\,dt,$$

$$\ker x = \frac{x}{2}\int_0^\infty J_1(ux)\ln\sqrt{1+u^4}\,du = \int_0^\infty \frac{J_0(ux)\,u^3\,du}{u^4+1},$$

$$\operatorname{kei} x = -\frac{x}{2}\int_0^\infty J_1(ux)\operatorname{arctg} u^2\,du = -\int_0^\infty \frac{J_0(ux)\,u\,du}{u^4+1}.$$

§ 7. Bestimmte Integrale mit Zylinderfunktionen, insbesondere diskontinuierliche Faktoren und Integraldarstellungen elementarer Funktionen.

$$\int_0^\infty e^{-at} J_\nu(b\,t)\, t^{\mu-1}\, d\,t = \frac{\left(\dfrac{b}{2\,a}\right)^\nu \Gamma(\mu+\nu)}{a^\mu\, \Gamma(\nu+1)}\; {}_2F_1\left(\frac{\mu+\nu}{2},\, \frac{\mu+\nu+1}{2};\, \nu+1;\, \frac{-b^2}{a^2}\right)$$

$$(\operatorname{Re}(a+ib) > 0,\quad \operatorname{Re}(a-ib) > 0,\quad \operatorname{Re}(\mu+\nu) > 0),$$

$$\int_0^\infty e^{-at} J_\nu(b\,t)\, t^\nu\, d\,t = \frac{(2\,b)^\nu\, \Gamma(\nu+\tfrac{1}{2})}{(a^2+b^2)^{\nu+1/2}\, \sqrt{\pi}}$$

$$(\operatorname{Re}\nu > -\tfrac{1}{2};\quad \operatorname{Re} a > |\operatorname{Im} b|),$$

$$\int_0^\infty e^{-at} J_\nu(b\,t)\, t^{\nu+1}\, d\,t = \frac{2\,a\,(2\,b)^\nu\, \Gamma(\nu+\tfrac{3}{2})}{(a^2+b^2)^{\nu+3/2}\, \sqrt{\pi}}$$

$$(\operatorname{Re}\nu > -1;\quad \operatorname{Re} a > |\operatorname{Im} b|),$$

$$\int_0^\infty e^{-at} J_\nu(b\,t)\, \frac{d\,t}{t} = \frac{(\sqrt{a^2+b^2}-a)^\nu}{\nu\, b^\nu}$$

$$(\operatorname{Re}\nu > 0;\quad \operatorname{Re} a > |\operatorname{Im} b|),$$

$$\int_0^\infty e^{-at} J_\nu(b\,t)\, d\,t = \frac{[\sqrt{a^2+b^2}-a]^\nu}{b^\nu\, \sqrt{a^2+b^2}}$$

$$(\operatorname{Re}\nu > -1;\quad \operatorname{Re} a > |\operatorname{Im} b|),$$

$$\int_0^\infty H_0^{(1)}(x\sqrt{t^2+b^2})\cos a\,t\, dt = \begin{cases} \dfrac{e^{ib\sqrt{x^2-a^2}}}{\sqrt{x^2-a^2}} & \text{für } x > a \\[2ex] -i\,\dfrac{e^{-b\sqrt{a^2-x^2}}}{\sqrt{a^2-x^2}} & \text{für } x < a \end{cases}$$

$$(a,\, b,\, x \text{ reell und positiv}).$$

$$\int_0^\infty J_0(b\,t)\cos(a\,t^2)\, t\, d\,t = \frac{1}{2\,a}\sin\frac{b^2}{4\,a},$$

$$\int_0^\infty J_0(b\,t)\sin(a\,t^2)\, t\, d\,t = \frac{1}{2\,a}\cos\frac{b^2}{4\,a}$$

$$(a,\, b \text{ reell und positiv}).$$

$$\int_0^\infty e^{-at} N_0(b\,t)\, d\,t = \frac{-2}{\pi\,\sqrt{a^2+b^2}}\ln\frac{a+\sqrt{a^2+b^2}}{b}$$

$$(a,\, b \text{ reell};\quad a \geqq 0,\, b > 0),$$

$$\int_0^\infty e^{-at} K_0(bt)\, dt = \begin{cases} \dfrac{\text{arc cos}\,\dfrac{a}{b}}{\sqrt{b^2-a^2}} & \text{für } b > a \\[3ex] \dfrac{1}{\sqrt{a^2-b^2}} \ln\left(\dfrac{a}{b} + \sqrt{\dfrac{a^2}{b^2}-1}\right) & \text{für } a > b \end{cases}$$

$$(a,\, b \ \text{reell}; \ a \gtreqqless 0, \ b > 0),$$

$$\int_0^\infty \cos at\, K_0(bt)\, dt = \frac{\pi}{2}\, \frac{1}{\sqrt{a^2+b^2}}$$

$$(a,\, b \ \text{reell}; \ b > 0),$$

$$\int_0^\infty \sin at\, K_0(bt)\, dt = \frac{1}{\sqrt{a^2+b^2}} \ln\left(\frac{b}{a} + \sqrt{1 + \frac{b^2}{a^2}}\right)$$

$$(a,\, b \ \text{reell und} > 0),$$

$$\int_0^z J_0\big(\sqrt{z^2-t^2}\big)\, dt = \sin z; \qquad \int_0^z J_0\big(\sqrt{z^2-t^2}\big)\cos t\, dt = \frac{1}{\sqrt{2}} \sin\big(z\sqrt{2}\big),$$

$$\int_0^\infty e^{-t\,\mathfrak{Cof}\,\alpha} K_\nu(t)\, dt = \frac{\pi}{\sin \nu\pi}\, \frac{\mathfrak{Sin}\,\nu\alpha}{\mathfrak{Sin}\,\alpha}$$

$$(\alpha \ \text{reell}, \ |\mathrm{Re}\,\nu| < 1),$$

$$\int_0^\infty J_\nu(t)\, t^{\mu-\nu-1}\, dt = \frac{\Gamma\left(\dfrac{\mu}{2}\right) 2^{-\nu+\mu-1}}{\Gamma(\nu - \frac{1}{2}\mu + 1)}$$

$$(0 < \mathrm{Re}\,\mu < \tfrac{3}{2} + \mathrm{Re}\,\nu).$$

Formel von GALLOP:

$$\int_{-\infty}^{+\infty} \frac{\sin a\,(x+t)}{x+t}\, J_0(bt)\, dt = \begin{cases} \pi J_0(bx) & \text{für } b \leqq a \\[2ex] 2\displaystyle\int_0^a \frac{\cos ux}{\sqrt{b^2-u^2}}\, du & \text{für } b \geqq a \end{cases}$$

$$(a,\, b,\, x \ \text{reell und positiv}).$$

Formel von SOMMERFELD:

$$\frac{e^{ik\sqrt{r^2+x^2}}}{\sqrt{r^2+x^2}} = \int_0^\infty J_0(\tau r)\, e^{-|x|\sqrt{\tau^2-k^2}}\, \frac{\tau\, d\tau}{\sqrt{\tau^2-k^2}}$$

$$\left(r \ \text{und} \ x \ \text{reell}; \ -\frac{\pi}{2} \leqq \arg \sqrt{\tau^2-k^2} < \frac{\pi}{2}; \ 0 \leqq \arg k < \pi\right).$$

Schreibt man links im Exponenten $-ik$ statt $+ik$, so muß man

$$-\frac{\pi}{2} < \arg \sqrt{\tau^2-k^2} \leqq \frac{\pi}{2}; \ -\pi < \arg k \leqq 0 \ \text{fordern}.$$

Formel von WEYRICH:

$$\frac{e^{ik\sqrt{r^2+x^2}}}{\sqrt{r^2+x^2}} = \frac{i}{2} \int\limits_{-\infty}^{+\infty} e^{i\tau x} H_0^{(1)}(r\sqrt{k^2-\tau^2})\, d\tau$$

$(r$ und x reell; $0 \le \arg \sqrt{k^2-\tau^2} < \pi$; $0 \le \arg k < \pi)$.

Schreibt man links im Exponenten $-ik$ statt $+ik$, so muß man rechts $-i$ sowie $e^{-i\tau x}$ und $H_0^{(2)}$ schreiben und $-\pi < \arg \sqrt{k^2-\tau^2} \le 0$; $-\pi < \arg k \le 0$ fordern.

Formeln von WEBER *und* SONINE:

$$\int\limits_0^\infty J_\nu(at)\, e^{-p^2 t^2}\, t^{\mu-1}\, dt = \frac{\left(\dfrac{a}{2p}\right)^\nu \Gamma\left(\dfrac{\nu+\mu}{2}\right)}{2\, p^\mu\, \Gamma(\nu+1)}\, {}_1F_1\left(\frac{\nu+\mu}{2};\ \nu+1;\ \frac{-a^2}{4p^2}\right)$$

$$\left(\operatorname{Re}(\mu+\nu) > 0;\ |\arg p| < \frac{\pi}{4};\ a \text{ reell und positiv}\right),$$

$$\int\limits_0^\infty J_\nu(at)\, e^{-p^2 t^2}\, t^{\nu+1}\, dt = \frac{a^\nu}{(2p^2)^{\nu+1}}\, e^{-\left(\frac{a^2}{4p^2}\right)}$$

$$\left(\operatorname{Re}(2\nu+2) > 0;\ |\arg p| < \frac{\pi}{4}\right).$$

Formel von WEBER:

$$\int\limits_0^\infty J_\nu(at)\, J_\nu(bt)\, t\, e^{-p^2 t^2}\, dt = \frac{1}{2p^2}\, e^{-\frac{a^2+b^2}{4p^2}}\, I_\nu\left(\frac{ab}{2p^2}\right).$$

$$(\operatorname{Re}\nu > -1,\ \operatorname{Re} p^2 > 0).$$

Formeln von SONINE *und* SCHAFHEITLIN:

$$(S_1) \quad \int\limits_0^\infty J_\mu(at)\, J_\nu(bt)\, t^{-\lambda}\, dt = \frac{a^\mu\, \Gamma\left(\dfrac{\mu+\nu-\lambda+1}{2}\right)}{2^\lambda b^{\mu-\lambda+1}\, \Gamma\left(\dfrac{-\mu+\nu+\lambda+1}{2}\right)\Gamma(\mu+1)}$$

$$\times\ {}_2F_1\left(\frac{\mu+\nu-\lambda+1}{2},\ \frac{\mu-\nu-\lambda+1}{2};\ \mu+1;\ \frac{a^2}{b^2}\right)$$

$(\operatorname{Re}(\mu+\nu-\lambda+1) > 0;\ \operatorname{Re}\lambda > -1;\ a$ und b reell; $0 < a < b)$.
Die rechte Seite liefert eine andere Funktion, wenn man in ihr μ mit ν sowie a mit b vertauscht; das Integral links ist mithin i. a. eine bei $\dfrac{a}{b} = 1$ nicht analytische Funktion von $\dfrac{a}{b}$. Für $a = b$ erhält man:

$$\int\limits_0^\infty J_\mu(at)\, J_\nu(at)\, t^{-\lambda}\, dt$$

$$(S_2) \qquad = \frac{\left(\dfrac{1}{2}a\right)^{\lambda-1} \Gamma(\lambda)\, \Gamma\left(\dfrac{\mu+\nu-\lambda+1}{2}\right)}{2\, \Gamma\left(\dfrac{-\mu+\nu+\lambda+1}{2}\right)\Gamma\left(\dfrac{\mu+\nu+\lambda+1}{2}\right)\Gamma\left(\dfrac{\mu-\nu+\lambda+1}{2}\right)}$$

$(\operatorname{Re}(\mu+\nu+1) > \operatorname{Re}\lambda > 0;\ a$ reell und positiv).

Dagegen wird für $0 < b < a$:

$$(S_3) \qquad \int_0^\infty J_\mu(a t)\, J_\nu(b t)\, t^{-\lambda}\, d t = \frac{b^\nu\, \Gamma\!\left(\dfrac{\mu + \nu - \lambda + 1}{2}\right)}{2^\lambda\, a^{\nu - \lambda + 1}\, \Gamma\!\left(\dfrac{\mu - \nu + \lambda + 1}{2}\right)\, \Gamma(\nu + 1)}$$

$$\times\ {}_2F_1\!\left(\frac{\mu + \nu - \lambda + 1}{2},\ \frac{-\mu + \nu - \lambda + 1}{2};\ \nu + 1;\ \frac{b^2}{a^2}\right)$$

$(\mathrm{Re}\,(\mu + \nu - \lambda + 1) > 0;\ \mathrm{Re}\,\lambda > -1;\ a \text{ und } b \text{ reell};\ 0 < b < a)$.

Wenn $\nu - \mu + \lambda + 1$ oder $\mu - \nu + \lambda + 1$ gleich einer geraden nicht positiven ganzen Zahl ist, so verschwindet in Formel (S_1) bzw. (S_3) die rechte Seite identisch. Dieser Fall ist besonders wichtig, wenn dabei gleichzeitig in Formel (S_3) bzw. (S_1) die hypergeometrische Funktion ${}_2F_1$ sich auf eine elementare Funktion reduziert. Spezialfälle der Formeln (S_1), (S_2), (S_3) sind die folgenden:

$$\int_0^\infty J_{\nu+n}(a t)\, J_{\nu-n-1}(b t)\, d t = \begin{cases} \dfrac{b^{\nu-n-1}\, \Gamma(\nu)}{a^{\nu-n}\, n!\, \Gamma(\nu - n)}\ {}_2F_1\!\left(\nu,\ -n;\ \nu - n;\ \dfrac{b^2}{a^2}\right) \\[2mm] (-1)^n / 2\, a \\[2mm] 0 \end{cases}$$

(oberste Formel für $0 < b < a$, mittlere für $0 < b = a$, unterste für $0 < a < b$; $n = 0, 1, 2, \ldots$; $\mathrm{Re}\,\nu > 0$),

$$\int_0^\infty J_\mu(a t)\, J_\nu(a t)\, \frac{d t}{t} = \frac{2}{\pi}\, \frac{\sin\!\left(\dfrac{\nu - \mu}{2}\, \pi\right)}{\nu^2 - \mu^2}$$

$(\mathrm{Re}\,(\nu + \mu) > 0;\ a > 0)$,

$$\int_0^\infty t^{-\mu}\, J_\mu(t)\, t^{-\nu}\, J_\nu(t)\, d t = \frac{\sqrt{\pi}\, \Gamma(\mu + \nu)\, 2^{-\mu-\nu}}{\Gamma(\mu + \nu + \tfrac{1}{2})\, \Gamma(\mu + \tfrac{1}{2})\, \Gamma(\nu + \tfrac{1}{2})}$$

$(\mathrm{Re}\,(\mu + \nu) > 0)$,

$$\int_0^\infty J_\nu(a t)\, J_{\nu+1}(b t)\, d t = \begin{cases} a^\nu b^{-\nu-1} & \text{für } 0 < a < b \\[2mm] \dfrac{1}{2a} & \text{für } 0 < a = b \\[2mm] 0 & \text{für } 0 < b < a \end{cases}$$

$(a, b \text{ reell und positiv},\ \mathrm{Re}\,\nu > -1)$,

$$\int_0^\infty J_\mu(a t)\, J_\mu(b t)\, \frac{d t}{t} = \begin{cases} \dfrac{1}{2\mu}\left(\dfrac{b}{a}\right)^\mu & \text{für } a > b \\[2mm] \dfrac{1}{2\mu}\left(\dfrac{a}{b}\right)^\mu & \text{für } a < b \end{cases}$$

$(a, b \text{ reell und} \geqq 0,\ \mathrm{Re}\,\mu > 0)$,

$$\int_0^\infty J_\mu(at)\sin bt\,\frac{dt}{t} = \begin{cases} \dfrac{1}{\mu}\sin\left(\mu\,\mathrm{arc}\sin\dfrac{b}{a}\right) & \text{für } a > b \\[3ex] \dfrac{a^\mu\sin\dfrac{\mu\pi}{2}}{\mu\,(b+\sqrt{b^2-a^2})^\mu} & \text{für } a < b \end{cases}$$

$$(a, b \text{ reell und} \geqq 0,\ \mathrm{Re}\,\mu > -1),$$

$$\int_0^\infty J_\mu(at)\cos bt\,\frac{dt}{t} = \begin{cases} \dfrac{1}{\mu}\cos\left(\mu\,\mathrm{arc}\sin\dfrac{b}{a}\right) & \text{für } a > b \\[3ex] \dfrac{a^\mu\cos\dfrac{\mu\pi}{2}}{\mu\,(b+\sqrt{b^2-a^2})^\mu} & \text{für } a < b \end{cases}$$

$$(a, b \text{ reell und} \geqq 0,\ \mathrm{Re}\,\mu > 0),$$

$$\int_0^\infty J_\mu(at)\sin bt\,dt = \begin{cases} \dfrac{\sin\left(\mu\,\mathrm{arc}\sin\dfrac{b}{a}\right)}{\sqrt{a^2-b^2}} & \text{für } a > b \\[3ex] \dfrac{a^\mu\cos\dfrac{\mu\pi}{2}}{\sqrt{b^2-a^2}\,(b+\sqrt{b^2-a^2})^\mu} & \text{für } a < b \end{cases}$$

$$(a, b \text{ reell und} \geqq 0,\ \mathrm{Re}\,\mu > -2),$$

$$\int_0^\infty J_\mu(at)\cos bt\,dt = \begin{cases} \dfrac{\cos\left(\mu\,\mathrm{arc}\sin\dfrac{b}{a}\right)}{\sqrt{a^2-b^2}} & \text{für } a > b \\[3ex] \dfrac{-a^\mu\sin\dfrac{\mu\pi}{2}}{\sqrt{b^2-a^2}\,(b+\sqrt{b^2-a^2})^\mu} & \text{für } a < b \end{cases}$$

$$(a, b \text{ reell und} \geqq 0;\ \mathrm{Re}\,\mu > -1),$$

$$\int_0^\infty J_{\mu+1}(at)\,J_\nu(bt)\,t^{\nu-\mu}\,dt = \begin{cases} 0 & \text{für } a < b \\[2ex] \dfrac{(a^2-b^2)^{\mu-\nu}b^\nu}{2^{\mu-\nu}a^{\mu+1}\Gamma(\mu-\nu+1)} & \text{für } a \geqq b \end{cases}$$

$$(a, b \text{ reell und positiv};\ \mathrm{Re}\,\nu > -1;\ \mathrm{Re}\,(\mu-\nu+1) > 0).$$

Weitere Formeln:

$$\int_0^\infty K_\mu(at)\,J_\nu(bt)\,t^{\nu+\mu+1}\,dt = \frac{(2a)^\mu(2b)^\nu\,\Gamma(\mu+\nu+1)}{(a^2+b^2)^{\mu+\nu+1}}$$

$$(\mathrm{Re}\,(\nu+1) > |\mathrm{Re}\,\mu|;\ \mathrm{Re}\,a > |\mathrm{Im}\,b|;\ \mathrm{Re}\,a > 0),$$

4*

$$b^{-\mu-\nu}\int_0^\infty e^{-2at}\,J_\mu(b\,t)\,J_\nu(b_*t)\,t^{\mu+\nu}\,dt$$

$$=\frac{\Gamma(\mu+\nu+\tfrac{1}{2})}{\pi^{3/2}}\int_0^{\pi/2}\frac{\cos^{\mu+\nu}\varphi\,\cos(\mu-\nu)\varphi}{(a^2+b^2\cos^2\varphi)^{\mu+\nu+1/2}}\,d\varphi$$

$$(\operatorname{Re} a>|\operatorname{Im} b|;\quad \operatorname{Re}(\mu+\nu)>-\tfrac{1}{2}),$$

$$\int_0^\infty \prod_{n=1}^m J_\nu(a_n t)\,\frac{dt}{t^{\nu m-2\nu-1}}=0$$

$$(a_1,\ldots,a_m\ \text{reell};\ a_1>a_2>.a_3\cdots>a_m>0;\ a_1>a_2+a_3+\cdots+a_m;$$
$$\operatorname{Re}\nu>-1).$$

Formel von Sonine *und* Dougall:

$$\int_0^\infty J_\mu(a\,t)\,J_\nu(b\,t)\,J_\nu(c\,t)\,t^{1-\mu}\,dt$$

$$=\frac{(bc)^\nu\,2^{-\mu+1}}{a^\mu\,\Gamma(\mu-\nu)\,\Gamma(\nu+\tfrac{1}{2})\,\Gamma(\tfrac{1}{2})}\int_0^A (a^2-b^2-c^2+2bc\cos\varphi)^{\mu-\nu-1}\sin^{2\nu}\varphi\,d\varphi,$$

wobei a,b,c reell und positiv sind, und

$$A=0;\quad \operatorname{arc\,cos}\frac{b^2+c^2-a^2}{2bc};\quad \pi$$

ist, je nachdem $a^2<(b-c)^2$; $(b-c)^2<a^2<(b+c)^2$; $(b+c)^2<a^2$ ist.
Ferner ist $\operatorname{Re}\mu>-\tfrac{1}{2}$, $\operatorname{Re}\nu>-\tfrac{1}{2}$ zu fordern. Für $\mu=\nu$ liefert
diese Formel

$$\int_0^\infty J_\nu(a\,t)\,J_\nu(b\,t)\,J_\nu(c\,t)\,\frac{dt}{t^{\nu-1}}=\frac{2^{\nu-1}\,\varDelta^{2\nu-1}}{(abc)^\nu\,\Gamma(\nu+\tfrac{1}{2})\,\Gamma(\tfrac{1}{2})},$$

wobei $\operatorname{Re}\nu>-\tfrac{1}{2}$ ist und $\varDelta$ der Inhalt des Dreiecks mit den Seiten
a,b,c ist; wenn diese Größen sich nicht als Seiten eines Dreiecks
auffassen lassen, ist das Integral gleich Null zu setzen.

Formel von Sonine *und* Gegenbauer:

$$\int_0^\infty J_\mu(b\,t)\,J_\nu(a\sqrt{t^2+x^2})\,(t^2+x^2)^{-\nu/2}\,t^{\mu+1}\,dt$$

$$=\begin{cases}0 & \text{für } a<b\\[2ex]\dfrac{b^\mu}{a^\nu}\left\{\dfrac{\sqrt{a^2-b^2}}{x}\right\}^{\nu-\mu-1}J_{\nu-\mu-1}(x\sqrt{a^2-b^2}) & \text{für } a>b\end{cases}$$

$$(\operatorname{Re}\nu>\operatorname{Re}\mu>-1;\quad a,b,x\ \text{reell und}\geq 0).$$

$$\int_0^\infty J_\mu(b\,t)\, H_\nu^{(2)}(a\,\sqrt{t^2+x^2})\,(t^2+x^2)^{-\nu/2}\,t^{\mu+1}\,d\,t$$

$$= \begin{cases} \dfrac{b^\mu}{a^\nu}\left[\dfrac{\sqrt{a^2-b^2}}{x}\right]^{\nu-\mu-1} H_{\nu-\mu-1}^{(2)}(x\,\sqrt{a^2-b^2}) & \text{für } a > b \\[4mm] \dfrac{2\,i}{\pi}\,\dfrac{b^\mu}{a^\nu}\left[\dfrac{\sqrt{b^2-a^2}}{x}\right]^{\nu-\mu-1} K_{\nu-\mu-1}(x\,\sqrt{b^2-a^2}) & \text{für } a < b \end{cases}$$

$$(\operatorname{Re}\nu > \operatorname{Re}\mu > -1;\quad a, b, x \text{ reell und positiv}).$$

Weitere Formeln in Kapitel VIII, §§ 1, 2, 3.

§ 8. Den Besselschen Funktionen zugeordnete Polynome.

a) Die Neumannschen Polynome $O_n(t)$ sind Polynome in t^{-1}, welche durch die für $|t| > |z|$ gültige Reihenentwicklung

$$\frac{1}{t-z} = \sum_{n=0}^\infty \varepsilon_n O_n(t) J_n(z)$$

definiert werden können. Es ist

$$O_0(t) = \frac{1}{t};\quad O_n(t) = \frac{1}{4}\sum_{m=0}^{[n/2]} \frac{n(n-m-1)!}{m!\,(\tfrac{1}{2}t)^{n-2m+1}} \qquad \text{für } n = 1, 2, 3, \ldots.$$

Es gilt für $n \geqq 1$:

$$(n-1)\,O_{n+1}(t) + (n+1)\,O_{n-1}(t) - \frac{2(n^2-1)}{t}\,O_n(t) = \frac{2\,n\sin^2\dfrac{n\pi}{2}}{t},$$

$$O_{n-1}(t) - O_{n+1}(t) = 2\,O_n'(t),$$

sowie

$$-O_1(t) = O_0'(t) = -\frac{1}{t^2}.$$

Für jede den Nullpunkt der z-Ebene umschließende doppelpunktfreie geschlossene Kurve $\mathfrak{C}$ gilt

$$\int_{\mathfrak{C}} O_m(z)\, O_n(z)\,d\,z = 0 \qquad \text{für } m, n = 0, 1, 2, \ldots$$

$$\int_{\mathfrak{C}} J_m(z)\, O_n(z)\,d\,z = 0 \text{ für } m^2 \neq n^2;\quad m, n = 0, 1, 2, \ldots$$

$$\int_{\mathfrak{C}} J_n(z)\, O_n(z)\,d\,z = \frac{2\,\pi\,i}{\varepsilon_n} \qquad \text{für } n = 0, 1, 2, \ldots.$$

Ebenfalls als Neumannsche Polynome werden auch die Funktionen $\Omega_n(t)$ (für $n = 0, 1, 2, \ldots$) bezeichnet, welche Polynome in t^{-1} sind und durch die Reihenentwicklung

$$\frac{1}{t^2-z^2} = \sum_{n=0}^\infty \varepsilon_n \Omega_n(t)\, J_n^2(z)$$

definiert werden.

Als Verallgemeinerung der Neumannschen Polynome sind die Funktionen $A_{n,\nu}(t)$ anzusehen, die durch

$$\frac{z^\nu}{t-z} = \sum_{n=0}^{\infty} A_{n,\nu}(t)\, J_{\nu+n}(z)$$

definiert sind und zuweilen als „*Polynome von Gegenbauer*" bezeichnet werden; sie sind ebenfalls Polynome in t^{-1}.

Statt der Funktionen $O_n(t)$ kann man sich der **Polynome von Schläfli** bedienen, welche durch

$$S_0(t) = 0, \quad S_{-n}(t) = (-1)^{n+1} S_n(t) \qquad \text{für } n = 1, 2, \ldots,$$

$$S_n(t) = \frac{2}{n}\left\{t\, O_n(t) - \cos^2 \tfrac{1}{2} n\pi\right\} \qquad \text{für } n = 1, 2, \ldots$$

definiert sind; sie genügen der Differentialgleichung

$$\left\{t^2 \frac{d^2}{dt^2} + t\frac{d}{dt} + (t^2 - n^2)\right\} S_n(t) = 2t \sin^2 \tfrac{1}{2}\pi n + 2n \cos^2 \tfrac{1}{2}\pi n$$

und der Funktionalgleichung

$$S_n(t-z) = \sum_{m=-\infty}^{+\infty} S_{n+m}(t)\, J_m(z).$$

b) Die **Polynome von Lommel** $R_{m,\nu}(z)$ sind für beliebige Werte von ν und für $m = 0, 1, 2, \ldots$ definiert durch

$$R_{m,\nu}(z) = (\nu)_m (\tfrac{1}{2} z)^{-m}\, {}_2F_3\left(\frac{1-m}{2}, \frac{-m}{2};\ \nu,\ -m,\ 1-\nu-m;\ -z^2\right);$$

sie sind Polynome in z^{-1} und verbinden je drei Besselsche Funktionen, deren Indizes sich um m und $m-1$ von einem von ihnen unterscheiden durch die Formeln

$$J_{\nu+m}(z) = J_\nu(z)\, R_{m,\nu}(z) - J_{\nu-1}(z)\, R_{m-1,\nu+1}(z),$$

$$(-1)^m J_{-\nu-m}(z) = J_{-\nu}(z)\, R_{m,\nu}(z) + J_{-\nu+1}(z)\, R_{m-1,\nu+1}(z)$$

$$(m = 1, 2, 3, \ldots).$$

Die $R_{m,\nu}$ lassen sich durch die Besselschen Funktionen ausdrücken:

$$J_{\nu+m}(z)\, J_{-\nu+1}(z) + (-1)^m J_{-\nu-m}(z)\, J_{\nu-1}(z) = \frac{2 \sin \nu\pi}{\pi z}\, R_{m,\nu}(z)$$

$$(m = 0, 1, 2, \ldots).$$

Es ist speziell:

$$R_{0,\nu} = 1, \quad R_{1,\nu} = \frac{2\nu}{z}, \quad R_{2,\nu} = \frac{2\nu(2\nu+2)}{z^2}\left\{1 - \frac{z^2}{2\nu(2\nu+2)}\right\},$$

$$J_{1/2}^2(z) + J_{-1/2}^2(z) = \frac{2}{\pi z}; \quad J_{3/2}^2(z) + J_{-3/2}^2(z) = \frac{2}{\pi z}\left(1 + \frac{1}{z^2}\right),$$

$$J_{\nu-1}(z)\, H_\nu^{(1)}(z) - J_\nu(z)\, H_{\nu-1}^{(1)}(z) = \frac{2}{\pi i z}.$$

§ 9. Die Funktionen von STRUVE, ANGER und WEBER.

In diesem und dem folgenden Abschnitt werde zur Abkürzung

$$\nabla_\nu \equiv z^2 \frac{\partial^2}{\partial z^2} + z \frac{\partial}{\partial z} + z^2 - \nu^2$$

gesetzt. Die Funktionen $H_\nu(z)$, $J_\nu(z)$, $E_\nu(z)$, die resp. nach STRUVE, ANGER und WEBER benannt werden, sind Lösungen der inhomogenen BESSELschen Differentialgleichungen

$$\nabla_\nu H_\nu(z) = \frac{4\left(\tfrac{1}{2} z\right)^{\nu+1}}{\Gamma\left(\nu + \tfrac{1}{2}\right)\Gamma\left(\tfrac{1}{2}\right)};$$

$$\nabla_\nu J_\nu(z) = \frac{(z-\nu)\sin\nu\pi}{\pi};$$

$$\nabla_\nu E_\nu(z) = -\frac{z+\nu}{\pi} - \frac{(z-\nu)\cos\nu\pi}{\pi}$$

und lassen sich definieren durch

$$H_\nu(z) = \frac{2\left(\tfrac{1}{2} z\right)^\nu}{\Gamma\left(\nu+\tfrac{1}{2}\right)\Gamma\left(\tfrac{1}{2}\right)} \int_0^{\pi/2} \sin(z\cos\vartheta)\sin^{2\nu}\vartheta \, d\vartheta$$

$$= \sum_{m=0}^{\infty} \frac{(-1)^m \left(\tfrac{1}{2} z\right)^{\nu+2m+1}}{\Gamma\left(m+\tfrac{3}{2}\right)\Gamma\left(\nu+m+\tfrac{3}{2}\right)},$$

$$J_\nu(z) = \frac{1}{\pi} \int_0^\pi \cos(\nu\vartheta - z\sin\vartheta) \, d\vartheta,$$

$$E_\nu(z) = \frac{1}{\pi} \int_0^\pi \sin(\nu\vartheta - z\sin\vartheta) \, d\vartheta.$$

Zwischen ihnen bestehen die Beziehungen:

$$\sin\nu\pi \, J_\nu(z) = \cos\nu\pi \, E_\nu(z) - E_{-\nu}(z),$$

$$\sin\nu\pi \, E_\nu(z) = J_{-\nu}(z) - \cos\nu\pi \, J_\nu(z)$$

und die Rekursionsformeln

$$E_{\nu-1}(z) + E_{\nu+1}(z) - \frac{2\nu}{z} E_\nu(z) = -\frac{2(1-\cos\nu\pi)}{\pi z},$$

$$E_{\nu-1}(z) - E_{\nu+1}(z) = 2 E_\nu'(z),$$

$$H_{\nu-1}(z) + H_{\nu+1}(z) - \frac{2\nu}{z} H_\nu(z) = \frac{\left(\tfrac{1}{2} z\right)^\nu}{\Gamma\left(\nu+\tfrac{3}{2}\right)\Gamma\left(\tfrac{1}{2}\right)},$$

$$H_{\nu-1}(z) - H_{\nu+1}(z) - 2 H_\nu'(z) = \frac{-\left(\tfrac{1}{2} z\right)^\nu}{\Gamma\left(\nu+\tfrac{3}{2}\right)\Gamma\left(\tfrac{1}{2}\right)}.$$

Für $|z| \gg 1$, $|z| \gg |v|$ gelten die asymptotischen Formeln:

$$\mathsf{J}_v(z) \approx J_v(z) + \frac{\sin v\pi}{\pi z}\left[1 - \frac{1 - v^2}{z^2} + \frac{(1 - v^2)(3^2 - v^2)}{z^4} \mp \cdots\right]$$

$$- \frac{\sin v\pi}{\pi z}\left[\frac{v}{z} - \frac{v(2^2 - v^2)}{z^3} + \frac{v(2^2 - v^2)(4^2 - v^2)}{z^5} \mp \cdots\right],$$

$$\mathsf{H}_v(z) = N_v(z) + \frac{(\tfrac{1}{2}z)^{v-1}}{\Gamma(v + \tfrac{1}{2})\,\Gamma(\tfrac{1}{2})}\left[\sum_{m=0}^{p-1}\frac{(-1)^m(\tfrac{1}{2} - v)_m(2m)!}{m!\,z^{2m}} + O(z^{-2p})\right]$$

$$(-\pi < \arg z < \pi).$$

Für ganzzahlige Werte von $v = 0, \pm 1, \pm 2$ ist $\mathsf{J}_v \equiv J_v$; für halb
zahlige Werte von $v = \tfrac{1}{2}(2n + 1)$, $n = 0, \pm 1, \pm 2, \ldots$ ist $\mathsf{H}_v(z$
eine elementare Funktion; insbesondere ist

$$\mathsf{H}_{1/2}(z) = \sqrt{\frac{2}{\pi z}}\,(1 - \cos z).$$

Für die Struveschen Funktionen gilt ferner:

$$\mathsf{H}_v(z\,e^{m\pi i}) = e^{m(v+1)\pi i}\mathsf{H}_v(z) \qquad (m = \pm 1, \pm 2, \ldots$$

Für reelle Werte von $x > 0$ und $v \geqq \tfrac{1}{2}$ ist $\mathsf{H}_v(x) > 0$.

$$\mathsf{H}_v(2z) = \frac{2\,z^{v+1}\sqrt{\pi}}{\Gamma(v - \tfrac{1}{2})}\int_0^\infty \frac{J_v^2(\sqrt{t^2 + z^2})}{(t^2 + z^2)^v}\,t^{2v-2}\,dt$$

$$= \frac{2\,z^{v+1}\sqrt{\pi}}{\Gamma(v - \tfrac{1}{2})}\int_z^\infty \frac{J_v^2(u)}{u^{2v-1}}\,(u^2 - z^2)^{v-3/2}\,du$$

$$\left(\operatorname{Re} v > \tfrac{1}{2};\ |\arg z| < \frac{\pi}{2}\right).$$

$$\mathsf{H}_v(z) = \frac{(\tfrac{1}{2}z)^{v-1}(2v - 1)}{\Gamma(v + \tfrac{1}{2})\,\Gamma(\tfrac{1}{2})}\int_0^{\pi/2}[1 - \cos(z\cos\vartheta)]\sin^{2v-2}\vartheta\,\cos\vartheta\,d\vartheta$$

$$(\operatorname{Re} v > \tfrac{1}{2}),$$

$$\mathsf{H}_{v-1/2}(z) = \sqrt{\frac{2z}{\pi}}\int_0^{\pi/2} J_v(z\sin\vartheta)\sin^{1-v}\vartheta\,d\vartheta,$$

$$\mathsf{H}_0(z) = \frac{4}{\pi}\sum_{n=0}^\infty \frac{J_{2n+1}(z)}{2n + 1},$$

$$\int_0^\infty \mathsf{H}_v(t)\,t^{\mu-v-1}\,dt = \frac{\Gamma(\tfrac{1}{2}\mu)\,\tan(\tfrac{1}{2}\mu\pi)}{\Gamma(v - \tfrac{1}{2}\mu + 1)\,2^{v-\mu+1}}$$

$$(-1 < \operatorname{Re}\mu \leqq 0;\ \operatorname{Re}\mu < \operatorname{Re} v + \tfrac{3}{2}),$$

$$\int_0^\infty \mathsf{H}_\mu(t)\,\mathsf{H}_v(t)\,t^{-\mu-v}\,dt = \frac{2^{-\mu-v}\,\Gamma(\tfrac{1}{2})\,\Gamma(\mu + v)}{\Gamma(v + \tfrac{1}{2})\,\Gamma(\mu + \tfrac{1}{2})\,\Gamma(\mu + v + \tfrac{1}{2})}$$

$$(\operatorname{Re}(\mu + v) > 0),$$

$$\int\limits_0^\infty \frac{J_\nu(a\,x)\,x^\nu}{x+k}\,dx \;=\; \frac{\pi\,k^\nu}{2\cos\nu\pi}\,[\mathsf{H}_{-\nu}(a\,k) - N_{-\nu}(a\,k)]$$

$$(a,\,k \;\text{reell und positiv};\;\; -\tfrac{1}{2} < \operatorname{Re}\nu < \tfrac{3}{2},\;\; \nu \neq \tfrac{1}{2}),$$

$$\int\limits_0^z J_0(t)\,dt \;=\; z\,J_0(z) + \frac{\pi\,z}{2}\,[J_1(z)\,\mathsf{H}_0(z) - J_0(z)\,\mathsf{H}_1(z)],$$

$$\int\limits_0^z N_0(t)\,dt \;=\; z\,N_0(z) + \frac{\pi\,z}{2}\,[N_1(z)\,\mathsf{H}_0(z) - N_0(z)\,\mathsf{H}_1(z)].$$

Weitere Formeln in Kapitel VIII, § 2.

§ 10. Die Funktionen von Lommel.

Die Differentialgleichung $\nabla_\nu y = k\,z^{\mu+1}$ besitzt als Lösung die Funktion $y = k\,s_{\mu,\nu}(z)$ mit

$$s_{\mu,\nu}(z) \;=\; \frac{z^{\mu+1}}{(\mu-\nu+1)(\mu+\nu+1)}\; {}_1F_2\!\left(1;\; \frac{\mu-\nu+3}{2},\; \frac{\mu+\nu+3}{2};\; -\frac{1}{4}z^2\right),$$

sofern $\mu+\nu$ und $\mu-\nu$ von den Zahlen $-1, -3, -5, \ldots$ verschieden sind. Für beliebige Werte von μ und ν liefert die Funktion

$$S_{\mu,\nu}(z) \;=\; s_{\mu,\nu}(z) + 2^{\mu-1}\,\Gamma\!\left(\frac{\mu-\nu+1}{2}\right) \times$$

$$\times\, \Gamma\!\left(\frac{\mu+\nu+1}{2}\right)\frac{1}{\sin\nu\pi}\left[\cos\!\left(\frac{\mu-\nu}{2}\,\pi\right)J_{-\nu}(z) - \cos\!\left(\frac{\mu+\nu}{2}\,\pi\right)J_\nu(z)\right]$$

eine Lösung von $\nabla_\nu y = z^{\mu+1}$, da in diesem Ausdruck die rechte Seite sinnvoll bleibt, wenn $\mu \pm \nu$ einer negativen ungeraden Zahl zustrebt. Für $\mu \pm \nu = 1, 3, 5, \ldots$ wird

$$S_{\mu,\nu}(z) \;=\; z^{\mu-1}\left[1 - \frac{(\mu-1)^2 - \nu^2}{z^2} + \frac{[(\mu-1)^2 - \nu^2]\,[(\mu-3)^2 - \nu^2]}{z^4} \mp \cdots\right];$$

die rechte Seite in dieser Formel liefert bei beliebigen Werten von μ und ν eine semikonvergente Reihe für $S_{\mu,\nu}$ bei großen Werten von z.

Die Funktionen $S_{\mu,\nu}(z)$ und $s_{\mu,\nu}(z)$ heißen *Lommelsche Funktionen.* Sie genügen den Rekursionsformeln:

$$S_{\mu+2,\nu}(z) \;=\; z^{\mu+1} - [(\mu+1)^2 - \nu^2]\,S_{\mu,\nu}(z),$$

$$S'_{\mu,\nu}(z) \pm \frac{\nu}{z}\,S_{\mu,\nu}(z) \;=\; (\mu \pm \nu - 1)\,S_{\mu-1,\nu\mp1}(z);$$

dieselben Formeln gelten auch für die Funktionen $s_{\mu,\nu}(z)$.

Ist $\mathfrak{Z}_\nu(z)$ eine beliebige Zylinderfunktion, so ist

$$\frac{d}{dz}\left[(\mu+\nu-1)\,z\,\mathfrak{Z}_\nu(z)\,S_{\mu-1,\nu-1}(z) - z\,\mathfrak{Z}_{\nu-1}\,S_{\mu,\nu}(z)\right] \;=\; z^\mu\,\mathfrak{Z}_\nu(z).$$

Einige Integraldarstellungen:

$$S_{0,\nu}(z) = \int_0^\infty e^{-z\,\mathfrak{Sin}\,t}\,\mathfrak{Cof}\,\nu t\,dt = \frac{z}{\nu}\int_0^\infty e^{-z\,\mathfrak{Sin}\,t}\,\mathfrak{Sin}\,\nu t\,\mathfrak{Cof}\,t\,dt,$$

$$S_{1,\nu}(z) = z\int_0^\infty e^{-z\,\mathfrak{Sin}\,t}\,\mathfrak{Cof}\,\nu t\,\mathfrak{Cof}\,t\,dt,$$

$$\nu\,S_{-1,\nu}(z) = \int_0^\infty e^{-z\,\mathfrak{Sin}\,t}\,\mathfrak{Sin}\,\nu t\,dt$$

$$(\mathrm{Re}\,z > 0).$$

§ 11. Beispiele KAPTEYNscher Reihen.

Es handelt sich um Reihen der Form $\sum\limits_{n=0}^\infty \alpha_n J_{\nu+n}[z(\nu+n)]$

$$\left.\begin{aligned} \frac{1}{1-z} &= 1 + 2\sum_{n=1}^\infty J_n(nz) \\ \frac{\frac{1}{2}z^2}{1-z^2} &= \sum_{m=1}^\infty J_{2m}(2mz) \end{aligned}\right\} \text{ sofern } \left|\frac{z\,e^{\sqrt{1-z^2}}}{1+\sqrt{1-z^2}}\right| < 1.$$

Für reelle Werte von ε mit $0 \leq \varepsilon < 1$ gilt

$$\frac{1}{2}+\frac{\varepsilon}{4} = \sum_{n=1}^\infty \frac{J_n'(n\varepsilon)}{n}; \qquad \frac{1}{2}-\frac{\varepsilon}{4} = \sum_{n=1}^\infty (-1)^{n-1}\frac{J_n'(n\varepsilon)}{n},$$

$$\frac{\frac{1}{2}\varepsilon}{1-\varepsilon} = \sum_{n=1}^\infty J_n(n\varepsilon); \qquad \frac{\frac{1}{2}\varepsilon}{1+\varepsilon} = \sum_{n=1}^\infty (-1)^{n-1}J_n(n\varepsilon),$$

$$\frac{1}{2(1-\varepsilon)^2} = \sum_{n=1}^\infty n\,J_n'(n\varepsilon); \qquad \frac{1}{2(1+\varepsilon)^2} = \sum_{n=1}^\infty (-1)^{n-1}n\,J_n'(n\varepsilon).$$

§ 12. SCHLÖMILCH-Reihen.

Es sei $f(x)$ eine in dem Intervall $0 \leq x \leq \pi$ zweimal stetig differenzierbare Funktion der reellen Veränderlichen x. Dann ist für $0 < x < \pi$

$$f(x) = \tfrac{1}{2}a_0 + \sum_{n=1}^\infty a_n J_0(nx)$$

mit

$$a_0 = 2f(o) + \frac{2}{\pi}\int_0^\pi du\int_0^{\pi/2} d\varphi\,f'(u\sin\varphi),$$

$$a_n = \frac{2}{\pi}\int_0^\pi du\int_0^{\pi/2} d\varphi\,u f'(u\sin\varphi)\cos n\varphi.$$

Beispiele: Es ist

$$\frac{2}{x} + 4 \sum_{k=1}^{r} \frac{1}{\sqrt{x^2 - 4\,k^2\,\pi^2}} = 1 + 2 \sum_{n=1}^{\infty} J_0(nx)$$

$$(2\,r\,\pi < x < 2\,(r+1)\,\pi),$$

$$\sqrt{x^2 - \pi^2} - \frac{x}{2} - \pi \, \mathrm{arc} \cos \frac{\pi}{x} + \frac{\pi^2}{8} = \sum_{n=0}^{\infty} \frac{J_0[(2\,n-1)\,x]}{(2\,n-1)^2}$$

$$(\pi < x < 2\,\pi),$$

$$\tfrac{1}{2} + \sum_{n=1}^{\infty} (-1)^n J_0(nx) = 0, \qquad\qquad (0 < x < \pi)$$

$$\tfrac{1}{2} + \sum_{n=1}^{\infty} (-1)^n J_0(nx) = 2 \sum_{l=1}^{r+1} \frac{1}{\sqrt{x^2 - (2\,l-1)^2\,\pi^2}}$$

$$((2\,r+1)\,\pi < x < (2\,r+3)\,\pi, \quad r = 0, 1, 2, \ldots).$$

$$\frac{1}{r} + \frac{1}{2} + \sum_{m=1}^{\infty} \left[\frac{1}{\sqrt{[2\,m\,i\,\pi + z]^2 + x^2 + y^2}} + \frac{1}{\sqrt{[2\,m\,i\,\pi - z]^2 + x^2 + y^2}} \right]$$

$$= 1 + \sum_{n=1}^{\infty} e^{-nz} J_0(n\sqrt{x^2 + y^2}),$$

$$= \frac{1}{r} + \frac{1}{2} + \sum_{n=1}^{\infty} \frac{(-1)^{n-1} B_{2n}}{(2\,n)!} r^{2n-1} P_{2n-1}(\cos \vartheta) \qquad (0 < r < 2\,\pi),$$

wobei $r = \sqrt{x^2 + y^2 + z^2}$, $\cos \vartheta = \dfrac{z}{r}$ ist und B_{2n} die Bernoullischen Zahlen sind (vgl. Kap. I); x und y und, in der letzten Formel, auch z, sind reell; in den beiden vorhergehenden Formelzeilen muß $\mathrm{Re}\,z > 0$ angenommen werden; Quadratwurzeln aus komplexen Größen sind so auszuziehen, daß ihr Realteil positiv wird.

§ 13. Weitere Reihen mit Zylinderfunktionen.

Es gilt für $x > 0$ und $0 \leq t < 1$ mit $m_1, m_2 = 0, 1, 2, \ldots$

$$\sum_{n=1}^{\infty} J_0(nx) \cos(nxt) = -\frac{1}{2} + \sum_{m=1}^{m_1} \frac{1}{\sqrt{x^2 - (2\,\pi\,m + t\,x)^2}}$$

$$+ \frac{1}{x\sqrt{1-t^2}} + \sum_{m=1}^{m_2} \frac{1}{\sqrt{x^2 - (2\,\pi\,m - t\,x)^2}},$$

$$\sum_{n=1}^{\infty} J_0(nx) \sin(nxt) = \frac{1}{2\,\pi} \left(\sum_{m=1}^{m_2} \frac{1}{m} - \sum_{m=1}^{m_1} \frac{1}{m} \right)$$

$$+ \sum_{m=m_1+1}^{\infty} \left[\frac{1}{\sqrt{(2\,\pi\,m + t\,x)^2 - x^2}} - \frac{1}{2\,\pi\,m} \right]$$

$$- \sum_{m=m_2+1}^{\infty} \left[\frac{1}{\sqrt{(2\,\pi\,m - t\,x)^2 - x^2}} - \frac{1}{2\,\pi\,m} \right],$$

$$\sum_{n=1}^{\infty} N_0(n\,x)\cos(n\,x\,t) = -\frac{1}{\pi}\ln\left(\frac{\gamma\,x}{4\,\pi}\right) + \frac{1}{2\,\pi}\left(\sum_{1}^{m_1}\frac{1}{m} + \sum_{1}^{m_2}\frac{1}{m}\right)$$

$$-\sum_{m_1+1}^{\infty}\left[\frac{1}{\sqrt{(2\,\pi\,m + t\,x)^2 - x^2}} - \frac{1}{2\,\pi\,m}\right] - \sum_{m_2+1}^{\infty}\left[\frac{1}{\sqrt{(2\,\pi\,m - t\,x)^2 - x^2}} - \frac{1}{2\,\pi\,m}\right],$$

hierbei ist $2\,\pi\,m_1 < x(1-t) < 2\,(m_1+1)\,\pi$; $2\,\pi\,m_2 < x(1+t) < 2\,(m_2+1)\,\pi$.

Leere Summen, d. h. solche Summen, bei denen der obere Wert des Summationsindex kleiner ist als der untere, sind hier und weiterhin durch Null zu ersetzen.

$$\sum_{n=1}^{\infty}(-1)\,J_0(n\,x)\cos(n\,x\,t) = -\tfrac{1}{2} + \sum_{1}^{m_1}\frac{1}{\sqrt{x^2 - [(2\,m-1)\,\pi + t\,x]^2}}$$

$$+ \sum_{1}^{m_2}\frac{1}{\sqrt{x^2 - [(2\,m-1)\,\pi - t\,x]^2}},$$

$$\sum_{n=1}^{\infty}(-1)^n J_0(n\,x)\sin(n\,x\,t) = \frac{1}{2\,\pi}\left(\sum_{1}^{m_2}\frac{1}{m} - \sum_{1}^{m_1}\frac{1}{m}\right)$$

$$+ \sum_{m_1+1}^{\infty}\left[\frac{1}{\sqrt{[(2\,m-1)\,\pi + t\,x]^2 - x^2}} - \frac{1}{2\,\pi\,m}\right]$$

$$- \sum_{m_2+1}^{\infty}\left[\frac{1}{\sqrt{[(2\,m-1)\,\pi - t\,x]^2 - x^2}} - \frac{1}{2\,\pi\,m}\right],$$

$$\sum_{n=1}^{\infty}(-1)^n N_0(n\,x)\cos(n\,x\,t) = -\frac{1}{\pi}\ln\left(\frac{\gamma\,x}{4\,\pi}\right) + \frac{1}{2\,\pi}\left(\sum_{1}^{m}\frac{1}{m} + \sum_{1}^{m_2}\frac{1}{m}\right)$$

$$- \sum_{m+1}^{\infty}\left[\frac{1}{\sqrt{[(2\,m-1)\,\pi + t\,x]^2 - x^2}} - \frac{1}{2\,\pi\,m}\right]$$

$$- \sum_{m_2+1}^{\infty}\left[\frac{1}{\sqrt{[(2\,m-1)\,\pi - t\,x]^2 - x^2}} - \frac{1}{2\,\pi\,m}\right],$$

hierbei ist $m_1 = 1, 2, 3, \ldots$; $m_2 = 1, 2, 3, \ldots$;
$(2\,m_1-1)\,\pi < x(1-t) < (2\,m_1+1)\,\pi$; $(2\,m_2-1)\,\pi < x(1+t) < (2\,m_2+1)\,\pi$.

Ferner gilt für $x > 0$; $t > 1$

$$\sum_{n=1}^{\infty} J_0(n\,x)\cos(n\,x\,t) = -\tfrac{1}{2} + \sum_{m_1+1}^{m_2}\frac{1}{\sqrt{x^2 - (2\,\pi\,m - t\,x)^2}},$$

$$\sum_{n=1}^{\infty} J_0(n\,x)\sin(n\,x\,t) = \sum_{m=0}^{m_1}\frac{1}{\sqrt{(2\,\pi\,m - t\,x)^2 - x^2}}$$

$$+ \sum_{m=1}^{\infty}\left[\frac{1}{\sqrt{(2\,\pi\,m + t\,x)^2 - x^2}} - \frac{1}{2\,\pi\,m}\right]$$

$$- \sum_{m=m_2+1}^{\infty}\left[\frac{1}{\sqrt{(2\,\pi\,m - t\,x)^2 - x^2}} - \frac{1}{2\,\pi\,m}\right] + \frac{1}{2\,\pi}\sum_{1}^{m_2}\frac{1}{m},$$

$$\sum_{n=1}^{\infty} N_0(nx) \cos(nxt) = -\frac{1}{\pi} \ln\left(\frac{\gamma x}{4\pi}\right) - \sum_{m=0}^{m_1} \frac{1}{\sqrt{(2\pi m - tx)^2 - x^2}}$$

$$+ \frac{1}{2\pi} \sum_{m=1}^{m_2} \frac{1}{m} - \sum_{m=1}^{\infty} \left[\frac{1}{\sqrt{(2\pi m + tx)^2 - x^2}} - \frac{1}{2\pi m} \right]$$

$$- \sum_{m=m_2+1}^{\infty} \left[\frac{1}{\sqrt{(2\pi m - tx)^2 - x^2}} - \frac{1}{2\pi m} \right],$$

wobei $2m_1 \pi < x(t-1) < 2(m_1+1)\pi$; $2m_2 \pi < x(t+1) < 2(m_2+1)\pi$
und $m_1, m_2 = 0, 1, 2, \ldots$ ist.

$$\sum_{n=1}^{\infty} (-1)^n J_0(nx) \cos(nxt) = -\tfrac{1}{2} + \sum_{m=m_1+1}^{m_2} \frac{1}{\sqrt{x^2 - [(2m-1)\pi - tx]^2}},$$

$$\sum_{n=1}^{\infty} (-1)^n J_0(nx) \sin(nxt) = \sum_{m=1}^{m_1} \frac{1}{\sqrt{[(2m-1)\pi - tx]^2 - x^2}} + \frac{1}{2\pi} \sum_{m=1}^{m_2} \frac{1}{m}$$

$$+ \sum_{m=1}^{\infty} \left[\frac{1}{\sqrt{[(2m-1)\pi + tx]^2 - x^2}} - \frac{1}{2\pi m} \right]$$

$$- \sum_{m=m_2+1}^{\infty} \left[\frac{1}{\sqrt{[(2m-1)\pi - tx]^2}} - \frac{1}{2\pi m} \right],$$

$$\sum_{n=1}^{\infty} (-1)^n N_0(nx) \cos(nxt) = -\frac{1}{\pi} \ln\left(\frac{\gamma x}{4\pi}\right) + \frac{1}{2\pi} \sum_{m=1}^{m_2} \frac{1}{m}$$

$$- \sum_{m=1}^{m_1} \frac{1}{\sqrt{[(2m-1)\pi - tx]^2 - x^2}}$$

$$- \sum_{m=1}^{\infty} \left[\frac{1}{\sqrt{[(2m-1)\pi + tx]^2 - x^2}} - \frac{1}{2\pi m} \right]$$

$$- \sum_{m=m_2+1}^{\infty} \left[\frac{1}{\sqrt{[(2m-1)\pi - tx]^2 - x^2}} - \frac{1}{2\pi m} \right],$$

wobei $m_1, m_2 = 1, 2, 3, \ldots$ und $(2m_1-1)\pi < x(t-1) < (2m_1+1)\pi$;
$(2m_2-1)\pi < x(t+1) < (2m_2+1)\pi$,

$$\sum_{n=1}^{\infty} K_0(nx) \cos(nxt) = \tfrac{1}{2} \ln\left(\frac{\gamma x}{4\pi}\right) + \frac{\pi}{2x\sqrt{1+t^2}}$$

$$+ \frac{\pi}{2} \sum_{m=1}^{\infty} \left[\frac{1}{\sqrt{x^2 + (2\pi m - tx)^2}} - \frac{1}{2\pi m} \right]$$

$$+ \frac{\pi}{2} \sum_{m=1}^{\infty} \left[\frac{1}{\sqrt{x^2 + (2\pi m + tx)^2}} - \frac{1}{2\pi m} \right],$$

$$\sum_{n=1}^{\infty} (-1)^n K_\iota(n\,x) \cos(n\,x\,t) = \tfrac{1}{2} \ln\left(\frac{\gamma x}{4\,\pi}\right)$$

$$+ \frac{\pi}{2} \sum_{m=1}^{\infty} \left[\frac{1}{\sqrt{x^2 + [(2\,m-1)\,\pi - t\,x]^2}} - \frac{1}{2\,\pi\,m}\right]$$

$$+ \frac{\pi}{2} \sum_{m=1}^{\infty} \left[\frac{1}{\sqrt{x^2 + [(2\,m-1)\,\pi + t\,x]^2}} - \frac{1}{2\,\pi\,m}\right],$$

$$\sum_{n=-\infty}^{+\infty} e^{i\,n\,d_1} \frac{H_\nu^{(2)}\left(s\sqrt{a^2 + (x+n\,d)^2}\right)}{\sqrt{a^2 + (x+n\,d)^2}\,^\nu} = \frac{2\,i}{d} \sqrt{\frac{2\,a}{\pi}} \, (a\,s)^{-\nu} \cdot$$

$$\sum_{m=-\infty}^{+\infty} \sqrt{\left(\frac{2\,\pi\,m + d_1}{d}\right)^2 - s^2}\,^{\nu - 1/2} K_{\nu - 1/2}\left(a\sqrt{\left(\frac{2\,\pi\,m + d_1}{d}\right)^2 - s^2}\right) e^{-i\,x(2\,\pi\,m + d_1)/d}$$

$$= \frac{1}{d} \sqrt{2\,\pi\,a} \, (a\,s)^{-\nu} \cdot$$

$$\sum_{m=-\infty}^{+\infty} \sqrt{s^2 - \left(\frac{2\,\pi\,m + d_1}{d}\right)^2}\,^{\nu - 1/2} H_{\nu - 1/2}^{(2)}\left(a\sqrt{s^2 - \left(\frac{2\,\pi\,m + d_1}{d}\right)^2}\right) e^{-i\,x(2\,\pi\,m + d_1)/d}$$

(a reell und positiv, x, d, d_1 reell; Im $s \leq 0$;

$$-\frac{\pi}{2} \leq \arg \sqrt{\left(\frac{2\,\pi\,m + d_1}{d}\right)^2 - s^2} < \frac{\pi}{2}\bigg),$$

$$\sum_{n=-\infty}^{+\infty} e^{i\,n\,d_1} \sqrt{a^2 + (x+n\,d)^2}\,^\nu K_\nu\left(s\sqrt{a^2 + (x+n\,d)^2}\right)$$

$$= \frac{1}{d} \sqrt{2\,\pi\,a} \, (a\,s)^\nu \sum_{m=-\infty}^{+\infty} \frac{K_{\nu + 1/2}\left(a\sqrt{s^2 + \left(\frac{2\,\pi\,m + d_1}{d}\right)^2}\right)}{\sqrt{s^2 + \left(\frac{2\,\pi\,m + d_1}{d}\right)^2}\,^{\nu + 1/2}} e^{-i\,x(2\,\pi\,m + d_1)/d}$$

(a reell und positiv, x, d, d_1 reell; Re $s > 0$,

$$-\frac{\pi}{2} < \arg \sqrt{s^2 + \left(\frac{2\,\pi\,m + d_1}{d}\right)^2} < \frac{\pi}{2}\bigg).$$

Anhang zum dritten Kapitel.

§ 14. MATHIEUsche Funktionen.

Der BERNOULLISche Ansatz der Trennung der Veränderlichen führt
bei der in gewöhnlichen Zylinderkoordinaten geschriebenen Wellengleichung auf Zylinderfunktionen (vgl. Kap. IX § 2). Derselbe Ansatz
führt bei Zugrundelegung elliptischer Zylinderkoordinaten auf eine
neue Klasse von Funktionen, welche als Verallgemeinerung der Zylinderfunktionen anzusehen sind, aber längst nicht so gut untersucht
sind wie diese. Die Funktionen, um die es sich hier handelt, heißen
„MATHIEUsche Funktionen"; sie sind Lösungen der MATHIEUschen
Differentialgleichung

$$(\text{M}) \qquad \frac{d^2 y}{d x^2} + (\lambda - 2 h^2 \cos 2 x) y = 0,$$

welche ihrerseits ein Spezialfall der Differentialgleichung

$$\frac{d^2 y}{d z^2} + (a_0^2 + b_0^2 \cos p z) y = 0$$

ist. Durch die Substitution $a_0 p = a$, $b_0 p = b$, $p z = x$ läßt sich diese zurückführen auf die Differentialgleichung

$$(\text{M}') \qquad \frac{d^2 y}{d x^2} + (a^2 + b^2 \cos x) y = 0.$$

Man bezeichnet vielfach auch (M') als Mathieusche Differentialgleichung. Es gilt das *Theorem von* Floquet:

Es gibt eine Lösung $y(x)$ von (M'), derart, daß

$$y(x + 2\pi) = \sigma\, y(x)$$

wird. Wenn y_1 und y_2 zwei Lösungen von (M') sind, derart, daß

$$y_1(0) = 1, \qquad y_2(0) = 0,$$
$$y_1'(1) = 0, \qquad y_2'(0) = 1,$$

so gilt:

$$\sigma^2 - \sigma\,[y_1(2\pi) + y_2'(2\pi)] + 1 = 0.$$

Man hat daher folgenden Lösungsansatz:

$$y = e^{\mu x} \sum_{n=-\infty}^{+\infty} A_n e^{i n x}; \qquad (\sigma = e^{2\pi\mu}).$$

Einsetzen in die Differentialgleichung (M') liefert ein System von unendlich vielen linearen homogenen Gleichungen für die unendlich vielen unbekannten Koeffizienten A_n

$$A_n\,[a^2 + (\mu + i n)^2] + \frac{b^2}{2}(A_{n-1} + A_{n+1}) = 0$$

$$\cdots -2, -1 = n = 0, 1, 2 \ldots,.$$

Damit dieses Gleichungssystem lösbar ist, muß gelten:

$$0 = \varDelta(\mu) \equiv
\begin{vmatrix}
\cdot & \cdot & \cdot & \cdot & \cdot & \cdot & \cdot \\[2pt]
\cdot\,\dfrac{b^2}{2[a^2 + (\mu - 2i)^2]} & 1 & \dfrac{b^2}{2[a^2 + (\mu - 2i)^2]} & 0 & 0 & 0 & 0 \\[14pt]
\cdot\quad 0 & \dfrac{b^2}{2[a^2 + (\mu - i)^2]} & 1 & \dfrac{b^2}{2[a^2 + (\mu - i)^2]} & 0 & 0 & 0 \\[14pt]
\cdot\quad 0 & 0 & \dfrac{b^2}{2(\mu^2 + a^2)} & 1 & \dfrac{b^2}{2(\mu^2 + a^2)} & 0 & 0 \\[14pt]
\cdot\quad 0 & 0 & 0 & \dfrac{b^2}{2[a^2 + (\mu + i)^2]} & 1 & \dfrac{b^2}{2[a^2 + (\mu + i)^2]} & 0 \\[14pt]
\cdot\quad 0 & 0 & 0 & 0 & \dfrac{b^2}{2[a^2 + (\mu + 2i)^2]} & 1 & \dfrac{b^2}{2[a^2 + (\mu + 2i)^2]} \\[14pt]
\cdot & \cdot & \cdot & \cdot & \cdot & \cdot & \cdot
\end{vmatrix}$$

Aus dieser Determinantengleichung kann bei vorgegebenem a und b die Größe μ, der charakteristische Exponent berechnet werden und damit aus den Rekursionsformeln für die A_n bis auf einen konstanten Faktor die A_n selbst, womit die Lösung der Differentialgleichung

$$\frac{d^2 y}{d x^2} + (a^2 + b^2 \cos x)\, y = 0 \quad \text{durch} \quad y = e^{\mu x} \sum_{-\infty}^{+\infty} A_n\, e^{i n x}$$

bestimmt ist.

Der charakteristische Exponent μ kann auch berechnet werden aus folgender Gleichung:

$$\sin^2(i\pi\mu) = \varDelta(0) \sin^2(\pi a),$$

wobei $\varDelta(0)$ der Wert der obenstehenden Determinante für $\mu = 0$ ist. Ist μ rein imaginär, so ist die Lösung stabil; für reelles oder komplexes μ ist die Lösung labil.

Für $\mu = m i\,(m = 0, 1, 2, \ldots)$ ist die Lösung periodisch mit der Periode 2π.

Für $\mu = (m + \frac{1}{2}) i\,(m = 0, 1, 2, \ldots)$ ist die Lösung periodisch mit der Periode 4π.

Periodische MATHIEU*sche Funktionen.*

Im allgemeinen hat die MATHIEUsche Differentialgleichung

$$\frac{d^2 y}{d x^2} + (\lambda - 2 h^2 \cos 2x)\, y = 0$$

keine periodische Lösung. Wenn h eine gegebene reelle Konstante ist, so gibt es eine unendliche Reihe von „Eigenwerten" für λ, so daß die MATHIEUsche Differentialgleichung eine nicht identisch verschwindende Lösung y mit

$$y(x + 2\pi) = y(x)$$

besitzt. Wenn h von Null verschieden ist, so gibt es keine weitere linear unabhängige Lösung mit derselben Eigenschaft. Periodische Lösungen der MATHIEUschen Differentialgleichung heißen „Periodische MATHIEUsche Funktionen" oder „MATHIEUsche Funktionen erster Art" oder einfach „MATHIEUsche Funktionen".

Die MATHIEUsche Differentialgleichung besitzt vier verschiedene Serien von periodischen Lösungen:

$$c\,e_{2n}(x) = \sum_{r=0}^{\infty} A_{2n,\,2r} \cos 2 r x; \quad c\,e_{2n+1}(x) = \sum_{r=0}^{\infty} A_{2n+1,\,2r+1} \cos(2r+1) x;$$

$$s\,e_{2n}(x) = \sum_{r=1}^{\infty} B_{2n,\,2r} \sin 2 r x; \quad s\,e_{2n+1}(x) = \sum_{r=0}^{\infty} B_{2n+1,\,2r+1} \sin(2r+1) x$$

$$(n = 0, 1, 2, \ldots;\ \text{bei}\ s e_{2n}\ \text{nur}\ n = 1, 2, 3, \ldots),$$

Die Koeffizienten A und B hängen von h^2 ab; die Eigenwerte (d. h.

die Werte von λ), die zu ce_{2n}, ce_{2n+1}, se_{2n}, se_{2n+1} gehören, werden mit a_{2n}, a_{2n+1}, b_{2n}, b_{2n+1} bezeichnet.

Die Normierungsvorschrift lautet:

$$\int_0^{2\pi} y^2\, dx = \pi.$$

Wenn h gegen Null strebt, gilt $\lim\limits_{h \to 0} ce_0(x) = \dfrac{1}{\sqrt{2}}$, und für einen von Null verschiedenen Index:

$$\lim_{h \to 0} ce_{2n}(x) = \cos 2nx; \qquad \lim_{h \to 0} ce_{2n+1}(x) = \cos(2n+1)x,$$

$$\lim_{h \to 0} se_{2n}(x) = \sin 2nx; \qquad \lim_{h \to 0} se_{2n+1}(x) = \sin(2n+1)x.$$

Die Koeffizienten $A_{2n,2r}$; $B_{2n,2r}$; $A_{2n+1,2r+1}$; $B_{2n+1,2r+1}$ bestimmen sich aus den Rekursionsformeln:

$$-\lambda A_{2n,0} + h^2 A_{2n,2} = 0 \qquad\qquad r = 0$$

$$2h^2 A_{2n,0} + (4-\lambda) A_{2n,2} + h^2 A_{2n,4} = 0 \qquad\qquad r = 1$$

$$h^2 A_{2n,2r-2} + (4r^2 - \lambda) A_{2n,2r} + h^2 A_{2n,2r+2} = 0, \qquad\qquad r > 1$$

$$h^2 A_{2n+1,1} + (1-\lambda) A_{2n+1,1} + h^2 A_{2n+1,3} = 0 \qquad\qquad r = 0$$

$$h^2 A_{2n+1,2r-1} + [(2r+1)^2 - \lambda] A_{2n+1,2r+1} + h^2 A_{2n+1,2r+3} = 0, \qquad\qquad r > 0$$

$$(4-\lambda) B_{2n,2} + h^2 B_{2n,4} = 0 \qquad\qquad r = 1$$

$$h^2 B_{2n,2r-2} + (4r^2 - \lambda) B_{2n,2r} + h^2 B_{2n,2r+2} = 0, \qquad\qquad r > 1$$

$$-h^2 B_{2n+1,1} + (1-\lambda) B_{2n+1,1} + h^2 B_{2n+1,3} = 0, \qquad\qquad r = 0$$

$$h^2 B_{2n+1,2r-1} + [(2r+1)^2 - \lambda] B_{2n+1,2r+1} + h^2 B_{2n+1,2r+3} = 0. \qquad\qquad r > 0$$

Aus diesen Gleichungen und aus der Normierungsvorschrift bestimmen sich die Koeffizienten A und B, wenn λ bekannt ist. Will man z. B. die Koeffizienten $A_{2n,2r}$ von $ce_{2n}(x)$ berechnen, so entnimmt man zunächst aus den Rekursionsformeln die Beziehung:

$$\begin{vmatrix} \lambda & -h^2 & 0 & 0 & 0 & \cdots \\ -2h^2 & \lambda-4 & -h^2 & 0 & 0 & \cdots \\ 0 & -h^2 & \lambda-16 & -h & 0 & \cdots \\ 0 & 0 & -h^2 & \lambda-36 & -h^2 & \cdots \\ 0 & 0 & 0 & -h^2 & \lambda-64 & \cdots \\ \cdot & \cdot & \cdot & \cdot & \cdot & \cdots \end{vmatrix} = 0.$$

Wenn in dieser Gleichung zwischen λ und h^2 die Größe h^2 gegeben ist und

$$\lambda = a_0,\ a_2,\ a_4,\ \ldots$$

ihre Lösungen sind, wobei

$$|a_0| \leqq |a_2| \leqq |a_4| \leqq \ldots,$$

so erhält man die Koeffizienten $A_{2n,2r}$, indem man $\lambda = a_{2n}$ setzt und die $A_{2n,2r}$ aus den Rekursionsformeln bis auf einen Proportionalitätsfaktor bestimmt. Diesen erhält man dann aus. der Normierungsvorschrift

$$2 A_{2n,0}^2 + \sum_{r=1}^{\infty} A_{2n,2r}^2 = \pi$$

und aus

$$\lim_{h \to 0} c e_{2n}(x) = \sqrt{\frac{\varepsilon_n}{2}} \cos 2nx.$$

Durch ein analoges Vorgehen bekommt man die Entwicklung für $c e_{2n+1}(x)$, $s e_{2n}(x)$ und $s e_{2n+1}(x)$.

Mathieu*sche Funktionen mit rein imaginärem Argument.*

Ersetzt man in der Mathieuschen Differentialgleichung (M) die Variable x durch ix, so erhält man die Differentialgleichung

$$\text{(M*)} \qquad \frac{d^2 y}{dx^2} + (-\lambda + 2h^2 \operatorname{\mathfrak{Cof}} 2x)y = 0.$$

Die Differentialgleichungen (M) und (M*) treten beide in Problemen der mathematischen Physik auf. Während aber für (M) im allgemeinen nur die periodischen Lösungen interessieren, braucht man bei (M*) unter Umständen alle Lösungen, falls λ und h so zusammenhängen, daß gleichzeitig (M) eine periodische Lösung besitzt. Als eine erste Lösung von (M*) erhält man dann:

$$C e_{2n}(x) = c e_{2n}(ix), \qquad C e_{2n+1}(x) = c e_{2n+1}(ix)$$
$$S e_{2n}(x) = -i s e_{2n}(ix), \quad S e_{2n+1}(x) = -i s e_{2n+1}(ix).$$

Die Funktionen Ce und Se heißen *zugeordnete Mathieu*sche Funktionen erster Art.* Sie können in folgender Weise in Reihen entwickelt werden.

$$C e_{2n}(x) = \sum_{r=0}^{\infty} A_{2n,2r} \operatorname{\mathfrak{Cof}} 2rx$$

$$= \frac{c e_{2n}(0)}{A_{2n,0}} \sum_{r=0}^{\infty} A_{2n,2r} J_{2r}(2h \operatorname{\mathfrak{Sin}} x)$$

$$= \frac{c e_{2n}\left(\dfrac{\pi}{2}\right)}{A_{2n,0}} \sum_{r=0}^{\infty} A_{2n,2r}(-1)^r J_{2r}(2h \operatorname{\mathfrak{Cof}} x)$$

$$= \frac{c e_{2n}(0)\, c e_{2n}\left(\dfrac{\pi}{2}\right)}{A_{2n,0}^2} \sum_{r=0}^{\infty} (-1)^r A_{2n,2r} \{J_r(he^{-x}) J_{r+2}(he^{x}) + J_{r+2}(he^{-x}) J_r(he^{x})\},$$

$$Ce_{2n+1}(x) = \sum_{r=0}^{\infty} A_{2n+1,\,2r+1}\,\mathfrak{Cof}\,(2r+1)x$$

$$= \frac{ce_{2n+1}(0)}{h\,A_{2n+1,\,1}}\,\mathfrak{Cotg}\,x\,\sum_{r=0}^{\infty}(2r+1)\,A_{2n+1,\,2r+1}\,J_{2r+1}(2h\,\mathfrak{Sin}\,x)$$

$$= -\frac{ce'_{2n+1}\left(\dfrac{\pi}{2}\right)}{h\,A_{2n+1,\,1}}\,\sum_{r=0}^{\infty}(-1)^r A_{2n+1,\,2r+1}\,J_{2r+1}(2h\,\mathfrak{Cof}\,x)$$

$$= -\frac{ce_{2n+1}(0)\,ce'_{2n+1}\left(\dfrac{\pi}{2}\right)}{h\,A_{2n+1,\,1}^{2}}\,\sum_{r=0}^{\infty}(-1)^r A_{2n+1,\,2r+1}\{J_r(h\,e^{-x})\,J_{r+1}(h\,e^{x})$$
$$+ J_{r+1}(h\,e^{-x})\,J_r(h\,e^{x})\},$$

$$Se_{2n+2}(x) = \sum_{r=0}^{\infty} B_{2n+2,\,2r+2}\,\mathfrak{Sin}\,(2r+2)x$$

$$= \frac{se'_{2n+2}(0)}{h^2\,B_{2n+2,\,2}}\,\mathfrak{Cotg}\,x\,\sum_{r=0}^{\infty}(2r+2)\,B_{2n+2,\,2r+2}\,J_{2r+2}(2h\,\mathfrak{Sin}\,x)$$

$$= -\frac{se'_{2n+2}\left(\dfrac{\pi}{2}\right)}{h^2\,B_{2n+2,\,2}}\,\mathfrak{Tang}\,x\,\sum_{r=0}^{\infty}(-1)^r(2r+2)\,B_{2n+2,\,2r+2}\,J_{2r+2}(2h\,\mathfrak{Cof}\,x)$$

$$= -\frac{se'_{2n+2}(0)\,se'_{2n+2}\left(\dfrac{\pi}{2}\right)}{h^2\,B_{2n+2,\,2}^{2}}\,\sum_{r=0}^{\infty}(-1)^r B_{2n+2,\,2r+2}\{J_r(h\,e^{-x})\,J_{r+2}(h\,e^{x})$$
$$- J_{r+2}(h\,e^{-x})\,J_r(h\,e^{x})\},$$

$$Se_{2n+1}(x) = \sum_{r=0}^{\infty} B_{2n+1,\,2r+1}\,\mathfrak{Sin}\,(2r+1)x$$

$$= \frac{se'_{2n+1}(0)}{h\,B_{2n+1,\,1}}\,\sum_{r=0}^{\infty} B_{2n+1,\,2r+1}\,J_{2r+1}(2h\,\mathfrak{Sin}\,x)$$

$$= \frac{se_{2n+1}\left(\dfrac{\pi}{2}\right)}{h\,B_{2n+1,\,1}}\,\mathfrak{Tang}\,x\,\sum_{r=0}^{\infty}(-1)^r(2r+1)\,B_{2n+1,\,2r+1}\,J_{2r+1}(2h\,\mathfrak{Cof}\,x)$$

$$= \frac{se'_{2n+1}(0)\,se_{2n+1}\left(\dfrac{\pi}{2}\right)}{h\,B_{2n+1,\,1}^{2}}\,\sum_{r=0}^{\infty}(-1)^r B_{2n+1,\,2r+1}\{J_r(h\,e^{-x})\,J_{r+1}(h\,e^{x})$$
$$- J_{r+1}(h\,e^{-x})\,J_r(h\,e^{x})\}.$$

$(n = 0, 1, 2, \cdots;$ ein Strich bedeutet eine Ableitung).

Ein Überblick über weitere Lösungen von (M^*) (zugeordnete Mathieusche Funktionen zweiter und dritter Art) findet sich in einem Artikel von W. C. Bickley und N. W. MacLachlan („Mathieu Functions of integral order and their tabulation", Mathematical tables and other aids to computation **2**, [1946], 1—11).

Viertes Kapitel.

Kugelfunktionen.

§ 1. Differentialgleichung, Definitionen und Bezeichnungen.

Die Kugelfunktionen sind Lösungen der Differentialgleichung:

$$(1) \qquad (1 - z^2)\, \frac{d^2 u}{d z^2} - 2 z\, \frac{d u}{d z} + \left[\nu\,(\nu + 1) - \frac{\mu^2}{1 - z^2} \right] u = 0,$$

wobei ν, μ zwei beliebige komplexe Konstanten sind. Es ist (1) ein Spezialfall der hypergeometrischen (RIEMANNschen) Differentialgleichung; vgl. Kap. II § 3. Im allgemeinen sind die Punkte

$$z = + 1, \; - 1, \; \infty.$$

Singularitäten der Lösungen von (1), und zwar sind die Punkte $z = \pm 1$ und $z = \infty$ gewöhnlich Verzweigungsstellen. Es interessieren nun einerseits die Lösungen von (1) für reelle Werte von z im Intervall $-1 \leqq z \leqq 1$ und andrerseits die Lösungen für beliebige komplexe Werte von z mit Re $z >$ 1, die in der z-Ebene mehrdeutig sind und für die man zweckmäßigerweise ein Stück der reellen Achse zwischen $-\infty$ und $+1$ als Verzweigungsschnitt einführt. Ferner interessieren besonders die Lösungen von (1) für den Fall, daß ν oder μ oder beide ganze Zahlen sind; insbesondere ist der Fall $\mu = 0$ von Bedeutung. Aus diesen Gründen sollen die folgenden, in diesem Kapitel durchweg benutzten Bezeichnungen eingeführt werden.

z bedeutet stets eine beliebig veränderliche komplexe Größe. x bedeutet stets eine reelle Größe aus dem Intervall $-1 \leqq x \leqq +1$; es ist ohne besonderen Hinweis stets:

$\cos \vartheta = x$, wobei ϑ eine reelle Größe bedeutet.

$P_\nu^\mu(\;)$, $Q_\nu^\mu(\;)$ sind Lösungen von (1), die für $|z| < 1$ eindeutig und regulär, also insbesondere für $z = x$ eindeutig definiert sind.

$\mathfrak{P}_\nu^\mu(z)$, $\mathfrak{Q}_\nu^\mu(z)$ sind Lösungen von (1), die für Re $z > 1$ eindeutig und regulär sind; wenn sie nicht unbeschränkt eindeutig fortsetzbar sind, sollen die Punkte der reellen Achse links vom Punkte $z = 1$, soweit sie zur Verbindung der Verzweigungspunkte untereinander notwendig sind, als Verzweigungsschnitt aus dem Definitionsbereich für $\mathfrak{P}_\nu^\mu$, $\mathfrak{Q}_\nu^\mu$ herausgenommen werden, so daß diese Funktionen dann in der restlichen z-Ebene eindeutig definiert sind. Die Werte am oberen bzw. unteren Ufer des Verzweigungsschnittes zwischen -1 und $+1$ (falls dieser Teil der reellen Achse zum Verzweigungsschnitt gehört) werden mit $\mathfrak{P}_\nu^\mu(x \pm i \cdot 0)$, $\mathfrak{Q}_\nu^\mu(x \pm i \cdot 0)$ bezeichnet.

Wenn der obere Index μ gleich Null ist, wird er fortgelassen.

n, m, n', m' bedeuten stets Zahlen der Reihe $0, 1, 2, \ldots$;

v, μ, v', μ' bedeuten, wenn nichts anderes gesagt, beliebige komplexe Zahlen.

§ 2. Die Legendreschen Polynome.

Die Differentialgleichung (1) der Kugelfunktionen geht für $\mu = 0$ über in die „Legendre*sche Differentialgleichung*"

$$(2) \qquad \frac{d}{dz}\left[(1 - z^2)\frac{du}{dz}\right] + v(v+1)u = 0.$$

Diese besitzt für ganzzahlige Werte von v (und nur für diese) ein Polynom in z als Lösung. Es gilt: $u = P_n(z)$ ist eine Lösung von (2) für $v = n = 0, 1, 2, \ldots$, wobei $P_n(z)$ ein Polynom vom n-ten Grade in z ist und durch jede der Formeln

$$P_n(z) = \frac{1}{2^n n!}\,\frac{d^n}{dz^n}\,(z^2-1)^n,$$

$$P_n(z) = \frac{(2n)!}{2^n n!\,n!}\,z^n\,{}_2F_1\left(-\frac{n}{2},\ \frac{1-n}{2};\ \frac{1}{2}-n;\ \frac{1}{z^2}\right),$$

$$P_{2n}(z) = (-1)^n\,\frac{(2n)!}{2^{2n} n!\,n!}\,{}_2F_1(-n,\ n+\tfrac{1}{2};\ \tfrac{1}{2};\ z^2),$$

$$P_{2n+1}(z) = (-1)^n\,\frac{(2n+1)!}{2^{2n} n!\,n!}\,z\,{}_2F_1(-n,\ n+\tfrac{3}{2};\ \tfrac{3}{2};\ z^2),$$

$$P_n(\cos\vartheta) = \frac{(2n)!}{2^{2n} n!\,n!}\,e^{\mp in\vartheta}\,{}_2F_1(\tfrac{1}{2},\ -n;\ \tfrac{1}{2}-n;\ e^{\pm 2i\vartheta}),$$

$$P_n(\cos\vartheta) = {}_2F_1\left(n+1,\ -n;\ 1;\ \sin^2\frac{\vartheta}{2}\right) = (-1)^n\,{}_2F_1\left(n+1,\ -n;\ 1;\ \cos^2\frac{\vartheta}{2}\right),$$

$$P_n(x) = \frac{(-1)^n}{n!}\,r^{n+1}\,\frac{\partial^n}{\partial z^n}\left(\frac{1}{r}\right)\ \text{mit}\ x = \frac{z}{r},\ r = \sqrt{z^2+\varrho^2}$$

definiert werden kann.

Es ist, ausführlich geschrieben:

$$P_n(z) = \frac{(2n)!}{2^n n!\,n!}\left[z^n - \frac{n(n-1)}{2(2n-1)}z^{n-2} + \frac{n(n-1)(n-2)(n-3)}{2\cdot 4\,(2n-1)(2n-3)}z^{n-4} \mp \cdots\right],$$

$$P_{2n}(z) = (-1)^n\,\frac{1\cdot 3\cdot 5\ldots(2n-1)}{2\cdot 4\ldots(2n)}\left[1 - \frac{2n(2n+1)}{1\cdot 2}z^2 + \right.$$

$$\left. + \frac{2n(2n-2)(2n+1)(2n+3)}{1\cdot 2\cdot 3\cdot 4}z^4 \mp \cdots\right],$$

$$P_{2n+1}(z) = (-1)^n\,\frac{3\cdot 5\ldots(2n+1)}{2\cdot 4\ldots(2n)}\,z\left[1 - \frac{2n(2n+3)}{1\cdot 2\cdot 3}z^2 + \right.$$

$$\left. + \frac{2n(2n-2)(2n+3)(2n+5)}{1\cdot 2\cdot 3\cdot 4\cdot 5}z^4 \mp \cdots\right],$$

$$P_n(\cos\vartheta) = \frac{(2n)!}{2^{2n}\,n!\,n!}\left[\cos n\vartheta + \frac{1}{1}\,\frac{n}{(2n-1)}\,\cos(n-2)\vartheta + \right.$$

$$+ \frac{1\cdot 3}{1\cdot 2}\,\frac{n(n-1)}{(2n-1)(2n-3)}\,\cos(n-4)\vartheta +$$

$$\left. + \frac{1\cdot 3\cdot 5}{1\cdot 2\cdot 3}\,\frac{n(n-1)(n-2)}{(2n-1)(2n-3)(2n-5)}\,\cos(n-6)\vartheta + \cdots\right].$$

wobei die letzte Reihe mit $\cos(-n\vartheta)$ abbricht; d. h. sie besitzt $n+1$ Glieder, von denen für ungerades n je zwei einander gleich sind. Für die niedrigsten Werte von n ist (mit $x = \cos\vartheta$)

$$P_0(x) = 1;$$
$$P_1(x) = x = \cos\vartheta,$$
$$P_2(x) = \tfrac{1}{2}(3x^2 - 1) = \tfrac{1}{4}(3\cos 2\vartheta + 1),$$
$$P_3(x) = \tfrac{1}{2}(5x^3 - 3x) = \tfrac{1}{8}(5\cos 3\vartheta + 3\cos\vartheta),$$
$$P_4(x) = \tfrac{1}{8}(35x^4 - 30x^2 + 3) = \tfrac{1}{64}(35\cos 4\vartheta + 20\cos 2\vartheta + 9).$$

Es ist

$$P_n(1) = 1,\ P_n(-1) = (-1)^n,\ P_{2n+1}(0) = 0,\ P_{2n}(0) = (-1)^n\frac{(2n)!}{2^{2n}\,n!\,n!},$$

$$\int\limits_0^{2\pi} P_{2n}(\cos\vartheta)\,d\vartheta = 2\pi\left[\binom{2n}{n}2^{-2n}\right]^2,$$

$$\int\limits_0^{2\pi} P_{2n+1}(\cos\vartheta)\cos\vartheta\,d\vartheta = 2\pi\binom{2n}{n}\binom{2n+2}{n+1}2^{-4n-2}.$$

Die LEGENDREschen Polynome sind Spezialfälle der GEGENBAUERschen Polynome (s. § 8); es ist

$$\frac{1}{\sqrt{1-2hz+h^2}} = \begin{cases} \sum\limits_{n=0}^\infty h^n P_n(z) & \text{für } |h| < \mathrm{Min}\,|z\pm\sqrt{z^2-1}\,|, \\[2ex] \sum\limits_{n=0}^\infty \dfrac{1}{h^{n+1}}\,P_n(z) & \text{für } |h| > \mathrm{Max}\,|z\pm\sqrt{z^2-1}\,|. \end{cases}$$

Rekursionsformeln:

$$n P_n(z) - (2n-1)z P_{n-1}(z) + (n-1)P_{n-2}(z) = 0,$$

$$(z^2-1)\frac{dP_n}{dz} = n(z P_n - P_{n-1}) = \frac{n(n+1)}{2n+1}(P_{n+1} - P_{n-1}) = (n+1)(P_{n+1} - z P_n).$$

Eine Summenformel:

$$\sum_{r=0}^n (2r+1)P_r(x)P_r(y) = (n+1)\frac{P_n(x)P_{n+1}(y) - P_n(y)P_{n+1}(x)}{y-x}.$$

Orthogonalitätsrelationen:

$$\int_{-1}^{+1} P_n(z)\, P_{n'}(z)\, dz = 0, \qquad \text{für } n \neq n',$$

$$\int_{-1}^{+1} [P_n(z)]^2\, dz = \frac{2}{2n+1}.$$

Einige Integrale mit Legendreschen Polynomen:

$$\int_{-1}^{+1} z^k P_n(z)\, dz = 0, \qquad \text{für } k = 0, 1, \ldots, n-1$$

$$\int_0^1 z^\lambda P_n(z)\, dz = \begin{cases} \dfrac{\lambda(\lambda-2)\ldots(\lambda-n+2)}{(\lambda+n+1)(\lambda+n-1)\ldots(\lambda+1)}, & \text{wenn } n \text{ gerade ist,} \\[2ex] \dfrac{(\lambda-1)(\lambda-3)\ldots(\lambda-n+2)}{(\lambda+n+1)(\lambda+n-1)\ldots(\lambda+2)}, & \text{wenn } n \text{ ungerade ist,} \end{cases}$$

$$(\operatorname{Re} \lambda > -1),$$

$$\int_0^\pi P_n(\cos\vartheta) \sin m\vartheta\, d\vartheta = \begin{cases} \dfrac{2(m-n+1)(m-n+3)\ldots(m+n-1)}{(m-n)(m-n+2)\ldots(m+n)}, & \begin{array}{l}\text{wenn } m > n \\ \text{und } m+n \\ \text{ungerade ist.}\end{array} \\[3ex] 0 & \text{sonst} \end{cases}$$

$$\int_0^1 P_n(x)\, P_{n'}(x)\, dx = \begin{cases} 0, \quad \text{wenn } n \neq n' \text{ und } n-n' \text{ gerade ist,} \\[2ex] (-1)^{(n+n'+1)/2} \dfrac{n!\, n'!}{2^{n+n'-1}(n-n')(n+n'+1)\left[\left(\dfrac{n}{2}\right)!\left(\dfrac{n'-1}{2}\right)!\right]} \\[3ex] \qquad\qquad \text{wenn } n \text{ gerade und } n' \text{ ungerade ist,} \end{cases}$$

$$\int_0^\pi P_n(1-2\sin^2\alpha \sin^2\vartheta) \sin\alpha\, d\alpha = 2\,\frac{\sin(2n+1)\vartheta}{(2n+1)\sin\vartheta},$$

$$\int_{-1}^{+1} \frac{P_{2n}(x)\, dx}{(1+kx^2)^{n+3/2}} = \frac{2}{2n+1}\,\frac{(-k)^n}{(1+k)^{n+1/2}} \qquad \text{für } |k| < 1.$$

Ungleichungen:

Für reelle Werte von $t > 1$ ist

$$P_0(t) < P_1(t) < P_2(t) \cdots < P_n(t) < \cdots$$

Für reelle Werte von $t > -1$ ist

$$P_0(t) + P_1(t) + \cdots + P_n(t) > 0,$$

$$[P_n(\cos\vartheta)]^2 > \frac{\sin(2n+1)\vartheta}{(2n+1)\sin\vartheta} \qquad \text{für } 0 < \vartheta < \pi,$$

$$(n\sin\vartheta)^{1/2}\, |P_n(\cos\vartheta)| \leq 1$$

$$|P_n(\cos\vartheta)|\leqq 1;\quad \sum_{n=0}^{\infty} e^{in\psi}P_n(\cos\vartheta)\ \text{konvergiert für}\ 0<\vartheta<\pi.$$

$P_n(z)$ hat genau n reelle Nullstellen, die sämtlich im Intervall $(-1,+1)$ liegen.

Integraldarstellungen von Laplace *und von* Mehler:

$$P_n(\cos\vartheta)=\frac{1}{\pi}\int_0^{\pi}(\cos\vartheta+i\sin\vartheta\cos\varphi)^n\,d\varphi$$

$$=\frac{\sqrt{2}}{\pi}\int_0^{\vartheta}\frac{\cos\left(n+\tfrac{1}{2}\right)\varphi}{\sqrt{\cos\varphi-\cos\vartheta}}\,d\varphi=\frac{\sqrt{2}}{\pi}\int_{\vartheta}^{\pi}\frac{\sin\left(n+\tfrac{1}{2}\right)\varphi}{\sqrt{\cos\vartheta-\cos\varphi}}\,d\varphi.$$

Weitere Integraldarstellungen s. § 4. Additionstheorem s. § 3. Asymptotisches Verhalten für große Werte von n s. § 5.

Einige Reihenentwicklungen nach Legendre*schen Polynomen:*

$$(2n+1)z^{2n}=1\,P_0(z)+5\,\frac{2n}{2n+3}\,P_2(z)+9\,\frac{2n(2n-2)}{(2n+3)(2n+5)}\,P_4(z)+\cdots,$$

$$(2n+3)z^{2n+1}=3\,P_1(z)+7\,\frac{2n}{2n+5}\,P_3(z)+11\,\frac{2n(2n-2)}{(2n+5)(2n+7)}\,P_5(z)+\cdots,$$

$$\frac{2}{\pi}(1-z^2)^{-1/2}=P_0(z)+5\left(\frac{1}{2}\right)^2 P_2(z)+9\left(\frac{1\cdot3}{2\cdot4}\right)^2 P_4(z)+$$

$$+13\left(\frac{1\cdot3\cdot5}{2\cdot4\cdot6}\right)^2 P_6(z)+\cdots\qquad (z\ \text{reell},\ |z|<1),$$

$$\frac{dP_n(z)}{dz}=(2n-1)P_{n-1}(z)+(2n-5)P_{n-3}(z)+(2n-9)P_{n-5}(z)+\cdots.$$

$$\sum_{n=0}^{\infty}\cos\left(n+\tfrac{1}{2}\right)\beta\,P_n(\cos\vartheta)=\begin{cases}\dfrac{1}{\sqrt{2}}\ \dfrac{1}{\sqrt{\cos\beta-\cos\vartheta}} & \text{für}\ 0\leqq\beta<\vartheta<\pi,\\[2ex] 0 & \text{für}\ 0<\vartheta<\beta<\pi.\end{cases}$$

§ 3. Die zugeordneten Legendreschen Funktionen oder Kugelfunktionen erster Art.

Für ganzzahlige Werte von ν und μ besitzt die Differentialgleichung (1) im Falle $|\nu|\geqq|\mu|$ eine besonders einfache Lösung. Es gilt: Die Differentialgleichung

$$(4)\qquad \frac{d}{dx}\left[(1-x^2)\,\frac{du}{dx}\right]+\left[n(n+1)-\frac{m^2}{1-x^2}\right]u=0$$

besitzt für $m=0,1,\ldots,n$ die Lösung

$$u \;\equiv\; P_n^m(x) \;=\; (-1)^m (1-x^2)^{\frac{m}{2}} \frac{d^m}{dx^m} P_n(x).$$

Die Funktionen[1] $P_n^m(x)$ heißen zugeordnete Legendresche Kugelfunktionen erster Art; man nennt n den *Grad* und m die *Ordnung*
von P_n^m; die Funktionen $Y(\vartheta, \varphi)$ der Winkelvariablen ϑ und φ

$$\cos m\varphi \, P_n^m(\cos\vartheta), \;\; \sin m\varphi \, P_n^m(\cos\vartheta)$$

heißen auch Kugelflächenfunktionen erster Art, und zwar „tesserale"
für $m < n$ und „sektorielle" für $m = n$. Sie sind periodisch in ϑ
und φ mit den Perioden π bzw. 2π und daher überall eindeutige und
stetige Funktionen auf der Oberfläche der Einheitskugel $x_1^2 + x_2^2 + x_3^2$
$= 1$ mit $x_1 = \sin\vartheta\cos\varphi$, $x_2 = \sin\vartheta\sin\varphi$, $x_3 = \cos\vartheta$; sie sind
Lösungen der Differentialgleichung

$$(5) \qquad \frac{1}{\sin\vartheta}\,\frac{\partial}{\partial\vartheta}\left(\sin\vartheta\,\frac{\partial Y}{\partial\vartheta}\right) + \frac{1}{\sin^2\vartheta}\,\frac{\partial^2 Y}{\partial\varphi^2} + n(n+1)Y = 0.$$

Es ist

$$P_n^m(x) = (-1)^m (1-x^2)^{m/2}\frac{(n+m)!}{2^m\,m!\,(n-m)!}\,{}_2F_1\!\left(m-n,\,m+n+1;\,m+1;\,\frac{1-x}{2}\right)$$

$$= \frac{(-1)^m(n+m)!}{2^m\,m!\,(n-m)!}\,(1-x^2)^{m/2}\left\{1 - \frac{(n-m)(m+n+1)}{1!}\frac{1-x}{m+1}\frac{1-x}{2}\right.$$

$$\left. + \frac{(n-m)(n-m+1)(m+n+1)(m+n+2)}{2!\,(m+1)(m+2)}\left(\frac{1-x}{2}\right)^2 \mp \cdots\right\},$$

$$= \frac{(-1)^m(2n)!}{2^n\,n!\,(n-m)!}\,(1-x^2)^{m/2}\left\{x^{n-m} - \frac{(n-m)(n-m-1)}{2(2n-1)}x^{n-m-2}\right.$$

$$\left. + \frac{(n-m)(n-m-1)(n-m-2)(n-m-3)}{2\cdot 4(2n-1)(2n-3)}x^{n-m-4} \mp \cdots\right\},$$

$$= \frac{(-1)^m(2n)!}{2^n\,n!\,(n-m)!}\,(1-x^2)^{m/2}x^{n-m}F_1\!\left(\frac{m-n}{2},\,\frac{m-n+1}{2};\,\frac{1}{2}-n;\,\frac{1}{x^2}\right),$$

$$P_1^1(x) = -(1-x^2)^{1/2} = -\sin\vartheta,$$

$$P_2^1(x) = -3(1-x^2)^{1/2}x = -\tfrac{3}{2}\sin 2\vartheta,$$

$$P_2^2(x) = 3(1-x^2) = \tfrac{3}{2}(1-\cos 2\vartheta),$$

$$P_3^1(x) = -\tfrac{3}{2}(1-x^2)^{1/2}(5x^2-1) = -\tfrac{3}{8}(\sin\vartheta + 5\sin 3\vartheta),$$

$$P_3^2(x) = 15x(1-x^2) = \tfrac{15}{4}(\cos\vartheta - \cos 3\vartheta),$$

$$P_3^3(x) = -15(1-x^2)^{3/2} = -\tfrac{15}{4}(3\sin\vartheta - \sin 3\vartheta).$$

---

[1] Vielfach werden statt $P_n^m(x)$ die Funktionen $(-1)^m P_n^m(x)$ eingeführt und
wieder mit $P_n^m(x)$ bezeichnet. Die hier mit $P_n^m(x)$ bezeichneten Funktionen werden
dann meist mit $T_n^m(x)$ bezeichnet.

Rekursionsformel:

$$P_n^{m+2}(x) + 2(m+1)\frac{x}{\sqrt{1-x^2}}P_n^{m+1}(x) + (n-m)(n+m+1)P_n^m(x) = 0$$

$$(0 \leqq m \leqq n-2),$$

$$(2n+1)x\,P_n^m(x) - (n-m+1)P_{n+1}^m(x) - (n+m)P_{n-1}^m(x) = 0$$

$$(0 \leqq m \leqq n-1),$$

$$(x^2-1)\frac{d\,P_n^m}{d\,x} - (n-m+1)P_{n+1}^m(x) + (n+1)x\,P_n^m(x) = 0,$$

$$P_{n-1}^m(x) - P_{n+1}^m(x) = (2n+1)\sqrt{1-x^2}\,P_n^{m-1}(x).$$

Orthogonalitätsrelationen:

$$\int_{-1}^{+1} P_n^m(x)\,P_{n'}^m(x)\,dx = 0 \quad \text{für } n \neq n'$$

$$\int_{-1}^{+1} [P_n^m(x)]^2\,dx = \frac{2}{2n+1}\frac{(n+m)!}{(n-m)!},$$

$$\int_0^{2\pi} d\varphi \int_0^\pi d\vartheta \sin\vartheta\, e^{\pm im\varphi}\, e^{\mp im'\varphi}\, P_n^m(\cos\vartheta)\,P_{n'}^{m'}\cos\vartheta) = 0,$$

wenn $n \neq n'$ oder $m \neq m'$ ist.

$$\int_0^{2\pi} d\varphi \int_0^\pi d\vartheta \sin\vartheta\, [P_n^m(\cos\vartheta)]^2 = \frac{4\pi}{2n+1}\frac{(n+m)!}{(n-m)!}.$$

Integralbeziehungen:

$$\int_0^1 [P_n^m(x)]^2\,dx = \frac{(n+m)!}{(2n+1)(n-m)!},$$

$$\int_0^1 \frac{[P_n^m(x)]^2}{1-x^2}\,dx = \frac{1}{2m}\frac{(n+m)!}{(n-m)!}. \qquad (0 < m \leqq n)$$

$$\int_{-1}^1 \frac{P_n^m(x)\,P_n^{m'}(x)}{1-x^2}\,dx = 0$$

$$(0 \leqq m \leqq n,\ \ 0 \leqq m' \leqq n,\ \ m \neq m').$$

Additionstheorem:

$$P_n[\cos\vartheta\cos\vartheta' + \sin\vartheta\sin\vartheta'\cos(\varphi-\varphi')]$$

$$= P_n(\cos\vartheta)\,P_n(\cos\vartheta') + 2\sum_{m=1}^n \frac{(n-m)!}{(n+m)!}P_n^m(\cos\vartheta)\,P_n^m(\cos\vartheta')\cos m(\varphi-\varphi').$$

Ergänzungen: Ist

$$Y_n(\vartheta, \varphi) = a_0 P_n(\cos \vartheta) + \sum_{m=1}^{n} (a_m \cos m\varphi + b_m \sin m\varphi) P_n^m(\cos \vartheta),$$

$$Z_{n'}(\vartheta, \varphi) = a_0' P_{n'}(\cos \vartheta) + \sum_{m=1}^{n'} (a_m' \cos m\varphi + b_m' \sin m\varphi) P_{n'}^m(\cos \vartheta);$$

so ist

$$\int_0^{2\pi} d\varphi \int_0^{\pi} \sin \vartheta \, d\vartheta \, Y_n(\vartheta, \varphi) Z_{n'}(\vartheta, \varphi) = 0 \qquad \text{für } n \neq n',$$

$$\int_0^{2\pi} d\varphi \int_0^{\pi} \sin \vartheta \, d\vartheta \, Y_n(\vartheta, \varphi) P_n[\cos \vartheta \cos \vartheta' + \sin \vartheta \sin \vartheta' \cos(\varphi - \varphi')]$$

$$= \frac{4\pi}{2n+1} Y_n(\vartheta', \varphi').$$

Es ist:

$$(\cos \vartheta + i \sin \vartheta \cos \varphi)^n = P_n(\cos \vartheta) + 2 \sum_{m=1}^{n} (-i)^m \frac{n!}{(n+m)!} \cos m\varphi \, P_n^m(\cos \vartheta),$$

$$P_n^m(\cos \vartheta) =$$

$$= \frac{(-1)^m}{\Gamma(m+\frac{1}{2})} \frac{(n+m)!}{(n-m)!} \sqrt{\frac{2}{\pi}} \sin^{-m} \vartheta \int_0^{\vartheta} (\cos \varphi - \cos \vartheta)^{m-1/2} \cos\left(n+\frac{1}{2}\right)\varphi \, d\varphi,$$

$$P_n^m(x) = (-1)^m \frac{(n+m)!}{(n-m)!} (1-x^2)^{-m/2} \int_x^1 \cdots \int_x^1 P_n(x)(dx)^m.$$

Weitere Formeln und Sätze sind als Spezialfälle in den Resultaten von § 5 enthalten.

§ 4. Die Lösungen der LEGENDREschen Differentialgleichung.

Die LEGENDREsche Differentialgleichung (2) besitzt die Lösungen $u = \mathfrak{P}_\nu(z)$ und $u = \mathfrak{Q}_\nu(z)$ mit

$$(6a) \qquad \mathfrak{P}_\nu(z) = {}_2F_1\left(-\nu, \nu+1; 1; \frac{1-z}{2}\right),$$

$$(7a) \qquad \mathfrak{Q}_\nu(z) = \frac{\Gamma(\nu+1)\Gamma(\frac{1}{2})}{2^{\nu+1}\Gamma(\nu+\frac{3}{2})} z^{-\nu-1} \, {}_2F_1\left(\frac{\nu+2}{2}, \frac{\nu+1}{2}; \nu+\frac{3}{2}; \frac{1}{z^2}\right).$$

$\mathfrak{P}_\nu$ bzw. $\mathfrak{Q}_\nu$ heißen LEGENDREsche Funktionen erster bzw. zweiter Art; $\mathfrak{P}_\nu(z)$ besitzt die Punkte $z = -1$ und $z = \infty$ als Singularität, außer wenn ν eine ganze Zahl ist, da dann $\mathfrak{P}_\nu(z)$ ein Polynom wird, und zwar gleich $P_n(z)$ für $\nu = n = 0, 1, 2, \ldots$ und für $\nu = -n-1$; man schreibt daher auch

$$P_{-n-1}(z) = P_n(z).$$

$\mathfrak{Q}_\nu(z)$ ist an den Stellen $z = \pm 1$ und $z = \infty$ singulär und verzweigt außer für $\nu = 0, 1, 2, \ldots$; in diesem Falle ist $\mathfrak{Q}_\nu(z)$ für $|z| > 1$ eindeutig und bei $z = \infty$ regulär.

In der rechten z-Halbebene wird

$$(6\,\mathrm{b}) \qquad \mathfrak{P}_\nu(z) = \left(\frac{1+z}{2}\right)^\nu {}_2F_1\left(-\nu,\ -\nu;\ 1;\ \frac{z-1}{z+1}\right), \qquad (\mathrm{Re}\ z > 0)$$

durch (6 a) und (6 b) ist mithin $\mathfrak{P}_\nu(z)$ innerhalb eines Kreises vom Radius 2 um $z = 1$ und in der rechten z-Halbebene eindeutig definiert; als Lösung für $z = x = \cos\vartheta$ ergibt sich

$$(6\,\mathrm{c}) \qquad P_\nu(x) = \mathfrak{P}_\nu(x) = {}_2F_1\left(-\nu,\ \nu+1;\ 1;\ \sin^2\frac{\vartheta}{2}\right),$$

und es gilt allgemein

$$\mathfrak{P}_\nu(z) = \mathfrak{P}_{-\nu-1}(z) = P_\nu(z) = P_{-\nu-1}(z).$$

$\mathfrak{Q}_\nu(z)$ ist durch (7 a) außerhalb eines Verzweigungsschnittes von $z = -\infty$ bis $z = 1$ eindeutig für $|z| > 1$ definiert; man kann $\mathfrak{Q}_\nu(z)$ in das Innere des Einheitskreises von oben und von unten mit Hilfe der Formeln für die hypergeometrische Funktion analytisch fortsetzen; als Lösung $Q_\nu(x)$ auf der reellen Achse zwischen -1 und $+1$ benutzt man

$$Q_\nu(x) = \tfrac{1}{2}\left[\mathfrak{Q}_\nu(x+i\,0)+\mathfrak{Q}_\nu(x-i\,0)\right];$$

es wird

$$(7\,\mathrm{b}) \qquad Q_\nu(x) = \pi\,\frac{\cos\nu\pi\,P_\nu(x)-P_\nu(-x)}{2\sin\nu\pi} \qquad \text{für } \nu \neq 0, \pm 1, \pm 2, \ldots,$$

$$(7\,\mathrm{c}) \qquad Q_n(x) = \frac{1}{2}\,P_n(x)\ln\frac{1+x}{1-x} - W_{n-1}(x) \quad \text{für } \nu = n = 0, 1, 2, \ldots$$

mit

$$W_{n-1}(x) = \frac{2n-1}{1 \cdot n}\,P_{n-1}(x) + \frac{2n-5}{3\,(n-1)}\,P_{n-3}(x) + \frac{2n-9}{5\,(n-2)}\,P_{n-5}(x) + \cdots$$

(die Reihe bricht mit $P_1(x)$ oder $P_0(x)$ ab)

$$= \sum_{m=1}^{n} \frac{1}{m}\,P_{m-1}(x)\,P_{n-m}(x),$$

$$W_{-1}(x) \equiv 0.$$

$W_{n-1}(x)$ genügt der Differentialgleichung

$$(1-x^2)\,\frac{d^2W_{n-1}}{dx^2} - 2\,x\,\frac{dW_{n-1}}{dx} + n\,(n+1)\,W_{n-1} = 2\,\frac{d\,P_n(x)}{dx}.$$

Die Funktionen $\mathfrak{P}_\nu(z)$, $\mathfrak{Q}_\nu(z)$ und $P_\nu(x)$, $Q_\nu(x)$ sind linear unabhängig; durch (6 b), (7 a) bzw. (6 a), (6 b), (7 a), (7 b) wird daher für alle Werte von $\nu\,(\nu+1)$ und für die Gebiete $\mathrm{Re}\ z > 1$ bzw. $z = x = \cos\vartheta$ ein Fundamentalsystem für die LEGENDREsche Differentialgleichung definiert; daß Q_{-n-1} und $\mathfrak{Q}_{-n-1}$ nicht existieren, spielt hierbei wegen $(-n-1)(-n) = n(n+1)$ keine Rolle; $\mathfrak{Q}_n$ genügt der Differentialgleichung (2) auch für $\nu = -n-1$.

Es ist:

$$\mathfrak{P}_\nu(-z) = e^{\pm \nu \pi i}\,\mathfrak{P}_\nu(z) - \frac{2}{\pi}\sin \nu \pi \, \mathfrak{Q}_\nu(z)$$

$$(+\,\nu \pi i \text{ bei Im } z < 0,\ -\nu \pi i \text{ bei Im } z > 0),$$

$$\mathfrak{Q}_\nu(-z) = -\,e^{\pm \nu \pi i}\,\mathfrak{Q}_\nu z)$$

$$(+\,\nu \pi i \text{ bei Im } z > 0,\ -\nu \pi i \text{ bei Im } z < 0),$$

$$\mathfrak{Q}_\nu(z) - \mathfrak{Q}_{-\nu-1}(z) = \pi\,\frac{\cos \nu \pi}{\sin \nu \pi}\,P_\nu(z) \qquad \text{für } \sin \nu \pi \neq 0$$

$$(z^2-1)\,\frac{d\,\mathfrak{P}_\nu(z)}{dz} = (\nu+1)\,[\mathfrak{P}_{\nu+1}(z) - z\,\mathfrak{P}_\nu(z)],$$

$$(2\nu+1)\,z\,\mathfrak{P}_\nu(z) = (\nu+1)\,\mathfrak{P}_{\nu+1}(z) + \nu\,\mathfrak{P}_{\nu-1}(z),$$

$$(z^2-1)\,\frac{d\,\mathfrak{Q}_\nu(z)}{dz} = (\nu+1)\,[\mathfrak{Q}_{\nu+1}(z) - z\,\mathfrak{Q}_\nu(z)],$$

$$(2\nu+1)\,z\,\mathfrak{Q}_\nu(z) = (\nu+1)\,\mathfrak{Q}_{\nu+1}(z) + \nu\,\mathfrak{Q}_{\nu-1}(z),$$

$$\mathfrak{Q}_\nu(x \pm i0) = Q_\nu(x) \mp \frac{\pi i}{2}\,P_\nu(x),$$

$$\mathfrak{Q}_n(z) = \frac{1}{2}\,P_n(z)\,\ln\frac{z+1}{z-1} - W_{n-1}(z),$$

$$Q_\nu(-\cos \vartheta) = -\cos \nu \pi\,Q_\nu(\cos \vartheta) + \frac{\pi}{2}\sin \nu \pi\,P_\nu(\cos \vartheta),$$

$$Q_{-\nu-1}(\cos \vartheta) = Q_\nu(\cos \vartheta) - \pi\,\frac{\cos \nu \pi}{\sin \nu \pi}\,P_\nu(\cos \vartheta) \qquad \text{für } \sin \nu \pi \neq 0.$$

Reihenentwicklung für $P_\nu(\cos \vartheta)$ nach Legendreschen Polynomen:

$$P_\nu(\cos \vartheta) = \frac{\sin \nu \pi}{\pi}\sum_{n=0}^{\infty}(-1)^n\left[\frac{1}{\nu-n} - \frac{1}{\nu+n+1}\right]P_n(\cos \vartheta)$$

$$(\nu \neq 0,\ \pm 1,\ \pm 2,\ \ldots;\ 0 \leqq \vartheta < \pi),$$

$$P_\nu(\cos \vartheta)\,P_\nu(\cos \vartheta')$$

$$= \frac{\sin \nu \pi}{\pi}\sum_{n=0}^{\infty}(-1)^n\left[\frac{1}{\nu-n} - \frac{1}{\nu+n+1}\right]P_n(\cos \vartheta)\,P_n(\cos \vartheta')$$

$$(\nu \neq 0,\ \pm 1,\ \pm 2,\ \ldots;\ -\pi < \vartheta + \vartheta' < \pi,\ -\pi < \vartheta - \vartheta' < \pi).$$

Für $|z| > 1,\ |\arg z| < \pi$ wird

$$\mathfrak{P}_\nu(z) = \pi^{-1/2} 2^{-\nu-1}\,\mathrm{tg}\,\nu\pi\,\frac{\Gamma(\nu+1)}{\Gamma(\nu+\frac{3}{2})}\,z^{-\nu-1}\,{}_2F_1\left(\frac{\nu}{2}+1,\ \frac{\nu+1}{2}\ ;\ \nu+\frac{3}{2}\ ;\ \frac{1}{z^2}\right)$$

$$+\ \pi^{-1/2}2^\nu\,\frac{\Gamma(\nu+\frac{1}{2})}{\Gamma(\nu+1)}\,z^\nu\,{}_2F_1\left(\frac{1-\nu}{2},\ \frac{-\nu}{2}\ ;\ \frac{1}{2}-\nu\ ;\ \frac{1}{z^2}\right).$$

Abschätzungen:

$$|P^\nu(\cos\vartheta)| \leqq \frac{2}{\sqrt{\nu\pi}\,\sin\vartheta}\ ;\ |Q_\nu(\cos\vartheta)| \leqq \frac{\sqrt{\pi}}{\sqrt{\nu}\,\sin\vartheta}$$

$$(0 < \vartheta < \pi;\ \nu\ \text{reell und}\ > 1),$$

$$|P_\nu(\cos\vartheta) - P_{\nu+2}(\cos\vartheta)| \leqq 2\,C_0\sqrt{\frac{1}{\nu\pi}}\,,$$

$$|Q_\nu(\cos\vartheta) - Q_{\nu+2}(\cos\vartheta)| \leqq C_0\sqrt{\frac{\pi}{\nu}}$$

$$(0 \leqq \vartheta \leqq \pi;\ \nu\ \text{reell und}\ > 1,\ C_0\ \text{unabhängig von}\ \vartheta\ \text{und}\ \nu).$$

Formeln für ganzzahlige Werte von $\nu = n = 0, 1, 2, \ldots$

$$\mathfrak{Q}_n(z) = 2^n n!\int_z^\infty\ldots\int_z^\infty \frac{(dz)^{n+1}}{(z^2-1)^{n+1}} = 2^n\int_z^\infty \frac{(t-z)^n}{(t^2-1)^{n+1}}\,dt$$

$$= (-1)^n\,\frac{2^n n!}{(2n)!}\,\frac{d^n}{dz^n}\left[(z^2-1)^n\int_z^\infty \frac{dt}{(t^2-1)^{n+1}}\right]$$

$$(\operatorname{Re} z > 1),$$

$$\frac{1}{z-t} = \sum_{n=0}^\infty (2n+1)\,\mathfrak{P}_n(t)\,\mathfrak{Q}_n(z)$$

$$(|t+\sqrt{t^2-1}| < |z+\sqrt{z^2-1}|).$$

(t muß im Innern der durch z gehenden Ellipse liegen, welche die Punkte ± 1 als Brennpunkte besitzt)

$$\mathfrak{Q}_n(z) = \frac{1}{2}\int_{-1}^{+1} \frac{P_n(t)}{z-t}\,dt$$

$$(|\arg(z-1)| < \pi),$$

$$\sum_{n=0}^\infty t^n\mathfrak{Q}_n(z) = \frac{1}{\sqrt{1-2tz+t^2}}\,\ln\frac{z-t+\sqrt{1-2tz+t^2}}{\sqrt{z^2-1}}$$

$$(\operatorname{Re} z > 1,\ |t| < 1),$$

$$\mathfrak{Q}_n(z) = \frac{1}{2^n n!} \frac{d^n}{dz^n} \left[(z^2 - 1)^n \ln \frac{z+1}{z-1} \right] - \frac{1}{2} P_n(z) \ln \frac{z+1}{z-1},$$

$$Q_n(x) = \frac{1}{2^n n!} \frac{d^n}{dx^n} \left[(x^2 - 1)^n \ln \frac{1+x}{1-x} \right] - \frac{1}{2} P_n(x) \ln \frac{1+x}{1-x},$$

$$Q_n(\cos \vartheta) = 2 \frac{2 \cdot 4 \ldots (2n)}{1 \cdot 3 \ldots (2n+1)} \left[\cos (n+1)\vartheta + \frac{1 \cdot (n+1)}{1 \cdot (2n+3)} \cos (n+3)\vartheta \right.$$

$$\left. + \frac{1 \cdot 3 (n+1)(n+2)}{1 \cdot 2 (2n+3)(2n+5)} \cos (n+5)\vartheta + \cdots \right],$$

$$(0 < \vartheta < \pi),$$

$$P_n(\cos \vartheta) = \frac{4}{\pi} \frac{2 \cdot 4 \ldots (2n)}{3 \cdot 5 \ldots (2n+1)} \left[\sin (n+1)\vartheta + \frac{1 \cdot (n+1)}{1 \cdot (2n+3)} \sin (n+3)\vartheta \right.$$

$$\left. + \frac{1 \cdot 3 (n+1)(n+2)}{1 \cdot 2 (2n+3)(2n+5)} \sin (n+5)\vartheta + \cdots \right]$$

$$(0 < \vartheta < \pi).$$

Spezielle Werte:

$$Q_0(x) = \frac{1}{2} \ln \frac{1+x}{1-x},$$

$$Q_1(x) = \frac{x}{2} \ln \frac{1+x}{1-x} - 1,$$

$$Q_2(x) = \frac{1}{4} (3x^2 - 1) \ln \frac{1+x}{1-x} - \frac{3}{2} x,$$

$$Q_3(x) = \frac{1}{4} (5x^3 - 3x) \ln \frac{1+x}{1-x} - \frac{5}{2} x^2 + \frac{2}{3}.$$

$$P_\nu(1) = 1, \quad P_\nu(0) = - \frac{\sin \nu \pi}{2 \pi^{3/2}} \Gamma\left(\frac{\nu+1}{2}\right) \Gamma\left(\frac{-\nu}{2}\right),$$

$$Q_\nu(0) = \frac{1}{4 \sqrt{\pi}} (1 - \cos \nu \pi) \Gamma\left(\frac{\nu+1}{2}\right) \Gamma\left(\frac{-\nu}{2}\right),$$

$$P_\nu'(\cos \vartheta) Q_\nu(\cos \vartheta) - Q_\nu'(\cos \vartheta) P_\nu(\cos \vartheta) = \frac{-1}{\sin^2 \vartheta}.$$

Weitere Resultate ergeben sich aus den Formeln von § 5, § 6, § 7 für $\mu = 0$.

§ 5. Allgemeine Kugelfunktionen.

a) Darstellung durch hypergeometrische Funktionen. Die Lösungen der Differentialgleichung (1) sind für beliebige Werte von μ, ν im allgemeinen an den Stellen $z = \pm 1$, ∞, verzweigt; die in § 1 getroffenen Festsetzungen sind für das Folgende in vollem Umfang zu beachten.

Die Funktionen [1]

$$\mathfrak{P}_\nu^\mu(z) = \frac{1}{\Gamma(1-\mu)} \left(\frac{z+1}{z-1}\right)^{\mu/2} {}_2F_1\left(-\nu,\ \nu+1;\ 1-\mu;\ \frac{1-z}{2}\right)$$

$$\left(\arg \frac{z+1}{z-1} = 0,\ \text{wenn } z \text{ reell und } > 1\right).$$

$$\mathfrak{Q}_\nu^\mu(z) = \frac{e^{\mu\pi i}}{2^{\nu+1}} \frac{\Gamma(\nu+\mu+1)\,\Gamma(\tfrac{1}{2})}{\Gamma(\nu+\tfrac{3}{2})} (z^2-1)^{\mu/2}\, z^{-\nu-\mu-1} \times$$

$$\times\ {}_2F_1\left(\frac{\nu+\mu+2}{2},\ \frac{\nu+\mu+1}{2};\ \nu+\frac{3}{2};\ \frac{1}{z^2}\right)$$

$$(\arg (z^2-1) = 0,\ \text{wenn } z \text{ reell und } > 1,$$
$$\arg z = 0,\ \text{wenn } z \text{ reell und } > 0)$$

sind i. a. linear unabhängige Lösungen der Differentialgleichung (1),
welche zunächst in den Gebieten $|1-z| < 2$ bzw. $|z| > 1$ mit Aus-
schluß der Teile der reellen Achse zwischen $-\infty$ und $+1$ eindeutig
erklärt sind und nach den Sätzen über die hypergeometrische Funktion unbeschränkt und außerhalb des Verzweigungsschnittes auch ein-
deutig fortgesetzt werden können. Die Formeln für $\mathfrak{P}_\nu^\mu$ bzw. $\mathfrak{Q}_\nu^\mu$
bleiben sinnvoll, auch wenn $1-\mu$ bzw. $\nu+\dfrac{3}{2}$ eine negative ganze
Zahl oder gleich Null wird (vgl. Kap. II S. 11).

Für reelle Werte von z zwischen -1 und $+1$ ($z = x = \cos\vartheta$)
benutzt man als linear unabhängige Lösungen von (1):

$$P_\nu^\mu(x) = e^{\mu\pi i/2}\,\mathfrak{P}_\nu^\mu(\cos\vartheta + i\cdot 0) = e^{-\mu\pi i/2}\,\mathfrak{P}_\nu^\mu(\cos\vartheta - i\cdot 0)$$

$$= \frac{1}{\Gamma(1-\mu)} \left(\frac{1+x}{1-x}\right)^{\mu/2} {}_2F_1\left(-\nu,\ \nu+1;\ 1-\mu;\ \frac{1-x}{2}\right),$$

$$Q_\nu^\mu(x) = \tfrac{1}{2} e^{-\mu\pi i}\left[e^{-\mu\pi i/2}\mathfrak{Q}_\nu^\mu(x+i\cdot 0) + e^{\mu\pi i/2}\mathfrak{Q}_\nu^\mu(x-i\cdot 0)\right]$$

$$= \frac{\pi}{2\sin\mu\pi}\left[P_\nu^\mu(x)\cos\mu\pi - \frac{\Gamma(\nu+\mu+1)}{\Gamma(\nu-\mu+1)}\,P_\nu^{-\mu}(x)\right].$$

---

[1] Der Faktor $e^{\mu\pi i}$ wird bei der Definition von $\mathfrak{Q}_\nu^\mu(z)$ vielfach weggelassen,
um zu erreichen, daß $\mathfrak{Q}_\nu^\mu(z)$ für reelle Werte von ν, μ und für reelle Werte von
$z > 1$ selber reell wird.

Die hier benutzten Definitionen stammen von Hobson· Barnes ersetzt den
Faktor $e^{\mu\pi i}$ in der Definition von $\mathfrak{Q}_\nu^\mu$ durch $\dfrac{\sin(\nu+\mu)\pi}{\sin\nu\pi}$. Auch Q_ν^μ und P_ν^μ werden vielfach anders definiert als bei Hobson; so läßt Barnes den Faktor $e^{-\mu\pi i}$
bei der Definition Q_ν^μ fort; andere Autoren definieren $P_\nu^\mu(x)$ durch $e^{-\mu\pi i/2}\mathfrak{P}_\nu^\mu$
$(x+i0)$; auch Mischungen beider Definitionsarten treten auf, z. B. bei Jahnke
und Emde, auf deren Vorschlag die Einführung der Zeichen $\mathfrak{P}_\nu^\mu$ und $\mathfrak{Q}_\nu^\mu$ zurück-
geht. Aber nur ihre Definition der $\mathfrak{Q}_\nu^\mu$ stimmt mit der hier benutzten Definition
von Hobson überein.

Die letzte Definition versagt, wenn $\mu = \pm\, m = 0,\ \pm 1,\ \pm 2,\ \ldots$ ist; in diesem Falle findet man durch einen Grenzübergang

$$Q_v^m(x) = (-1)^m (1-x^2)^{m/2} \frac{d^m}{d\,x^m}\, Q_v(x),$$

$$Q_v^{-m}(x) = (-1)^m \frac{\Gamma(\nu - m + 1)}{\Gamma(\nu + m + 1)}\, Q_v^m(x).$$

Wenn $\nu + \mu$ eine negative ganze Zahl ist, sind die Funktionen $\mathfrak{Q}_v^\mu$ und Q_v^μ nicht definiert. *In den folgenden Formeln ist daher der Fall $\nu + \mu = -1, -2, -3, \ldots$ durchweg auszuschließen, sofern die Funktionen $\mathfrak{Q}_v^\mu$ oder Q_v^μ in ihnen auftreten.* Die Definition zweier linear unabhängiger Lösungen von (1) wird jedoch in jedem Falle durch den folgenden Satz ermöglicht, welcher mit der in § 1 getroffenen Festsetzung $n, m = 0, 1, 2, \ldots$ lautet:

Die Differentialgleichung (1) besitzt für $\nu \pm \mu \neq 0, \pm 1, \pm 2, \ldots$ die Lösungen

$$\mathfrak{P}_v^{\pm\mu}(\pm z),\ \ \mathfrak{Q}_v^{\pm\mu}(\pm z),\ \ \mathfrak{P}_{-v-1}^{\pm\mu}(\pm z),\ \ \mathfrak{Q}_{-v-1}^{\pm\mu}(\pm z)$$

bzw. für $z = x = \cos\vartheta$

$$P_v^{\pm\mu}(\pm x),\ \ Q_v^{\pm\mu}(\pm x),\ \ P_{-v-1}^{\pm\mu}(\pm x),\ \ Q_{-v-1}^{\pm\mu}(\pm x).$$

Falls $\nu \pm \mu \neq 0, \pm 1, \pm 2, \pm 3, \ldots$ ist, sind die Lösungen

$$\mathfrak{P}_v^\mu(z),\ \ \mathfrak{Q}_v^\mu(z)\ \ \text{bzw.}\ \ P_v^\mu(x),\ \ Q_v^\mu(x)$$

linear unabhängig. Falls $\nu \pm \mu$ eine ganze Zahl, aber $\mu \neq 0, \pm 1, \pm 2, \ldots$ ist, sind die Funktionen

$$\mathfrak{P}_v^\mu(z),\ \ \mathfrak{P}_v^{-\mu}(z)\ \ \text{bzw.}\ \ P_v^\mu(x),\ \ P_v^{-\mu}(x)$$

linear unabhängige Lösungen von (1). Falls $\mu = \pm\, m$, $\nu = n$ oder $\nu = -n-1$ ist, sind für $n \geqq m$ die Funktionen

$$\mathfrak{P}_n^m(z),\ \ \mathfrak{Q}_n^m(z)\ \ \text{bzw.}\ \ P_n^m(x),\ \ Q_n^m(x)$$

und für $n < m$ die Funktionen

$$\mathfrak{P}_n^{-m}(z),\ \ \mathfrak{Q}_n^m(z)\ \ \text{bzw.}\ \ P_n^{-m}(x),\ \ Q_n^m(x)$$

linear unabhängige Lösungen der Differentialgleichung (1) aus § 1.

b) Rekursionsformeln und Beziehungen zwischen verschiedenen Kugelfunktionen:

$$(z^2-1)\,\frac{d\,\mathfrak{P}_v^\mu(z)}{d z} = (\nu-\mu+1)\,\mathfrak{P}_{v+1}^\mu(z) - (\nu+1)\, z\,\mathfrak{P}_v^\mu(z),$$

$$(2\,\nu+1)\, z\,\mathfrak{P}_v^\mu(z) = (\nu-\mu+1)\,\mathfrak{P}_{v+1}^\mu(z) + (\nu+\mu)\,\mathfrak{P}_{v-1}^\mu(z),$$

$$\mathfrak{P}_\nu^{\mu+2}(z) + 2(\mu+1)\frac{z}{\sqrt{z^2-1}}\mathfrak{P}_\nu^{\mu+1}(z) = (\nu-\mu)(\nu+\mu+1)\mathfrak{P}_\nu^\mu(z),$$

$$\mathfrak{P}_{\nu-1}^\mu(z) - \mathfrak{P}_{\nu+1}^\mu(z) = -(2\nu+1)\sqrt{z^2-1}\,\mathfrak{P}_\nu^{\mu-1}(z).$$

$$\mathfrak{P}_{-\nu-1}^\mu(z) = \mathfrak{P}_\nu^\mu(z).$$

$$(z^2-1)\frac{d\mathfrak{Q}_\nu^\mu(z)}{dz} = (\nu-\mu+1)\mathfrak{Q}_{\nu+1}^\mu(z) - (\nu+1)z\,\mathfrak{Q}_\nu^\mu(z),$$

$$(2\nu+1)z\,\mathfrak{Q}_\nu^\mu(z) = (\nu-\mu+1)\mathfrak{Q}_{\nu+1}^\mu(z) + (\nu+\mu)\mathfrak{Q}_{\nu-1}^\mu(z),$$

$$\mathfrak{Q}_\nu^{\mu+2}(z) + 2(\mu+1)\frac{z}{\sqrt{z^2-1}}\mathfrak{Q}_\nu^{\mu+1}(z) = (\nu-\mu)(\nu+\mu+1)\mathfrak{Q}_\nu^\mu(z),$$

$$(\nu+\mu+1)z\,\mathfrak{Q}_\nu^\mu(z) + \sqrt{z^2-1}\,\mathfrak{Q}_\nu^{\mu+1}(z) = (\nu-\mu+1)\mathfrak{Q}_{\nu+1}^\mu(z),$$

$$(\nu+\mu)\mathfrak{Q}_{\nu-1}^\mu(z) + \sqrt{z^2-1}\,\mathfrak{Q}_\nu^{\mu+1}(z) = (\nu-\mu)z\,\mathfrak{Q}_\nu^\mu(z),$$

$$\mathfrak{Q}_{\nu-1}^\mu(z) - z\,\mathfrak{Q}_\nu^\mu(z) = -(\nu-\mu+1)\sqrt{z^2-1}\,\mathfrak{Q}_\nu^{\mu-1}(z),$$

$$z\,\mathfrak{Q}_\nu^\mu(z) - \mathfrak{Q}_{\nu+1}^\mu(z) = -(\nu+\mu)\sqrt{z^2-1}\,\mathfrak{Q}_\nu^{\mu-1}(z),$$

$$\mathfrak{Q}_{\nu-1}^\mu(z) - \mathfrak{Q}_{\nu+1}^\mu(z) = -(2\nu+1)\sqrt{z^2-1}\,\mathfrak{Q}_\nu^{\mu-1}(z),$$

$$(\nu+\mu)(\nu+\mu+1)\mathfrak{Q}_{\nu-1}^\mu(z) + (2\nu+1)\sqrt{z^2-1}\,\mathfrak{Q}_\nu^{\mu+1}(z)$$
$$= (\nu-\mu)(\nu-\mu+1)\mathfrak{Q}_{\nu+1}^\mu(z),$$

$$\mathfrak{Q}_\nu^{-\mu}(z) = e^{-2\mu\pi i}\,\frac{\Gamma(\nu-\mu+1)}{\Gamma(\nu+\mu+1)}\,\mathfrak{Q}_\nu^\mu(z),$$

$$\mathfrak{Q}_\nu^\mu(-z) = -e^{\pm\nu\pi i}\,\mathfrak{Q}_\nu^\mu(z)$$

$$(e^{\pm\nu\pi i}\ \text{je nachdem ob Im}\ z \gtrless 0).$$

$$P_{-\nu-1}^\mu(x) = P_\nu^\mu(x),$$

$$(1-x^2)\frac{dP_\nu^\mu(x)}{dx} = (\nu+1)x\,P_\nu^\mu(x) - (\nu-\mu+1)P_{\nu+1}^\mu(x),$$

$$= -\nu x\,P_\nu^\mu(x) + (\nu+\mu)P_{\nu-1}^\mu(x),$$

$$= -\sqrt{1-x^2}\,P_\nu^{\mu+1}(x) - \mu x\,P_\nu^\mu(x),$$

$$= (\nu-\mu+1)(\nu+\mu)\sqrt{1-x^2}\,P_\nu^{\mu-1}(x) + \mu x\,P_\nu^\mu(x),$$

$$(2\nu+1)x\,P_\nu^\mu(x) = (\nu-\mu+1)P_{\nu+1}^\mu(x) + (\nu+\mu)P_{\nu-1}^\mu(x),$$

$$P_\nu^{\mu+2}(x) + 2(\mu+1)\frac{x}{\sqrt{1-x^2}}P_\nu^{\mu+1}(x) + (\nu-\mu)(\nu+\mu+1)P_\nu^\mu(x) = 0,$$

$$(\nu - \mu)\,(\nu - \mu + 1)\,P^{\mu}_{\nu+1}(x) = (\nu + \mu)\,(\nu + \mu + 1)\,P^{\mu}_{\nu-1}(x)$$
$$+\,(2\,\nu + 1)\,\sqrt{1 - x^2}\;P^{\mu+1}_{\nu}(x),$$

$$P^{\mu}_{\nu-1}(x) - x\,P^{\mu}_{\nu}(x) = (\nu - \mu + 1)\,\sqrt{1 - x^2}\;P^{\mu-1}_{\nu}(x),$$

$$x\,P^{\mu}_{\nu}(x) - P^{\mu}_{\nu+1}(x) = (\nu + \mu)\,\sqrt{1 - x^2}\;P^{\mu-1}_{\nu}(x),$$

$$(\nu - \mu)\,x\,P^{\mu}_{\nu}(x) - (\nu + \mu)\,P^{\mu}_{\nu-1}(x) = \sqrt{1 - x^2}\;P^{\mu+1}_{\nu}(x)$$

$$(\nu - \mu + 1)\,P^{\mu}_{\nu+1}(x) - (\nu + \mu + 1)\,x\,P^{\mu}_{\nu}(x) = \sqrt{1 - x^2}\;P^{\mu+1}_{\nu}(x).$$

$$\mathfrak{P}^{-\mu}_{\nu}(z) = \frac{\Gamma(\nu - \mu + 1)}{\Gamma(\nu + \mu + 1)}\,\Big[\mathfrak{P}^{\mu}_{\nu}(z) - \frac{2}{\pi}\,e^{-\mu\pi i}\,\sin\,\mu\,\pi\,\mathfrak{Q}^{\mu}_{\nu}(z)\Big],$$

$$\mathfrak{P}^{\mu}_{\nu}(-z) = e^{\mp\,\nu\pi i}\,\mathfrak{P}^{\mu}_{\nu}(z) - \frac{2}{\pi}\,\sin\,[(\nu + \mu)\,\pi]\,e^{-\mu\pi i}\,\mathfrak{Q}_{\nu}(z)$$

$$(e^{\mp\,\nu\pi i}\ \text{je nachdem ob Im}\ z \gtrless 0).$$

$$\mathfrak{Q}^{\mu}_{\nu}(z)\,\sin\,[(\nu + \mu)\,\pi] - \mathfrak{Q}^{\mu}_{-\nu-1}(z)\,\sin\,[(\nu - \mu)\,\pi] = \pi\,e^{\mu\pi i}\,\cos\,\nu\pi\,\mathfrak{P}^{\mu}_{\nu}(z),$$

$$e^{-\mu\pi i}\,\mathfrak{Q}^{\mu}_{\nu}(x \pm i\,0) = e^{\pm\,\mu\pi i/2}\Big[Q^{\mu}_{\nu}(x) \mp \frac{i\,\pi}{2}\,P^{\mu}_{\nu}(x)\Big],$$

$$\mathfrak{Q}^{\mu}_{\nu}(i\,\cot g\,\vartheta) = e^{i\,\pi\,[\mu - (\nu+1)/2]}\,\sqrt{\pi}\;\Gamma(\mu + \nu + 1)\,\sqrt{\tfrac{1}{2}\,\sin\,\vartheta}\;P^{-\nu-1/2}_{-\mu-1/2}(\cos\,\vartheta)$$

$$\Big(0 < \vartheta < \frac{\pi}{2}\Big),$$

$$\mathfrak{P}^{\mu}_{\nu}(i\,\cot g\,\vartheta) = \sqrt{\frac{2}{\pi}}\,e^{i\,\pi\,(\nu+1/2)}\,\frac{\sqrt{\sin\,\vartheta}}{\Gamma(-\nu-\mu)}\,\mathfrak{Q}^{-\nu-1/2}_{-\mu-1/2}(\cos\,\vartheta - i\cdot 0)$$

$$\Big(0 < \vartheta < \frac{\pi}{2}\Big),$$

$$e^{-i\mu\pi}\,\mathfrak{Q}^{\mu}_{\nu}(\mathfrak{Cof}\,\alpha) = \frac{\pi\,\Gamma(1 + \mu + \nu)}{\sqrt{2\,\pi\,\mathfrak{Sin}\,\alpha}}\,\mathfrak{P}^{-\nu-1/2}_{-\mu-1/2}\Big(\frac{\mathfrak{Cof}\,\alpha}{\mathfrak{Sin}\,\alpha}\Big)$$

$$(\mathrm{Re}\,\mathfrak{Cof}\,\alpha > 0).$$

$$P^{-\mu}_{\nu}(x)\,\frac{d\,P^{\mu}_{\nu}(x)}{d\,x} - P^{\mu}_{\nu}(x)\,\frac{d\,P^{-\mu}_{\nu}(x)}{d\,x} = \frac{2\,\sin\,\pi\,\mu}{\pi\,(1 - x^2)},$$

$$P^{\mu}_{\nu}(x)\,\frac{d\,Q^{\mu}_{\nu}(x)}{d\,x} - \frac{d\,P^{\mu}_{\nu}(x)}{d\,x}\,Q^{\mu}_{\nu}(x) = \frac{2^{2\mu}}{1 - x^2}\,\frac{\Gamma\Big(\dfrac{\nu + \mu + 1}{2}\Big)\,\Gamma\Big(\dfrac{\nu + \mu + 2}{2}\Big)}{\Gamma\Big(\dfrac{\nu - \mu + 1}{2}\Big)\,\Gamma\Big(\dfrac{\nu - \mu + 2}{2}\Big)},$$

$$Q^{\mu}_{\nu}(-x) = -\cos\,(\nu + \mu)\,\pi\,Q^{\mu}_{\nu}(x) + \frac{\pi}{2}\,\sin\,(\nu + \mu)\,\pi\,P^{\mu}_{\nu}(x),$$

$$Q^{\mu}_{-\nu-1}(x) = \frac{\sin(\nu+\mu)\pi}{\sin(\nu-\mu)\pi}\, Q^{\mu}_{\nu}(x) - \frac{\pi\cos\nu\pi\cos\mu\pi}{\sin(\nu-\mu)\pi}\, P^{\mu}_{\nu}(x),$$

$$P^{-\mu}_{\nu}(x) = \frac{\Gamma(\nu-\mu+1)}{\Gamma(\nu+\mu+1)}\left[\cos\mu\pi\, P^{\mu}_{\nu}(x) - \frac{2}{\pi}\cdot\sin\mu\pi\, Q^{\mu}_{\nu}(x)\right],$$

$$P^{\mu}_{\nu}(-x) = \cos(\nu+\mu)\pi\, P^{\mu}_{\nu}(x) - \frac{2}{\pi}\sin(\nu+\mu)\pi\, Q^{\mu}_{\nu}(x).$$

c) Formeln für spezielle Werte von x, μ, ν (vgl. § 1).

$$P^{m}_{\nu}(x) = (-1)^{m}\,\frac{\Gamma(1+\nu+m)(1-x^2)^{m/2}}{2^m\,\Gamma(1+\nu-m)\,\Gamma(1+m)} \times$$

$$\times\, {}_2F_1\!\left(m-\nu,\ m+\nu+1;\ m+1;\ \frac{1-x}{2}\right),$$

$$\mathfrak{P}^{m}_{\nu}(z) = \frac{\Gamma(1+\nu+m)(z^2-1)^{m/2}}{2^m\,\Gamma(1+\nu-m)\,\Gamma(1+m)}\, {}_2F_1\!\left(m-\nu,\ m+\nu+1;\ m+1;\ \frac{1-z}{2}\right),$$

$$\mathfrak{Q}^{\mu}_{-n-3/2}(z) = \frac{e^{\mu\pi i}}{2^{n+3/2}}\,\frac{\Gamma(\mu+n+\tfrac{3}{2})}{(n+1)!}\,(z^2-1)^{\mu/2}\,z^{2n-\mu+3/2} \times$$

$$\times\, {}_2F_1\!\left(\frac{\mu+n+\tfrac{5}{2}}{2},\ \frac{\mu+n+\tfrac{3}{2}}{2};\ n+2;\ \frac{1}{z^2}\right),$$

$$P^{\mu}_{0}(\cos\vartheta) = \frac{1}{\Gamma(1-\mu)}\,\operatorname{cotg}^{\mu}\!\left(\frac{\vartheta}{2}\right);\quad P^{-1}_{\nu}(\cos\vartheta) = \frac{-1}{\nu(\nu+1)}\,\frac{d\,P_{\nu}(\cos\vartheta)}{d\vartheta},$$

$$P^{\mu}_{\nu}(0) = \frac{\sqrt{\pi}\,2^{\mu}}{\Gamma\!\left(\dfrac{\nu-\mu}{2}+1\right)\Gamma\!\left(\dfrac{-\nu-\mu+1}{2}\right)};$$

$$\frac{d\,P^{\mu}_{\nu}(0)}{dx} = \frac{2^{\mu+1}\sin\!\left(\pi\,\dfrac{\nu+\mu}{2}\right)\Gamma\!\left(\dfrac{\nu+\mu+2}{2}\right)}{\Gamma\!\left(\dfrac{\nu-\mu+1}{2}\right)\sqrt{\pi}} = \frac{\sqrt{\pi}\,2^{\mu+1}}{\Gamma\!\left(\dfrac{\nu-\mu+1}{2}\right)\Gamma\!\left(\dfrac{-\nu-\mu}{2}\right)},$$

$$Q^{\mu}_{\nu}(0) = -2^{\mu-1}\sqrt{\pi}\,\sin\!\left(\frac{\nu+\mu}{2}\,\pi\right)\frac{\Gamma\!\left(\dfrac{\nu+\mu+1}{2}\right)}{\Gamma\!\left(\dfrac{\nu-\mu+2}{2}\right)};$$

$$\frac{d\,Q^{\mu}_{\nu}(0)}{dx} = 2^{\mu}\sqrt{\pi}\,\cos\!\left(\frac{\nu+\mu}{2}\,\pi\right)\frac{\Gamma\!\left(\dfrac{\nu+\mu+2}{2}\right)}{\Gamma\!\left(\dfrac{\nu-\mu+1}{2}\right)},$$

$$P^{m}_{\nu}(x) = (-1)^{m}(1-x^2)^{m/2}\,\frac{d^m}{dx^m}\,P_{\nu}(x),$$

$$P_\nu^{-m}(x) = (1-x^2)^{-m/2} \int\limits_x^1 \ldots \int\limits_x^1 P_\nu(x)\,(dx)^m = (-1)^m \frac{\Gamma(\nu-m+1)}{\Gamma(\nu+m+1)}\,P_\nu^m(x),$$

$$\mathfrak{P}_\nu^{-m}(z) = (z^2-1)^{-m/2} \int\limits_1^z \ldots \int\limits_1^z P_\nu(z)\,(dz)^m,$$

$$\mathfrak{Q}_\nu^m(z) = (z^2-1)^{m/2} \frac{d^m}{dz^m}\,\mathfrak{Q}_\nu(z),$$

$$\mathfrak{Q}_\nu^{-m}(z) = (-1)^m (z^2-1)^{-m/2} \int\limits_z^\infty \ldots \int\limits_z^\infty \mathfrak{Q}_\nu(z)\,(dz)^m,$$

$$\mathfrak{P}_n^m(z) \equiv 0, \quad P_n^m(x) \equiv 0 \quad \text{für } m > n.$$

$$\mathfrak{P}_{\nu-1/2}^{1/2}(\mathfrak{Cof}\,\sigma) = \sqrt{\frac{2}{\pi\,\mathfrak{Sin}\,\sigma}}\,\mathfrak{Cof}\,\nu\sigma,$$

$$P_{\nu-1/2}^{1/2}(\cos\vartheta) = \sqrt{\frac{2}{\pi\sin\vartheta}}\,\cos\nu\vartheta; \quad P_{\nu-1/2}^{-1/2}(\cos\vartheta) = \sqrt{\frac{2}{\pi\sin\vartheta}}\,\frac{\sin\nu\vartheta}{\nu},$$

$$\mathfrak{Q}_{\nu-1/2}^{1/2}(\mathfrak{Cof}\,\sigma) = i\,\sqrt{\frac{\pi}{2\,\mathfrak{Sin}\,\sigma}}\,e^{-\nu\sigma},$$

$$P_\nu^{-\nu}(\cos\vartheta) = \frac{1}{\Gamma(1+\nu)}\left(\frac{1}{2}\sin\vartheta\right)^\nu; \quad \mathfrak{P}_\nu^{-\nu}(\mathfrak{Cof}\,\sigma) = \frac{1}{\Gamma(1+\nu)}\left(\frac{1}{2}\mathfrak{Sin}\,\sigma\right)^\nu.$$

d) Analytische Fortsetzung und Verhalten für $|z| \gg 1$.

Aus den Sätzen über die analytische Fortsetzung der hypergeometrischen Funktion (s. Kap. II) folgen die Formeln:

$$\mathfrak{P}_\nu^\mu(z) = \frac{\sin(\nu+\mu)\pi}{2^{\nu+1}\cos\nu\pi}\,\frac{\Gamma(\nu+\mu+1)}{\Gamma(\nu+\frac{3}{2})\,\Gamma(\frac{1}{2})}\,(z^2-1)^{\mu/2}\,z^{-\nu-\mu-1} \times$$

$$\times {}_2F_1\left(\frac{\nu+\mu+2}{2},\,\frac{\nu+\mu+1}{2};\,\nu+\frac{3}{2};\,\frac{1}{z^2}\right) +$$

$$+ \frac{2^\nu\,\Gamma(\nu+\frac{1}{2})}{\Gamma(\nu-\mu+1)\,\Gamma(\frac{1}{2})}\,(z^2-1)^{\mu/2}\,z^{\nu-\mu}\,{}_2F_1\left(\frac{\mu-\nu+1}{2},\,\frac{\mu-\nu}{2};\,\frac{1}{2}-\nu;\,\frac{1}{z^2}\right)$$

$$(2\nu \neq \pm 1,\,\pm 3.\,\pm 5,\ldots;\,|z|>1;\,|\arg(z\pm 1)|<\pi),$$

$$\mathfrak{P}_\nu^\mu(z) = \frac{2^{-\nu-1}\,\Gamma(-\nu-\frac{1}{2})}{\Gamma(\frac{1}{2})\,\Gamma(-\mu-\nu)}\,(z^2-1)^{-(\nu+1)/2} \times$$

$$\times {}_2F_1\left(\frac{\nu-\mu+1}{2},\,\frac{\nu+\mu+1}{2};\,\nu+\frac{3}{2};\,\frac{1}{1-z^2}\right) +$$

$$+ \frac{2^\nu\,\Gamma(\nu+\frac{1}{2})}{\Gamma(\frac{1}{2})\,\Gamma(\nu-\mu+1)}\,(z^2-1)^{\nu/2}\,{}_2F_1\left(\frac{\mu-\nu}{2},\,\frac{-\mu-\nu}{2};\,\frac{1}{2}-\nu;\,\frac{1}{1-z^2}\right)$$

$$(2\nu \neq \pm 1,\,\pm 3,\,\pm 5;\,\ldots\,|1-z^2|>1;\,|\arg(z\pm 1)|<\pi),$$

$$\mathfrak{P}_\nu^\mu\left(i\,\frac{\cos\vartheta}{\sin\vartheta}\right) = \sqrt{\frac{\sin\vartheta}{2\pi}}\,\frac{\Gamma(-\nu-\tfrac12)}{\Gamma(-\mu-\nu)}\,e^{-(\nu+1)\pi i/2}\left(\operatorname{tg}\frac{\vartheta}{2}\right)^{\nu+1/2}\times$$

$$\times\,{}_2F_1\left(\tfrac12+\mu,\ \tfrac12-\mu;\ \nu+\tfrac32,\ \sin^2\frac{\vartheta}{2}\right)+$$

$$+\sqrt{\frac{\sin\vartheta}{2\pi}}\,\frac{\Gamma(\nu+\tfrac12)}{\Gamma(\nu-\mu+1)}\,e^{\nu\pi i/2}\left(\operatorname{cotg}\frac{\vartheta}{2}\right)^{\nu+1/2}\times$$

$$\times\,{}_2F_1\left(\tfrac12+\mu,\ \tfrac12-\mu,\ \tfrac12-\nu;\ \sin^2\frac{\vartheta}{2}\right)$$

$$\left(2\nu\neq\pm1,\ \pm3,\ \pm5,\ \ldots;\ 0<\vartheta<\frac{\pi}{2}\right),$$

$$\mathfrak{P}_\nu^\mu(z) = \frac{1}{\Gamma(1-\mu)}\left(\frac{z-1}{z+1}\right)^{-\mu/2}\left(\frac{2}{z+1}\right)^{-\nu}{}_2F_1\left(-\nu,\ -\nu-\mu;\ 1-\mu;\ \frac{z-1}{z+1}\right)$$

$$\left(\left|\frac{z-1}{z+1}\right|<1\right).$$

Es sei $\zeta = z + \sqrt{z^2-1}$, wobei ζ außerhalb des Stückes der reellen Achse zwischen $-\infty$ und $+1$ eindeutig durch die Festsetzung definiert ist, daß ζ für reelle Werte von $z>1$ reell und >1 sein soll. Dann wird:

$$\mathfrak{Q}_\nu^\mu(z) = 2^\mu e^{\mu\pi i}\sqrt{\pi}\,\frac{\Gamma(\nu+\mu+1)}{\Gamma(\nu+\tfrac32)}\,\frac{(z^2-1)^{\mu/2}}{\zeta^{\nu+\mu+1}}\,{}_2F_1\left(\tfrac12+\mu,\ \nu+\mu+1;\ \nu+\tfrac32;\ \frac{1}{\zeta^2}\right)$$

$$(|\arg(z-1)|<\pi),$$

$$\mathfrak{P}_\nu^\mu(z) = \frac{2^\mu}{\sqrt{\pi}}\,\frac{\Gamma(-\nu-\tfrac12)}{\Gamma(-\nu-\mu)}\,\frac{(z^2-1)^{\mu/2}}{\zeta^{\nu+\mu+1}}\,{}_2F_1\left(\tfrac12+\mu,\ \nu+\mu+1;\ \nu+\tfrac32;\ \frac{1}{\zeta^2}\right)$$

$$+\frac{2^\mu}{\sqrt{\pi}}\,\frac{\Gamma(\nu+\tfrac12)}{\Gamma(\nu-\mu+1)}\,\frac{(z^2-1)^{\mu/2}}{\zeta^{\mu-\nu}}\,{}_2F_1\left(\tfrac12+\mu,\ \mu-\nu;\ \tfrac12-\nu;\ \frac{1}{\zeta^2}\right)$$

$$(|\arg(z-1)|<\pi,\ 2\nu\neq\pm1,\ \pm3,\ \pm5,\ \ldots).$$

$$2\,e^{-i\pi\mu}\mathfrak{Q}_\nu^\mu(z) = \Gamma(\mu)\left(\frac{z+1}{z-1}\right)^{\mu/2}{}_2F_1\left(-\nu,\ \nu+1;\ 1-\mu;\ \frac{1-z}{2}\right)$$

$$+\frac{\Gamma(-\mu)\,\Gamma(1+\nu+\mu)}{\Gamma(1+\nu-\mu)}\left(\frac{z+1}{z-1}\right)^{-\mu/2}{}_2F_1\left(-\nu,\ \nu+1;\ 1+\mu;\ \frac{1-z}{2}\right)$$

$$|\arg(z\pm1)|<\pi,\ |1-z|<2),$$

$$\mathfrak{Q}_\nu^\mu(z) = e^{\mu\pi i}\,\frac{\Gamma(\nu+\mu+1)\sqrt{\pi}}{2^{\nu+1}\,\Gamma(\nu+\tfrac32)}\,(z^2-1)^{-(\nu+1)/2}\times$$

$$\times\,{}_2F_1\left(\frac{\nu+\mu+1}{2},\ \frac{\nu-\mu+1}{2};\ \nu+\frac{3}{2};\ \frac{1}{1-z^2}\right)$$

$$(\nu+\mu\neq-1,\ -2,\ -3,\ \ldots;\ |\arg(z\pm1)|<\pi;\ |1-z^2|>1),$$

$$P_\nu^\mu(x) = \frac{2^\mu \cos\left(\frac{\nu+\mu}{2}\pi\right)\Gamma\left(\frac{\nu+\mu+1}{2}\right)}{\Gamma\left(\frac{\nu-\mu+2}{2}\right)\sqrt{\pi}}(1-x^2)^{\mu/2}\,{}_2F_1\left(\frac{\mu+\nu+1}{2},\frac{\mu-\nu}{2};\frac{1}{2};x\right)$$

$$+2^{\mu+1}\frac{\sin\left(\frac{\nu+\mu}{2}\pi\right)\Gamma\left(\frac{\nu+\mu+2}{2}\right)}{\Gamma\left(\frac{\nu-\mu+1}{2}\right)\sqrt{\pi}}x(1-x^2)^{\mu/2}\,{}_2F_1\left(\frac{\mu+\nu+2}{2},\frac{\mu-\nu+1}{2};\frac{3}{2};x^2\right),$$

$$Q_\nu^\mu(x) = \frac{-\sin\left(\frac{\mu+\nu}{2}\pi\right)\Gamma\left(\frac{\nu+\mu+1}{2}\right)\sqrt{\pi}}{2^{1-\mu}\Gamma\left(\frac{\nu-\mu+2}{2}\right)}(1-x^2)^{\mu/2}\,{}_2F_1\left(\frac{\mu+\nu+1}{2},\frac{\mu-\nu}{2};\frac{1}{2};x^2\right)$$

$$+\frac{2^\mu \cos\left(\frac{\mu+\nu}{2}\pi\right)\Gamma\left(\frac{\nu+\mu+2}{2}\right)\sqrt{\pi}}{\Gamma\left(\frac{\nu-\mu+1}{2}\right)}x(1-x^2)^{\mu/2}\,{}_2F_1\left(\frac{\mu+\nu+2}{2},\frac{\mu-\nu+1}{2};\frac{3}{2};x^2\right).$$

Für $|z|\gg 1$ wird

$$\mathfrak{Q}_\nu^\mu(z) = \sqrt{\pi}\,\frac{e^{\mu\pi i}}{2^{\nu+1}}\frac{\Gamma(\nu+\mu+1)}{\Gamma(\nu+\frac{3}{2})}z^{-\nu-1}[1+O(z^{-2})]$$

$$(\nu \neq -\tfrac{3}{2}, -\tfrac{5}{2}, -\tfrac{7}{2}, \ldots;\ |\arg z|<\pi),$$

$$\mathfrak{P}_\nu^\mu(z) = \left[\frac{2^\nu\,\Gamma(\nu+\frac{1}{2})}{\sqrt{\pi}\,\Gamma(\nu-\mu+1)}z^\nu+\frac{2^{-\nu-1}\,\Gamma(-\nu-\frac{1}{2})}{\sqrt{\pi}\,\Gamma(-\mu-\nu)}z^{-\nu-1}\right][1+O(z^{-2})]$$

$$(\nu \neq \pm\tfrac{1}{2}, \pm\tfrac{3}{2}, \pm\tfrac{5}{2}, \ldots;\ |\arg z|<\pi;\ \text{vgl. § 7}).$$

e) Integraldarstellungen.

$$P_\nu^\mu(\cos\vartheta) = \sqrt{\frac{2}{\pi}}\,\frac{(\sin\vartheta)^\mu}{\Gamma(-\mu+\frac{1}{2})}\int_0^\vartheta \frac{\cos(\nu+\frac{1}{2})\varphi\,d\varphi}{(\cos\varphi-\cos\vartheta)^{\mu+1/2}}$$

$$(0<\vartheta<\pi,\ \mathrm{Re}\,\mu<\tfrac{1}{2}).$$

$$\mathfrak{P}_\nu^\mu(\mathfrak{Cof}\,\alpha) = \frac{\sqrt{2}\,(\mathfrak{Sin}\,\alpha)^\mu}{\sqrt{\pi}\,\Gamma(-\mu+\frac{1}{2})}\int_0^\alpha \frac{\mathfrak{Cof}\,[(\nu+\frac{1}{2})t]\,dt}{(\mathfrak{Cof}\,\alpha-\mathfrak{Cof}\,t)^{\mu+1/2}}$$

$$(\alpha\ \text{reell und positiv},\ \mathrm{Re}\,\mu<\tfrac{1}{2}).$$

$$\mathfrak{Q}_\nu^\mu(\mathfrak{Cof}\,\alpha) = \sqrt{\frac{\pi}{2}}\,\frac{e^{\mu\pi i}(\mathfrak{Sin}\,\alpha)^\mu}{\Gamma(-\mu+\frac{1}{2})}\int_\alpha^\infty \frac{e^{-(\nu+1/2)t}\,dt}{(\mathfrak{Cof}\,t-\mathfrak{Cof}\,\alpha)^{\mu+1/2}}$$

$$(\alpha\ \text{reell und}\ >0;\ \mathrm{Re}\,\mu<+\tfrac{1}{2},\ \mathrm{Re}\,(\nu+\mu+1)>0).$$

$$\frac{\Gamma(\nu-\mu+1)}{\Gamma(\nu+\mu+1)}\left[\cos\mu\pi\,P_\nu^\mu(\cos\vartheta)-\frac{2}{\pi}\sin\mu\pi\,Q_\nu^\mu(\cos\vartheta)\right]$$

$$=\sqrt{\frac{2}{\pi}\frac{(\sin\vartheta)^{-\mu}}{\Gamma(\mu+\frac{1}{2})}}\int_0^\vartheta\frac{\cos(\nu+\frac{1}{2})\varphi\,d\varphi}{(\cos\varphi-\cos\vartheta)^{1/2-\mu}}$$

$$(\mathrm{Re}\,\mu>-\tfrac{1}{2}).$$

$$\frac{\Gamma(\nu-\mu+1)}{\Gamma(\nu+\mu+1)}\left[P_\nu^\mu(\cos\vartheta)\cos\nu\pi-\frac{2}{\pi}\,Q_\nu^\mu(\cos\vartheta)\sin\nu\pi\right]$$

$$=\sqrt{\frac{2}{\pi}\frac{(\sin\vartheta)^{-\mu}}{\Gamma(\mu+\frac{1}{2})}}\int_\vartheta^\pi\frac{\cos[(\nu+\frac{1}{2})(\varphi-\pi)]\,d\varphi}{(\cos\vartheta-\cos\varphi)^{1/2-\mu}}$$

$$(\mathrm{Re}\,\mu>-\tfrac{1}{2}).$$

$$P_\nu^\mu(\cos\vartheta)\cos(\nu+\mu)\pi-\frac{2}{\pi}\,Q_\nu^\mu(\cos\vartheta)\sin(\nu+\mu)\pi$$

$$=\sqrt{\frac{2}{\pi}\frac{(\sin\vartheta)^{\mu}}{\Gamma(-\mu+\frac{1}{2})}}\int_\vartheta^\pi\frac{\cos[(\nu+\frac{1}{2})(\varphi-\pi)]\,d\varphi}{(\cos\vartheta-\cos\varphi)^{\mu+1/2}}$$

$$(\mathrm{Re}\,\mu<\tfrac{1}{2}).$$

$$\cos\mu\pi\,P_\nu^\mu(\cos\vartheta)-\frac{2}{\pi}\sin\mu\pi\,Q_\nu^\mu(\cos\vartheta)$$

$$=\frac{\Gamma(\nu+\mu+1)}{\Gamma(\nu-\mu+1)}\frac{(\sin\vartheta)^\mu\,2^{-\mu}}{\sqrt{\pi}\,\Gamma(\mu+\frac{1}{2})}\int_0^\pi\frac{\sin^{2\mu}\psi\,d\psi}{(\cos\vartheta\pm i\sin\vartheta\cos\psi)^{\mu-\nu}}$$

$$(\mathrm{Re}\,(\mu+\tfrac{1}{2})>0,\;0<\vartheta<\pi).$$

$$\mathfrak{P}_\nu^{-\mu}(z)=\frac{(z^2-1)^{\mu/2}}{2^\mu\sqrt{\pi}\,\Gamma(\mu+\frac{1}{2})}\int_{-1}^{+1}\frac{(1-t^2)^{\mu-1/2}\,dt}{(z+\sqrt{z^2-1}\,t)^{\mu-\nu}}$$

$$(\mathrm{Re}\,\mu>-\tfrac{1}{2};\;|\arg(z\pm1)|<\pi).$$

$$\mathfrak{Q}_\nu^\mu(z)=\sqrt{\pi}\,\frac{e^{\mu\pi i}2^{-\mu}}{\Gamma(\mu+\frac{1}{2})}\frac{\Gamma(\nu+\mu+1)}{\Gamma(\nu-\mu+1)}(z^2-1)^{\mu/2}\int_0^\infty\frac{(\mathfrak{Sin}\,t)^{2\mu}\,dt}{(z+\sqrt{z^2-1}\,\mathfrak{Cof}\,t)^{\nu+\mu+1}}$$

$$(\mathrm{Re}\,(\nu\pm\mu)>-1;\;|\arg(z\pm1)|<\pi),$$

$$\mathfrak{Q}_\nu^\mu(z)=\frac{\Gamma(\nu+1)}{\Gamma(\nu-\mu+1)}e^{\mu\pi i}\int_0^\infty\frac{\mathfrak{Cof}\,\mu t\,dt}{(z+\sqrt{z^2-1}\,\mathfrak{Cof}\,t)^{\nu+1}}$$

$$(\mathrm{Re}\,(\nu+\mu)>-1,\;\nu\neq-1.\,-2,\,-3,\,\ldots;\;|\arg(z\pm1)|<\pi),$$

$$\mathfrak{Q}_\nu^\mu(z)=\frac{e^{\mu\pi i}}{2^{\nu+1}}\frac{\Gamma(\nu+\mu+1)}{\Gamma(\nu+1)}(z^2-1)^{\mu/2}\int_{-1}^{+1}(1-t)^\nu(z-t)^{-\nu-\mu-1}\,dt$$

$$(\mathrm{Re}\,(\nu+\mu+1)>0.\;\mathrm{Re}\,\nu>-1.\;|\arg(z\pm1)|<\pi),$$

$$e^{-\mu\pi i}\,\mathfrak{Q}_\nu^\mu(z) = \frac{\Gamma(\mu+\tfrac{1}{2})\,(z^2-1)^{\mu/2}}{\sqrt{2\pi}} \times$$

$$\times\left[\int_0^\pi \frac{\cos(\nu+\tfrac{1}{2})\varphi\,d\varphi}{(z-\cos\varphi)^{\mu+1/2}} - \cos\nu\pi \int_0^\infty \frac{e^{-(\nu+1/2)t}\,dt}{(z+\mathfrak{Coj}\,t)^{\mu+1/2}}\right]$$

$$(\operatorname{Re}\mu>-\tfrac{1}{2},\ \operatorname{Re}(\nu+\mu+1)>0;\ |\arg(z\pm1)|<\pi),$$

$$Q_\nu^\mu(\cos\vartheta) = \frac{1}{2^{\mu+1}}\frac{\Gamma(\nu+\mu+1)}{\Gamma(\nu-\mu+1)}\frac{\sin^\mu\vartheta}{\Gamma(\mu+\tfrac{1}{2})}\times$$

$$\times\int_0^\infty\left[\frac{\mathfrak{Sin}^{2\mu}t}{(\cos\vartheta+i\sin\vartheta\,\mathfrak{Coj}\,t)^{\nu+\mu+1}}+\frac{\mathfrak{Sin}^{2\mu}t}{(\cos\vartheta-i\sin\vartheta\,\mathfrak{Coj}\,t)^{\nu+\mu+1}}\right]dt$$

$$(\operatorname{Re}(\nu+\mu+1)>0,\ \operatorname{Re}(\nu-\mu+1)>0,\ \operatorname{Re}\mu>-\tfrac{1}{2}),$$

$$P_\nu^\mu(\cos\vartheta) = \frac{+i}{2^\mu}\frac{\Gamma(\nu+\mu+1)}{\Gamma(\nu-\mu+1)}\frac{\sin^\mu\vartheta}{\Gamma(\mu+\tfrac{1}{2})}\times$$

$$\times\int_0^\infty\left[\frac{\mathfrak{Sin}^{2\mu}t}{(\cos\vartheta+i\sin\vartheta\,\mathfrak{Coj}\,t)^{\nu+\mu+1}}-\frac{\mathfrak{Sin}^{2\mu}t}{(\cos\vartheta-i\sin\vartheta\,\mathfrak{Coj}\,t)^{\nu+\mu+1}}\right]dt$$

$$(\operatorname{Re}(\nu\pm\mu+1)>0,\ \operatorname{Re}\mu>-\tfrac{1}{2}),$$

$$\mathfrak{P}_\nu^{-\mu}(z) = \frac{(z^2-1)^{\mu/2}\,2^{-\nu}}{\Gamma(\mu-\nu)\,\Gamma(\nu+1)}\int_0^\infty \frac{(\mathfrak{Sin}\,t)^{2\nu+1}\,dt}{(z+\mathfrak{Coj}\,t)^{\mu+\nu+1}}$$

$$(\operatorname{Re}z>-1,\ |\arg(z\pm1)|<\pi,\ \operatorname{Re}(\nu+1)>0,\ \operatorname{Re}(\mu-\nu)>0),$$

$$\mathfrak{P}_\nu^{-\mu}(z) = \sqrt{\frac{2}{\pi}}\,\frac{\Gamma(\mu+\tfrac{1}{2})\,(z^2-1)^{\mu/2}}{\Gamma(\mu+\nu+1)\,\Gamma(\mu-\nu)}\int_0^\infty \frac{\mathfrak{Coj}\,(\nu+\tfrac{1}{2})t\,dt}{(z+\mathfrak{Coj}\,t)^{\mu+1/2}}$$

$$(\operatorname{Re}z>-1,\ |\arg(z\pm1)|<\pi,\ \operatorname{Re}(\mu+\nu+1)>0,\ \operatorname{Re}(\mu-\nu)>0),$$

$$P_\nu^{-\mu}(\cos\vartheta) = \frac{\Gamma(2\mu+1)\,2^{-\mu}\,(\sin\vartheta)^\mu}{\Gamma(\mu+1)\,\Gamma(\mu+\nu+1)\,\Gamma(\mu-\nu)}\int_0^\infty \frac{t^{\mu+\nu}\,dt}{(1+2t\cos\vartheta+t^2)^{\mu+1/2}}$$

$$(\operatorname{Re}(\mu+\nu+1)>0,\ \operatorname{Re}(\mu-\nu)>0),$$

$$P_\nu^{-\mu}(\cos\vartheta) = \frac{1}{\Gamma(\nu+\mu+1)}\int_0^\infty e^{-t\cos\vartheta}J_\mu(t\sin\vartheta)\,t^\nu\,dt$$

$$\left(0<\vartheta<\frac{\pi}{2};\ \operatorname{Re}(\mu+\nu+1)>0\right),$$

$$P_\nu^{-\mu}(\cos\vartheta)$$

$$= -\frac{2}{\pi}\frac{1}{\Gamma(\nu+\mu+1)}\int_0^\infty \sin\left[t\cos\vartheta+\frac{\pi}{2}(\mu-\nu-1)\right]K_\mu(t\sin\vartheta)\,t^\nu\,dt$$

$$(0<\vartheta<\pi,\ \operatorname{Re}(\nu+\mu+1)>0),$$

$$\mathfrak{P}_\nu^{-\mu}(z) = \sqrt{\frac{2}{\pi}} \; \frac{(z^2-1)^{\mu/2}}{\Gamma(\mu+\nu+1)\,\Gamma(\mu-\nu)} \int\limits_0^\infty e^{-tz}\,K_{\nu+1/2}(t)\,t^{\mu-1/2}\,dt$$

$$\mathrm{Re}\,z > 0, \;\; \mathrm{Re}\,(\mu+\nu+1) > 0, \;\; \mathrm{Re}\,(\mu-\nu) > 0),$$

f) Einige Integrale mit Kugelfunktionen.

$$K_{\nu+1/2}(z) = \sqrt{\frac{\pi}{2}} \; z^{\mu+1/2} \int\limits_1^\infty e^{-tz}\,(t^2-1)^{\mu/2}\,\mathfrak{P}_\nu^{-\mu}(t)\,dt$$

$$(\mathrm{Re}\,z > 0, \;\; \mathrm{Re}\,\mu > -1),$$

$$K_\nu(t)\,K_\nu(s) = \pi\,(st)^{1/2(\nu-1/2)}\,e^{-s-t} \int\limits_0^\infty \frac{e^{-2v}\,\mathfrak{P}_{-\nu-1/2}\left[\dfrac{2(t+v)(s+v)}{st}-1\right]}{[(t+v)(s+v)]^{1/2(\nu+1/2)}}\,dv$$

$$(t,s \text{ reell und positiv}),$$

$$\int\limits_t^\infty \mathfrak{Q}_\nu(\tau)\,(\tau-t)^{\mu-1}\,d\tau = \Gamma(\mu)\,e^{+\mu\pi i}\,(t^2-1)^{\mu/2}\,\mathfrak{Q}_\nu^{-\mu}(t)$$

$$(t \text{ reell und } > 1, \;\; \mathrm{Re}\,\mu > 0, \;\; \mathrm{Re}\,(\nu-\mu+1) > 0),$$

$$\int\limits_0^\pi P_\nu^{-\mu}(\cos\vartheta)\,(\sin\vartheta)^{\lambda-1}\,d\vartheta = \frac{\pi\,\Gamma\left(\dfrac{\lambda+\mu}{2}\right)\Gamma\left(\dfrac{\lambda-\mu}{2}\right)}{2^\mu\,\Gamma\left(\dfrac{\lambda+\nu+1}{2}\right)\Gamma\left(\dfrac{\lambda-\nu}{2}\right)\Gamma\left(\dfrac{\mu+\nu}{2}+1\right)\Gamma\left(\dfrac{\mu-\nu+1}{2}\right)}$$

$$(\mathrm{Re}\,(\lambda\pm\mu) > 0),$$

$$\int\limits_{\cos\vartheta}^1 P_\nu(x)\,dx = \sin\vartheta\,P_\nu^{-1}(\cos\vartheta)$$

$$\int\limits_{\cos\vartheta}^1 x\,P_\nu(x)\,dx = \frac{\sin\vartheta}{(\nu-1)(\nu+2)}\,[\sin\vartheta\,P_\nu(\cos\vartheta) + \cos\vartheta\,P_\nu^1(\cos\vartheta)].$$

g) Das Additionstheorem.

$$P_\nu(\cos\vartheta\cos\vartheta' + \sin\vartheta\sin\vartheta'\cos\varphi)$$

$$= P_\nu(\cos\vartheta)\,P_\nu(\cos\vartheta') + 2\sum_{m=1}^\infty (-1)^m\,P_\nu^{-m}(\cos\vartheta)\,P_\nu^m(\cos\vartheta')\cos m\varphi$$

$$= P_\nu(\cos\vartheta)\,P_\nu(\cos\vartheta') + 2\sum_{m=1}^\infty \frac{\Gamma(\nu-m+1)}{\Gamma(\nu+m+1)}\,P_\nu^m(\cos\vartheta)\,P_\nu^m(\cos\vartheta')\cos m\varphi$$

$$(0 \leqq \vartheta < \pi, \;\; 0 \leqq \vartheta' < \pi, \;\; \vartheta+\vartheta' < \pi; \;\; \varphi \text{ reell}),$$

$$Q_\nu(\cos\vartheta\cos\vartheta' + \sin\vartheta\sin\vartheta'\cos\varphi)$$

$$= P_\nu(\cos\vartheta')\,Q_\nu(\cos\vartheta) + 2\sum_{m=1}^\infty (-1)^m\,P_\nu^{-m}(\cos\vartheta')\,Q_\nu^m(\cos\vartheta)\cos m\varphi$$

$$\left(0 < \vartheta' < \frac{\pi}{2}, \;\; 0 < \vartheta < \pi, \;\; 0 < \vartheta+\vartheta' < \pi; \;\; \varphi \text{ reell}\right),$$

$$\mathfrak{P}_\nu \left(z\,\zeta - \sqrt{z^2-1}\ \sqrt{\zeta^2-1}\,\cos\varphi\right)$$

$$= \mathfrak{P}_\nu(z)\,\mathfrak{P}_\nu(\zeta) + 2\sum_{m=1}^{\infty}(-1)^m\,\mathfrak{P}_\nu^m(z)\,\mathfrak{P}_\nu^{-m}(\zeta)\,\cos m\varphi$$

$$\mathrm{Re}\,z>0,\ \mathrm{Re}\,\zeta>0,\ |\arg(z-1)|<\pi,\ |\arg(\zeta-1)|<\pi,$$

$$\mathfrak{Q}_\nu\left(t\,t' - \sqrt{t^2-1}\ \sqrt{t'^2-1}\,\cos\varphi\right)$$

$$= \mathfrak{P}_\nu(t')\,\mathfrak{Q}_\nu(t) + 2\sum_{m=1}^{\infty}(-1)^m\,\mathfrak{Q}_\nu^m(t)\,\mathfrak{P}_\nu^{-m}(t')\,\cos m\varphi$$

$$(t,\,t'\ \text{reell},\ 1<t'<t,\ \nu \neq -1,\,-2,\,-3,\,\ldots;\ \varphi\ \text{reell}),$$

$$\mathfrak{Q}_n\left(\tau\tau' + \sqrt{\tau^2+1}\ \sqrt{\tau'^2+1}\ \mathfrak{Cof}\,\alpha\right)$$

$$= \sum_{m=n+1}^{\infty}\frac{1}{(m-n-1)!\,(m+n)!}\,\mathfrak{Q}_n^m(i\tau)\,\mathfrak{Q}_n^m(i\tau')\,e^{-m a}$$

$$(\tau,\,\tau',\,\alpha\ \text{reell und positiv}),$$

$$P_\nu\left(-\cos\vartheta\cos\vartheta' - \sin\vartheta\sin\vartheta'\cos\varphi\right) = P_\nu(-\cos\vartheta)\,P_\nu(\cos\vartheta')$$

$$+ 2\sum_{m=1}^{\infty}(-1)^m\,\frac{\Gamma(1+\nu+m)}{\Gamma(1+\nu-m)}\,P_\nu^{-m}(-\cos\vartheta)\,P_\nu^{-m}(\cos\vartheta')\,\cos m\varphi$$

$$(0<\vartheta'<\vartheta<\pi;\ \varphi\ \text{reell}).$$

h) Sätze über Nullstellen. $P_\nu^{-\mu}(\cos\vartheta)$ hat als Funktion von ν für reelle Werte von $\mu \geqq 0$ unendlich viele Nullstellen, die sämtlich reell und einfach sind; mit ν_0 ist auch $-\nu_0-1$ eine Nullstelle.

$\mathfrak{P}_\nu^\mu(t)$ hat für reelle Werte von $t>1$ keine Nullstelle, wenn ν und μ reell und $\mu \leqq 0$ ist oder wenn ν und μ ganze Zahlen sind. Wenn ν und μ reell aber $\mu>0$ ist, hat $\mathfrak{P}_\nu^\mu(t)$ für $t>1$ im Falle $\mu>\nu$ keine oder eine Nullstelle, je nachdem ob $\sin(\mu-\nu)\pi$ und $\sin\mu\pi$ dasselbe oder entgegengesetztes Vorzeichen haben; im Falle $\mu \leqq \nu$ gibt es alsdann keine oder eine Nullstelle, je nachdem ob die nächste ganze Zahl unterhalb μ gerade oder ungerade ist.

$\mathfrak{Q}_\nu^\mu(t)$ hat für reelle Werte von $t>1$ keine Nullstelle, wenn ν und μ reell, $\nu>-\frac{3}{2}$ und $\nu+\mu+1>0$ ist.

Wenn n eine der Zahlen $1,\,2,\,3,\,\ldots$ bedeutet, hat $\mathfrak{Q}_n(z)$ keine Nullstellen für $|\arg(z-1)|<\pi$; $Q_n(\cos\vartheta)$ hat für $n=0,\,1,\,2,\,\ldots$ genau $n+1$ Nullstellen im Intervall $0 \leqq \vartheta \leqq \pi$.

$\mathfrak{P}_{-1/2+i\lambda}(z)$ hat bei reellen Werten von λ unendlich viele Nullstellen für reelle Werte von $z>1$ und sonst keine weiteren Nullstellen.

Ungleichungen: Wenn ν und μ reell sind und $\nu \geqq 1$, $\nu-\mu+1>0$, $\mu \geqq 0$, ist gilt:

$$\left|P_\nu^{\pm\mu}(\cos\vartheta)\right| < \frac{\Gamma(\nu\pm\mu+1)}{\Gamma(\nu+1)}\left(\frac{8}{\nu\pi\sin\vartheta}\right)^{1/2}\frac{1}{(\sin\vartheta)^\mu},$$

$$|Q_\nu^{\pm\,\mu}(\cos\vartheta)| < \frac{\Gamma(\nu\pm\mu+1)}{\Gamma(\nu+1)}\left(\frac{2\pi}{\nu\sin\vartheta}\right)^{1/2}\frac{1}{(\sin\vartheta)^{\mu}},$$

$$|P_\nu^{\pm\,m}(\cos\vartheta)| < \frac{\Gamma(\nu\pm m+1)}{\Gamma(\nu+1)}\left(\frac{4}{\nu\pi\sin\vartheta}\right)^{/2}\frac{1}{(\sin\vartheta)^{m}},$$

$$|Q_\nu^{\pm\,m}(\cos\vartheta)| \leqq \frac{\Gamma(\nu\pm m+1)}{\Gamma(\nu+1)}\left(\frac{\pi}{\nu\sin\vartheta}\right)^{1/2}\frac{1}{(\sin\vartheta)^{m}}.$$

i) Asymptotisches Verhalten für große Werte von $|\nu|$. $P_\nu^\mu(\cos\vartheta)$ ist, als Funktion von ν und μ betrachtet, eine ganze transzendente Funktion.

Für reelle Werte von μ und für $|\nu|\gg 1$, $|\nu|\gg|\mu|$, $|\arg\nu|<\pi$ gilt

$$P_\nu^\mu(\cos\vartheta) = \frac{2}{\sqrt{\pi}}\frac{\Gamma(\nu+\mu+1)}{\Gamma(\nu+\tfrac{3}{2})}\frac{\cos\left[\left(\nu+\frac{1}{2}\right)\vartheta-\frac{\pi}{4}+\frac{\mu\pi}{2}\right]}{\sqrt{2\sin\vartheta}}[1+O(\nu^{-1})]$$

$$\left(\varepsilon\leqq\vartheta\leqq\pi-\varepsilon,\ \varepsilon>0,\ |\nu|\gg\frac{1}{\varepsilon}\right).$$

Für reelle positive Werte von ν und μ und $\nu\gg\mu$ gilt insbesondere:

$$\nu^{-\mu}P_\nu^\mu(\cos\vartheta) = \sqrt{\frac{2}{\pi\nu\sin\vartheta}}\cos\left[\left(\nu+\frac{1}{2}\right)\vartheta-\frac{\pi}{4}+\frac{\mu\pi}{2}\right]+O(\nu^{-3/2}),$$

$$\nu^{-\mu}Q_\nu^\mu(\cos\vartheta) = \sqrt{\frac{\pi}{2\nu\sin\vartheta}}\cos\left[\left(\nu+\frac{1}{2}\right)\vartheta+\frac{\pi}{4}+\frac{\mu\pi}{2}\right]+O(\nu^{-3/2})$$

$$\left(\varepsilon\leqq\vartheta\leqq\pi-\varepsilon,\ \varepsilon>0,\ \nu\gg\frac{1}{\varepsilon}\right).$$

Diese Formeln sind die ersten Glieder von asymptotischen Entwicklungen, welche für $\dfrac{\pi}{6}<\vartheta<\dfrac{5\pi}{6}$ sogar konvergente Reihen sind und auch für komplexe Werte von ν und μ gelten. Die Formeln lauten:

$$P_\nu^\mu(\cos\vartheta) = \frac{2}{\sqrt{\pi}}\frac{\Gamma(\nu+\mu+1)}{\Gamma(\nu+\tfrac{3}{2})}\sum_{l=0}^{\infty}\frac{(\tfrac{1}{2}+\mu)_l\,(\tfrac{1}{2}-\mu)_l}{(\nu+\tfrac{3}{2})_l\,l!}\times$$

$$\times\frac{\cos\left[\left(\nu+\dfrac{2l+1}{2}\right)\vartheta-\dfrac{(2l+1)\pi}{4}+\dfrac{\mu\pi}{2}\right]}{(2\sin\vartheta)^{l+1/2}}$$

$(\nu+\mu\, \neq\, -1,-2,-3,\ldots;\ \nu\, \neq\, -\tfrac{3}{2},-\tfrac{5}{2},-\tfrac{7}{2},\ldots;$ Konvergenz für $\dfrac{\pi}{6}<\vartheta<\dfrac{5\pi}{6}$; asymptotische Entwicklung für $|\nu|\gg|\mu|$, $|\nu|\gg 1$, solange ν,μ reell und positiv, $\varepsilon\leqq\vartheta\leqq\pi-\varepsilon,\ \varepsilon>0$ ist).

$$Q_\nu^\mu(\cos\vartheta) = \sqrt{\pi}\,\frac{\Gamma(\nu+\mu+1)}{\Gamma(\nu+\frac{3}{2})}\sum_{l=0}^{\infty}(-1)^l\,\frac{(\frac{1}{2}+\mu)_l\,(\frac{1}{2}-\mu)_l}{(\nu+\frac{3}{2})_l\,l!}\times$$

$$\times\,\frac{\cos\left[\left(\nu+\dfrac{2l+1}{2}\right)\vartheta+\dfrac{(2l+1)\pi}{4}+\dfrac{\mu\pi}{2}\right]}{(2\sin\vartheta)^{l+1/2}}$$

$(\nu+\mu \neq -1, -2, -3; \ \nu \neq -\frac{3}{2}, -\frac{5}{2}, -\frac{7}{2}, \ldots;$ Konvergenz für $\frac{\pi}{6} < \vartheta < \frac{5\pi}{6};$ asymptotische Entwicklung für $|\nu| \gg |\mu|$, $|\nu| \gg 1$, so-lange ν, μ reell und positiv, $\varepsilon \leq \vartheta \leq \pi - \varepsilon$, $\varepsilon > 0$ ist).

Wenn ϑ so nahe an 0 oder π liegt, daß $\nu\vartheta$ bzw. $\nu(\pi-\vartheta)$ nicht mehr groß gegen 1 ist, versagen diese asymptotischen Formeln; für reelle positive Werte von ν und für reelle Werte von $\mu \geq 0$ gilt in-dessen die für $\nu \gg 1$ und für kleine Werte von ϑ brauchbare asym-ptotische Entwicklung

$$\left[\left(\nu+\frac{1}{2}\right)\cos\frac{\vartheta}{2}\right]^\mu P_\nu^{-\mu}(\cos\vartheta)$$
$$= J_\mu(\eta)+\sin^2\frac{\vartheta}{2}\left[\frac{J_{\mu+1}(\eta)}{2\eta}-J_{\mu+2}(\eta)+\frac{\eta}{6}J_{\mu+3}(\eta)\right]+O\left(\sin^4\frac{\vartheta}{2}\right)$$

mit $\eta=(2\nu+1)\sin\frac{\vartheta}{2}$. Insbesondere gilt also

$$\lim_{\nu\to\infty}\nu^\mu P_\nu^{-\mu}\left(\cos\frac{t}{\nu}\right) = J_\mu(t)$$

(t reell und ≥ 0, μ reell und ≥ 0).

Diejenigen Werte von ν, für welche bei gegebenem Wert von ϑ die Gleichung $P_\nu^{-\mu}(\cos\vartheta)=0$ besteht, ergeben sich für kleine Werte von ϑ näherungsweise aus der Formel

$$\nu+\frac{1}{2} = \frac{j_\mu}{2\sin\frac{\vartheta}{2}}\left[1-\frac{\sin^2\frac{\vartheta}{2}}{6}\left(1-\frac{4\mu-1}{j_\mu^2}\right)+O\left(\sin^4\frac{\vartheta}{2}\right)\right],$$

wobei j_μ eine beliebige von Null verschiedene Nullstelle von J_μ (μ reell und ≥ 0) bedeutet. Wenn ϑ nahe an π liegt, gilt entsprechend

$$\nu = \mu+k+\frac{\Gamma(2\mu+k+1)}{\Gamma(\mu)\,\Gamma(\mu+1)\,\Gamma(k+1)}\left(\frac{\pi-\vartheta}{3}\right)^{2\mu}$$
$$(\mu>0, \ k=0,1,2,\ldots),$$

$$\nu = k+\frac{1}{2\ln\left(\dfrac{2}{\pi-\vartheta}\right)}$$
$$(\mu=0, \ k=0,1,2,\ldots).$$

Das Verhalten von $\mathfrak{P}_\nu^\mu(z)$, $\mathfrak{Q}_\nu^\mu(z)$ für große Werte von $|\nu|$ und reelle positive Werte von $z > \dfrac{3}{2\sqrt{2}}$ ergibt sich aus den Formeln:

$$\mathfrak{P}_\nu^\mu(\mathfrak{Cof}\,\alpha) = \frac{2^\mu}{\sqrt{\pi}}\left[\frac{\Gamma(-\nu-\frac{1}{2})}{\Gamma(-\nu-\mu)}\frac{e^{(\mu-\nu)\alpha}\,(\mathfrak{Sin}\,\alpha)^\mu}{(e^{2\alpha}-1)^{\mu+1/2}}\times\right.$$

$$\times\,{}_2F_1\left(\mu+\frac{1}{2},\,-\mu+\frac{1}{2};\,\nu+\frac{3}{2};\,\frac{1}{1-e^{2\alpha}}\right)+$$

$$+\frac{\Gamma(\nu+\frac{1}{2})}{\Gamma(\nu-\mu+1)}\frac{e^{(\mu+\nu+1)\alpha}\,(\mathfrak{Sin}\,\alpha)^\mu}{(e^{2\alpha}-1)^{\mu+1/2}}\times$$

$$\left.\times\,{}_2F_1\left(\mu+\frac{1}{2},\,-\mu+\frac{1}{2};\,-\nu+\frac{1}{2};\,\frac{1}{1-e^{2\alpha}}\right)\right]$$

$$(\nu \neq \pm\tfrac{1}{2},\,\pm\tfrac{3}{2},\,\pm\tfrac{5}{2},\,\ldots;\ \alpha\ \text{reell und} > \tfrac{1}{2}\ln 2).$$

$$\mathfrak{Q}_\nu^\mu(\mathfrak{Cof}\,\alpha) = e^{\mu\pi i}2^\mu\sqrt{\pi}\,\frac{\Gamma(\nu+\mu+1)}{\Gamma(\nu+\frac{3}{2})}\frac{e^{-(\mu+\nu+1)\alpha}}{(1-e^{-2\alpha})^{\mu+1/2}}(\mathfrak{Sin}\,\alpha)^\mu\times$$

$$\times\,{}_2F_1\left(\mu+\frac{1}{2},\,-\mu+\frac{1}{2};\,\nu+\frac{3}{2};\,\frac{1}{1-e^{2\alpha}}\right)$$

$$(\nu+\mu+1 \neq 0,\,-1,\,-2,\,\ldots;\ \alpha\ \text{reell und} > \tfrac{1}{2}\ln 2).$$

k) Ergänzungen:

$$P_\nu^{-\lambda}(\cos\vartheta)\,P_\nu^{-\mu}(\cos\vartheta')$$

$$= \frac{\sin\nu\pi}{\pi}\sum_{n=1}^\infty (-1)^n\left[\frac{1}{\nu-n}-\frac{1}{\nu+n+1}\right]P_n^{-\lambda}(\cos\vartheta)\,P_n^{-\mu}(\cos\vartheta')$$

$$(\nu,\lambda,\mu\ \text{reell},\ \lambda \geqq 0,\ \mu \geqq 0,\ -\pi < \vartheta \pm \vartheta' < \pi),$$

$$P_\nu^{-\mu}(\cos\vartheta) = \frac{\sin\nu\pi}{\pi}\sum_{n=0}^\infty (-1)^n\left(\frac{1}{\nu-n}-\frac{1}{\nu+n+1}\right)P_n^{-\mu}(\cos\vartheta)$$

$$(0 < \vartheta < \pi;\ \mu\ \text{reell},\ \mu \geqq 0).$$

$$\frac{\partial P_\nu^{-\mu}(x)}{\partial\nu} = \frac{1}{\Gamma(\mu+1)}\left(\frac{1-x}{1+x}\right)^{\mu/2}\times$$

$$\times\sum_{n=1}^\infty \frac{(-\nu)_n\,(\nu+1)_n}{(\mu+1)_n\,n!}\left[\psi(\nu+1+n)-\psi(\nu+1-n)\right]\left(\frac{1-x}{2}\right)^n$$

$$(\nu \neq 0,\,\pm 1,\,\pm 2,\,\ldots;\ \operatorname{Re}\mu > -1),$$

$$\left[\frac{\partial P_\nu(\cos\vartheta)}{\partial\nu}\right]_{\nu=0} = 2\ln\left(\cos\frac{\vartheta}{2}\right),$$

$$\left[\frac{\partial P_\nu^{-1}(\cos\vartheta)}{\partial\nu}\right]_{\nu=0} = -\operatorname{tg}\frac{\vartheta}{2}-2\operatorname{cotg}\frac{\vartheta}{2}\ln\left(\cos\frac{\vartheta}{2}\right),$$

$$\left[\frac{\partial P_\nu^{-1}(\cos\vartheta)}{\partial\nu}\right]_{\nu=1} = -\frac{1}{2}\operatorname{tg}\frac{\vartheta}{2}\sin^2\frac{\vartheta}{2}+\sin\vartheta\ln\left(\cos\frac{\vartheta}{2}\right).$$

§ 6. Kegelfunktionen.

Setzt man in der Differentialgleichung (1) § 1 der Kugelfunktionen

$$\nu = -\tfrac{1}{2} + i\lambda,$$

wobei λ ein reeller Parameter ist, so erhält man die Differentialgleichung der sogenannten „Kegelfunktionen". Sie sind spezielle Kugelfunktionen, und ihre Eigenschaften ergeben sich aus den Sätzen und Formeln von § 5. Indessen spielen die speziellen Kegelfunktionen

$$P_{-1/2+i\lambda}(x), \qquad Q_{-1/2+i\lambda}(x)$$

eine selbständige Rolle; ihre wichtigsten Eigenschaften sind:

$$P_{-1/2+i\lambda}(\cos\vartheta) = 1 + \frac{4\lambda^2+1^2}{2^2}\sin^2\frac{\vartheta}{2} + \frac{(4\lambda^2+1^2)(4\lambda^2+3^2)}{2^2 \cdot 4^2}\sin^4\frac{\vartheta}{2} + \cdots$$

ist reell; es ist:

$$P_{-1/2+i\lambda}(x) \equiv P_{-1/2-i\lambda}(x),$$

$$P_{-1/2+i\lambda}(\cos\vartheta) = \frac{2}{\pi}\int_0^\vartheta \frac{\mathfrak{Cof}\,\lambda u\,du}{\sqrt{2(\cos u - \cos\vartheta)}} = \frac{2}{\pi}\,\mathfrak{Cof}\,\lambda\pi\int_0^\infty \frac{\cos\lambda u\,du}{\sqrt{2(\cos\vartheta + \mathfrak{Cof}\,u)}}$$

$$Q_{-1/2\mp i\lambda}(\cos\vartheta) = \pm i\,\mathfrak{Sin}\,\lambda\pi\int_0^\infty \frac{\cos\lambda u\,du}{\sqrt{2(\mathfrak{Cof}\,u + \cos\vartheta)}} + \int_0^\infty \frac{\mathfrak{Cof}\,\lambda u\,du}{\sqrt{2(\mathfrak{Cof}\,u - \cos\vartheta)}},$$

$$P_{-1/2+i\lambda}(-\cos\vartheta) = \frac{\mathfrak{Cof}\,\lambda\pi}{\pi}\left[Q_{-1/2+i\lambda}(\cos\vartheta) + Q_{-1/2-i\lambda}(\cos\vartheta)\right],$$

$$P_{-1/2+i\lambda}(\cos\vartheta\cos\vartheta' + \sin\vartheta\sin\vartheta'\cos\varphi)$$

$$= P_{-1/2+i\lambda}(\cos\vartheta)\,P_{-1/2+i\lambda}(\cos\vartheta')$$

$$+ 2\sum_{m=1}^{\infty} \frac{(-1)^m P^m_{-1/2+i\lambda}(\cos\vartheta)\,P^m_{-1/2+i\lambda}(\cos\vartheta')\cos m\varphi}{(\lambda^2+\tfrac{1}{4})(\lambda^2+\tfrac{9}{4})\cdots\left(\lambda^2 + \left(\dfrac{2m-1}{2}\right)^2\right)}$$

$$\left(0 < \vartheta' < \frac{\pi}{2},\ 0 < \vartheta < \pi,\ 0 < \vartheta + \vartheta' < \pi\right),$$

$$P_{-1/2+i\lambda}(-\cos\vartheta\cos\vartheta' - \sin\vartheta\sin\vartheta'\cos\varphi)$$

$$= P_{-1/2+i\lambda}(\cos\vartheta')\,P_{-1/2+i\lambda}(-\cos\vartheta)$$

$$+ 2\sum_{m=1}^{\infty} \frac{(-1)^m P^m_{-1/2+i\lambda}(\cos\vartheta')\,P^m_{-1/2+i\lambda}(-\cos\vartheta)\cos m\varphi}{(\lambda^2+\tfrac{1}{4})(\lambda^2+\tfrac{9}{4})\cdots\left(\lambda + \left(\dfrac{2m-1}{2}\right)^2\right)}$$

$$\left((0 < \vartheta' < \frac{\pi}{2} < \vartheta,\ \vartheta + \vartheta' < \pi\right),$$

$$Q_{-1/2+i\lambda}(\cos\vartheta\cos\vartheta' + \sin\vartheta\sin\vartheta'\cos\varphi)$$

$$= P_{-1/2+i\lambda}(\cos\vartheta')\,Q_{-1/2+i\lambda}(\cos\vartheta)$$

$$+\,2\sum_{m=1}^{\infty}\frac{(-1)^m\,P^m_{-1/2+i\lambda}(\cos\vartheta')\,Q^m_{-1/2+i\lambda}(\cos\vartheta)\,\cos m\varphi}{\left(\lambda^2+\tfrac14\right)\left(\lambda^2+\tfrac94\right)\cdots\left(\lambda^2+\left(\dfrac{2m-1}{2}\right)^2\right)}$$

$$\left(0 < \vartheta' < \frac{\pi}{2} < \vartheta,\ \ \vartheta+\vartheta' < \pi\right).$$

§ 7. Ring- oder Torusfunktionen.

Als Torusfunktionen bezeichnet man die Lösungen der Differentialgleichung

$$\frac{d^2u}{d\eta^2} + \frac{\operatorname{Cof}\eta}{\operatorname{Sin}\eta}\frac{du}{d\eta} - \left(n^2 - \frac14 + \frac{m^2}{\operatorname{Sin}^2\eta}\right)u = 0.$$

Diese sind spezielle Kugelfunktionen; insbesondere kann man für u die Funktionen

$$\mathfrak{P}^m_{n-1/2}(\operatorname{Cof}\eta),\qquad \mathfrak{Q}^m_{n-1/2}(\operatorname{Cof}\eta)$$

einsetzen. Die allgemeinen Formeln von § 5 vereinfachen sich in einer Reihe von Fällen für diese Funktionen; die wichtigsten Ergebnisse werden im folgenden zusammengestellt.

$$\mathfrak{P}^m_{n-1/2}(\operatorname{Cof}\eta) = \frac{\Gamma(n+m+\tfrac12)}{\Gamma(n-m+\tfrac12)}\,\frac{(\operatorname{Sin}\eta)^m}{2^m\sqrt{\pi}\,\Gamma(m+\tfrac12)}\int_0^{\pi}\frac{(\sin\varphi)^{2m}\,d\varphi}{(\operatorname{Cof}\eta+\cos\varphi\,\operatorname{Sin}\eta)^{n+m+1/2}}$$

$$= \frac{1}{2\pi}\frac{\Gamma(n+\tfrac12)}{\Gamma(n-m+\tfrac12)}(-1)^m\int_0^{2\pi}\frac{\cos m\varphi\,d\varphi}{(\operatorname{Cof}\eta+\cos\varphi\,\operatorname{Sin}\eta)^{n+1/2}},$$

$$\mathfrak{Q}^m_{n-1/2}(\operatorname{Cof}\eta) = (-1)^m\,\frac{\Gamma(n+\tfrac12)}{\Gamma(n-m+\tfrac12)}\int_0^{\infty}\frac{\operatorname{Cof}mt\,dt}{(\operatorname{Cof}\eta+\operatorname{Cof}t\,\operatorname{Sin}\eta)^{n+1/2}}$$

$$(n \geqq m)$$

$$= (-1)^m\,\frac{\Gamma(n+m+\tfrac12)}{\Gamma(n+\tfrac12)}\int_0^{\ln\operatorname{Cot}\eta/2}(\operatorname{Cof}\eta-\operatorname{Cof}t\,\operatorname{Sin}\eta)^{n-1/2}\operatorname{Cof}mt\,dt,$$

$$\mathfrak{Q}^m_{n-1/2}(\operatorname{Cof}\eta) = (-1)^m\,\frac{2^m\,\Gamma(n+m+\tfrac12)\,\sqrt{\pi}}{\Gamma(n+1)}\,(\operatorname{Sin}\eta)^m\,e^{-(n+m+1/2)\eta}\times$$

$$\times\,{}_2F_1(\tfrac12+m,\,n+m+\tfrac12;\,n+1;\,e^{-2\eta}),$$

$$\mathfrak{P}^{-m}_{n-1/2}(\operatorname{Cof}\eta) = \frac{2^{-m}}{\Gamma(m+1)}\,(1-e^{-2\eta})^m\,e^{-(n+1/2)\eta}\times$$

$$\times\,{}_2F_1(\tfrac12+m+n,\,\tfrac12+m;\,2m+1;\,1-e^{-2\eta}).$$

Das asymptotische Verhalten von $\mathfrak{P}_{n-1/2}(\mathfrak{Cof}\,\eta)$ für große Werte von n ergibt sich aus der Formel:

$$\mathfrak{P}_{n-1/2}(\mathfrak{Cof}\,\eta) = \frac{\Gamma(n)\,e^{(n-1/2)\eta}}{\Gamma(n+\frac{1}{2})\,\sqrt{\pi}} \times$$

$$\times \left[\frac{2\,\Gamma^2(n+\frac{1}{2})}{\pi\,n!\,\Gamma(n)}\ln(4\,e^\eta)\,e^{-2n\eta}\,{}_2F_1(\tfrac{1}{2},\,n+\tfrac{1}{2};\,n+1;\,e^{-2\eta}) + A + B\right]$$

mit

$$A = 1 + \frac{\frac{1}{2}(n-\frac{1}{2})}{1\,(n-1)}\,e^{-2\eta} + \frac{\frac{1}{2}\cdot\frac{3}{2}(n-\frac{1}{2})(n-\frac{3}{2})}{1\cdot 2\,(n-1)(n-2)}\,e^{-4\eta} + \cdots +$$

$$+ \frac{(\frac{1}{2})_{n-1}\,(\frac{1}{2})_{n-1}}{(n-1)!\,(n-1)!}\,e^{-2(n-1)\eta},$$

$$B = \frac{\Gamma(n+\frac{1}{2})}{\pi^{3/2}\,\Gamma(n)}\sum_{l=1}^{\infty}\frac{\Gamma(l+\frac{1}{2})\,\Gamma(n+l+\frac{1}{2})}{\Gamma(n+l+1)\,\Gamma(l+1)}\,(u_{n+l}+u_l-v_{l-1/2}-v_{n+l-1/2})\,e^{-2(l+n)\eta},$$

wobei für $r = 1, 2, 3, \ldots$

$$u_r = \tfrac{1}{1}+\tfrac{1}{2}+\cdots+\frac{1}{r},\qquad v_{r-1/2} = \frac{1}{\frac{1}{2}}+\frac{1}{\frac{3}{2}}+\cdots+\frac{1}{r-\frac{1}{2}}$$

gesetzt ist.

§ 8. Die Funktionen von Gegenbauer und die mehrdimensionalen Kugelflächenfunktionen.

Entwickelt man die Funktion[1]

$$(1-2\,\alpha t+\alpha^2)^{-\nu} = \sum_{n=0}^{\infty} C_n^\nu(t)\,\alpha^n$$

in eine Reihe nach steigenden Potenzen von α, so sind die Koeffizienten $C_n^\nu(t)$ dieser Reihe (für beliebiges ν) Polynome in t, welche „Funktionen von Gegenbauer" heißen; sie sind eng verwandt mit den Legendreschen Polynomen, in die sie für $\nu = \frac{1}{2}$ übergehen; als Funktionen von t sind sie Lösungen der speziellen hypergeometrischen Differentialgleichung

$$y'' + \frac{(2\nu+1)t}{t^2-1}\,y' - \frac{n(n+2\nu)}{t^2-1}\,y = 0$$

und können daher durch hypergeometrische Reihen ausgedrückt werden:

$$(1)\qquad C_n^\nu(t) = \frac{\Gamma(n+2\nu)}{\Gamma(n+1)\,\Gamma(2\nu)}\,{}_2F_1\left(n+2\nu,\,-n;\,\nu+\frac{1}{2};\,\frac{1-t}{2}\right).$$

Diese Formel liefert zugleich eine Definition für $C_n^\nu(t)$, wenn der Index n keine ganze Zahl ist. Ausgedrückt durch allgemeine Kugel-

---

[1] Man vergleiche hierzu die vorletzte Formel von Kap. II, § 1.

funktionen wird

$$C_n^\nu(t) = \frac{\Gamma(2\nu+n)\,\Gamma(\nu+\tfrac{1}{2})}{\Gamma(2\nu)\,\Gamma(n+1)}\left\{\frac{1}{4}(t^2-1)\right\}^{1/4-\nu/2}\mathfrak{P}_{n+\nu-1/2}^{1/2-\nu}(t).$$

Hieraus erhält man das Additionstheorem:

$$C_n^\nu(\cos\psi\cos\vartheta+\sin\psi\sin\vartheta\cos\varphi) = \frac{\Gamma(2\nu-1)}{[\Gamma(\nu)]}\sum_{l=0}^{n}\frac{2^{2l}(n-l)!\,[\Gamma(\nu+l)]^2}{\Gamma(2\nu+n+l)}\times$$

$$\times(2\nu+2l-1)\sin^l\psi\,\sin^l\vartheta\,C_{n-l}^{\nu+l}(\cos\psi)\,C_{n-l}^{\nu+l}(\cos\vartheta)\,C_l^{\nu-1/2}(\cos\varphi)$$

$$(\psi,\vartheta,\varphi\text{ reell}; \quad \nu \neq \tfrac{1}{2}).$$

Für $\nu\to 0$ wird

$$\lim_{\nu\to 0}\Gamma(\nu)\,C_n^\nu(\cos\varphi) = \frac{2\cos n\varphi}{n} \qquad (\text{für } n = 1,2,3,\ldots)$$

$$C_0^0(\cos\varphi) = 1.$$

$$\ln(1-2\alpha\cos\varphi+\alpha^2) = -2\sum_{n=1}^{\infty}\frac{\cos n\varphi}{n}\,\alpha^n.$$

Ferner ist:

$$C_0^\nu(t) \equiv 1; \quad C_n^\nu(1) = (-1)^n\binom{-2\nu}{n}$$

$$(n = 1,2,3,\ldots).$$

Rekursionsformeln:

$$(n+2)\,C_{n+2}^\nu(t) = 2(\nu+n+1)\,t\,C_{n+1}^\nu(t) - (2\nu+n)\,C_n(t),$$

$$n\,C_n(t) = 2\nu\,[t\,C_{n-1}^{\nu+1}(t) - C_{n-2}^{\nu+1}(t)],$$

$$(n+2\nu)\,C_n^\nu(t) = 2\nu\,[C_n^{\nu+1}(t) - t\,C_{n-1}^{\nu+1}(t)],$$

$$n\,C_n^\nu(t) = (n-1+2\nu)\,t\,C_{n-1}^\nu(t) - 2\nu(1-t^2)\,C_{n-2}^{\nu-1}(t),$$

$$\frac{d\,C_n^\nu(t)}{d\,t} = 2\nu\,C_{n-1}^{\nu+1}(t).$$

Orthogonalitätsrelationen:

$$\int_0^\pi \sin^{2\nu}\vartheta\,C_m^\nu(\cos\vartheta)\,C_n^\nu(\cos\vartheta)\,d\vartheta = \begin{cases} 0 & \text{für } n \neq m, \\[2mm] \dfrac{\pi\,\Gamma(2\nu+n)}{2^{2\nu-1}(\nu+n)\,n!\,[\Gamma(\nu)]^2} & \text{für } n = m. \end{cases}$$

Darstellung der erzeugenden Funktion durch ein Integral:

$$(1+2\alpha t+t^2)^{-\nu} = -\frac{1}{2\pi i}\int_{C-i\infty}^{C+i\infty}\alpha^\lambda\cdot\frac{C_\lambda^\nu(t)}{\sin\lambda\pi}\,d\lambda$$

$$(-2\operatorname{Re}\nu < C < 0; \text{ Definition von } C_\lambda^\nu \text{ durch (1).})$$

Spezialfälle: Für ganzzahlige Werte von $l = 0,1,2,\ldots$ ist

$$C_{n-l}^{l+1/2}(t) = \frac{1}{(2l-1)(2l-3)\ldots 3\cdot 1}\,\frac{d^l P_n(t)}{d\,t^l} = (-1)^l\frac{(1-t^2)^{-l/2}\,l!\,2^l}{(2l)!}\,P_n^l(t).$$

Beziehungen zu den Zylinderfunktionen:

$$\int_0^\pi e^{iz\cos\varphi}\, C_n^\nu(\cos\varphi)\sin^{2\nu}\varphi\, d\varphi \;=\; \frac{2^\nu\,\Gamma(\nu+\tfrac12)\,\Gamma(\tfrac12)\,\Gamma(2\nu+n)}{n!\,\Gamma(2\nu)}\, i^n\,\frac{J_{\nu+n}(z)}{z^\nu}$$

$$(\operatorname{Re}\nu > -\tfrac12;\quad n = 0,1,2,\ldots),$$

$$\int_0^\pi e^{iz\cos\vartheta\cos\varphi}\, J_{\nu-1/2}(z\sin\vartheta\sin\varphi)\, C_n^\nu(\cos\vartheta)\sin^{\nu+1/2}\vartheta\, d\vartheta$$

$$= \sqrt{\frac{2\pi}{z}}\, i^n\,\sin^{\nu-1/2}\varphi\, C_n^\nu(\cos\varphi)\, J_{\nu+n}(z)$$

$$(\operatorname{Re}\nu > -\tfrac12,\ |\arg z| < \pi,\quad n = 0,1,2,\ldots).$$

$$J_{\nu-1/2}(r\sin\vartheta\sin\alpha)\,(r\sin\vartheta\sin\alpha)^{-\nu+1/2}\, e^{-ir\cos\vartheta\cos a}$$

$$= \sqrt{2}\,\frac{\Gamma(\nu)}{\Gamma(\nu+\tfrac12)}\sum_{n=0}^\infty (\nu+n)\, i^{-n}\,\frac{J_{\nu+n}(r)}{r^\nu}\,\frac{C_n^\nu(\cos\vartheta)\, C_n^\nu(\cos\alpha)}{C_n^\nu(1)}$$

$$(\operatorname{Re}\nu > 0,\ r,\vartheta,\alpha\ \text{reell}).$$

Ergänzungen:

$$C_n^\nu(t) = \frac{1}{\sqrt{\pi}}\,\frac{\Gamma(2\nu+n)}{n!\,\Gamma(2\nu)}\,\frac{\Gamma\left(\dfrac{2\nu+1}{2}\right)}{\Gamma(\nu)}\int_0^\pi (t+\sqrt{t^2-1}\cos\omega)^n\sin^{2\nu-1}\omega\, d\omega$$

$$= \frac{(-1)^n}{2^n}\,\frac{\Gamma(2\nu+n)\,\Gamma\left(\dfrac{2\nu+1}{2}\right)}{\Gamma(2\nu)\,\Gamma\left(\dfrac{2\nu+1}{2}+n\right)}\,\frac{(1-t^2)^{1/2-\nu}}{n!}\,\frac{d^n}{dt^n}\big[(1-t^2)^{n+\nu-1/2}\big],$$

$$C_n^1(\cos\vartheta) = \frac{\sin(n+1)\vartheta}{\sin\vartheta};\quad C_n^\nu(1) = \frac{(2\nu)_n}{n!},$$

$$C_{2n}^\nu(t) = (-1)^n\,\frac{\Gamma(\nu+n)}{\Gamma(\nu)\,n!}\,{}_2F_1(-n,\ n+\nu;\ \tfrac12;\ t^2),$$

$$C_{2n+1}^\nu(t) = (-1)^n\,2\,\frac{\Gamma(\nu+n+1)}{\Gamma(\nu)\,n!}\, t\,{}_2F_1(-n,\ n+\nu+1;\ \tfrac32;\ t^2),$$

$$C_n^\nu(t) = \frac{2^n\,\Gamma(\nu+n)}{n!\,\Gamma(\nu)}\, t^n\,{}_2F_1\left(-\frac{n}{2},\ \frac{1-n}{2};\ 1-\nu-n;\ t^{-2}\right),$$

$$C_n^\nu(\cos\vartheta) = \sum_{\substack{p,q=0\\ p+q=n}}^n \frac{\Gamma(\nu+p)\,\Gamma(\nu+q)}{\Gamma(\nu)\,p!\,\Gamma(\nu)\,q!}\cos(p-q)\vartheta,$$

$$\frac{d^k}{dx^k}\, C_n^\nu(t) = 2^k\,\frac{\Gamma(k+\nu)}{\Gamma(\nu)}\, C_{n-k}^{(\nu+k)}(t),\qquad (k = 1,2,3,\ldots,n)$$

$$\lim_{\nu\to\infty}\nu^{-n/2}\, C_n^{(\nu/2)}\left(\frac{t}{\sqrt{\nu}}\right) = \frac{1}{n!}\, He_n(t),$$

$$\int_{-1}^{+1} (1-t^2)^{\frac{\nu-1}{2}} F(t)\, C_n^{\frac{\nu}{2}}(t)\, dt = \frac{(\nu)_n}{\left(\frac{\nu+1}{2}\right)_n} \frac{1}{2^n\, n!} \int_{-1}^{+1} (1-t^2)^{n+\frac{\nu-1}{2}} \frac{d^n F}{d t^n}\, dt,$$

wobei $F(t)$ eine $(n+1)$mal stetig differenzierbare Funktion bedeutet.

Es seien $x_n (n = 1, 2, \ldots, p+2)$ rechtwinklig kartesische Koordinaten des $(p+2)$-dimensionalen Raumes. Es sei $u_m(x_1, \ldots, x_{p+2})$ ein homogenes Polynom m-ten Grades in den x_n, welches der Differentialgleichung

$$\Delta_{p+2}\, u_m \equiv \sum_{n=1}^{p+2} \frac{\partial^2 u_m}{\partial x_n^2} = 0$$

genügt. Die Anzahl der linear unabhängigen Polynome u_m ist, für $p = 1, 2, 3, \ldots,$

$$\frac{(m+p-1)!}{p!\, m!}\, (2m+p).$$

Die Funktionen

$$Y_m^{(p+1)} = r^{-m} u_m(x_1, \ldots, x_{p+2}) = u_m\left(\frac{x_1}{r}, \ldots, \frac{x_{p+2}}{r}\right)$$

mit $r = \sqrt{\sum_{n=1}^{p+2} x_n^2}$ heißen $(p+1)$-*dimensionale Kugelflächenfunktionen m-ter Ordnung*. Sie sind Funktionen eines Einheitsvektors ξ mit den $p+2$ Komponenten $\dfrac{x_n}{r}$.

Es sei η ein fester Einheitsvektor. Eine Kugelflächenfunktion m-ter Ordnung, die bei allen Drehungen des $(p+2)$ dimensionalen Raumes ungeändert bleibt und für $\xi = \eta$ den Wert 1 besitzt, ist durch diese Forderungen eindeutig beschrieben. Sie hängt nur von dem skalaren Produkt (ξ, η) der Einheitsvektoren ξ und η ab; setzt man

$$(\xi, \eta) = \cos \Theta,$$

so ist Θ der Winkel zwischen diesen Einheitsvektoren, und die fragliche Kugelflächenfunktion, die mit $P_{m,0}^{(p)}(\cos \Theta)$ bezeichnet werde, wird gegeben durch

$$P_{m,0}^{(p)}(\cos \Theta) = \frac{\Gamma(m+1)\,\Gamma(p)}{\Gamma(m+p)}\, C_m^{p/2}(\cos \Theta).$$

Definiert man für $l = 1, 2, \ldots, m$ die Funktionen

$$P_{m,l}^{(p)}(t) = (1-t^2)^{l/2} \frac{d^l}{d t^l}\, P_{m,0}^{(p)}(t)$$

$$= 2^l \left(\frac{p}{2}\right)_l \frac{m!\,(p-1)!}{(m+p-1)!}\, (1-t^2)^{l/2}\, C_{m-l}^{(2l+p)/2}(t),$$

und führt man weiter auf der durch $r = 1$ definierten $(p + 1)$-dimensionalen Einheitskugel Polarkoordinaten ein (vgl. Kap. IX, § 1 und 2), die wie üblich mit $\vartheta_1, \ldots, \vartheta_p, \varphi$ bezeichnet werden mögen, so erhält man ein System von linear unabhängigen Kugelflächenfunktionen m-ter Ordnung, geschrieben als Funktion von $\vartheta_1, \ldots, \vartheta_p, \varphi$, in Gestalt der Produkte

$$P^{(p)}_{m,\, l_1}(\cos \vartheta_1)\, P^{(p-1)}_{l_1,\, l_2}(\cos \vartheta_2) \ldots P^{(1)}_{l_{p-1},\, l_p}(\cos \vartheta_p)\, e^{\pm i l_p \varphi},$$

worin $l_1, l_2, \ldots, l_{p-1}, l_p$ nicht negative ganze Zahlen sind, die den Bedingungen

$$m \geqq l_1 \geqq l_2 \ldots \geqq l_{p-1} \geqq l_p \geqq 0$$

genügen.

Als Funktion der Variablen $\vartheta_1, \ldots, \vartheta_p, \varphi$ genügt $Y^{(p+1)}_m$ der Differentialgleichung für Y:

$$m(m + p)\, Y + (\sin \vartheta_1 \ldots \sin \vartheta_p)^{-2} \frac{\partial^2 Y}{\partial \varphi^2}$$

$$+ \sum_{\gamma = 1}^{p} (\sin \vartheta_1) \ldots \sin \vartheta_{\gamma-1})^{-2} (\sin \vartheta_\gamma)^{\gamma - p - 1} \frac{\partial}{\partial \vartheta_\gamma}\left(\sin^{p+1-\gamma} \vartheta_\gamma \, \frac{\partial Y}{\partial \vartheta_\gamma}\right) = 0.$$

Sind ξ und η Einheitsvektoren von $p + 2$ Komponenten, und ist $A(\xi, \eta)$ eine stetige Funktion dieser Einheitsvektoren, die nur von dem skalaren Produkt derselben abhängt; ist ferner $Y^{(p+1)}_m(\eta)$ eine beliebige Kugelflächenfunktion m-ter Ordnung von η, so gilt der

Satz von Hecke:

Das über die $(p + 1)$-dimensionale Einheitskugel erstreckte Integral

$$\int A(\xi, \eta)\, Y^{(p+1)}_m(\eta)\, d\omega_\eta,$$

worin $d\omega_\eta$ das in Bezug auf η als veränderlichen Punkt genommene Oberflächenelement der Einheitskugel ist, ist gleich

$$\lambda\, Y^{(p+1)}_m(\xi),$$

wobei

$$\lambda = \omega' \int_{-1}^{+1} A(t)\, P^{(p)}_{m,\, 0}(t)\, (1 - t^2)^{(p-1)/2}\, dt$$

ist; hierin ist $A(t) = A((\xi, \eta))$ mit $t = (\xi, \eta)$, und es ist

$$\omega' = \frac{2\, \pi^{(p+1)/2}}{\Gamma\left(\dfrac{p + 1}{2}\right)}$$

die (p-dimensionale) Oberfläche der Einheitskugel im $(p + 1)$-dimensionalen Raum.

Fünftes Kapitel.

Orthogonale Polynome.

Allgemeines: Es sei $w(x)$ eine nicht negative reelle Funktion der reellen Veränderlichen x, und es sei (a, b) ein festes Intervall auf der x-Achse. Wenn dann für $n = 0, 1, 2, \ldots$ das Integral

$$\int_a^b x^n w(x)\, dx$$

existiert und

$$\int_a^b w(x)\, dx$$

positiv ist, so gibt es eine Folge von Polynomen $p_0(x)$, $p_1(x)$, $\ldots$, $p_n(x), \ldots$, die durch die folgenden Bedingungen eindeutig bestimmt sind:

1. $p_n(x)$ ist ein Polynom vom genauen Grade n, und der Koeffizient der höchsten Potenz von x in $p_n(x)$ ist positiv.

2. Die Polynome $p_0(x)$, $p_1(x)$, $\ldots$ sind orthogonal und normiert, d. h. es ist:

$$\int_a^b p_n(x)\, p_m(x)\, w(x)\, dx = \begin{cases} 0 & \text{für } n \neq m \\ 1 & \text{für } n = m. \end{cases}$$

Die Polynome $p_n(x)$ heißen ein zum Intervall (a, b) und der *Gewichtsfunktion* $w(x)$ gehöriges normiertes System von orthogonalen Polynomen.

Bedeutet k_n den Koeffizienten der höchsten Potenz von $p_n(x)$, so gilt:

$$p_0(x)\, p_0(y) + p_1(x)\, p_1(y) + \cdots + p_n(x)\, p_n(y)$$
$$= \frac{k_n}{k_{n+1}} \frac{p_{n+1}(x)\, p_n(y) - p_n(x)\, p_{n+1}(y)}{x - y}.$$

Zwischen je drei konsekutiven orthogonalen Polynomen besteht eine Beziehung

$$p_n(x) = (A_n x + B_n)\, p_{n-1}(x) - C_n p_{n-2}(x) \qquad (n = 2, 3, 4, \ldots).$$

Hierin sind A_n, B_n, C_n Konstanten, und es ist $A_n > 0$, $C_n > 0$, da

$$A_n = \frac{k_n}{k_{n-1}}, \qquad C_n = \frac{k_n\, k_{n-2}}{k_{n-1}^2}.$$

Beispiele von normierten Systemen orthogonaler Polynome:

Bezeichnung und Name	Intervall	Gewichts-funktion
$(n + \tfrac{1}{2})^{1/2}\, P_n(x)$ (Legendre)	$(-1, +1)$	1
$2^\nu \Gamma(\nu)\left[\dfrac{(n+\nu)\,n!}{2\pi\,\Gamma(2\nu+n)}\right]^{1/2} C_n^\nu(x)$ (Gegenbauer)	$(-1, +1)$	$(1-x^2)^{\nu-1/2}$
$\left(\dfrac{\varepsilon_n}{\pi}\right)^{1/2} T_n(x)$ (Tschebyscheff)	$(-1, +1)$	$(1-x^2)^{-1/2}$
$(2\pi)^{-1/4}\,(n!)^{1/2}\,He_n(x)$ (Hermite)	$(-\infty, +\infty)$	$e^{-x^2/2}$
$\left[\dfrac{\Gamma(\alpha+n)\,(\gamma)_n\,(\alpha+2n)}{n!\,\Gamma(\gamma)\,\Gamma(\alpha+n-\gamma+1)}\right]^{1/2} \mathfrak{F}_n(\alpha,\gamma,x)$ (Jacobi)	$(0, 1)$	$x^{\gamma-1}(1-x)^{\alpha-\gamma}$
$\left[\dfrac{n!}{\Gamma(1+\alpha+n)}\right]^{1/2} L_n^\alpha(x)$ (Laguerre)	$(0, \infty)$	$x^\alpha e^{-x}$

$P_n(x)$ und $C_n^\nu(x)$ sind schon in Kapitel IV behandelt worden.

§ 1. TSCHEBYSCHEFFsche Polynome.

Die Tschebyscheffschen Polynome $T_n(x)$ und die Tschebyscheffschen Funktionen zweiter Art $U_n(x)$ sind definiert durch:

$$T_n(x) = \cos(n\,\mathrm{arc}\cos x) = \tfrac{1}{2}\left[(x+i\sqrt{1-x^2})^n + (x-i\sqrt{1-x^2})^n\right],$$

$$U_n(x) = \sin(n\,\mathrm{arc}\cos x) = \frac{1}{2\,i}\left[(x+i\sqrt{1-x^2})^n - (x-i\sqrt{1-x^2})^n\right],$$

oder:

$$T_n(x) = x^n - \binom{n}{2}x^{n-2}(1-x^2) + \binom{n}{4}x^{n-4}(1-x^2)^2 - \binom{n}{6}x^{n-6}(1-x^2)^3 + \cdots,$$

$$U_n(x) = \sqrt{1-x^2}\left[\binom{n}{1}x^{n-1} - \binom{n}{3}x^{n-3}(1-x^2) + \binom{n}{5}x^{n-5}(1-x^2)^2 - \cdots\right].$$

So ist:

$$
\begin{aligned}
T_0(x) &= 1, & U_0(x) &= 0, \\
T_1(x) &= x, & U_1(x) &= \sqrt{1-x^2}, \\
T_2(x) &= 2x^2 - 1, & U_2(x) &= \sqrt{1-x^2}\,2x, \\
T_3(x) &= 4x^3 - 3x, & U_3(x) &= \sqrt{1-x^2}\,[4x^2 - 1], \\
T_4(x) &= 8x^4 - 8x^2 + 1, & U_4(x) &= \sqrt{1-x^2}\,[8x^3 - 4x], \\
T_5(x) &= 16x^5 - 20x^3 + 5x, & U_5(x) &= \sqrt{1-x^2}\,[16x^4 - 12x^2 + 1], \\
T_n(1) &= 1, & U_n(1) &= 0, \\
T_n(-1) &= (-1)^n, & U_n(-1) &= 0, \\
T_{2n}(0) &= (-1)^n, & U_{2n}(0) &= 0, \\
T_{2n+1}(0) &= 0, & U_{2n+1}(0) &= (-1)^n,
\end{aligned}
$$

Die $T_n(x)$ und $U_n(x)$ sind linear unabhängige Lösungen der Differentialgleichung:

$$(1-x^2)\,y'' - x\,y' + n^2\,y = 0.$$

Rekursionsformeln:

$$T_{n+1}(x) - 2\,x\,T_n(x) + T_{n-1}(x) = 0,$$
$$U_{n+1}(x) - 2\,x\,U_n(x) + U_{n-1}(x) = 0.$$

Häufig wird auch als TSCHEBYSCHEFFsches Polynom zweiter Art der Ausdruck

$$U^*(x) = \frac{\sin\,[(n+1)\,\text{arc cos}\,x]}{\sqrt{1-x^2}} = \frac{U_{n+1}(x)}{\sqrt{1-x^2}}$$

definiert. Er genügt der Differentialgleichung

$$(1-x^2)\,y'' - 3\,x\,y' + n\,(n+2)\,y = 0.$$

Die $U_n(x)$ und $T_n(x)$ lassen sich auch folgendermaßen darstellen:

$$\frac{T_n(x)}{\sqrt{1-x^2}} = \frac{(-1)^n}{1\cdot 3\cdot 5\ldots(2\,n-1)}\,\frac{d^n}{d\,x^n}\,(1-x^2)^{n-1/2},$$
$$U_{n+1}(x) = \frac{(n+1)(-1)^n}{1\cdot 3\cdot 5\ldots(2\,n+1)}\,\frac{d^n}{d\,x^n}\,(1-x^2)^{n+1/2}.$$

In Form einer hypergeometrischen Reihe dargestellt ist:

$$T_n(x) = F\left(n,\,-n;\,\frac{1}{2};\,\frac{1-x}{2}\right).$$

Die Nullstellen der $T_n(x)$ und $U_n(x)$ sind sämtlich reell und voneinander verschieden und liegen im Inneren des Intervalles von -1 bis $+1$.

Die Endpunkte des Intervalles $x = \pm 1$ sind Nullstellen von $U_n(x)$.

Darstellung der $T_n(x)$ und $U_n(x)$ durch erzeugende Funktionen:

$$\frac{1-t^2}{1-2\,t\,x+t^2} = \sum_0^\infty \varepsilon_n\,T_n(x)\,t^n;\quad \varepsilon_n = 2 \text{ für } n \geqq 1;\quad \varepsilon_0 = 1,$$
$$\frac{1}{1-2\,t\,x+t^2} = \frac{1}{\sqrt{1-x^2}}\,\sum_0^\infty U_{n+1}(x)\,t^n.$$

Orthogonalitätsrelationen:

$$\int_{-1}^{+1} \frac{T_m(x)\,T_n(x)}{\sqrt{1-x^2}}\,dx = 0 \qquad\qquad \text{für } m \neq n,$$
$$= \frac{\pi}{2} \qquad\qquad \text{für } m = n \neq 0,$$
$$= \pi \qquad\qquad \text{für } m = n = 0,$$

$$\int\limits_{-1}^{+1} \frac{U_m(x)\,U_n(x)}{\sqrt{1-x^2}}\,dx = 0 \qquad \text{für } m \neq n,$$

$$= \frac{\pi}{2} \qquad \text{für } m = n \neq 0,$$

$$= 0 \qquad \text{für } m = n = 0.$$

Ferner gilt:

$$\int\limits_{-1}^{+1} T_n^2(x)\,dx = 1 - \frac{1}{4\,n^2-1}.$$

§ 2. HERMITEsche Polynome.

Die Hermiteschen Polynome $He_n(x)$ sind definiert durch:

$$He_n(x) = (-1)^n\, e^{x^2/2}\, \frac{d^n}{dx^n}\,(e^{-x^2/2})$$

oder

$$He_n(x) = x^n - \binom{n}{2}x^{n-2} + 1\cdot 3\binom{n}{4}x^{n-4} - 1\cdot 3\cdot 5\binom{n}{6}x^{n-6} + \cdots,$$

So ist:

$$\begin{aligned}
He_0(x) &= 1, & He_3(x) &= x^3 - 3x,\\
He_1(x) &= x, & He_4(x) &= x^4 - 6x^2 + 3,\\
He_2(x) &= x^2 - 1, & He_5(x) &= x^5 - 10x^3 + 15x,
\end{aligned}$$

$$He_{2n}(0) = \frac{(-1)^n\,(2n)!}{2^n\,n!}; \quad He_{2n+1}(0) = 0.$$

Die Hermiteschen Polynome $y = He_n(x)$ genügen der Differential-gleichung:

$$y'' - x y' + n y = 0.$$

Rekursionsformeln:

$$\begin{aligned}
He_{n+1}(x) &= x\,He_n(x) - He_n'(x)\\
He_{n+1}(x) &= x\,He_n(x) - n\,He_{n-1}(x)
\end{aligned} \quad ; \quad He_n'(x) = n\,He_{n-1}(x).$$

Als Hermitesches Polynom wird auch häufig der Ausdruck

$$\overset{*}{He}_n(x) = 2^{n/2}\,He_n(x\,\sqrt{2})$$

definiert; oder:

$$\overset{*}{He}_n(x) = (-1)^n\, e^{x^2}\, \frac{d^n}{dx^n}\,(e^{-x^2}).$$

Die $\overset{*}{He}_n(x)$ genügen der Differentialgleichung:

$$y'' - 2x y' + 2n y = 0.$$

Für die $H\overset{*}{e}_n(x)$ gelten folgende Rekursionsformeln:

$$H\overset{*}{e}{}_n'(x) \;=\; 2\,n\,H\overset{*}{e}_{n-1}(x),$$

$$H\overset{*}{e}_{n+1}(x) \;-\; 2\,x\,H\overset{*}{e}_n(x) + 2\,n\,H\overset{*}{e}_{n-1}(x) \;=\; 0.$$

Die Nullstellen der HERMITEschen Polynome sind alle reell und einfach.

Darstellung durch eine erzeugende Funktion:

$$e^{tx-t^2/2} \;=\; \sum_0^\infty H e_n(x)\,\frac{t^n}{n!}.$$

Daraus folgt z. B. für $t = \sqrt{2}$, bzw. $t = -\sqrt{2}$ und Addition bzw. Subtraktion:

$$\frac{1}{e}\,\mathfrak{Cof}\,x\sqrt{2} \;=\; \sum_0^\infty H e_{2n}(x)\,\frac{2^n}{(2n)!},$$

$$\frac{1}{e}\,\mathfrak{Sin}\,x\sqrt{2} \;=\; \sqrt{2}\,\sum_0^\infty H e_{2n+1}(x)\,\frac{2^n}{(2n+1)!},$$

entsprechend für $t = i\sqrt{2}$ bzw. $t = -i\sqrt{2}$

$$e\,\cos(x\sqrt{2}) \;=\; \sum_0^\alpha (-1)^n\,H e_{2n}(x)\,\frac{2^n}{(2n)!},$$

$$e\,\sin(x\sqrt{2}) \;=\; \sqrt{2}\,\sum_0^\infty(-1)^n\,H e_{2n+1}(x)\,\frac{2^n}{(2n+1)!}.$$

Integraldarstellung von $He_n(x)$.

$$H e_n(x) \;=\; \frac{1}{\sqrt{2\pi}}\int_{-\infty}^{+\infty}(x+it)^n\,e^{-t^2/2}\,dt.$$

Darstellung durch hypergeometrische Reihen:

$$H e_{2n}(x) \;=\; \frac{(-1)^n}{2^n}\,\frac{(2n)!}{n!}\,{}_1F_1\!\left(-n;\;\frac{1}{2};\;\frac{x^2}{2}\right),$$

$$H e_{2n+1}(x) \;=\; \frac{(-1)^n}{2^n}\,\frac{(2n+1)!}{n!}\,x\,{}_1F_1\!\left(-n;\;\frac{3}{2};\;\frac{x^2}{2}\right).$$

Es ist: $\left|\dfrac{H e_n(x)}{n!}\right| \leqq \dfrac{1}{2^r}\,\dfrac{1}{r!}\,e^{x\sqrt{2r}}$; $\quad r = \left[\dfrac{n}{2}\right]$; $\quad x$ reell > 0.

Additionstheorem der HERMITEschen Polynome:

$$\frac{(a_1^2 + \cdots a_n^2)^{n/2}}{n!}\,H e_n\!\left(\frac{a_1 x_1 + \cdots a_n x_n}{\sqrt{a_1^2 + \cdots a_n^2}}\right)$$

$$=\; \sum_{m_1 + \cdots m_n = n} \frac{a_1^{m_1}}{m_1!} \cdots \frac{a_n^{m_n}}{m_n!}\,H e_{m_1}(x_1) \ldots H e_{m_n}(x_n).$$

So ist z. B.:

$$2^n He_n(x+y) \;=\; \sum_{m=0}^{n} \binom{n}{m} 2^{n/2} He_{n-m}\,(x\sqrt{2})\; He_m\,(y\sqrt{2}).$$

Orthogonalitätsrelationen:

$$\int_{-\infty}^{+\infty} He_m(x)\, He_n(x)\, e^{-x^2/2}\, dx = 0 \qquad\qquad \text{für } m \neq n,$$

$$= n!\,\sqrt{2\pi} \qquad\qquad \text{für } m = n.$$

Hermitesche Funktionen zweiter Art.

Die Differentialgleichung

$$y'' - xy' + ny = 0$$

besitzt außer der Lösung $y = He_n(x)$ noch eine zweite Lösung, die mit $he_n(x)$ bezeichnet wird.

$$he_{2n}(x) \;=\; (-1)^n 2^n n!\, x\; {}_1F_1\!\left(\frac{1}{2}-n;\; \frac{3}{2};\; \frac{x^2}{2}\right),$$

$$he_{2n+1}(x) \;=\; (-1)^{n+1} 2^n n!\; {}_1F_1\!\left(-\frac{1}{2}-n;\; \frac{1}{2};\; \frac{x^2}{2}\right)$$

mit

$$he_{2n}(0) = 0;\quad he_{2n+1}(0) = (-1)^{n+1} n!\, 2^n.$$

Die Funktionen zweiter Art reduzieren sich nicht auf Polynome, sondern sind unendliche Reihen.

Die Rekursionsformeln für die $he_n(x)$ sind die gleichen wie die für die $He_n(x)$.

Beziehungen zwischen den He_n und he_n:

$$He_n(x)\, he_n'(x) - He_n'(x)\, he_n(x) \;=\; n!\, e^{x^2/2},$$

$$He_n(x)\, he_{n-1}(x) - He_{n-1}(x)\, he_n(x) \;=\; (n-1)!\, e^{x^2/2}, \qquad (n \geqq 1)$$

für $n = 0$:

$$he_0'(x) \;=\; e^{x^2/2};\quad he(x) \;=\; \int_0^x e^{x^2/2}\, dx \;=\; x\, {}_1F_1\!\left(\frac{1}{2};\; \frac{3}{2};\; \frac{x^2}{2}\right).$$

§ 3. Jacobische Polynome.

Die hypergeometrischen Polynome von Jacobi sind definiert durch:

$$\mathfrak{J}_n(\alpha,\,\gamma,\,x) = F(-n,\,\alpha+n;\,\gamma;\,x)$$

$$= 1 + \sum_{k=1}^{n} (-1)^k \binom{n}{k} \frac{(\alpha+n)(\alpha+n+1)\ldots(\alpha+n+k-1)}{\gamma(\gamma+1)\ldots(\gamma+k-1)}\, x,$$

$$(\gamma \neq 0,\, -1,\, \ldots\, -n+1),$$

$$\mathfrak{F}_n(\alpha,\,\gamma,\,x) = \frac{x^{1-\gamma}(1-x)^{\gamma-\alpha}}{(\gamma)_n}\,\frac{d^n}{d\,x^n}\,\big[x^{\gamma+n-1}\,(1-x)^{\alpha+n-\gamma}\big],$$

$$\mathfrak{F}_0(\alpha,\,\gamma,\,x) = 1; \qquad\qquad \mathfrak{F}_n(\alpha,\,\gamma,\,0) = 1,$$

$$\mathfrak{F}_1(\alpha,\,\gamma,\,x) = 1 - \frac{\alpha+1}{\gamma}\,x,$$

$$\mathfrak{F}_2(\alpha,\,\gamma,\,x) = 1 - 2\,\frac{\alpha+2}{\gamma}\,x + \frac{(\alpha+2)(\alpha+3)}{\gamma\,(\gamma+1)}\,x^2,$$

$$\mathfrak{F}_3(\alpha,\,\gamma,\,x) = 1 - 3\,\frac{\alpha+3}{\gamma}\,x + 3\,\frac{(\alpha+3)(\alpha+4)}{\gamma\,(\gamma+1)}\,x^2 - \frac{(\alpha+3)(\alpha+4)(\alpha+5)}{\gamma\,(\gamma+1)(\gamma+2)}\,x^3.$$

Alle n Nullstellen der JACOBIschen Polynome sind voneinander verschieden und liegen im Intervall $0 \leqq x \leqq 1$, wenn α und γ reell sind und $\gamma > 0$, $\alpha > \gamma-1$ ist.

Die $\mathfrak{F}_n(\alpha,\,\gamma,\,x)$ erfüllen die Differentialgleichung:

$$x\,(1-x)\,y'' + [\gamma - (\alpha+1)\,x]\,y' + n\,(\alpha+n)\,y = 0.$$

Spezialfälle: Die LEGENDREschen Polynome $P_n(x)$; die TSCHEBYSCHEFFschen Polynome $T_n(x)$ und die GEGENBAUERschen Polynome $C_n^\nu(x)$ sind Spezialfälle der JACOBIschen Polynome, und zwar ist:

$$P_n(x) = \mathfrak{F}_n\left(1,\,1,\,\frac{1-x}{2}\right) = F\left(-n,\,n+1;\,1;\,\frac{1-x}{2}\right),$$

$$T_n(x) = \mathfrak{F}_n\left(0,\,\frac{1}{2},\,\frac{1-x}{2}\right) = F\left(n,\,-n;\,\frac{1}{2};\,\frac{1-x}{2}\right),$$

$$C_n^\nu(x) = (-1)^n\,\frac{(2\,\nu)_n}{n!}\,\mathfrak{F}_n\left(2\,\nu,\,\nu+\frac{1}{2},\,\frac{1+x}{2}\right)$$

$$= (-1)^n\,\frac{(2\,\nu)_n}{n!}\,F\left(-n,\,2\,\nu+n;\,\nu+\frac{1}{2};\,\frac{1+x}{2}\right).$$

Orthogonalitätsrelationen:

$$\int_0^1 x^{\gamma-1}(1-x)^{\alpha-\gamma}\,\mathfrak{F}_m\,\mathfrak{F}_n\,d\,x = 0, \qquad\qquad \text{für } m \neq n$$

$$\int_0^1 x^{\gamma-1}(1-x)^{\alpha-\gamma}\,\mathfrak{F}_m\,\mathfrak{F}_n\,d\,x = \frac{\Gamma(\gamma)\,\Gamma(\alpha+1-\gamma)}{\Gamma(\alpha)}\,\frac{(\alpha+1-\gamma)_n}{(\alpha)_n\,(\gamma)_n}\,\frac{n!}{\alpha+2\,n},$$

$$\text{für } m = n \text{ und } \mathrm{Re}\,(\gamma) > 0;\ \mathrm{Re}\,(\alpha-\gamma) > -1.$$

§ 4. LAGUERREsche Polynome.

Die LAGUERREschen Polynome $L_n^{(\alpha)}(x)$ sind definiert durch:

$$L_n^{(\alpha)}(x) = \frac{e^x\,x^{-\alpha}}{n!}\,\frac{d^n}{d\,x^n}\,(e^{-x}\,x^{n+\alpha});$$

$$L_n^{(\alpha)}(x) = \sum_{k=0}^{n} \binom{n+\alpha}{n-k} \frac{(-x)^k}{k!} .$$

Für den Spezialfall $\alpha = 0$ ist

$$L_n(x) = 1 - \binom{n}{1} x + \binom{n}{2} \frac{x^2}{2!} - \binom{n}{3} \frac{x^3}{3!} + \cdots,$$

$$L_0(x) = 1, \qquad L_3(x) = 1 - 3x + \frac{3}{2} x^2 - \frac{x^3}{6},$$

$$L_1(x) = 1 - x, \qquad L_4(x) = 1 - 4x + 3x^2 - \frac{2}{3} x^3 + \frac{x^4}{24},$$

$$L_2(x) = 1 - 2x + \frac{x^2}{2}, \qquad L_5(x) = 1 - 5x + 5x^2 - \frac{5}{3} x^3 + \frac{5}{24} x^4 - \frac{x^5}{120},$$

$$L_0^n(x) = 1; \quad L_n(0) = 1; \quad L_n^{-n}(x) = (-1)^n \frac{x^n}{n!}.$$

Die $L_n^{(\alpha)}(x)$ genügen der Differentialgleichung:

$$x y'' + (\alpha + 1 - x) y' + n y = 0.$$

Rekursionsformeln:

$$n L_n^{\alpha)}(x) = (-x + 2n + \alpha - 1) L_{n-1}^{(\alpha)}(x) - (n + \alpha - 1) L_{n-2}^{(\alpha)}(x);$$

$$x \frac{d L_n^{(\alpha)}(x)}{d x} = n L_n^{(\alpha)}(x) - (n + \alpha) L_{n-1}^{(\alpha)}(x)$$

$$n = 2, 3, 4, \ldots.$$

Die Nullstellen der LAGUERREschen Polynome $L_n^{(\alpha)}(x)$ sind reell, positiv und einfach, falls α reell und > -1 ist.

Darstellung von $L_n^{(\alpha)}(x)$ durch hypergeometrische Reihen:

$$L_n^{(\alpha)}(x) = \frac{(a+1)_n}{n!} {}_1F_1(-n; \alpha + 1; x).$$

Darstellung von $L_n^{(\alpha)}(x)$ durch eine erzeugende Funktion:

$$\frac{e^{-xt/(1-t)}}{(1-t)^{a+1}} = \sum_0^\infty L_n^{(\alpha)}(x) t^n. \qquad |t| < 1$$

Zusammenhang mit den HERMITEschen Polynomen:

$$He_{2n}(x) = (-2)^n n! L_n^{(-1/2)}\left(\frac{x^2}{2}\right),$$

$$He_{2n+1}(x) = (-2)^n n! x L_n^{(1/2)}\left(\frac{x^2}{2}\right).$$

Zusammenhang mit den BESSELschen Funktionen:

$$\sum_0^\infty \frac{L_n^{(\alpha)}(x)}{(\Gamma n + 1 + \alpha)} t^n = e^t (x t)^{-\alpha/2} J_a(2\sqrt{x t}), \qquad \alpha > -1$$

für $\alpha = 0$:
$$\sum_0^\infty \frac{L_n(x)}{n!} t^n = e^t J_0(2\sqrt{x t}).$$

Summenformeln:

$$1 + \sum_{n=1}^{\infty} [L_n(x) - L_{n-1}(x)]^2 = e^x,$$

$$(1+t)^a e^{-xt} = \sum_{n=0}^{\infty} L_n^{(a-n)}(x)\, t^n, \qquad\qquad |t| < 1$$

$$\int_0^t L_n(x)\, dx = L_n(t) - L_{n+1}(t)$$

$$\sum_0^{\infty} [\int_0^t L_n(x)\, dx]^2 = e^t - 1, \qquad\qquad t \geqq 0$$

$$L_n^{(\alpha)}(x) = \sum_{k=0}^n \frac{\Gamma(\alpha-\beta+k)}{k!\,\Gamma(\alpha-\beta)}\, L_{n-k}^{(\beta)}(x),$$

$$[L_n^{(\alpha)}(x)]^2 = \frac{\Gamma(1+\alpha+n)}{n!} \sum_{k=0}^{\infty} \frac{(2n-2k)!\,(2k)!}{\Gamma(1+\alpha-k)}\, \frac{L_{2k}^{(2\alpha)}(2x)}{(n-k)!},$$

$$L_n^{(\alpha)}(x)\, L_n^{(\alpha)}(y) = \frac{\Gamma(1+\alpha+n)}{n!} \sum_{k=0}^{\infty} \frac{L_{n-k}^{(\alpha+2k)}(x+y)}{\Gamma(1+\alpha+k)}\, \frac{(xy)^k}{k!}$$

Additionstheorem der LAGUERREschen Polynome:

$$L_n^{(a_1+a_2+\cdots a_k+k-1)}(x_1 + x_2 + \cdots x_k) = \sum_{(i_1+i_2+\cdots i_k = n)} L_{i_1}^{(a_1)}(x_1)\, L_{i_2}^{(a_2)}(x_2) \ldots L_{i_k}^{(a_k)}(x_k),$$

$$L_n^{(a)}(x+y) = e^y \sum_{k=0}^{\infty} \frac{(-1)^k}{(k)!}\, y^k\, L_n^{(a+k)}(x).$$

Orthogonalitätsrelationen: Für $\mathrm{Re}\,\alpha > -1$ ist:

$$\int_0^{\infty} e^{-x}\, x^a\, L_m^{(a)}(x)\, L_n^{(a)}(x)\, dx = 0, \qquad\qquad \text{für } m \neq n$$

$$= \Gamma(1+\alpha) \binom{n+\alpha}{n} \text{ für } m = n$$

SONINE*sche Polynome.* In engem Zusammenhang mit den LAGUERREschen Polynomen stehen die SONINEschen Polynome $T_a^{(n)}(x)$, gegeben durch:

$$T_a^{(n)}(x) = \frac{(-1)^n}{\Gamma(\alpha+n+1)}\, L_n^{(a)}(x).$$

Es gilt für diese:

$$|T_a^{(n)}(x)| < n!\,\alpha!\, e^{1/2 x}; \quad \alpha \text{ und } n+1 \text{ positiv und ganz}; \quad x > 0.$$

Weitere Formeln für die LAGUERREschen Polynome in Kapitel VI, § 4 und Kapitel VIII, § 2.

Sechstes Kapitel.

Die konfluente hypergeometrische Funktion und ihre Spezialfälle.

§ 1. Die Funktionen von Kummer.

Die konfluente hypergeometrische Funktion entsteht aus der Lösung einer RIEMANNschen Differentialgleichung

$$P \left\{ \begin{matrix} 0, & \infty, & c \\ \tfrac{1}{2}+\mu, & -c, & c-\varkappa; \quad z \\ \tfrac{1}{2}-\mu, & 0, & \varkappa \end{matrix} \right\}$$

durch den Grenzübergang $c \to \infty$; sie hängt noch von zwei Parametern $\varkappa$ und μ ab und ist allgemein definiert als eine Lösung u der Differentialgleichung

$$(1) \qquad \frac{d^2 u}{dz^2} + \frac{du}{dz} + \left(\frac{\varkappa}{z} + \frac{\tfrac{1}{4}-\mu^2}{z} \right) u = 0;$$

sie kann als lineare Kombination der Funktionen

$$(2) \qquad \begin{aligned} & z^{1/2+\mu} e^{-z} {}_1F_1 \left(\tfrac{1}{2}+\mu-\varkappa; \quad 2\mu+1; \ z \right) \\ & z^{1/2-\mu} e^{-z} {}_1F_1 \left(\tfrac{1}{2}-\mu-\varkappa; \quad -2\mu+1; \ z \right) \end{aligned}$$

dargestellt werden, sofern 2μ nicht gleich einer der Zahlen $0, \pm 1, \pm 2, \pm 3, \ldots$ ist, da in diesem Falle die Funktionen in (2) nicht mehr beide definiert bzw. (für $\mu = 0$) linear abhängig sind[1]. Die Funktion

$$(3) \qquad v(z) = {}_1F_1(a; \ c; \ z) \equiv 1 + \frac{a}{c} \frac{z}{1!} + \frac{a(a+1)}{c(c+1)} \frac{z^2}{2!} + \cdots$$

heißt *KUMMERsche Funktion*; sie wird vielfach auch als konfluente hypergeometrische Reihe bezeichnet[2] und genügt der KUMMERschen *Differentialgleichung*

$$(4) \qquad z \frac{d^2 v}{dz^2} + (c-z) \frac{dv}{dz} - a v = 0;$$

sie ist eine ganze Funktion von z.

Elementare Umformungen und Rekursionsformeln für die konfluente hypergeometrische Reihe:

---

[1] Für $\mu = \varkappa = 0$ wird $z^{-1/2} e^{z/2} u$ eine Zylinderfunktion vom Index Null mit dem Argument $\dfrac{iz}{2}$.

[2] So bei JAHNKE-EMDE, wo ${}_1F_1$ mit M bezeichnet wird.

$$\frac{d}{dz}\,{}_1F_1(a;\,c;\,z) = \frac{a}{c}\,{}_1F_1(a+1;\,c+1;\,z),$$

$$\begin{aligned}
{}_1F_1(a;\,2a;\,2z) &= e^z\,{}_0F_1(a+\tfrac{1}{2};\,\tfrac{1}{4}z^2)\\
&= 2^{a-1/2}\,e^{-i\pi(a-1/2)/2}\,\Gamma(a+\tfrac{1}{2})\,e^z\,z^{1/2-a}\,J_{a-1/2}(z\,e^{i\pi/2}),
\end{aligned}$$

$$_1F_1(a;\,c;\,z) = e^z\,{}_1F_1(c-a;\,c;\,-z),$$

$$a\,{}_1F(a+1;\,c+1;\,z) = (a-c)\,{}_1F_1(a;\,c+1;\,z)+c\,{}_1F_1(a;\,c;\,z),$$

$$a\,{}_1F_1(a+1;\,c;\,z) = (z+2a-c)\,{}_1F_1(a;\,c;\,z)$$
$$+(c-a)\,{}_1F_1(a-1;\,c;\,z)$$

$$\lim_{c\to -n}\frac{1}{\Gamma(c)}\,{}_1F_1(a;\,c;\,z) = \frac{z^{n+1}(a)_{n+1}}{(n+1)!}\,{}_1F_1(a+n+1;\,n+2;\,z)$$

$$(n = 0,\,1,\,2,\,\ldots).$$

Die Lösungen der Kummer*schen Differentialgleichung.*

Ist $v(a,c,z)$ eine Lösung der Differentialgleichung (4) so sind allgemein auch

$$z^{1-c}\,v(a-c+1,\,2-c,\,z)$$

und

$$e^z\,v(c-a,\,c,\,-z)$$

Lösungen derselben Differentialgleichung.

Wenn c keine ganze Zahl ist, so sind die Reihen

$$\overset{0}{v}_1(z) = {}_1F_1(a;\,c;\,z) \equiv \sum_{n=0}^{\infty}\frac{(a)_n}{(c)_n}\frac{z^n}{n!}$$

$$\overset{0}{v}_2(z) = z^{1-c}\,{}_1F_1(a-c+1;\,2-c;\,z)$$

linear unabhängige Lösungen der Differentialgleichung (4), welche bei $z=0$ ein einfaches Verhalten zeigen. Für $c=m+1$ mit $m=1,2,3,\ldots$ kann man außer $\overset{0}{v}_1(z)$ als weitere linear unabhängige Lösung von (4) die Funktion

$$\overset{0}{v}_3(z) = \sum_{n=0}^{m-1}\frac{(a-m)_n}{n!\,(1-m)_n}\,z^{-m+n}$$
$$+\frac{(-1)^{m-1}}{(m-1)!}\sum_{n=0}^{\infty}\frac{(a-m)_{m+n}}{(m+n)!\,n!}\Big\{\ln z + h(n) - h(0)\Big\}z^n$$

mit

$$h(n) = \psi(a+n)-\psi(n+1)-\psi(n+m+1)$$

und für $c=1$ die Funktion

$$\overset{0}{v}_3(z) = -\,{}_1F_1(a;\,1;\,z)\ln z$$
$$-\sum_{n=1}^{\infty}\frac{(a)_n}{n!}\frac{z^n}{n!}\Big\{\psi(a+n)-\psi(a)+2\psi(1)-2\psi(n+1)\Big\}$$

benutzen.

Für $c = 1-m$ mit $m = 1, 2, 3, \ldots$ sind $\overset{0}{v}_2(z)$ und die aus $\overset{0}{v}_3(z)$ durch Multiplikation mit z^m und Ersetzung von a durch $a+m$ entstehende Funktion linear unabhängige Lösungen von (4). Wegen

$$\psi(a+n) - \psi(a) = \frac{1}{a} + \frac{1}{a+1} + \cdots + \frac{1}{a+n-1}$$

(für $n = 1, 2, 3, \ldots$), bleiben diese Ausdrücke für $\overset{0}{v}_3$ durch einen Grenzübergang auch in den Fällen $a = 0, -1, -2, \ldots$ sinnvoll; es wird, für $a = -l$, $l = 1, 2, 3, \ldots$, z. B. im Falle $c = 1$ aus $\overset{0}{v}_3(z)$ die Funktion:

$$-{}_1F_1(-l; 1; z) \ln z + (-1)^{l+1} \sum_{n=l+1}^{\infty} \frac{l!\,(n-l-1)!}{n!\,\;n!} z^n$$

$$- \sum_{n=1}^{l} \frac{(-l)_n}{n!\,n!} \left\{ 2\psi(1) - 2\psi(n+1) + \sum_{h=0}^{n-1} \frac{1}{h-l} \right\} z^n.$$

Asymptotisches Verhalten für große Werte von $|z|$.

Wenn $|z| \gg |a|$, $|z| \gg |c|$ ist, so gelten im Argumentbereich

$$-\frac{3\pi}{2} < \arg z < \frac{\pi}{2}$$

für große Werte von $|z|$ die asymptotischen Entwicklungen:

$$\overset{0}{v}_1 \approx A_1 z^{-a} \sum_{n=0}^{\infty} \frac{(a)_n (a-c+1)_n}{n!} (-z)^{-n} + B_1 e^z z^{a-c} \sum_{n=0}^{\infty} \frac{(c-a)_n (1-a)_n}{n!} z^n,$$

$$\overset{0}{v}_2 \approx A_2 z^{-a} \sum_{n=0}^{\infty} \frac{(a)_n (a-c+1)_n}{n!} (-z)^{-n} + B_2 e^z z^{a-c} \sum_{n=0}^{\infty} \frac{(c-a)_n (1-a)_n}{n!} z^n.$$

Hierin ist $c \neq 0, \pm 1, \pm 2, \ldots$ vorausgesetzt, und

$$A_1 = e^{-i\pi a} \frac{\Gamma(c)}{\Gamma(c-a)}, \quad B_1 = \frac{\Gamma(c)}{\Gamma(a)}$$

$$A_2 = e^{-i\pi(a-c+1)} \frac{\Gamma(2-c)}{\Gamma(1-a)}, \quad B_2 = \frac{\Gamma(2-c)}{\Gamma(a-c+1)}.$$

Im Bereich $-\dfrac{\pi}{2} < \arg z < \dfrac{3\pi}{2}$ gelten dieselben Formeln, wenn man in ihnen A_1 bzw. A_2 durch

$$e^{+i\pi a} \frac{\Gamma(c)}{\Gamma(c-a)} \quad \text{bzw.} \quad e^{+i\pi(a-c+1)} \frac{\Gamma(2-c)}{\Gamma(1-a)}$$

ersetzt. Für $c = m+1$, $m = 1, 2, 3, \ldots$, gilt:

$$\overset{0}{v}_3 \approx A_3 z^{-a} \sum_{n=0}^{\infty} \frac{(a)_n (a-c+1)_n}{n!} (-z)^{-n}$$

$$+ B_3 e^z z^{a-c} \sum_{n=0}^{\infty} \frac{(c-a)_n (1-a)_n}{n!} z^{-n}.$$

Worin für $-\dfrac{3\pi}{2} < \arg z < \dfrac{\pi}{2}$ zu setzen ist:

$$A_3 = \frac{-1}{(m-1)!}\,\frac{e^{-i\pi a}}{\Gamma(1-a)}\,[\psi(m+1)+\psi(1)-\psi(1-a)-i\pi]$$

$$B_3 = \frac{(-1)^{m+1}}{(m-1)!}\,\frac{[\psi(m+1)+\psi(1)-\psi(a)]}{\Gamma(a-m)},$$

während für $-\dfrac{\pi}{2} < \arg z < \dfrac{3\pi}{2}$ zwar B_3 unverändert bleibt, aber

A_3 zu ersetzen ist durch

$$\frac{-1}{(m-1)!}\,\frac{e^{+i\pi a}}{\Gamma(1-a)}\,[\psi(m+1)+\psi(1)-\psi(1-a)+i\pi].$$

Für $c = 1$, das heißt für $m = 0$ hat man in den obenstehenden Formeln für A_3 und B_3 jeweils $(m-1)!$ durch 1 zu ersetzen.

Setzt man für $c \neq 0, \pm 1, \pm 2, \ldots$

$$\overset{\infty}{v}(a, c, z) = \frac{\Gamma(1-c)}{\Gamma(a-c+1)}\,\overset{0}{v}_1 + \frac{\Gamma(c-1)}{\Gamma(a)}\,\overset{0}{v}_2,$$

und für $c = m+1$, mit $m = 1, 2, 3, \ldots$:

$$\overset{\infty}{v}(a, m+1, z) = \frac{(1-a)_m}{m!}\,\frac{[\psi(m+1)+\psi(1)-\psi(a)]}{\Gamma(a)}\,\overset{0}{v}_1 + \frac{(m-1)!}{\Gamma(a)}\,\overset{0}{v}_3,$$

und schließlich für $c = 1$:

$$\overset{\infty}{v}(a, 1, z) = \frac{2\psi(1)-\psi(a)}{\Gamma(a)}\,\overset{0}{v}_1 + \frac{1}{\Gamma(a)}\,\overset{0}{v}_3,$$

dann ist für große Werte von $|z|$ und $-\pi < \arg z < \pi$:

$$\overset{\infty}{v}(a, c, z) \approx z^{-a} \sum_{n=0}^{\infty} \frac{(a)_n\,(a-c+1)_n}{n!}\,(-z)^{-n},$$

und für $-\pi < \arg(-z) < \pi$ gilt entsprechend:

$$e^z\,\overset{\infty}{v}(c-a, c, -z) \approx e^z(-z)^{a-c} \sum_{n=0}^{\infty} \frac{(c-a)_n\,(1-a)_n}{n!}\,z^{-n}.$$

Integraldarstellungen:

$${}_1F_1(a;c;z) = \frac{\Gamma(c)}{\Gamma(a)\,\Gamma(c-a)}\,z^{1-c} \int_0^z e^t\,t^{a-1}\,(z-t)^{c-a-1}\,dt$$

$$(0 < \operatorname{Re} a < \operatorname{Re} c),$$

$${}_1F_1(a;c;z) = \frac{\Gamma(c)\,2^{1-c}}{\Gamma(a)\,\Gamma(c-a)}\,e^{z/2} \int_{-1}^{+1} e^{zt/2}\,(1-t)^{c-a-1}\,(1+t)^{a-1}\,dt$$

$$(0 < \operatorname{Re} a < \operatorname{Re} c),$$

$$\frac{\Gamma(\alpha+\nu+1)}{\Gamma(\alpha+1)}\,{}_1F_1(-\nu;\ \alpha+1;\ z) = e^z z^{-a/2}\int\limits_0^\infty e^{-t}t^{\nu+\frac{a}{2}}\,J_a(2\sqrt{zt})\,dt$$

$$\left[\mathrm{Re}\,(\alpha+\nu+1)>0;\ |\arg z|<\frac{\pi}{2}\right].$$

Die oben eingeführte Funktion $\overset{\infty}{v}(a,\,c,\,z)$ besitzt für $\mathrm{Re}\,a>0$ und im Bereich $-\pi<\arg z<\pi$ die Integraldarstellung:

$$\frac{z^{-a}}{\Gamma(a)}\int\limits_0^\infty e^{-t}\Big(1+\frac{t}{z}\Big)^{c-a-1}t^{a-1}\,dt.$$

(Vgl. die entsprechende Integraldarstellung für die Funktion $W_{\varkappa,\,\mu}(z)$ auf S. 118).

Weitere Resultate sind in den Formeln von § 2 und von Kap. VIII, § 2, enthalten. Man vergleiche auch § 4a.

§ 2. Die Funktionen von WHITTAKER.

Führt man in der Differentialgleichung (1) von § 1 die Funktion $W = e^{z/2}\,u$ ein, so erhält man für W eine Differentialgleichung, welche $\dfrac{dW}{dz}$ nicht enthält, nämlich

$$(5)\qquad \frac{d^2W}{dz^2}+\Big(-\frac{1}{4}+\frac{\varkappa}{z}+\frac{\frac{1}{4}-\mu^2}{z^2}\Big)W = 0.$$

Für diese Differentialgleichung sind die Funktionen

$$M_{\varkappa,\,\mu}(z) = z^{\mu+1/2}e^{-z/2}\,{}_1F_1(\mu-\varkappa+\tfrac{1}{2};\ 2\mu+1;\ z),$$
$$M_{\varkappa,\,-\mu}(z) = z^{-\mu+1/2}e^{-z/2}\,{}_1F_1(-\mu-\varkappa+\tfrac{1}{2};\ -2\mu+1;\ z)$$

ein System von linear unabhängigen Lösungen, sofern $2\mu \neq 0,\ \pm 1,$ $\pm 2,\ \pm 3,\ \ldots$ ist. Um auch für $2\mu = \pm 1,\ \pm 2,\ \pm 3,\ \ldots$ Lösungen zu erhalten, kann man entweder die Funktionen

$$N_{\varkappa,\,\mu}(z) = \frac{z^{\mu-1/2}}{\Gamma(2\mu+1)}\,M_{\varkappa,\,\mu}(z) = \frac{z^{2\mu}e^{-z/2}}{\Gamma(2\mu+1)}\,{}_1F_1(\mu+\tfrac{1}{2}-\varkappa;\ 2\mu+1;\ z)$$

einführen, welche auch für $2\mu = -1,\ -2,\ -3,\ \ldots$ definiert bleiben, da für $\mu = -\tfrac{1}{2}n$ und $n = 1,\ 2,\ 3,\ \ldots$

$$N_{\varkappa,\,-n/2}(z) = \frac{\Gamma\Big(\dfrac{1}{2}+\dfrac{n}{2}-\varkappa\Big)}{n!\,\Gamma\Big(\dfrac{1}{2}-\dfrac{n}{2}-\varkappa\Big)}\,z^{-\frac{n+1}{2}}\,M_{\varkappa,\,n/2}(z)$$

ist; es wird dann $z^{-\mu+1/2}\,N_{\varkappa,\,\mu}(z)$ eine Lösung von (5), welche für alle Werte von μ definiert ist. Oder aber man kann die Funktionen

$$W_{\varkappa,\mu}(z) = \frac{\Gamma(-2\mu)}{\Gamma(\frac{1}{2}-\mu-\varkappa)} M_{\varkappa,\mu}(z) + \frac{\Gamma(2\mu)}{\Gamma(\frac{1}{2}+\mu-\varkappa)} M_{\varkappa,-\mu}(z)$$

einführen; diese heißen „*Funktionen von* Whittaker", und streben Lösungen von (5) zu, wenn 2μ sich einer der Zahlen $0 \pm 1, \pm 2, \pm 3$ nähert. *$W_{\varkappa,\mu}(z)$ und $W_{-\varkappa,\mu}(-z)$ sind in jedem Falle linear unabhängige Lösungen von* (5); es ist stets

$$W_{\varkappa,\mu}(z) = W_{\varkappa,-\mu}(z).$$

Für $2\mu = 0, 1, 2, \ldots$ wird

$$W_{\varkappa,\mu}(z) = \frac{(-1)^{2\mu} z^{\mu+1/2} e^{-z/2}}{\Gamma(\frac{1}{2}-\varkappa-\mu)\,\Gamma(\frac{1}{2}-\varkappa+\mu)} \cdot$$

$$\left\{ \sum_{n=0}^{\infty} \frac{\Gamma(\mu+\frac{1}{2}+n-\varkappa)}{n!\,(2\mu+n)!} z^n [\psi(n+1)+\psi(n+1+2\mu)-\psi(n+\tfrac{1}{2}+\mu-\varkappa)-\ln z] \right.$$

$$\left. + (-z)^{-2\mu} \sum_{n=0}^{2\mu-1} \frac{\Gamma(2\mu-n)\,\Gamma(\frac{1}{2}+n-\mu-\varkappa)}{n!} (-z)^n \right\}$$

$$\left(|\arg z| < \frac{3\pi}{2}\right).$$

Hierin ist für $\mu = 0$ die letzte Summe durch Null zu ersetzen. Für den Fall, daß $\varkappa-\mu-\frac{1}{2}$ gleich einer ganzen Zahl l der Reihe $l = 0, 1, 2 \ldots$ wird, wird

$$W_{l+\mu+1/2,\mu}(z) = (-1)^l z^{\mu+1/2} e^{-z/2} (2\mu+1)_l\, {}_1F_1(-l;\, 2\mu+1;\, z)$$
$$= (-1)^l z^{\mu+1/2} e^{-z/2}\, l!\, L_l^{(2\mu)}(z),$$

worin $L_l^{(2\mu)}(z)$ ein Laguerresches Polynom ist, auch dann, wenn $2\mu = 0, 1, 2, \ldots$ ist.

Die Funktionen $N_{\varkappa,\mu}(z)$, $M_{\varkappa,\mu}(z)$, $W_{\varkappa,\mu}(z)$ sind im allgemeinen mehrdeutige Funktionen von z mit $z = 0$ als Verzweigungspunkt und $z = \infty$ als wesentlich singulärer Stelle; sie sollen im folgenden meist außerhalb der negativen reellen Achse, d. h. für $|\arg z| < \pi$ betrachtet werden.

Die Funktion von Whittaker sind so normiert, daß sie eine einfache asymptotische (semikonvergente) Entwicklung bei $z = \infty$ besitzen. Es gilt nämlich in jedem Winkelraum $|\arg z| \leqq \pi - \delta, \delta > 0$:

$$W_{\varkappa,\mu}(z) \approx e^{-z/2} z^\varkappa \left(1 + \sum_{n=1}^{\infty} \frac{[\mu^2-(\varkappa-\frac{1}{2})^2][\mu^2-(\varkappa-\frac{3}{2})^2]\ldots[\mu^2-(\varkappa-n+\frac{1}{2})^2]}{n!\, z^n}\right).$$

Elementare Beziehungen und Umformungen:

$$M_{\varkappa,\mu}(z) = e^{-i\pi(\mu+1/2)} M_{-\varkappa,\mu}(z e^{i\pi}),$$
$$N_{\varkappa,\mu}(z e^{\pm i\pi}) = e^{\pm 2\mu\pi i} N_{-\varkappa,\mu}(z),$$

$$M_{n+\mu+1/2,\,\mu}(z) = \frac{z^{1/2-\mu}\,e^{z/2}}{(2\mu+1)_n}\,\frac{d^n}{dz^n}\,(z^{n+2\mu}\,e^{-z})$$

$$(n = 0,\,1,\,2,\,\ldots;\ 2\mu \neq -1,\,-2,\,-3,\,\ldots),$$

$$M_{0,\,\mu}(z) = z^{1/2+\mu}\,{}_0F_1\!\left(\mu + \frac{1}{2};\,\frac{z^2}{4}\right),$$

$$W_{-\varkappa,\,\mu}(-z) = \frac{\Gamma(-2\mu)}{\Gamma(\tfrac{1}{2}-\mu+\varkappa)}\,M_{-\varkappa,\,\mu}(-z) + \frac{\Gamma(2\mu)}{\Gamma(\tfrac{1}{2}+\mu+\varkappa)}\,M_{-\varkappa,\,-\mu}(-z)$$

$$[\,|\arg(-z)| < \tfrac{3}{4}\,\pi;\ 2\mu \neq 0,\,\pm 1,\,\pm 2,\,\ldots].$$

$$M_{\varkappa,\,\mu}(z) = \frac{\Gamma(2\mu+1)}{\Gamma(\mu+\tfrac{1}{2}-\varkappa)}\,e^{i\pi\varkappa}\,W_{-\varkappa,\,\mu}(e^{i\pi}z)$$

$$+ \frac{\Gamma(2\mu+1)}{\Gamma(\mu+\tfrac{1}{2}+\varkappa)}\,e^{i\pi(\varkappa-\mu-1/2)}\,W_{\varkappa,\,\mu}(z)$$

$$\left(-\frac{3\pi}{2} < \arg z < \frac{\pi}{2};\ 2\mu \neq -1,\,-2,\,\ldots\right)$$

$$M_{\varkappa,\,\mu}(z) = \frac{\Gamma(2\mu+1)}{\Gamma(\mu+\tfrac{1}{2}-\varkappa)}\,e^{-i\pi\varkappa}\,W_{-\varkappa,\,\mu}(e^{-i\pi}z)$$

$$+ \frac{\Gamma(2\mu+1)}{\Gamma(\mu+\tfrac{1}{2}+\varkappa)}\,e^{-i\pi(\varkappa-\mu-1/2)}\,W_{\varkappa,\,\mu}(z)$$

$$\left(-\frac{\pi}{2} < \arg z < \frac{3\pi}{2};\ 2\mu \neq -1,\,-2,\,\ldots\right).$$

Rekursionsformeln:

$$W_{\varkappa,\,\mu}(z) = z^{1/2}\,W_{\varkappa-1/2,\,\mu-1/2}(z) + (\tfrac{1}{2}-\varkappa+\mu)\,W_{\varkappa-1,\,\mu}(z),$$

$$= z^{1/2}\,W_{\varkappa-1/2,\,\mu+1/2}(z) + (\tfrac{1}{2}-\varkappa-\mu)\,W_{\varkappa-1,\,\mu}(z),$$

$$z\,\frac{d}{dz}\,W_{\varkappa,\,\mu}(z) = (\varkappa - \tfrac{1}{2}z)\,W_{\varkappa,\,\mu}(z) - [\mu^2 - (\varkappa-\tfrac{1}{2})^2]\,W_{\varkappa-1,\,\mu}(z),$$

$$\left[\left(\mu + \frac{1-z}{2}\right)W_{\varkappa,\,\mu}(z) - z\,\frac{d}{dz}\,W_{\varkappa,\,\mu}(z)\right](\mu+\tfrac{1}{2}+\varkappa)$$

$$= \left[\left(\mu + \frac{1+z}{2}\right)W_{\varkappa,\,\mu+1}(z) + z\,\frac{d}{dz}\,W_{\varkappa,\,\mu+1}(z)\right](\mu+\tfrac{1}{2}-\varkappa),$$

$$(\tfrac{3}{2}+\varkappa+\mu)(\tfrac{1}{2}+\varkappa+\mu)\,z\,W_{\varkappa,\,\mu}(z) = z(z+2\mu+1)\,\frac{d}{dz}\,W_{\varkappa+1,\,\mu+1}(z)$$

$$+ [\tfrac{1}{2}z^2 + (\mu-\varkappa-\tfrac{1}{2})z + 2\mu^2 + 2\mu + \tfrac{1}{2}]\,W_{\varkappa+1,\,\mu+1}(z).$$

Verhalten für große Werte von $|\varkappa|$. Es gilt für $|\varkappa| \gg 1$, wenn $|\varkappa| \gg |z|$, $|\varkappa| \gg |\mu|$ und $z \neq 0$, $-\dfrac{3\pi}{4} < \arg \sqrt{z} < \dfrac{3\pi}{4}$ ist, ‘im Bereich

$$-\frac{\pi}{2} \leqq \arg \varkappa \leqq \frac{\pi}{2}:$$

$$M_{\varkappa, \mu}(z) \sim \frac{1}{\sqrt{\pi}}\, \Gamma(2\,\mu+1)\, \varkappa^{-\mu-1/4}\, z^{1/4}\, \cos\left(2\,\sqrt{z\,\varkappa} - \mu\,\pi - \tfrac{1}{4}\,\pi\right).$$

Unter denselben Voraussetzungen gilt:

$$W_{\varkappa, \mu}(z) \sim -\left(\frac{4\,z}{\varkappa}\right)^{1/4} e^{-\varkappa + \varkappa \ln \varkappa} \sin\left(2\,z^{1/2}\,\varkappa^{1/2} - \pi\,\varkappa - \frac{\pi}{4}\right),$$

$$W_{-\varkappa, \mu}(z) \sim \left(\frac{z}{4\,\varkappa}\right)^{1/4} e^{\varkappa - \varkappa \ln \varkappa - 2\sqrt{\varkappa}\sqrt{z}}.$$

Integraldarstellungen und Integralbeziehungen:

$$W_{\varkappa, \mu}(z) = \frac{z^{\mu+1/2}\, e^{-z/2}}{\Gamma(\mu + \tfrac{1}{2} - \varkappa)} \int_0^\infty e^{-z\tau}\, \tau^{\mu - \varkappa - 1/2} (1 + \tau)^{\mu + \varkappa - 1/2}\, d\tau,$$

$$= \frac{z^{\varkappa}\, e^{-z/2}}{\Gamma(\mu + \tfrac{1}{2} - \varkappa)} \int_0^\infty t^{\mu - \varkappa - 1/2}\, e^{-t} \left(1 + \frac{t}{z}\right)^{\mu + \varkappa - 1/2}\, dt$$

$$[\operatorname{Re}\,(\mu + \tfrac{1}{2} - \varkappa) > 0,\ |\arg z| < \pi],$$

$$W_{\varkappa, \mu}(z) = \frac{e^{-z/2}}{2\,\pi\,i} \int_{-i\infty}^{+i\infty} \frac{\Gamma(s - \varkappa)\,\Gamma(-s - \mu + \tfrac{1}{2})\,\Gamma(-s + \mu + \tfrac{1}{2})}{\Gamma(-\varkappa + \mu + \tfrac{1}{2})\,\Gamma(-\varkappa - \mu + \tfrac{1}{2})}\, z^s\, ds;$$

in dieser Integraldarstellung von BARNES ist der Integrationsweg so zu wählen, daß er die Pole von $\Gamma(s - \varkappa)$ von den Polen von $\Gamma(-s - \mu + \tfrac{1}{2})$ und $\Gamma(-s + \mu + \tfrac{1}{2})$ trennt.

$$W_{\varkappa, \mu}(z) = \frac{z}{2} \int_1^\infty e^{-zt/2} \left(\frac{t+1}{t-1}\right)^{\varkappa/2} \mathfrak{P}_{\mu-1/2}^{\varkappa}(t)\, dt$$

$$(\operatorname{Re}\,\varkappa < 1,\ \mu - \tfrac{1}{2} \neq 0,\ \pm 1,\ \pm 2, \ldots),$$

$$\frac{\Gamma(2\,\varkappa)\,\Gamma(2\,\mu - 2\,\varkappa + 1)}{\Gamma(2\,\mu + 1)}\, M_{\varkappa, \mu}(t)$$

$$= t^{1/2 - \mu} \int_0^t e^{-(t-\tau)/2} (t - \tau)^{2\varkappa - 1}\, \tau^{\mu - \varkappa - 1/2}\, M_{0,\, \mu - \varkappa}(\tau)\, d\tau$$

$$= \Gamma(\mu - \varkappa + 1)\, e^{-i(\mu - \varkappa)\pi/2}\, 2^{2(\mu - \varkappa)}\, t^{\varkappa + 1/2}\, e^{-t/2} \int_0^1 e^{st/2} (1 - s)^{2\varkappa - 1}\, s^{\mu - \varkappa} \times$$

$$\times J_{\mu - \varkappa}\left(\frac{i\,s\,t}{2}\right) ds$$

$$[t\ \text{reell und positiv},\ \operatorname{Re}\,(\mu - \varkappa) > -\tfrac{1}{2},\ \operatorname{Re}\,\varkappa > 0].$$

$$W_{\varkappa, \mu}(z) = z^{1/2}\, e^{z/2 + i\pi(\mu + 1/2 - \varkappa)} \int_{\infty\, e^{i(\alpha + \pi)}}^{\infty\, e^{i\alpha}} e^{-u^2}\, H_{2\mu}^{(1)}(2\,u\,\sqrt{z})\, u^{2\varkappa}\, du$$

$$\left(-\frac{\pi}{4} < \alpha < \frac{\pi}{4};\ z \neq 0;\ \text{der Integrationsweg biegt bei } u = 0 \text{ so aus,}\right.$$

$$\text{daß der Punkt } u = 0 \text{ unterhalb des Integrationsweges liegt}\Big).$$

$$\frac{1}{2\pi i} \int_{-i\infty}^{+i\infty} \Gamma(\mu - \varkappa + \tfrac{1}{2})\,(\Gamma(\mu + \varkappa + \tfrac{1}{2})\,W_{\varkappa,\mu}(z)\,W_{-\varkappa,\mu}(\zeta)\,d\varkappa$$

$$= \Gamma(2\mu + 1)\left(\frac{z\zeta}{z+\zeta}\right)^{\mu+1/2} W_{0,\,2\mu+1/2}(z+\zeta)$$

$$= i\,\frac{\sqrt{\pi}}{2}\,\frac{\Gamma(2\mu+1)}{(z+\zeta)^{\mu}}\left(\frac{z\zeta}{z+\zeta}\right)^{\mu+1/2} e^{i\pi(2\mu+1/2)/2}\,H_{2\mu+1/2}^{(1)}\left(e^{i\pi/2}\,\frac{z+\zeta}{2}\right).$$

$$(z \neq 0,\ \zeta \neq 0,\ \operatorname{Re} z \gtreqqless 0,\ \operatorname{Re} \zeta \gtreqqless 0,\ z+\zeta \neq 0,\ -\tfrac{1}{2} < \operatorname{Re} \mu < \tfrac{1}{2}$$
$$\text{oder } \operatorname{Re} z > 0,\ \operatorname{Re} \zeta > 0,\ \operatorname{Re} \mu > -\tfrac{1}{2}).$$

Man vergleiche hierzu § 1 und § 4a; weitere Integraldarstellungen sind in den Resultaten von Kapitel VIII, § 2 enthalten.

Formeln für das Produkt von zwei Whittakerschen Funktionen:

$$W_{\varkappa,\mu}(x)\,W_{-\varkappa,\mu}(x) = -x \int_0^\infty \left(\frac{\operatorname{\mathfrak{Sin}}\frac{t}{2}}{\operatorname{\mathfrak{Cof}}\frac{t}{2}}\right)^{2\varkappa} \left\{ \begin{matrix} J_{2\mu}(x\,\operatorname{\mathfrak{Sin}} t)\,\sin[(\mu-\varkappa)\pi] \\ + N_{2\mu}(x\,\operatorname{\mathfrak{Sin}} t)\,\cos[(\mu-\varkappa)\pi] \end{matrix} \right\} dt$$

$$(|\operatorname{Re}\mu| - \operatorname{Re}\varkappa < \tfrac{1}{2};\ x \text{ reell und positiv}),$$

$$W_{\varkappa,\mu}(iz)\,W_{\varkappa,\mu}(-iz) = \frac{2z}{\Gamma(\tfrac{1}{2}+\mu-\varkappa)\,\Gamma(\tfrac{1}{2}-\mu-\varkappa)} \int_0^\infty \left(\frac{\operatorname{\mathfrak{Cof}}\frac{t}{2}}{\operatorname{\mathfrak{Sin}}\frac{t}{2}}\right)^{2\varkappa} K_{2\mu}(z\,\operatorname{\mathfrak{Sin}} t)\,dt$$

$$\left(|\arg z| \leqq \frac{\pi}{2};\ |\operatorname{Re}\mu| + \operatorname{Re}\varkappa < \frac{1}{2}\right),$$

$$W_{\varkappa,\mu}(z)\,W_{\lambda,\mu}(\zeta) = \frac{(z\zeta)^{\mu+1/2}\,e^{-1/2(z+\zeta)}}{\Gamma(1-\varkappa-\lambda)} \int_0^\infty e^{-t}\,t^{-\varkappa-\lambda}(z+t)^{-1/2+\varkappa-\mu}(\zeta+t)^{-1/2+\lambda-\mu}$$

$$\times\,{}_2F_1(\tfrac{1}{2}-\varkappa+\mu,\ \tfrac{1}{2}-\lambda+\mu;\ 1-\varkappa-\lambda;\ \Theta)\,dt$$

mit

$$\Theta = \frac{t(z+\zeta+t)}{(z+t)(\zeta+t)};\ z \neq 0,\ \zeta \neq 0,\ |\arg z| < \pi,\ |\arg \zeta| < \pi,$$

$$\operatorname{Re}(1-\varkappa-\lambda) > 0,$$

$$W_{\varkappa,\mu}(z)\,W_{\lambda,\mu}(z) = \frac{\Gamma(1-\varkappa-\lambda)\,\Gamma(-2\mu)}{\Gamma(\tfrac{1}{2}-\varkappa-\mu)\,\Gamma(\tfrac{1}{2}-\lambda-\mu)}\; z^{\mu+1/2}\,e^{-1/2\,z} \times$$

$$\times \sum_{n=0}^{\infty} \frac{(\tfrac{1}{2}-\varkappa+\mu)_n\,(\tfrac{1}{2}-\lambda+\mu)_n}{(1+2\mu)_n\,n!}\; z^n\,W_{\varkappa+\lambda-\mu-n-1/2,\;n+\mu}(z) \;+$$

$$+\frac{\Gamma(1-\varkappa-\lambda)\,\Gamma(2\mu)}{\Gamma(\tfrac{1}{2}-\varkappa+\mu)\,\Gamma(\tfrac{1}{2}-\lambda+\mu)}\; z^{-\mu+1/2}\,e^{-z/2}\sum_{n=0}^{\infty}\frac{(\tfrac{1}{2}-\varkappa-\mu)_n\,(\tfrac{1}{2}-\lambda-\mu)_n}{(1-2\mu)_n\,n!}\; z^n \times$$

$$\times\,W_{\varkappa+\lambda+\mu-n-1/2,\;n-\mu}(z)$$

$$[\,|\arg z| < \pi;\;\operatorname{Re}(\varkappa+\lambda) > 0;\;\varkappa+\lambda \neq 1, 2, 3, \ldots;\;2\mu \neq 0,\,\pm 1,\,\pm 2,\,\ldots\,].$$

Erzeugende Funktion: Für reelle Werte von u mit $0 < -u < 1$ gilt:

$$z^{\mu+1/2}(1+u)^{-2\mu-1}e^{\frac{1}{2}\frac{u-1}{u+1}z} = \frac{1}{2\pi i}\int_{c-i\infty}^{c+i\infty} (-u)^{-1/2+\varkappa}\; + \;(\tfrac{1}{2}-\varkappa+\mu)\,W_{\varkappa,\mu}(z)\,d\varkappa$$

$$(c < \operatorname{Re}\mu < \tfrac{1}{2}).$$

Für $u < -1$ verschwindet das Integral.

Zwei erzeugende Funktionen für Produkte Whittakerscher Funktionen mit verschiedenen unabhängigen Variablen als Argumenten sind ebenfalls von A. Erdélyi angegeben worden; (vgl. das Literaturverzeichnis).

Ein Multiplikationstheorem für $e^{-z/2}N_{\varkappa,\mu}(z)$:

$$e^{-1/2\,\alpha z}N_{\varkappa,\mu}(\alpha z) = \alpha^{2\mu}\sum_{n=0}^{\infty}\frac{(\varkappa+\mu+\tfrac{1}{2})_n}{n!}\,(1-\alpha)^n\,e^{-1/2\,z}N_{\varkappa+\frac{n}{2},\;\mu+\frac{n}{2}}(z).$$

§ 3. Die Funktionen des parabolischen Zylinders (Funktionen von Weber und Hermite).

Die Funktionen

$$D_\nu(z) = 2^{1/4+\nu/2}\,z^{-1/2}\,W_{1/4+\nu/2,\,-1/4}\!\left(\frac{z^2}{2}\right)$$

$$= 2^{\nu/2}\,e^{-z^2/4}\left[\frac{\Gamma(\tfrac{1}{2})}{\Gamma\!\left(\dfrac{1-\nu}{2}\right)}\,{}_1F_1\!\left(\frac{-\nu}{2};\frac{1}{2};\frac{z^2}{2}\right) + \frac{z}{\sqrt{2}}\,\frac{\Gamma(-\tfrac{1}{2})}{\Gamma\!\left(\dfrac{-\nu}{2}\right)}\,{}_1F_1\!\left(\frac{1-\nu}{2};\frac{3}{2};\frac{z^2}{2}\right)\right]$$

heißen „Funktionen des parabolischen Zylinders".

Sie sind ganze transzendente Funktionen von z; die Differentialgleichung

$$\frac{d^2u}{dz^2} + (\nu + \tfrac{1}{2} - \tfrac{1}{4}z^2)\,u = 0$$

besitzt die Lösungen

$$u = D_\nu(z),\; D_\nu(-z),\; D_{-\nu-1}(iz),\; D_{-\nu-1}(-iz),$$

zwischen denen die linearen Beziehungen bestehen:

$$D(z) = \frac{\Gamma(\nu+1)}{\sqrt{2\pi}}\left[e^{i\nu\pi/2} D_{-\nu-1}(iz) + e^{-i\nu\pi/2} D_{-\nu-1}(-iz)\right]$$

$$= e^{-\nu\pi i} D_\nu(-z) + \frac{\sqrt{2\pi}}{\Gamma(-\nu)} e^{-i(\nu+1)\pi/2} D_{-\nu-1}(iz)$$

$$= e^{\nu\pi i} D_\nu(-z) + \frac{\sqrt{2\pi}}{\Gamma(-\nu)} e^{i(\nu+1)\pi/2} D_{-\nu-1}(-iz).$$

Die Anfangswerte von $D_\nu(z)$ sind:

$$D_\nu(0) = \frac{\Gamma\left(\tfrac{1}{2}\right) 2^{\nu/2}}{\Gamma\left(\dfrac{1-\nu}{2}\right)}; \quad D_\nu'(0) = \frac{\Gamma\left(-\tfrac{1}{2}\right) 2^{(\nu-1)/2}}{\Gamma\left(-\dfrac{\nu}{2}\right)}.$$

Rekursionsformeln:

$$D_{\nu+1}(z) - z D_\nu(z) + \nu D_{\nu-1}(z) = 0,$$

$$\frac{d}{dz} D_\nu(z) + \tfrac{1}{2} z D_\nu(z) - \nu D_{\nu-1}(z) = 0,$$

$$\frac{d}{dz} D_\nu(z) - \tfrac{1}{2} z D_\nu(z) + D_{\nu+1}(z) = 0.$$

Für große Werte von $|z|$, ($|z| \gg 1$, $|z| \gg |\nu|$), gelten *asymptotische Entwicklungen* für $D_\nu(z)$:

$$D_\nu(z) \approx e^{-z^2/4} z^\nu\left(1 - \frac{\nu(\nu-1)}{2z^2} + \frac{\nu(\nu-1)(\nu-2)(\nu-3)}{2\cdot 4 z^4} \mp \cdots\right)$$

$$\text{für } |\arg z| < \tfrac{3}{4}\pi,$$

$$D_\nu(z) \approx e^{-z^2/4} z^\nu\left(1 - \frac{\nu(\nu-1)}{2z^2} + \frac{\nu(\nu-1)(\nu-2)(\nu-3)}{2\cdot 4 z^4} \mp \cdots\right)$$

$$- \frac{\sqrt{2\pi}}{\Gamma(-\nu)} e^{\nu\pi i} e^{z^2/4} z^{-\nu-1}\left(1 + \frac{(\nu+1)(\nu+2)}{2z^2} + \frac{(\nu+1)(\nu+2)(\nu+3)(\nu+4)}{2\cdot 4 z^4} + \cdots\right)$$

$$\text{für } \frac{5}{4}\pi > \arg z > \frac{\pi}{4},$$

$$D_\nu(z) \approx e^{-z^2/4} z^\nu\left(1 - \frac{\nu(\nu-1)}{2z^2} + \frac{\nu(\nu-1)(\nu-2)(\nu-3)}{2\cdot 4 z^4} \mp \cdots\right)$$

$$- \frac{\sqrt{2\pi}}{\Gamma(-\nu)} e^{-\nu\pi i} e^{z^2/4} z^{-\nu-1}\left(1 + \frac{(\nu+1)(\nu+2)}{2z^2} + \frac{(\nu+1)(\nu+2)(\nu+3)(\nu+4)}{2\cdot 4 z^4} + \cdots\right)$$

$$\text{für } -\frac{\pi}{4} > \arg z > -\frac{5}{4}\pi.$$

Integraldarstellungen:

$$D_\nu(z) = \frac{1}{\sqrt{\pi}}\, 2^{\nu+1/2}\, e^{-\nu\pi i/2}\, e^{z^2/4} \int\limits_{-\infty}^{+\infty} t^\nu\, e^{-2t^2+2\,itz}\, dt$$

$$[\arg t^\nu = \nu\pi i \ \text{für} \ t < 0;\ \operatorname{Re}\nu > -1],$$

$$D_\nu(z) = \frac{e^{-z^2/4}}{\Gamma(-\nu)} \int\limits_0^\infty e^{-zt-t^2/2}\, t^{-\nu-1}\, dt \qquad (\operatorname{Re}\nu < 0),$$

$$D_{-\nu-1}(z\,e^{i\pi/4})\, D_{-\nu-1}(z\,e^{-i\pi/4}) = \frac{\sqrt{\pi}}{\Gamma(\nu+1)} \int\limits_0^\infty e^{-tz}\, J_{\nu+1/2}\!\left(\frac{t^2}{2}\right) dt \quad (\operatorname{Re}\nu > -1),$$

$$D_\nu(x)\, D_{-\nu-1}(x) = -\frac{1}{\sqrt{\pi}} \int\limits_0^\infty \left(\frac{\mathfrak{Cof}\,\dfrac{t}{2}}{\mathfrak{Sin}\,\dfrac{t}{2}}\right)^{\nu+1/2} \frac{1}{\sqrt{\mathfrak{Sin}\,t}}\, \sin\tfrac{1}{2}\,(x^2\,\mathfrak{Sin}\,t + \nu\pi)\, dt$$

$$(x\ \text{reell},\ \operatorname{Re}\nu < 0),$$

$$D_\nu(z\,e^{i\pi/4})\, D_\nu(z\,e^{-i\pi/4}) = \frac{1}{\Gamma(-\nu)} \int\limits_0^\infty \left(\frac{\mathfrak{Cof}\,t}{\mathfrak{Sin}\,t}\right)^\nu e^{-1/2\,z^2\,\mathfrak{Sin}\,2t}\, \frac{dt}{\mathfrak{Sin}\,t}$$

$$\left(|\arg z| < \frac{\pi}{4};\ \operatorname{Re}\nu < 0\right),$$

$$e^{ix^2/2}\, D_{-\nu-1}[(1+i)\,x] = \frac{2^{-(\nu-1)/2}}{\Gamma\!\left(\dfrac{\nu+1}{2}\right)} \int\limits_0^\infty \frac{e^{-ix^2t^2}\, t^\nu}{(1+t^2)^{1+\nu/2}}\, dt$$

$$(\operatorname{Re}\nu > -1;\ \operatorname{Re} i\,x^2 \geqq 0),$$

$$D_\nu[(1+i)\,x] = \frac{2^{(\nu+1)/2}}{\Gamma\!\left(\dfrac{-\nu}{2}\right)} \int\limits_1^\infty e^{-ix^2t/2}\, \frac{(t+1)^{(\nu-1)/2}}{(t-1)^{1+\nu/2}}\, dt$$

$$(\operatorname{Re}\nu < 0;\ \operatorname{Re} i\,x^2 \geqq 0),$$

$$\Gamma(-\nu)\, e^{\nu\pi i/4}\, 2^{-\nu/2-1}\, e^{ix^2/2} \{D_\nu[(1+i)\,x] + D_\nu[(-1-i)\,x]\}$$

$$= \Gamma\!\left(\frac{-\nu}{2}\right) 2^{-\nu-1}\, e^{i\nu\pi/4}\, {}_1F_1\!\left(\frac{-\nu}{2};\ \tfrac{1}{2};\ i\,x^2\right) = \int\limits_0^\infty \cos x\,t\, e^{-it^2/4}\, t^{-\nu-1}\, dt$$

$$(x\ \text{reell};\ -1 < \operatorname{Re}\nu < 0).$$

Erzeugende Funktion:

$$e^{-z^2/4-zt-t^2/2} = \sum_{n=0}^{\infty} \frac{(-t)^n}{n!} D_n(z) = \frac{1}{2\pi i} \int_{c-i\infty}^{c+i\infty} t^{\nu}\,\Gamma(-\nu)\,D_{\nu}(z)\,d\nu$$

$$\left(c < 0,\ |\arg t| < \frac{\pi}{4}\right).$$

Bilineare erzeugende Funktion: Es sei

$$F(x,\,y,\,u) = \frac{1}{4}\frac{1-u^2}{1+u^2}(x^2+y^2)+i\frac{u\,x\,y}{1+u^2};$$

dann ist

$$(1+u^2)^{-1/2}\,e^{F(x,y,u)}$$
$$= \frac{\sqrt{\pi/2}}{2\pi i}\int_{c-i\infty}^{c+i\infty}\frac{u^{-\nu-1}}{\sin(-\nu\pi)}\Big\{D_{\nu}(x)\,D_{-\nu-1}(iy)+D_{\nu}(-x)\,D_{-\nu-1}(-iy)\Big\}\,d\nu.$$

$$\left(-1 < c < 0;\ |\arg u| < \frac{\pi}{2}\right).$$

Ergänzungen:

Für ganzzahlige Werte von $n = 0, 1, 2, \ldots$ sind die Funktionen $D_n(z)$ die HERMITESCHEN orthogonalen Funktionen (vgl. Kap. V, § 2):

$$D_n(z) = (-1)^n\,e^{z^2/4}\frac{d^n}{dz^n}e^{-z^2/2} = e^{-z^2/4}\,He_n(z).$$

Weiterhin ist

$$D_{-1}(z) = e^{z^2/4}\sqrt{\frac{\pi}{2}}\left[1-\Phi\left(\frac{z}{\sqrt{2}}\right)\right],$$

$$D_{-2}(z) = e^{z^2/4}\sqrt{\frac{\pi}{2}}\left\{z\left[1-\Phi\left(\frac{z}{\sqrt{2}}\right)\right]-\sqrt{\frac{2}{\pi}}\,e^{-z^2/2}\right\}.$$

Die Funktion

$$A(x) = D_{-\frac{(1+i\lambda)}{2}}[\pm(1+i)\,x]$$

genügt der Differentialgleichung

$$\frac{d^2A}{dx^2}+(x^2+\lambda)\,A = 0.$$

Die Funktion $u = e^{-z^2/4}D_{\nu}(z)$ genügt der Differentialgleichung

$$\frac{d^2u}{dz^2}+z\frac{du}{dz}+(\nu+1)\,u = 0.$$

Es ist

$$\int_0^{\infty} e^{-i/4\,t^2}\,t^{\nu}\,D_{\nu+1}(t)\,dt = 2^{-(1+\nu)/2}\,\Gamma(\nu+1)\,\sin\left(\pi\,\frac{1-\nu}{4}\right)$$

$$(\mathrm{Re}\ \nu > -1).$$

Additionstheorem:

$$D_\nu(a\,x+b\,y)$$
$$= e^{(b\,x-a\,y)^2/4}\left(\frac{a}{\sqrt{a^2+b^2}}\right)^\nu \sum_{n=0}^{\infty}\binom{\nu}{n} D_{\nu-n}\left(\sqrt{a^2+b^2}\;x\right) D_n\left(\sqrt{a^2+b^2}\;y\right)\left(\frac{b}{a}\right)^n$$

$$(a,\;b,\;x,\;y,\;\text{reell und positiv},\;a>b;\;\operatorname{Re}\nu\geqq 0).$$

§ 4. Übersicht über die Spezialfälle der konfluenten hypergeometrischen Funktion.

a) Die Laguerreschen Funktionen. Die Funktion

$$L_\nu^{(\alpha)}(z) = \frac{\Gamma(\alpha+\nu+1)}{\Gamma(\alpha+1)\,\Gamma(\nu+1)}\,z^{-\frac{\alpha+1}{2}}\,e^{z/2}\,M_{\frac{\alpha+1}{2}+\nu,\,\frac{\alpha}{2}}(z),$$

$$= \frac{\Gamma(\alpha+\nu+1)}{\Gamma(\alpha+1)\,\Gamma(\nu+1)}\,{}_1F_1(-\nu;\;\alpha+1;\;z)$$

genügt der „*Differentialgleichung von* Laguerre"

$$z\,\frac{d^2}{d\,z^2}\,L_\nu^{(\alpha)}(z)+(\alpha+1-z)\,\frac{d}{d\,z}\,L_\nu^{(\alpha)}(z)+\nu\,L_\nu^{(\alpha)}(z) = 0.$$

Die Funktionen $L_\nu^{(\alpha)}$ heißen „*verallgemeinerte* Laguerre*sche Funktionen*"; in ihrer Gesamtheit sind sie kein Spezialfall, sondern die Gesamtheit der konfluenten hypergeometrischen Funktionen. Als Laguerresche Funktionen im engeren Sinne bezeichnet man die Funktionen $L_\nu^{(0)}(z)$ $\equiv L_\nu(z)$; für diese existiert die Integraldarstellung von Sommerfeld:

$$L_\nu(z) = \frac{e^z}{2\,\Gamma(\nu+1)}\int_0^{\infty}\left(\frac{t^2}{4}\right)^\nu e^{-t^2/4}\,J\left(t\,\sqrt{z}\,\right)t\,d\,t$$

$$(\operatorname{Re}\nu>-1).$$

Für $\nu=n=0,\,1,\,2,\,\ldots$ sind die Funktionen $L_n(z)$ bzw. $L_n^{(\alpha)}(z)$ Polynome in z; vgl. Kap. V, § 4.

Für große Werte von n lassen sich die folgenden Reihenentwicklungen zur Berechnung von $L_n^{(\alpha)}$ verwenden:

$$e^{-ht}L_n^{(\alpha)}(t) = \frac{\Gamma(\alpha+n+1)}{n!\,n^\alpha}\sum_{m=0}^{\infty} A_m(h)\left(\frac{t}{n}\right)^{(m-\alpha)/2} J_{\alpha+m}\left(2\sqrt{n\,t}\,\right)$$

$$(t,\;h\;\text{reell und positiv})$$

mit

$$\sum_{m=0}^{\infty} A_m(h)\,z^m = e^{nz}\,\frac{[1+(h-1)\,z]^n}{(1+h\,z)^{\alpha+n+1}}$$

oder, explizit geschrieben,

$$A_m(h) = h^{m-n} \sum_{k=0}^{n} \binom{n}{k} (h-1)^{n-k} L_m^{-(a+m+k+1)}\left(\frac{-n}{h}\right),$$

$$A_m(1) = L_m^{-(a+m+n+1)}(-n).$$

b) Die Funktionen des parabolischen Zylinders. Die in § 3 behandelten Funktionen $D_\nu(z)$ drücken sich am einfachsten durch die Whittakerschen Funktionen aus (vgl. § 3); für ganzzahlige Werte von $\nu = n = 0, 1, 2, \ldots$ erhält man die Hermiteschen Polynome (s. Kap.V, § 2) aus den Laguerreschen Polynomen durch die Beziehungen

$$L_n^{(-1/2)}\left(\frac{z^2}{2}\right) = \frac{(-1)^n}{2^n\, n!}\, He_{2n}(z),$$

$$L_n^{(1/2)}\left(\frac{z^2}{2}\right) = \frac{(-1)^n}{2^n\, n!}\, \frac{1}{z}\, He_{2n+1}(z).$$

c) Die Zylinderfunktionen. Die in Kapitel III behandelten Zylinderfunktionen können definiert werden durch

$$M_{0,\mu}(z) = 2^{2\mu}\, e^{-\mu\pi i/2}\, \Gamma(\mu+1)\, z^{1/2}\, J_\mu\left(\tfrac{1}{2} e^{i\pi/2} z\right),$$

$$W_{0,\mu}(z) = \frac{i}{2}\, e^{\mu\pi i/2} \sqrt{\pi z}\, H_\mu^{(1)}\left(\tfrac{1}{2} e^{i\pi/2} z\right) = \sqrt{\frac{z}{\pi}}\, K_\mu\left(\frac{z}{2}\right)$$

Für $\nu = n = 0, 1, 2, \ldots$ ist insbesondere

$$H_{-n-1/2}^{(1)}(z) = \frac{2}{\sqrt{\pi}}\, n!\, (2z)^{-n-1/2}\, e^{iz}\, L_n^{(-2n-1)}(-2iz),$$

$$H_{-n-1/2}^{(2)}(z) = \frac{2}{\sqrt{\pi}}\, n!\, (2z)^{-n-1/2}\, e^{-iz}\, L_n^{(-2n-1)}(2iz).$$

d) Die unvollständige Gammafunktion. Die Funktion

$$\gamma(\nu, x) = \int_0^x t^{\nu-1} e^{-t}\, dt = \Gamma(\nu) - x^{(\nu-1)/2}\, e^{-x/2}\, W_{(\nu-1)/2,\, \nu/2}(x)$$

$$(\operatorname{Re} \nu > 0)$$

heißt „unvollständige Gammafunktion". Nach den Formeln von § 2 wird für große Werte von x (für reelles positives x)

$$\gamma(\nu, x) \approx \Gamma(\nu) - x^{\nu-1} e^{-x}\left[1 + O\left(\frac{1}{x}\right)\right].$$

Es gelten für nicht negative reelle Werte von x und y die Formeln

$$\sum_{n=0}^{\infty} \frac{n!\, L_n^{(a)}(x)\, L_n^{(a)}(y)}{(n+1)\,\Gamma(n+\alpha+1)} = \begin{cases} \dfrac{e^{x+y}}{(xy)^a}\, \gamma(\alpha, y)\left(1 - \dfrac{\gamma(\alpha, x)}{\Gamma(\alpha)}\right) \\[2mm] \text{für } x \geqq y > 0,\ \alpha \text{ beliebig,} \\[2mm] \dfrac{e^x}{x^a}\, \dfrac{\Gamma(\alpha) - \gamma(\alpha, x)}{\Gamma(\alpha+1)} \\[2mm] \text{für } x > 0,\ y = 0,\ \operatorname{Re}\alpha < \tfrac{1}{2}, \\[2mm] \dfrac{-1}{\alpha\,\Gamma(\alpha+1)} \ \text{für } x = y = 0,\ \operatorname{Re}\alpha < 0. \end{cases}$$

e) Das Fehlerintegral und die Fresnelschen Integrale. Die Funktion

$$\Phi(x) = \frac{2}{\sqrt{\pi}} \int_0^x e^{-t^2}\, dt = 1 - \frac{1}{\sqrt{\pi}}\, x^{-1/2}\, e^{-x^2/2}\, W_{-1/4,\,1/4}(x^2)$$

$$= \frac{2x}{\sqrt{\pi}}\, {}_1F_1\!\left(\tfrac{1}{2};\,\tfrac{3}{2};\, -x^2\right)$$

heißt *Fehlerintegral*[1] *von* x. Es ist

$$\Phi(x) = \frac{2}{\sqrt{\pi}}\left(x - \frac{x^3}{1!\,3} + \frac{x^5}{2!\,5} - \frac{x^7}{3!\,7} \pm \cdots\right)$$

und nach den Formeln von § 2 für große Werte von $|x|$ im Bereich $-\dfrac{\pi}{2} < \arg x < \dfrac{\pi}{2}$:

$$\frac{\sqrt{\pi}}{2}\,[1 - \Phi(x)] \approx \frac{e^{-x^2}}{2x}\left(1 - \frac{1}{2x^2} + \frac{1.3}{(2x^2)^2} - \frac{1.3.5}{(2x^2)^3} \pm \cdots\right);$$

im Bereich $-\dfrac{\pi}{4} \leqq \arg x \leqq \dfrac{\pi}{4}$ ist der absolute Betrag des Fehlers höchstens gleich dem Betrage des letzten noch berücksichtigten Gliedes. Es ist ferner

$$\Phi(x) = 1 - \frac{e^{-x^2}}{\pi x} \int_0^\infty \frac{e^{-t}}{\sqrt{t}\left(1 + \dfrac{t}{x^2}\right)}\, dt$$

$$\left(-\frac{\pi}{2} < \arg x < \frac{\pi}{2}\right).$$

Zerlegt man für reelles x die Funktion

$$\frac{1}{1+i}\, \Phi\!\left(x\, \frac{1+i}{2}\, \sqrt{\pi}\right) = C(x) - i\,S(x)$$

---

[1] Vielfach wird die Funktion $\int_x^\infty e^{-t^2}\, dt$ mit $Erfc(x)$ bezeichnet. $\Phi(x)$ heißt auch „*Krampsche Funktion*".

in Real- und Imaginärteil, so erhält man die Funktionen

$$C(x) = \int_0^x \cos \frac{\pi}{2} t^2 \, dt,$$

$$S(x) = \int_0^x \sin \frac{\pi}{2} t^2 \, dt,$$

welche als „FRESNELsche Integrale" bezeichnet werden.

Für große Werte von x ist

$$C(x) = \frac{1}{2} + \frac{1}{\pi x} \sin \frac{\pi}{2} x^2 + O\left(\frac{1}{x^2}\right),$$

$$S(x) = \frac{1}{2} - \frac{1}{\pi x} \cos \frac{\pi}{2} x^2 + O\left(\frac{1}{x^2}\right).$$

Weiterhin gilt:

$$\int_0^x C(t) \, dt = x C(x) - \frac{1}{\pi} \sin \frac{\pi}{2} x^2,$$

$$\int_0^x S(t) \, dt = x S(x) + \frac{1}{\pi} \cos \frac{\pi}{2} x^2 - \frac{1}{\pi},$$

$$\int_0^x \Phi(t) \, dt = x \Phi(x) + \frac{1}{\sqrt{\pi}} (e^{-x^2} - 1),$$

$$C(x) = J_{1/2}\left(\frac{\pi}{2} x^2\right) + J_{5/2}\left(\frac{\pi}{2} x^2\right) + J_{9/2}\left(\frac{\pi}{2} x^2\right) + \cdots,$$

$$S(x) = J_{3/2}\left(\frac{\pi}{2} x^2\right) + J_{7/2}\left(\frac{\pi}{2} x^2\right) + J_{11/2}\left(\frac{\pi}{2} x^2\right) + \cdots.$$

f) Integrallogarithmus, Exponentialintegral, Integralsinus, Integral-cosinus. Die Funktion

$$\mathrm{li}\,(z) = \int_0^z \frac{dt}{\ln t} = -\left(\ln \frac{1}{z}\right)^{-1/2} z^{1/2} \, \mathrm{W}_{-1/2,\,0}\,(-\ln z)$$

heißt „*Integrallogarithmus*" von z. Die Funktion $\mathrm{li}\,(e^x)$ wird vielfach mit $\mathrm{Ei}\,(x)$ bezeichnet und heißt „*Exponentialintegral*" von x. Es ist

$$\mathrm{Ei}\,(x) = C + \ln x + \sum_{n=1}^{\infty} \frac{x^n}{n \cdot n!}$$

$$\mathrm{Ei}\,(ix) = \mathrm{Ci}\,(x) + i\,\mathrm{Si}\,(x) + i \frac{\pi}{2},$$

$$\mathrm{Ci}\,(x) = -\int_x^{\infty} \frac{\cos t}{t} \, dt = C + \ln x - \int_0^x \frac{1 - \cos t}{t} \, dt$$

$$(C = \text{Eulersche Konstante}),$$

$$\mathrm{Si}\,(x) \;=\; \int_0^x \frac{\sin t}{t}\,dt \;=\; \frac{\pi}{2} - \int_x^\infty \frac{\sin t}{t}\,dt.$$

Die Funktionen $\mathrm{Si}\,(x)$ bzw. $\mathrm{Ci}\,(x)$ heißen *„Integralsinus"* bzw. *„Integralcosinus"* von x. Man schreibt auch

$$\mathrm{si}\,(x) \;=\; -\int_x^\infty \frac{\sin t}{t}\,dt.$$

Für große positive Werte von x gilt:

$$\mathrm{Ci}\,(x) + i\,\mathrm{si}\,(x) \approx e^{ix}\left(\frac{1}{i\,x} + \frac{1!}{(i\,x)^2} + \frac{2!}{(i\,x)^3} + \frac{3!}{(i\,x)^4} + \cdots\right).$$

Weitere Formeln in Kapitel VIII, §§ 1, 2.

Siebentes Kapitel.

Elliptische Integrale,
Thetafunktionen und elliptische Funktionen.

Allgemeine Vorbemerkungen über elliptische Integrale und Funktionen.

Es bedeute W die Quadratwurzel aus einem Polynom dritten oder vierten Grades in einer Veränderlichen z mit lauter verschiedenen Nullstellen, und $R(z, W)$ eine rationale Funktion von z und W. Das unbestimmte Integral von R als Funktion von z heißt dann ein *elliptisches Integral,* falls es sich nicht auf elementare Funktionen reduzieren läßt.

Die Umkehrfunktionen derjenigen elliptischen Integrale, die bei unbeschränkter analytischer Fortsetzung (auch in den Punkt $z = \infty$) beständig endlich bleiben, heißen *elliptische Funktionen*; sie sind eindeutige meromorphe Funktionen $f(u)$ einer im folgenden mit u bezeichneten komplexen Veränderlichen, welche zweifach periodisch sind; dies soll bedeuten, daß es zwei von Null verschiedene Zahlen p_1 und p_2 mit nicht reellem Quotienten gibt, so daß dann und nur dann für alle u

$$f(u + p) = f(u)$$

ist, wenn $p = n_1\,p_1 + n_2\,p_2$ mit beliebigen ganzzahligen Werten von n_1 und n_2 ist. Man nennt p_1 und p_2 ein Paar primitiver Perioden oder kurz Perioden von $f(u)$.

§ 1. Elliptische Integrale.

Das *elliptische Integral erster Gattung in der* Legendre*schen Normalform* ist gegeben durch

$$F(k, \varphi) = \int_0^{\varphi} \frac{d\psi}{\sqrt{1 - k^2 \sin^2 \psi}} = \int_0^{\sin \varphi} \frac{d t}{\sqrt{(1 - t^2)(1 - k^2 t^2)}}.$$

Das entsprechende *elliptische Normalintegral zweiter Gattung* ist

$$E(k, \varphi) = \int_0^{\varphi} \sqrt{1 - k^2 \sin^2 \psi}\, d\psi = \int_0^{\sin \varphi} \sqrt{\frac{1 - k^2 t^2}{1 - t^2}}\, d t;$$

k heißt der *Modul* des elliptischen Integrals. Für $\varphi = \dfrac{\pi}{2}$ heißen die obigen Integrale die *vollständigen elliptischen Normalintegrale.*

$$F\left(k, \frac{\pi}{2}\right) \equiv \mathsf{K}(k)$$

$$= \int_0^{\pi/2} \frac{d\psi}{\sqrt{1 - k^2 \sin^2 \psi}} = \int_0^1 \frac{d t}{\sqrt{(1 - t^2)(1 - k^2 t^2)}} = \frac{\pi}{2} F\left(\tfrac{1}{2}, \tfrac{1}{2}; 1; k^2\right),$$

$$E\left(k, \frac{\pi}{2}\right) = \mathsf{E}(k)$$

$$= \int_0^{\pi/2} \sqrt{1 - k^2 \sin^2 \psi}\, d\psi = \int_0^1 \sqrt{\frac{1 - k^2 t^2}{1 - t^2}}\, d t = \frac{\pi}{2} F\left(-\tfrac{1}{2}, \tfrac{1}{2}; 1; k^2\right).$$

Hierbei bedeutet $F(a, b; c; z) = F_1(a, b; c; z)$ die hypergeometrische Funktion. Bezeichnet k' den zu k komplementären Modul gegeben durch $k'^2 = 1 - k^2$, so schreibt man

$$\mathsf{K}(k') = \mathsf{K}(\sqrt{1 - k^2}) = \mathsf{K}'(k), \quad \mathsf{E}(k') = \mathsf{E}(\sqrt{1 - k^2}) = \mathsf{E}'(k).$$

Zwischen den beiden vollständigen elliptischen Normalintegralen E und K besteht die LEGENDRESche Relation.

$$\mathsf{E}\mathsf{K}' + \mathsf{E}'\mathsf{K} - \mathsf{K}\mathsf{K}' = \frac{\pi}{2}.$$

Reihenentwicklungen.

Die folgenden Reihen konvergieren für $|k| < 1$ bzw. $|1 - k^2| < 1$; die beiden ersten sind für kleine Werte $|k^2|$, die beiden letzten für kleine Werte von $|1 - k^2|$ besonders gut brauchbar.

$$\mathsf{K}(k) = \frac{\pi}{2}\left[1 + 2\frac{k^2}{8} + 9\left(\frac{k^2}{8}\right)^2 + 50\left(\frac{k^2}{8}\right)^3 + \cdots\right] = \frac{\pi}{2} \sum_{n=0}^{\infty} \frac{\left(\frac{1}{2}\right)_n \left(\frac{1}{2}\right)_n}{n!\, n!}\, k^{2n},$$

$$\mathsf{E}(k) = \frac{\pi}{2}\left[1 - 2\frac{k^2}{8} - 3\left(\frac{k^2}{8}\right)^2 - 10\left(\frac{k^2}{8}\right)^3 - \cdots\right] = \frac{\pi}{2} \sum_{n=0}^{\infty} \frac{\left(-\frac{1}{2}\right)_n \left(\frac{1}{2}\right)_n}{n!\, n!}\, k^{2n},$$

$$K(k) = \sum_{n=0}^{\infty} \frac{\left(\frac{1}{2}\right)_n \left(\frac{1}{2}\right)_n}{n!\, n!} \left\{ \psi(n+1) - \psi(n+\tfrac{1}{2}) - \tfrac{1}{2} \ln(1-k^2) \right\} (1-k^2)^n,$$

$$E(k) = 1 + \frac{1}{4} \sum_{n=0}^{\infty} \frac{\left(\frac{1}{2}\right)_n \left(\frac{3}{2}\right)_n}{n!\,(n+1)!} \left\{ \psi(n+2) + \psi(n+1) - \psi(n+\tfrac{3}{2}) - \psi(n+\tfrac{1}{2}) \right.$$
$$\left. - \ln(1-k^2) \right\} (1-k^2)^{n+1}.$$

Spezielle Werte des Moduls k.

Es ist für

$$k = \sin(\pi/4) = \tfrac{1}{2}\sqrt{2}, \quad K = K' = \sqrt[4]{2} \int_0^1 \frac{dt}{\sqrt{1-t^4}} = \frac{1}{4\sqrt{\pi}} [\Gamma(\tfrac{1}{4})]^2,$$

$$k = \sqrt{2} - 1, \quad K' = K\sqrt{2},$$

$$k = \sin\frac{\pi}{18}, \quad K' = K\sqrt{3},$$

$$k = \tan^2\left(\frac{\pi}{8}\right) = \frac{2-\sqrt{2}}{2+\sqrt{2}}, \quad K' = 2K.$$

Transformationsformeln.

$$K\left(\frac{1-k'}{1+k'}\right) = \frac{1+k'}{2} K(k),$$

$$E\left(\frac{1-k'}{1+k'}\right) = \frac{1}{1+k'} [E(k) + k' K(k)],$$

$$K\left(\frac{2\sqrt{k}}{1+k}\right) = (1+k) K(k),$$

$$E\left(\frac{2\sqrt{k}}{1+k}\right) = \frac{1}{1+k} [2E(k) - k'^2 K(k)],$$

$$K\left(i\frac{k}{k'}\right) = k' K(k),$$

$$K'\left(i\frac{k}{k'}\right) = k' [K(k') - iK(k)],$$

$$K\left(\frac{1}{k}\right) = k K(k) + i K'(k).$$

Die ersten 4 dieser Formeln sind Spezialfälle der allgemeineren Transformationsformeln

$$F\left(\frac{1-k'}{1+k'}, \psi\right) = (1+k') F(k, \varphi),$$

$$E\left(\frac{1-k'}{1+k'}, \psi\right) = \frac{2}{1+k'}\left[E(k, \varphi) + k' F(k, \varphi)\right] - \frac{1-k'}{1+k'}\sin\psi.$$

(Dabei ist $\tan(\psi - \varphi) = k' \tan\varphi$).

$$F\left(\frac{2\sqrt{k}}{1+k}, \psi\right) = (1+k) F(k, \varphi),$$

$$E\left(\frac{2\sqrt{k}}{1+k}, \psi\right) = \frac{1}{1+k}\left[2 E(k, \varphi) - k'^2 F(k, \varphi) + 2 k \frac{\sin\varphi \cos\varphi}{1+k \sin^2\varphi}\sqrt{1-k^2 \sin^2\varphi}\right]$$

mit $\sin\psi = \dfrac{(1+k)\sin\varphi}{1+k \sin^2\varphi}$.

Die letzten drei Formeln für **K** sind als Spezialfälle in den in der folgenden Tabelle aufgeführten Transformationsformeln enthalten.

k_1	$\sin\varphi_1$	$\cos\varphi_1$	$F(k_1, \varphi_1)$	$E(k_1, \varphi_1)$
$i\,\dfrac{k}{k'}$	$k'\,\dfrac{\sin\varphi}{\sqrt{1-k^2 \sin^2\varphi}}$	$\dfrac{\cos\varphi}{\sqrt{1-k^2 \sin^2\varphi}}$	$k'\,F(k, \varphi)$	$\dfrac{1}{k'}\left[E(k, \varphi) - k^2 \dfrac{\sin\varphi \cos\varphi}{\sqrt{1-k^2 \sin^2\varphi}}\right]$
k'	$-i\tan\varphi$	$\dfrac{1}{\cos\varphi}$	$-i F(k, \varphi)$	$i\,[E(k, \varphi) - F(k, \varphi) - \sqrt{1-k^2 \sin^2\varphi}\;\tan\varphi]$
$\dfrac{1}{k}$	$k \sin\varphi$	$\sqrt{1-k^2 \sin^2\varphi}$	$k\,F(k, \varphi)$	$\dfrac{1}{k}\,[E(k, \varphi) - k'^2 F(k, \varphi)]$
$\dfrac{1}{k'}$	$-i k' \tan\varphi$	$\dfrac{\sqrt{1-k^2 \sin^2\varphi}}{\cos\varphi}$	$-i k' F(k, \varphi)$	$\dfrac{i}{k'}\,[E(k, \varphi) - k'^2 F(k, \varphi) - \sqrt{1-k^2 \sin^2\varphi}\;\tan\varphi]$
$\dfrac{k'}{i k}$	$\dfrac{-i k \sin\varphi}{\sqrt{1-k^2 \sin^2\varphi}}$	$\dfrac{1}{\sqrt{1-k^2 \sin^2\varphi}}$	$-i k F(k, \varphi)$	$\dfrac{i}{k}\left[[E(k, \varphi) - F(k, \varphi) - \dfrac{k^2 \sin\varphi \cos\varphi}{\sqrt{1-k^2 \sin^2\varphi}}\right]$

In der nachfolgenden Tabelle ist die Zurückführung einiger elliptischer Integrale 1. Gattung auf die LEGENDRESCHE Normalform gegeben. Die elliptischen Integrale in der ersten Spalte der Tabelle sind gleich $A F(k, \varphi)$, wobei die Konstante A, der Modul k und die Variable φ in den weiteren Spalten der Tabelle definiert sind.

$A\,F(k,\varphi)$	A	k	φ
$\displaystyle\int_x^\infty \frac{dt}{\sqrt{t^3-1}}$	$\dfrac{1}{\sqrt[4]{3}}$	$\sin 15^0$	$\cos\varphi = \dfrac{x-1-\sqrt{3}}{c-1+\sqrt{3}}$
$\displaystyle\int_1^x \frac{dt}{\sqrt{t^3-1}}$	"	"	$\cos\varphi = \dfrac{\sqrt{3}+1-x}{\sqrt{3}-1+x}$
$\displaystyle\int_x^1 \frac{dt}{\sqrt{1-t^3}}$	"	$\sin 75^0$	$\cos\varphi = \dfrac{\sqrt{3}-1+x}{\sqrt{3}+1-x}$
$\displaystyle\int_{-\infty}^x \frac{dt}{\sqrt{1-t^3}}$	"	"	$\cos\varphi = \dfrac{1-x-\sqrt{3}}{1-x+\sqrt{3}}$
$\displaystyle\int_x^1 \frac{dt}{\sqrt{1+t^4}}$	$\dfrac{1}{2}$	$2.(\sqrt{2}-1)\,\sqrt[4]{2}$	$\cos\varphi = \dfrac{x\sqrt{2}}{1+x^4}$
$\displaystyle\int_0^x \frac{dt}{\sqrt{1+t^4}}$	$\dfrac{1}{2}$	$\sin 45^0$	$\cos\varphi = \dfrac{1-x^2}{1+x^2}$
$\displaystyle\int_x^\infty \frac{dt}{\sqrt{1+t^4}}$	$\dfrac{1}{2}$	$\sin 45^0$	$\cos\varphi = \dfrac{x^2-1}{x^2+1}$
$\displaystyle\int_0^x \frac{dt}{\sqrt{(a^2-t^2)(b^2-t^2)}}$	$\dfrac{1}{a}$	$\dfrac{b}{a}$	$\sin\varphi = \dfrac{x}{b}$
$\displaystyle\int_x^b \frac{dt}{\sqrt{(a^2-t^2)(b^2-t^2)}}$	"	"	$\cos\varphi = \sqrt{\dfrac{(a/b)^2-1}{(a/x)^2-1}}$
$\displaystyle\int_b^x \frac{dt}{\sqrt{(a^2-t^2)(t^2-b^2)}}$	"	$\sqrt{1-(b/a)^2}$	$\sin\varphi = \sqrt{\dfrac{1-(b/x)^2}{1-(b/a)^2}}$
$\displaystyle\int_x^a \frac{dt}{\sqrt{(a^2-t^2)(t^2-b^2)}}$	"	"	$\sin\varphi = \sqrt{\dfrac{1-(x/a)^2}{1-(b/a)^2}}$
$\displaystyle\int_a^x \frac{dt}{\sqrt{(t^2-a^2)(t^2-b^2)}}$	"	$\dfrac{b}{a}$	$\sin\varphi = \sqrt{\dfrac{1-(b/x)^2}{1-(a/x)^2}}$
$\displaystyle\int_x^\infty \frac{dt}{\sqrt{(t^2-a^2)(t^2-b^2)}}$	"	"	$\sin\varphi = \dfrac{a}{x}$
$\displaystyle\int_0^x \frac{dt}{\sqrt{(a^2+t^2)(b^2+t^2)}}$	"	$\sqrt{1-(b/a)^2}$	$\tan\varphi = \dfrac{x}{b}$
$\displaystyle\int_x^\infty \frac{dt}{\sqrt{(a^2+t^2)(b^2+t^2)}}$	"	"	$\cot\varphi = \dfrac{x}{a}$

$A\,F(k,\varphi)$	A	k	φ
$\displaystyle\int_0^x \frac{dt}{\sqrt{(a^2-t^2)(b^2+t^2)}}$	$\dfrac{1}{\sqrt{a^2+b^2}}$	$\dfrac{a}{\sqrt{a^2+b^2}}$	$\sin\varphi = \sqrt{\dfrac{1+(b/a)^2}{1+(b/x)^2}}$
$\displaystyle\int_x^a \frac{dt}{\sqrt{(a^2-t^2)(b^2+t^2)}}$	,,	,,	$\cos\varphi = \dfrac{x}{a}$
$\displaystyle\int_b^x \frac{dt}{\sqrt{(a^2+t^2)(t^2-b^2)}}$	,,	,,	$\cos\varphi = \dfrac{b}{x}$
$\displaystyle\int_x^\infty \frac{dt}{\sqrt{(a^2+t^2)(t^2-b^2)}}$	,,	,,	$\sin\varphi = \sqrt{\dfrac{1+(b/a)^2}{1+(x/a)^2}}$

Im folgenden werden eine Reihe weiterer Integrale auf die in der vorhergehenden Tabelle auftretenden und damit auf die Legendresche Normalform zurückgeführt.

Es sei $X(t) = (t-a)(t-b)(t-c)$ a, b, c reell, $a > b > c$.

Setzt man $C = \dfrac{2}{\sqrt{a-c}},\quad k = \sqrt{\dfrac{b-c}{a-c}},\quad k' = \sqrt{\dfrac{a-b}{a-c}}.$
Dann ist:

$$\int_x^\infty \frac{dt}{\sqrt{X}} = C \int_0^y \frac{dt}{\sqrt{(1-t^2)(1-k^2 t^2)}} \quad\text{mit } y = \sqrt{\frac{a-c}{x-c}},$$

$$\int_{-\infty}^x \frac{dt}{\sqrt{-X}} = C \int_0^y \frac{dt}{\sqrt{(1-t^2)(1-k'^2 t^2)}} \quad\text{mit } y = \sqrt{\frac{a-c}{a-x}},$$

$$\int_a^x \frac{dt}{\sqrt{X}} = C \int_y^1 \frac{dt}{\sqrt{(1-t^2)(k'^2 + k^2 t^2)}} \quad\text{mit } y = \sqrt{\frac{a-b}{x-c}},$$

$$\int_x^a \frac{dt}{\sqrt{-X}} = C \int_0^y \frac{dt}{\sqrt{(1-t^2)(1-k'^2 t^2)}} \quad\text{mit } y = \sqrt{\frac{a-x}{a-b}},$$

$$\int_x^b \frac{dt}{\sqrt{X}} = C \int_y^1 \frac{dt}{\sqrt{(1-t^2)(t^2-k'^2)}} \quad\text{mit } y = \sqrt{\frac{a-b}{a-x}},$$

$$\int_b^x \frac{dt}{\sqrt{-X}} = C \int_y^1 \frac{dt}{\sqrt{(1-t^2)(t^2-k^2)}} \quad\text{mit } y = \sqrt{\frac{b-c}{x-c}},$$

$$\int_c^x \frac{dt}{\sqrt{X}} = C \int_0^y \frac{dt}{\sqrt{(1-t^2)(1-k^2 t^2)}} \quad\text{mit } y = \sqrt{\frac{x-c}{b-c}},$$

$$\int\limits_{x}^{c} \frac{dt}{\sqrt{-X}} = C \int\limits_{y}^{1} \frac{dt}{\sqrt{(1-t^2)\,(k^2+k'^2\,t^2)}} \quad \text{mit } y = \sqrt{\frac{b-c}{b-x}}.$$

Es sei

$$Y(t) = (t-a)\,(t-b)\,(t-c)\,(t-d); \quad a, b, c, d \text{ reell}, \ a > b > c > d.$$

Dann ist für $a < t < \infty$:

$$\int \frac{dt}{\sqrt{Y(t)}} = \frac{2}{\sqrt{(a-c)\,(b-d)}} \int \frac{dx}{\sqrt{(1-x^2)\,(1-k^2 x^2)}},$$

wobei

$$k^2 = \frac{(b-c)\,(a-d)}{(a-c)\,(b-d)}, \quad t = \frac{a(b-d)-b(a-d)\,x^2}{(b-d)-(a-d)\,x^2}, \quad x = \sqrt{\frac{(b-d)\,(t-a)}{(a-d)\,(t-b)}}.$$

Für $c < t < b$ erhält man dieselbe Formel durch Anwendung der Substitution

$$t = \frac{c(b-d)-d(b-c)\,x^2}{(b-d)-(b-c)\,x^2}, \quad x = \sqrt{\frac{(b-d)\,(t-c)}{(b-c)\,(t-d)}}.$$

Für $d < t < c$ gilt

$$\int \frac{dt}{\sqrt{-Y(t)}} = \frac{2}{\sqrt{(a-c)\,(b-d)}} \int \frac{dx}{\sqrt{(1-x^2)\,(1-k^2 x^2)}},$$

wobei

$$k^2 = \frac{(a-b)\,(c-d)}{(a-c)\,(b-d)}, \quad t = \frac{d\,(a-c)+a\,(c-d)\,x^2}{(a-c)+(c-d)\,x^2}, \quad x = \sqrt{\frac{(a-c)\,(t-d)}{(c-d)\,(a-t)}}.$$

Für $b < t < a$ erhält man dieselbe Formel durch Anwendung der Substitution

$$t = \frac{b(a-c)-c(a-b)\,x^2}{(a-c)-(a-b)\,x^2}, \quad x^2 = \sqrt{\frac{(a-c)\,(t-b)}{(a-b)\,(t-c)}}.$$

Es sei

$$Y(t) = (t-\alpha)\,(t-\beta)\,[(t-\mu)^2 + \nu^2]; \quad \alpha, \beta, \mu, \nu \text{ reell}; \ \alpha > \beta; \ \nu > 0.$$

Man setze

$$(\mu - \alpha)^2 + \nu^2 = a^2, \quad (\mu - \beta)^2 + \nu^2 = b^2.$$

Dann ist für $\alpha < t < \infty$ und $-\infty < t < \beta$:

$$\int \frac{dt}{\sqrt{Y(t)}} = \frac{1}{\sqrt{a\,b}} \int \frac{dx}{\sqrt{(1-x^2)\,(1-k^2 x^2)}},$$

wobei

$$k^2 = \frac{(a+b)^2 - (\alpha-\beta)^2}{4\,a\,b}; \quad t = \frac{(\alpha b - a\beta) + (\alpha b + a\beta)\sqrt{1-x^2}}{(b-a)+(b+a)\sqrt{1-x^2}}.$$

Für $\beta < t < \alpha$ erhält man

$$\int \frac{dt}{\sqrt{-Y(t)}} = \frac{1}{\sqrt{a\,b}} \int \frac{dx}{\sqrt{(1-x^2)\,(1-k^2 x^2)}}$$

mit $\quad k^2 = \dfrac{(\alpha - \beta)^2 - (a - b)^2}{4\,a\,b}$; $\quad t = \dfrac{(\alpha\,b + a\,\beta) - (\alpha\,b - a\,\beta)\sqrt{1 - x^2}}{(b + a) - (b - a)\sqrt{1 - x^2}}$.

Falls $\alpha + \beta = 2\mu$ ist, wird $a = b$. In diesem Falle führe man $t - \mu$ als neue Variable ein und benutze die Formeln von S. 132.

Es sei schließlich

$$Y(t) = [(t - \mu)^2 + \nu^2]\,[(t - \mu')^2 + \nu'^2];\quad \mu, \mu', \nu, \nu' \text{ reell}; \quad \nu\nu' \neq 0.$$

Man setze

$$(\mu - \mu')^2 + (\nu + \nu')^2 = r^2, \quad (\mu - \mu')^2 + (\nu - \nu')^2 = s^2,$$

$$\operatorname{ctg} \omega = \sqrt{\frac{(r + s)^2 - 4\nu^2}{4\nu^2 - (r - s)^2}},$$

$$t = \nu\,\tan(\varphi - \omega) + \mu, \quad x = \sin\varphi.$$

Dann wird

$$\int \frac{dt}{\sqrt{Y(t)}} = \frac{2}{r + s}\int \frac{dx}{\sqrt{(1 - x^2)\,(1 - k^2 x^2)}} = \frac{2}{r + s}\int \frac{d\varphi}{\sqrt{1 - k^2 \sin^2\varphi}}$$

mit

$$k^2 = \frac{4\,r\,s}{(r + s)^2}.$$

Zurückführung elliptischer Integrale auf Legendre's *Normalintegral* $E(k, \varphi)$. Die elliptischen Integrale in der ersten Spalte der folgenden Tabelle sind gleich $A\,E(k, \varphi)$, wobei die Konstante A, der Modul k und die Variable φ in den weiteren Spalten der Tabelle definiert sind.

$A\,E(k, \varphi)$	A	k	φ
$\displaystyle\int_0^x \sqrt{\dfrac{a^2 - t^2}{b^2 - t^2}}\,dt$	a	$\dfrac{b}{a}$	$\sin\varphi = \dfrac{x}{b}$
$\displaystyle\int_x^a \sqrt{\dfrac{b^2 + t^2}{a^2 - t^2}}\,dt$	$\sqrt{a^2 + b^2}$	$\dfrac{a}{\sqrt{a^2 + b^2}}$	$\cos\varphi = \dfrac{x}{a}$
$\displaystyle\int_b^x \dfrac{1}{t^2}\sqrt{\dfrac{t^2 + a^2}{t^2 - b^2}}\,dt$	$\dfrac{\sqrt{a^2 + b^2}}{b^2}$	„	$\cos\varphi = \dfrac{b}{x}$
$\displaystyle\int_b^x t^2 \sqrt{\dfrac{t^2 + a^2}{t^2 - b^2}}\,dt$	$\sqrt{a^2 + b^2}$	„	$\sin\varphi = \sqrt{\dfrac{1 + (b/a)^2}{1 + (x/a)^2}}$
$\displaystyle\int_0^x \sqrt{\dfrac{a^2 + t^2}{(b^2 + t^2)^3}}\,dt$	$\dfrac{a}{b^2}$	$\dfrac{\sqrt{a^2 - b^2}}{a}$	$\tan\varphi = \dfrac{x}{b}$
$\displaystyle\int_b^x \dfrac{dt}{t^2\sqrt{(t^2 - b^2)\,(a^2 - t^2)}}$	$\dfrac{1}{a\,b^2}$	„	$\sin\varphi = \sqrt{\dfrac{1 - (b/x)^2}{1 - (b/a)^2}}$

Folgende Integrale lassen eine Reduktion auf die Normalform elliptischer Integrale erster und zweiter Gattung zu.

$$\int_0^{\varphi} \frac{\sin^2 \psi \, d\psi}{\sqrt{1-k^2 \sin^2 \psi}} = \frac{F-E}{k^2}, \qquad \int_0^{\varphi} \frac{\cos^2 \psi \, d\psi}{\sqrt{1-k^2 \sin^2 \psi}} = \frac{E - k'^2 F}{k^2},$$

$$\int_0^{\varphi} \frac{d\psi}{\sqrt{(1-k^2 \sin^2 \psi)^3}} = \frac{E}{k'^2} - \frac{k^2}{k'^2} \frac{\sin \varphi \cos \varphi}{\sqrt{1-k^2 \sin^2 \varphi}},$$

$$\int_0^{\varphi} \frac{\tan^2 \psi \, d\psi}{\sqrt{1-k^2 \sin^2 \psi}} = \frac{1}{k'^2} [\tan \varphi \sqrt{1-k^2 \sin^2 \varphi} - E],$$

$$\int_0^{\varphi} \frac{\sin^2 \psi \, d\psi}{\sqrt{(1-k^2 \sin^2 \psi)^3}} = \frac{E - k'^2 F}{k^2 k'^2} - \frac{\sin \varphi \cos \varphi}{k'^2 \sqrt{1-k^2 \sin^2 \varphi}},$$

$$\int_0^{\varphi} \frac{\cos^2 \psi \, d\psi}{\sqrt{(1-k^2 \sin^2 \psi)^3}} = \frac{F-E}{k^2} + \frac{\sin \varphi \cos \varphi}{\sqrt{1-k^2 \sin^2 \varphi}},$$

$$\int_{\varphi_1}^{\varphi_2} \frac{d\psi}{\sin^2 \psi \sqrt{1-k^2 \sin^2 \psi}} = [F - E - \sqrt{1-k^2 \sin^2 \psi}\, \cotan \psi]_{\varphi_1}^{\varphi_2},$$

$$\int_0^{\varphi} \frac{d\psi}{\cos^2 \psi \cdot \sqrt{1 - k^2 \sin^2 \psi}} = \frac{\sqrt{1-k^2 \sin^2 \varphi}\, \tan \varphi - E + k'^2 F}{k'^2},$$

$$\int_0^{\varphi} \sqrt{1-k^2 \sin^2 \psi}\, \tan^2 \psi \, d\psi = \tan \varphi \sqrt{1-k^2 \sin^2 \varphi} + F - 2E.$$

Hierbei ist $E(k, \varphi) = E$ und $F(k, \varphi) = F$ gesetzt.

Folgende in der Potentialtheorie und Hydrodynamik auftretende Integrale lassen sich ebenfalls auf Kombinationen von Normalintegralen erster und zweiter Gattung zurückführen.

$$\int_x^{\infty} \frac{dt}{\sqrt{(a+t)(b+t)(c+t)}} = \frac{2}{\sqrt{a-c}} F(k, \varphi),$$

$$\int_x^{\infty} \frac{dt}{(a+t)\sqrt{(a+t)(b+t)(c+t)}} = \frac{2}{\sqrt{(a-c)^3}} \frac{F(k, \varphi) - E(k, \varphi)}{k^2},$$

$$\int_x^{\infty} \frac{dt}{(b+t)\sqrt{(a+t)(b+t)(c+t)}}$$

$$= \frac{2}{k'^2 \sqrt{(a-c)^3}} \left[\frac{E(k, \varphi) - k'^2 F(k, \varphi)}{k^2} - \frac{\sin \varphi \cos \varphi}{\sqrt{1-k^2 \sin^2 \varphi}} \right].$$

$$\int_x^\infty \frac{dt}{(c+t)\,\sqrt{(a+t)\,(b+t)\,(c+t)}}$$

$$= \frac{2}{k'^2\,\sqrt{(a-c)^3}}\,\left[\sqrt{1-k^2\sin^2\varphi}\;\tan\varphi - E(k,\varphi)\right]$$

$$\text{mit } k^2 = \frac{a-b}{a-c} \quad \text{und} \quad \sin^2\varphi = \frac{a-c}{a+x}.$$

Die vorstehenden Ergebnisse erhält man, indem man die Substitution $a+t = \dfrac{a-c}{\sin^2\varphi}$ einführt. Vorausgesetzt ist $a > b > c$.

Die folgenden bestimmten Integrale lassen sich nach G. N. Watson auf $\mathsf{K}(k)$ zurückführen:

$$\frac{1}{\pi^3}\int_0^\pi\int_0^\pi\int_0^\pi \frac{du\,dv\,dw}{1-\cos u\,\cos v\,\cos w} = \frac{4}{\pi^2}\,\mathsf{K}^2\!\left(\sin\frac{\pi}{4}\right),$$

$$\frac{1}{\pi^3}\int_0^\pi\int_0^\pi\int_0^\pi \frac{du\,dv\,dw}{3-\cos v\,\cos w-\cos u\,\cos w-\cos u\,\cos v} = \frac{\sqrt{3}}{\pi^2}\,\mathsf{K}^2\!\left(\sin\frac{\pi}{12}\right),$$

$$\frac{1}{\pi^3}\int_0^\pi\int_0^\pi\int_0^\pi \frac{du\,dv\,dw}{3-\cos u-\cos v-\cos w}$$

$$= \frac{4}{\pi^2}\,[18 + 12\sqrt{2} - 10\sqrt{3} - 7\sqrt{6}]\,\mathsf{K}^2\big((2-\sqrt{3})\,(\sqrt{3}-\sqrt{2})\big).$$

Elliptisches Normalintegral dritter Gattung.

Das elliptische Normalintegral 3. Gattung in der Legendreschen Normalform wird mit

$$\Pi(\varphi, n, k) = \int_0^\varphi \frac{d\psi}{(1+n\sin^2\psi)\,\sqrt{1-k^2\sin^2\psi}}$$

$$= \int_0^{\sin\varphi} \frac{dt}{(1+nt^2)\,\sqrt{(1-t^2)\,(1-k^2t^2)}}$$

bezeichnet. Alle unbestimmten Integrale

$$\int R\big(t, \sqrt{a_0 t^4 + a_1 t^3 + a_2 t^2 + a_3 t + a_4}\big)\,dt,$$

wobei R eine rationale Funktion von t und der Quadratwurzel

$$\sqrt{a_0 t^4 + a_1 t^3 + a_2 t^2 + a_3 t + a_4}$$

mit konstanten Werten von a_0, a_1, a_2, a_3, a_4 bedeutet, lassen sich linear durch elementare Funktionen und elliptische Normalintegrale erster, zweiter und dritter Gattung ausdrücken.

Integralbeziehungen von LEGENDRE.

Die folgenden Formeln sind unter dem Namen „Reduktion der vollständigen LEGENDREschen Normalintegrale dritter Gattung auf Normalintegrale erster und zweiter Gattung" bekannt.

$$\sin\beta\,\cos\beta\,\sqrt{1-k'^2\sin^2\beta}\,\int_0^{\pi/2}\frac{\cos^2\psi}{1-\cos^2\beta\,\cos^2\psi}\,\frac{d\psi}{\sqrt{1-k^2\sin^2\psi}}$$

$$=\frac{\pi}{2}-[\mathsf{K}\,E(k',\beta)+\mathsf{E}\,F(k',\beta)-\mathsf{K}\,F(k',\beta)],$$

$$k'^2\sin\beta\,\cos\beta\,\sqrt{1-k'^2\sin^2\beta}\,\int_0^{\pi/2}\frac{\sin^2\psi}{1-(1-k'^2\sin^2\beta)\sin^2\psi}\,\frac{d\psi}{\sqrt{1-k^2\sin^2\psi}}$$

$$=\frac{\pi}{2}-[\mathsf{K}\,E(k',\beta)+\mathsf{E}\,F(k',\beta)-\mathsf{K}\,F(k',\beta)],$$

$$k^2\sin\beta\,\cos\beta\,\sqrt{1-k^2\sin^2\beta}\,\int_0^{\pi/2}\frac{\sin^2\psi}{1-k^2\sin^2\beta\,\sin^2\psi}\,\frac{d\psi}{\sqrt{1-k^2\sin^2\psi}}$$

$$=\mathsf{K}\,E(k,\beta)-\mathsf{E}\,F(k,\beta).$$

Differentiation nach dem Modul k:

$$\frac{\partial F}{\partial k}=\frac{1}{k'^2}\left(\frac{E-k'^2\,F}{k}-\frac{\sin\varphi\,\cos\varphi}{\sqrt{1-k^2\sin^2\varphi}}\right),$$

$$\frac{\partial E}{\partial k}=\frac{E-F}{k}.$$

§ 2. Thetafunktionen.

Bezeichnungen und Definitionen.

Es sei u eine beliebig veränderliche komplexe Größe und τ ein Parameter mit positiven Imaginärteil. Wenn τ rein imaginär sein soll, schreibt man auch

$$\tau=i\pi t,$$

wobei t reell und positiv ist. Ferner werde zur Abkürzung gesetzt

$$q=e^{i\pi\tau}.$$

Die folgenden Funktionen der komplexen Variablen u und des Parameters τ ($\varepsilon_0=1$; $\varepsilon_n=2$ für $n>0$)

$$\vartheta_0(u,\tau)=\sum_{n=0}^{\infty}(-1)^n\varepsilon_n q^{n^2}\cos(2\pi n u),$$

$$\vartheta_1(u.\,\tau) \;=\; 2\sum_{n=0}^{\infty}(-1)^n\,q^{(n+1/2)^2}\sin(2n+1)\pi u,$$

$$\vartheta_2(u,\tau) \;=\; 2\sum_{n=0}^{\infty}q^{(n+1/2)^2}\cos(2n+1)\pi u,$$

$$\vartheta_3(u,\tau) \;=\; \sum_{n=0}^{\infty}\varepsilon_n\,q^{n^2}\cos(2n\pi u)$$

heißen *Thetafunktionen*; man setzt auch

$$\vartheta_0(u,\tau) \equiv \vartheta_4(u,\tau)$$

und schreibt, wenn der Wert von τ sich von selbst versteht,

$$\vartheta_0(u),\quad \vartheta_1(u),\quad \vartheta_2(u),\quad \vartheta_3(u).$$

Die *Nullwerte* der ϑ-Funktionen und ihrer Ableitungen nach u, d. h. ihrer Werte bei $u = 0$, werden weiterhin durch Weglassen des Argumentes gekennzeichnet werden; wir schreiben also z. B. ϑ_0 für $\vartheta_0(0,\tau)$, ϑ_0' für $\dfrac{\partial\,\vartheta(u,\tau)}{\partial u}$ bei $u = 0$, und so weiter.

Zwischen den Thetafunktionen bestehen u. a. die Beziehungen

$$\vartheta_0^2(u) \;=\; k\,\vartheta_1^2(u)+k'\,\vartheta_3^2(u),$$
$$\vartheta_2^2(u) \;=\; -\,k'\,\vartheta_1^2(u)+k\,\vartheta_3^2(u),$$
$$\vartheta_1^2(u) \;=\; k\,\vartheta_0^2(u)-k'\,\vartheta_2^2(u),$$
$$\vartheta_0^4(u)+\vartheta_2^4(u) \;=\; \vartheta_1^4(u)+\vartheta_3^4(u).$$

Im limes $\tau \to 0$, das heißt im limes $q \to 1-0$ gilt:

$$\lim_{\tau\to 0}\sqrt{\tau}\,\vartheta_2(0,\tau) \;=\; \lim_{\tau\to 0}\sqrt{\tau}\,\vartheta_3(0,\tau) \;=\; \frac{1+i}{\sqrt{2}}\,.$$

Die Thetafunktionen sind periodische Funktionen von u und zwar besitzen sie die Periode 1 bzw. 2. Darüber hinaus bestehen die in nachfolgender Substitutionstabelle zum Ausdruck gebrachten Beziehungen, welche es gestatten, eine Thetafunktion vom Argument

Vermehrung des Arguments	$\vartheta_0(u,\tau)$	$\vartheta_1(u,\tau)$	$\vartheta_2(u,\tau)$	$\vartheta_3(u,\tau)$	Exponentialfaktor
$m+n\tau$	$(-1)^n\,\vartheta_0(u,\tau)$	$(-1)^{m+n}\,\vartheta_1(u,\tau)$	$(-1)^m\,\vartheta_2(u,\tau)$	$\vartheta_3(u,\tau)$	$e^{-n\pi i[2u+n\tau]}$
$m-\tfrac{1}{2}+n\tau$	$\vartheta_3(u,\tau)$	$(-1)^{m+1}\,\vartheta_2(u,\tau)$	$(-1)^{m+n}\,\vartheta_1(u,\tau)$	$(-1)^n\,\vartheta_0(u,\tau)$	
$m+(n+\tfrac{1}{2})\tau$	$(-1)^n\,i\,\vartheta_1(u,\tau)$	$(-1)^{m+n}\,i\,\vartheta_0(u,\tau)$	$(-1)^m\,\vartheta_3(u,\tau)$	$\vartheta_2(u,\tau)$	$e^{-(n+1/2)\pi i[2u+(n+1/2)\tau]}$
$m-\tfrac{1}{2}+(n+\tfrac{1}{2})\tau$	$\vartheta_2(u,\tau)$	$\vartheta_2(u,\tau)$	$(-1)^{m+n}\,i\,\vartheta_0(u,\tau)$	$(-1)^n\,i\,\vartheta_0(u,\tau)$	

$u + \dfrac{n}{2}\,\tau + \dfrac{m}{2}$ mit beliebigen ganzzahligen Werten von m und n wieder durch eine mit einem Exponentialfaktor versehene Thetafunktion auszudrücken.

Die Nullstellen der Thetafunktionen sind aus der nachstehenden Tabelle zu ersehen, worin n und m wieder beliebige ganze Zahlen bedeuten:

Funktion	$\vartheta_0(u,\tau)$	$\vartheta_1(u,\tau)$	$\vartheta_2(u,\tau)$	$\vartheta_3(u,\tau)$
Nullstelle bei $u =$	$n + m\tau + \dfrac{\tau}{2}$	$n + m\tau$	$n + m\tau + \dfrac{1}{2}$	$n + m\tau + \dfrac{1}{2} + \dfrac{\tau}{2}$

Sind $\alpha, \beta, \gamma, \delta$ ganze Zahlen, so, daß $\alpha\delta - \beta\gamma = 1$ ist, so lassen sich die Thetafunktionen mit dem Argument- bzw. Parameterwert

$$u' = \frac{u}{\gamma\tau + \delta} \qquad \tau' = \frac{\alpha\tau + \beta}{\gamma\tau + \delta}$$

wieder in einfacher Weise durch die Thetafunktion vom Argument u und dem Parameterwert τ ausdrücken; dies wird ermöglicht durch die Formeln der nachstehenden Zusammenstellung.

$$\vartheta_1(u, \tau+1) = e^{i\frac{\pi}{4}}\,\vartheta_1(u,\tau); \qquad \vartheta_1\left(\frac{u}{\tau}, -\frac{1}{\tau}\right) = -i\sqrt{\frac{\tau}{i}}\,e^{i\pi\frac{u^2}{\tau}}\,\vartheta_1(u,\tau),$$

$$\vartheta_2(u, \tau+1) = e^{i\frac{\pi}{4}}\,\vartheta_2(u,\tau); \qquad \vartheta_2\left(\frac{u}{\tau}, -\frac{1}{\tau}\right) = \sqrt{\frac{\tau}{i}}\,e^{i\pi\frac{u^2}{\tau}}\,\vartheta_0(u,\tau),$$

$$\vartheta_3(u, \tau+1) = \vartheta_0(u,\tau); \qquad \vartheta_3\left(\frac{u}{\tau}, -\frac{1}{\tau}\right) = \sqrt{\frac{\tau}{i}}\,e^{i\pi\frac{u^2}{\tau}}\,\vartheta_3(u,\tau),$$

$$\vartheta_0(u, \tau+1) = \vartheta_3(u,\tau); \qquad \vartheta_0\left(\frac{u}{\tau}, -\frac{1}{\tau}\right) = \sqrt{\frac{\tau}{i}}\,e^{i\pi\frac{u^2}{\tau}}\,\vartheta_2(u,\tau).$$

Für $\vartheta_3(u,\tau)$ erhält man nach Einsetzen von $\tau = i\pi t$ und unter Berücksichtigung der Definition von ϑ_3 die Formel

$$\vartheta_3(u, i\pi t) = \sum_{n=0}^{\infty} \varepsilon_n\, e^{-n^2\pi^2 t^2}\cos(2n\pi u) = \frac{1}{\sqrt{\pi t}}\sum_{n=-\infty}^{+\infty} e^{-\frac{(u+n)^2}{t}}$$

Die Thetafunktionen lassen sich in einfacher Weise als unendliche Produkte darstellen

$$\vartheta_0(u) = Q_0 \prod_{n=1}^{\infty}\left(1 - 2q^{2n-1}\cos(2\pi u) + q^{4n-2}\right),$$

$$\vartheta_1(u) = 2Q_0\, q^{1/4}\sin(\pi u)\prod_{n=1}^{\infty}\left(1 - 2q^{2n}\cos(2\pi u) + q^{4n}\right),$$

$$\vartheta_2(u) = 2\,Q_0\,q^{1/4}\cos(\pi u)\prod_{n=1}^{\infty}(1 + 2\,q^{2n}\cos(2\pi u) + q^{4n}),$$

$$\vartheta_3(u) = Q_0\prod_{n=1}^{\infty}(1 + 2\,q^{2n-1}\cos(2\pi u) + q^{4n-2})$$

oder auch

$$\vartheta_0(u) = Q_0\prod_{n=1}^{\infty}4\,q^{2n-1}\sin[\pi u + (n-1/2)\pi\tau]\sin[\pi u - (n-1/2)\pi\tau],$$

$$\vartheta_1(u) = 2\,Q_0\,q^{1/4}\sin\pi u\prod_{n=1}^{\infty}4\,q^{2n}\sin(\pi u + n\pi\tau)\sin(\pi u - n\pi\tau),$$

$$\vartheta_2(u) = 2\,Q_0\,q^{1/4}\cos\pi u\prod_{n=1}^{\infty}4\,q^{2n}\cos(\pi u + n\pi\tau)\cos(\pi u - n\pi\tau),$$

$$\vartheta_3(u) = Q_0\prod_{n=1}^{\infty}4\,q^{2n-1}\cos[\pi u + (n-1/2)\pi\tau]\cos[\pi u - (n-1/2)\pi\tau]$$

$$\text{mit}\quad Q_0 = \prod_{n=1}^{\infty}(1 - q^{2n}).$$

Hieraus lassen sich auch noch die folgenden Darstellungen gewinnen

$$\vartheta_0(u) = Q_0\,Q_3^2\prod_{n=1}^{\infty}\left[1 - \frac{\sin^2(\pi u)}{\sin^2(n-\frac{1}{2})\pi\tau}\right],$$

$$\vartheta_1(u) = 2\,Q_0^3\,q^{1/4}\sin(\pi u)\prod_{n=1}^{\infty}\left[1 - \frac{\sin^2(\pi u)}{\sin^2(n\pi\tau)}\right],$$

$$\vartheta_2(u) = 2\,Q_0\,q^{1/4}\cos(\pi u)\,Q_1^2\prod_{n=1}^{\infty}\left[1 - \frac{\sin^2(\pi u)}{\cos^2(n\pi\tau)}\right],$$

$$\vartheta_3(u) = Q_0\,Q_2^2\prod_{n=1}^{\infty}\left[1 - \frac{\sin^2(\pi u)}{\cos^2(n-\frac{1}{2})\pi\tau}\right];$$

ferner

$$\vartheta_0(u) = Q_0\,Q_5\prod_{n=1}^{\infty}\left[1 - \frac{\cos(2\pi u)}{\cos(2n-1)\pi\tau}\right],$$

$$\vartheta_1(u) = 2\,Q_0\,Q_4\,q^{1/4}\sin(\pi u)\prod_{n=1}^{\infty}\left[1 - \frac{\cos(2\pi u)}{\cos(2n\pi\tau)}\right],$$

$$\vartheta_2(u) = 2\,Q_0\,Q_4\,q^{1/4}\cos(\pi u)\prod_{n=1}^{\infty}\left[1 + \frac{\cos(2\pi u)}{\cos(2n\pi\tau)}\right],$$

$$\vartheta_3(u) = Q_0\,Q_5\prod_{n=1}^{\infty}\left[1 + \frac{\cos(2\pi u)}{\cos(2n-1)\pi\tau}\right]$$

mit

$$Q_0 = \prod_{n=1}^{\infty}(1 - q^{2n}) \qquad Q_1 = \prod_{n=1}^{\infty}(1 + q^{2n}),$$

$$Q_2 = \prod_{n=1}^{\infty}(1 + q^{2n-1}) \qquad Q_3 = \prod_{n=1}^{\infty}(1 - q^{2n-1}),$$

$$Q_4 = \prod_{n=1}^{\infty}(1 + q^{4n}) \qquad Q_5 = \prod_{n=1}^{\infty}(1 + q^{4n-2}).$$

Hieraus lassen sich folgende Darstellungen für den Logarithmus der Thetafunktionen gewinnen:

$$\ln \vartheta_0(u) = \ln C - 2 \sum_{n=1}^{\infty} \frac{q^n}{1-q^{2n}} \frac{\cos(2n\pi u)}{n},$$

$$\ln \vartheta_1(u) = \tfrac{1}{4} \ln C + \ln(2\sin \pi u) - 2 \sum_{n=1}^{\infty} \frac{q^{2n}}{1-q^{2n}} \frac{\cos(2n\pi u)}{n},$$

$$\ln \vartheta_2(u) = \tfrac{1}{4} \ln C + \ln(2\sin \pi u) - 2 \sum_{n=1}^{\infty} \frac{(-1)^n q^{2n}}{1-q^{2n}} \frac{\cos(2n\pi u)}{n},$$

$$\ln \vartheta_3(u) = \ln C - 2 \sum_{n=1}^{\infty} \frac{(-1)^n q^n}{1-q^{2n}} \frac{\cos(2n\pi u)}{n}.$$

Für die zweiten Ableitungen des Logarithmus der Thetafunktionen ergibt sich

$$\frac{d^2 \ln \vartheta_0(u)}{du^2} = \frac{\vartheta_0''}{\vartheta_0} - \left(\frac{\vartheta_1'}{\vartheta_0}\right)^2 \frac{\vartheta_1^2(u)}{\vartheta_0^2(u)},$$

$$\frac{d^2 \ln \vartheta_1(u)}{du^2} = \frac{\vartheta_0''}{\vartheta_0} - \left(\frac{\vartheta_1'}{\vartheta_0}\right)^2 \frac{\vartheta_0^2(u)}{\vartheta_1^2(u)},$$

$$\frac{d^2 \ln \vartheta_2(u)}{du^2} = \frac{\vartheta_0''}{\vartheta_0} - \left(\frac{\vartheta_1'}{\vartheta_0}\right)^2 \frac{\vartheta_3^2(u)}{\vartheta_2^2(u)},$$

$$\frac{d^2 \ln \vartheta_3(u)}{du^2} = \frac{\vartheta_0''}{\vartheta_0} - \left(\frac{\vartheta_1'}{\vartheta_0}\right)^2 \frac{\vartheta_2^2(u)}{\vartheta_3^2(u)}.$$

Hierbei bedeutet ϑ_0 den Wert der nullten Thetafunktion für den Argumentwert $u = 0$. Entsprechend sind die anderen Größen ϑ_1' bzw. ϑ_0'' die Werte der ersten Ableitung der ersten Thetafunktion bzw. der zweiten Ableitung der nullten Thetafunktion für den Argumentwert $u = 0$. Die Thetafunktionen sind Lösungen der partiellen Differentialgleichung

$$\frac{\partial^2 \vartheta(u, \tau)}{\partial u^2} = 4\pi i \frac{\partial \vartheta(u, \tau)}{\partial \tau}.$$

Zwischen ihren Ableitungen nach u, welche durch einen Strich gekennzeichnet werden, bestehen folgende Relationen für den Wert $u = 0$

$$\vartheta_1' = \pi \vartheta_2 \vartheta_3 \vartheta_0,$$

$$\frac{\vartheta_1'''}{\vartheta_1} = \frac{\vartheta_2''}{\vartheta_2} + \frac{\vartheta_3''}{\vartheta_3} + \frac{\vartheta_0''}{\vartheta_0}.$$

§ 3. Die elliptischen Funktionen von JACOBI.

Definitionen durch die Thetafunktionen.

Unter Beibehaltung der Bezeichnung $\vartheta_0, \vartheta_1, \vartheta_2, \vartheta_3$ für die Werte der Thetafunktionen bei $u = 0$ ist es üblich, die elliptischen Funktionen von Jacobi folgendermaßen einzuführen: Zugleich mit dem im Vorhergehenden erklärten Parameters τ werden zunächst die Parameter k bzw. k' eingeführt durch: (vgl. die Bezeichnungen in § 2.)

$$k = \frac{\vartheta_2^2}{\vartheta_3^2} \quad \text{bzw.} \quad k' = \frac{\vartheta_0^2}{\vartheta_3^2}. \quad \text{Es ist } k^2 + k'^2 = 1.$$

Werden noch zwei neue Größen K und K' eingeführt durch:

$$K(\tau) \equiv K = \frac{\pi}{2}\vartheta_3^2; \quad K'(\tau) \equiv K' = -i\tau K;$$

$$K(\tau) = \mathsf{K}(k), \; K'(\tau) = \mathsf{K}'(k),$$

so sind die elliptischen Funktionen von Jacobi definiert durch

$$sn(u, k) = \frac{1}{\sqrt{k}} \frac{\vartheta_1\left(\dfrac{u}{2K}\right)}{\vartheta_0\left(\dfrac{u}{2K}\right)},$$

$$cn(u, k) = \sqrt{\frac{k'}{k}} \frac{\vartheta_2\left(\dfrac{u}{2K}\right)}{\vartheta_0\left(\dfrac{u}{2K}\right)},$$

$$dn(u, k) = \sqrt{k'} \frac{\vartheta_3\left(\dfrac{u}{2K}\right)}{\vartheta_0\left(\dfrac{u}{2K}\right)}.$$

Durch den neuen Parameter k ausgedrückt schreibt sich der zur Berechnung der Thetafunktionen notwendige Parameter q

$$q = e^{i\pi\tau} = e^{-\pi\frac{K'}{K}} = e^{-\pi\frac{\mathsf{K}'}{\mathsf{K}}},$$

wobei K bzw. K' sich als die vollständigen elliptischen Integrale erster Gattung vom Modul k bzw. k' berechnen:

$$K(\tau) = \mathsf{K}(k) = \int_0^{\pi/2} \frac{d\psi}{\sqrt{1 - k\sin^2\psi}}; \quad K'(\tau) = \mathsf{K}'(k) \equiv \mathsf{K}(\sqrt{1 - k^2}).$$

Der Zusammenhang zwischen q und k ist durch folgende für $|k| \leqq 1$ gültige Reihenentwicklung gegeben:

$$q^{1/4} = \left(\frac{k}{4}\right)^{1/2}\left[1 + 2\left(\frac{k}{4}\right)^2 + 15\left(\frac{k}{4}\right)^4 + 150\left(\frac{k}{4}\right)^6 + 1707\left(\frac{k}{4}\right)^8 + \cdots\right].$$

Setzt man

$$L = \frac{1 - \sqrt[4]{1 - k^2}}{1 + \sqrt[4]{1 - k^2}},$$

so ergibt sich für q folgende sehr rasch konvergierende Entwicklung

$$q = \frac{1}{2} L + \frac{2}{2^5} L^5 + \frac{15}{2^9} L^9 + \frac{150}{2^{13}} L^{13} + \frac{1707}{2^{17}} L^{17} + \cdots.$$

Die Funktionen sn u, cn u, dn u, welche als *Sinus amplitudinis*, *Cosinus amplitudinis* und *Delta amplitudinis* bezeichnet werden, sind elliptische Funktionen und zwar besitzt sn u die Perioden $4K$ und $2iK'$, cn u besitzt die Perioden $4K$ und $2K + 2iK'$ und dn u besitzt die Perioden $2K$ und $4iK'$.

Potenzreihenentwicklungen.

$$\operatorname{sn} u = u - (1 + k^2) \frac{u^3}{3!} + (1 + 14 k^2 + k^4) \frac{u^5}{5!} - \cdots,$$

$$\operatorname{cn} u = 1 - \frac{u^2}{2!} + (1 + 4 k^2) \frac{u^4}{4!} - (1 + 44 k^2 + 16 k^4) \frac{u^6}{6!} + \cdots,$$

$$\operatorname{dn} u = 1 - k^2 \frac{u^2}{2!} + k^2 (4 + k^2) \frac{u^4}{4!} - k^2 (16 + 44 k^2 + k^4) \frac{u^6}{6!} + \cdot$$

Für die Quotienten und Reziproken der Funktionen sn u, cn u, dn u werden folgende Bezeichnungen gebraucht:

$$\operatorname{ns} u = \frac{1}{\operatorname{sn} u}, \qquad \operatorname{nc} u = \frac{1}{\operatorname{cn} u}, \qquad \operatorname{ds} u = \frac{\operatorname{dn} u}{\operatorname{sn} u},$$

$$\operatorname{sc} u = \frac{\operatorname{sn} u}{\operatorname{cn} u}, \qquad \operatorname{sd} u = \frac{\operatorname{sn} u}{\operatorname{dn} u}, \qquad \operatorname{dc} u = \frac{\operatorname{dn} u}{\operatorname{cn} u},$$

$$\operatorname{cs} u = \frac{\operatorname{cn} u}{\operatorname{sn} u}, \qquad \operatorname{cd} u = \frac{\operatorname{cn} u}{\operatorname{dn} u}, \qquad \operatorname{nd} u = \frac{1}{\operatorname{dn} u}.$$

Beziehungen zwischen sn u, cn u, dn u.

$$\operatorname{sn}^2 u + \operatorname{cn}^2 u = 1, \qquad \operatorname{dn}^2 u + k^2 \operatorname{sn}^2 u = 1.$$

Bei Vermehrung des Argumentes u um ganzzahlige Vielfache von K oder iK' gehen sn u, cn u, dn u in Vielfache voneinander oder von den oben aufgeführten Reziproken und Quotienten über. Dieses ist im einzelnen aus der nachstehenden Tabelle zu ersehen, in der n und m die Zahlen $0, \pm 1, \pm 2, \ldots$ durchlaufen.

Vermehrung d. Argumentes	sn u	cn u	dn u
$2mK + 2niK'$	$(-1)^m \operatorname{sn} u$	$(-1)^{m+n} \operatorname{cn} u$	$(-1)^n \operatorname{dn} u$
$(2m - 1) K + 2niK'$	$(-1)^{m+1} \operatorname{cd} u$	$(-1)^{m+n} k' \operatorname{sd} u$	$(-1)^n k' \operatorname{nd} u$
$2mK + (2n + 1) iK'$	$(-1)^m k^{-1} \operatorname{ns} u$	$(-1)^{m+n+1} i k^{-1} \operatorname{ds} u$	$i (-1)^{n+1} \operatorname{cs} u$
$(2m - 1) K + (2n + 1) iK'$	$(-1)^{m+1} k^{-1} \operatorname{dc} u$	$(-1)^{m+n} i k' k^{-1} \operatorname{nc} u$	$(-1)^n i k' \operatorname{sc} u$

Die Nullstellen und Pole ergeben sich zu

	Nullstellen	Pole
sn u	$2nK + 2miK'$	$2nK + (2m+1)iK'$
cn u	$(2n+1)K + 2miK'$	$2nK + (2m+1)iK'$
dn u	$(2n+1)K + (2m+1)iK'$	$2nK + (2m+1)iK'$

Werte von sn z, cn z, dn z für $z = \dfrac{n}{2}K + i\dfrac{m}{2}K'$

für $n, m = 0, 1, 2, 3, 4.$

		0	$\frac{1}{2}K$	K	$\frac{3}{2}K$	$2K$
	sn	0	$\dfrac{1}{\sqrt{1+k}}$	1	$\dfrac{1}{\sqrt{1+k'}}$	0
0	cn	1	$\dfrac{k'}{1+k'}$	0	$-\dfrac{k'}{1+k'}$	-1
	dn	1	k'	k'	k'	1
	sn	$\dfrac{i}{\sqrt{k}}$	$\dfrac{1}{\sqrt{2k}}\left(\sqrt{1+k}+i\sqrt{1-k}\right)$	$\dfrac{1}{\sqrt{k}}$	$\dfrac{1}{\sqrt{2k}}\left(\sqrt{1+k}-i\sqrt{1-k}\right)$	$-\dfrac{i}{\sqrt{k}}$
$\frac{1}{2}iK'$	cn	$\sqrt{\dfrac{1+k}{k}}$	$\sqrt{\dfrac{k'}{2k}}\,(1-i)$	$-i\sqrt{\dfrac{1-k}{k}}$	$-\sqrt{\dfrac{k'}{2k}}\,(1+i)$	$-\sqrt{\dfrac{1+k}{k}}$
	dn	$\sqrt{1+k}$	$\sqrt{\dfrac{k'}{2}}\left(\sqrt{1+k'}-i\sqrt{1-k'}\right)$	$\sqrt{1-k}$	$\sqrt{\dfrac{k'}{2}}\left(\sqrt{1+k'}+i\sqrt{1-k'}\right)$	$\sqrt{1+k}$
	sn	J	$\dfrac{1}{\sqrt{1-k'}}$	$\dfrac{1}{k}$	$\dfrac{1}{\sqrt{1-k'}}$	$-J$
iK'	cn	$-iJ$	$-i\sqrt{\dfrac{k'}{1-k'}}$	$-i\dfrac{k'}{k}$	$-i\sqrt{\dfrac{k'}{1-k'}}$	iJ
	dn	$-ikJ$	$-i\sqrt{k'}$	0	$i\sqrt{k'}$	$-ikJ$
	sn	$-\dfrac{i}{k}$	$\sqrt{1-i\dfrac{k'}{k}}$	$\dfrac{1}{\sqrt{k}}$	$\sqrt{1+i\dfrac{k'}{k}}$	$\dfrac{i}{\sqrt{k}}$
$\frac{3}{2}iK'$	cn	$-\sqrt{\dfrac{1+k}{k}}$	$-\sqrt{i\dfrac{k'}{k}}$	$-i\sqrt{\dfrac{1-k}{k}}$	$\sqrt{-i\dfrac{k'}{k}}$	$\sqrt{\dfrac{1+k}{k}}$
	dn	$-\sqrt{1+k}$	$\sqrt{k'(k'+ik)}$	$-\sqrt{1-k}$	$-\sqrt{k'(k'-ik)}$	$-\sqrt{1+k}$
	sn	0	$\dfrac{1}{\sqrt{1+k'}}$	1	$\dfrac{1}{\sqrt{1+k'}}$	0
$2iK'$	cn	-1	$-\sqrt{\dfrac{k'}{1+k'}}$	0	$\sqrt{\dfrac{k'}{1+k'}}$	1
	dn	-1	$-\sqrt{k'}$	$-k'$	$-\sqrt{k'}$	-1

In dieser Tabelle ist die Summe der Größen aus der ersten Zeile und der ersten Spalte das Argument u der elliptischen Funktion, die in der zweiten Spalte steht und deren Wert in der Tabelle vermerkt ist. Der Vermerk „constans mal J" bedeutet, daß die betreffende Funktion einen Pol besitzt, dessen Residuum an der fraglichen Stelle gleich constans mal dem Residuum von $(k\,\mathrm{sn}\,u)^{-1}$ bei $u = 0$ ist.

Differentialquotienten und Differentialgleichungen:

$$\frac{d\,\mathrm{sn}\,u}{d\,u} = \mathrm{cn}\,u\,\mathrm{dn}\,u,$$

$$\frac{d\,\mathrm{cn}\,u}{d\,u} = -\,\mathrm{sn}\,u\,\mathrm{dn}\,u,$$

$$\frac{d\,\mathrm{dn}\,u}{d\,u} = -\,k^2\,\mathrm{sn}\,u\,\mathrm{cn}\,u,$$

$$\left[\frac{d}{d\,u}\,(\mathrm{sn}\,u)\right]^2 = (1-\mathrm{sn}^2 u)\,(1-k^2\,\mathrm{sn}^2 u),$$

$$\left[\frac{d}{d\,u}\,(\mathrm{cn}\,u)\right]^2 = (1-\mathrm{cn}^2 u)\,(k'^2 + k^2\,\mathrm{cn}^2 u),$$

$$\left[\frac{d}{d\,u}\,(\mathrm{dn}\,u)\right]^2 = -\,(1-\mathrm{dn}^2 u)\,(k'^2 - \mathrm{dn}^2 u).$$

Additionstheoreme.

$$\mathrm{sn}\,(u+v) = \frac{\mathrm{sn}\,u\,\mathrm{cn}\,v\,\mathrm{dn}\,v + \mathrm{sn}\,v\,\mathrm{cn}\,u\,\mathrm{dn}\,u}{1 - k^2\,\mathrm{sn}^2 u\,\mathrm{sn}^2 v},$$

$$\mathrm{cn}\,(u+v) = \frac{\mathrm{cn}\,u\,\mathrm{cn}\,v - \mathrm{sn}\,u\,\mathrm{dn}\,u\,\mathrm{sn}\,v\,\mathrm{dn}\,v}{1 - k^2\,\mathrm{sn}^2 u\,\mathrm{sn}^2 v},$$

$$\mathrm{dn}\,(u+v) = \frac{\mathrm{dn}\,u\,\mathrm{dn}\,v - k^2\,\mathrm{sn}\,u\,\mathrm{cn}\,u\,\mathrm{sn}\,v\,\mathrm{cn}\,v}{1 - k^2\,\mathrm{sn}^2 u\,\mathrm{sn}^2 v}.$$

Drückt man das einfache Argument durch das doppelte aus, so folgt

$$\mathrm{sn}^2 u = \frac{1 - \mathrm{cn}\,2u}{1 + \mathrm{dn}\,2u},$$

$$\mathrm{cn}^2 u = \frac{\mathrm{cn}\,2u + \mathrm{dn}\,2u}{1 + \mathrm{dn}\,2u},$$

$$\mathrm{dn}^2 u = \frac{\mathrm{dn}\,2u + k^2\,\mathrm{cn}\,2u + k'^2}{1 + \mathrm{dn}\,2u},$$

ferner ist

$$\frac{1 - \mathrm{dn}\,2u}{1 + \mathrm{dn}\,2u} = k^2\,\frac{\mathrm{sn}^2 u\,\mathrm{cn}^2 u}{\mathrm{dn}^2 u},$$

$$\frac{1 - \mathrm{cn}\,2u}{1 + \mathrm{cn}\,2u} = \frac{\mathrm{sn}^2 u\,\mathrm{dn}^2 u}{\mathrm{cn}^2 u}.$$

Fourier-Entwicklungen.

$$2\,K\,k\,\operatorname{sn}(2\,K\,u) = 4\pi \sum_{n=0}^{\infty} \frac{q^{n+\frac{1}{2}}}{1-q^{2n+1}} \sin(2n+1)\pi u,$$

$$2\,K\,k\,\operatorname{cn}(2\,K\,u) = 4\pi \sum_{n=0}^{\infty} \frac{q^{n+\frac{1}{2}}}{1+q^{2n+1}} \cos(2n+1)\pi u,$$

$$2\,K\,k\,\operatorname{dn}(2\,K\,u) = \pi + 4\pi \sum_{n=1}^{\infty} \frac{q^{n}}{1+q^{2n}} \cos(2n\pi u).$$

Die vorstehenden Entwicklungen sind gültig für $|\mathrm{Im}\,(u)| < \tfrac{1}{2}\,\mathrm{Im}\,(\tau)$. Ferner ist

$$2\,K\,\operatorname{ns}(2\,K\,u) = \frac{\pi}{\sin(\pi u)} + 4\pi \sum_{n=0}^{\infty} \frac{q^{2n+1}}{1-q^{2n+1}} \sin(2n+1)\pi u,$$

$$2\,K\,k'\,\operatorname{nc}(2\,K\,u) = \frac{\pi}{\cos(\pi u)} - 4\pi \sum_{n=0}^{\infty} \frac{(-1)^n q^{2n+1}}{1+q^{2n+1}} \cos(2n+1)\pi u,$$

$$2\,K\,k'\,\operatorname{nd}(2\,K\,u) = \pi + 4\pi \sum_{n=1}^{\infty} \frac{(-1)^n q^{n}}{1+q^{2n}} \cos(2n\pi u),$$

$$K\,\operatorname{cs}(2\,K\,u) = \pi \cot(\pi u) - 4\pi \sum_{n=0}^{\infty} \frac{q^{2n}}{1+q^{2n}} \sin(2n\pi u),$$

$$K\,\operatorname{ds}(2\,K\,u) = \frac{\pi}{\sin(\pi u)} - 4\pi \sum_{n=0}^{\infty} \frac{q^{2n+1}}{1+q^{2n+1}} \sin(2n+1)\pi u,$$

$$K\,\operatorname{dc}(2\,K\,u) = \frac{\pi}{\cos(\pi u)} + 4\pi \sum_{n=0}^{\infty} \frac{(-1)^n q^{2n+1}}{1-q^{2n+1}} \cos(2n+1)\pi u.$$

Die vorstehenden Entwicklungen gelten im Bereich $|\mathrm{Im}\,(u)| < \mathrm{Im}\,(\tau)$. Beachtet man, daß $q = e^{i\pi\tau} = e^{-\pi \frac{K'}{K}}$ ist, so kann man auch schreiben

$$\frac{q^{n+\frac{1}{2}}}{1-q^{2n+1}} = \frac{1}{2\,\mathfrak{Sin}\left(\dfrac{2n+1}{2}\,\pi\,\dfrac{K'}{K}\right)}, \qquad \frac{q^{n+\frac{1}{2}}}{1+q^{2n+1}} = \frac{1}{2\,\mathfrak{Cof}\left(\dfrac{2n+1}{2}\,\pi\,\dfrac{K'}{K}\right)},$$

$$\frac{q^{n}}{1+q^{2n}} = \frac{1}{2\,\mathfrak{Cof}\left(n\,\pi\,\dfrac{K'}{K}\right)}, \qquad \frac{q^{n}}{1-q^{2n}} = \frac{1}{2\,\mathfrak{Sin}\left(n\,\pi\,\dfrac{K'}{K}\right)}.$$

Für die Fourier-Entwicklungen der Quadrate der Jacobischen Funktionen gilt z. B.

$$\operatorname{sn}^2(2\,K\,u) = \sum_{n=0}^{\infty} \left[\frac{1+k^2}{2\,k^3} - \frac{(2n+1)^2}{2\,k^3}\,\frac{\pi^2}{4\,K^2}\right] \frac{2\pi q^{n+\frac{1}{2}} \sin(2n+1)\pi u}{K(1-q^{2n+1})}$$

$$(|\mathrm{Im}\,(u)| < \mathrm{Im}\,(\tau)),$$

10*

$$\left(\frac{2\,K}{\pi}\right)^{2}\,\mathrm{ns}^{2}\,(2\,K\,u) \;=\; \frac{1}{\sin^{2}(\pi\,u)} + \frac{4\,K\,(K-\mathsf{E})}{\pi^{2}} - 8\sum_{n=1}^{\infty}\frac{n\,q^{2n}\,\cos(2\,n\,\pi\,u)}{1-q^{2n}}$$

$$\text{für } |\mathrm{Im}\,(u)| < \tfrac{1}{2}\,\mathrm{Im}\,(\tau).$$

Hierin ist in $\mathsf{E} = \mathsf{E}(k)$ der Parameter k vermöge $k = \left(\dfrac{\vartheta_{2}}{\vartheta_{3}}\right)^{2}$ als

Funktion von τ bzw. q ausdrückbar.

Ähnliche Ausdrücke für die übrigen Größen erhält man leicht aus den Beziehungen $\mathrm{cn}^{2}u = 1 - \mathrm{sn}^{2}u$, $\mathrm{dn}^{2}u = 1 - k^{2}\,\mathrm{sn}^{2}u$ sowie durch Vermehrung des Arguments $2\,K\,u$ um ganze Vielfache von K bzw. $i\,K'$ unter Benutzung der Substitutionstabelle auf S. 144. So z. B. $\mathrm{sn}^{2}(z+K) = [\mathrm{cd}\,z]^{2}$ usw. Auf diese Weise lassen sich leicht die Fourier-Entwicklungen für die Quadrate der Quotienten je zweier JACOBIscher elliptischer Funktionen angeben.

Transformationsformeln.

Geht man von dem Argument u bzw. dem Modul k zu einem geeigneten anderen Argument u_{1} und einem zugehörigen anderen Modul k_{1} über, so transformieren sich die JACOBIschen elliptischen Funktionen in der aus der folgenden Tabelle ersichtlichen Weise. Abkürzungshalber ist darin sn an Stelle von $\mathrm{sn}\,(u, k)$ cn an Stelle von $\mathrm{cn}\,(u, k)$ und dn an Stelle von $\mathrm{dn}\,(u, k)$ geschrieben.

u_{1}	k_{1}	$\mathrm{sn}\,(u_{1}, k_{1})$	$\mathrm{cn}\,(u_{1}, k_{1})$	$\mathrm{dn}\,(u_{1}, k_{1})$
$k\,u$	$\dfrac{1}{k}$	$k\,\mathrm{sn}$	dn	cn
$i\,u$	k'	$i\,\mathrm{sc}$	nc	dc
$k'\,u$	$i\,\dfrac{k}{k'}$	$k'\,\mathrm{sd}$	cd	nd
$i\,k\,u$	$i\,\dfrac{k'}{k}$	$i\,k\,\mathrm{sd}$	nd	cd
$i\,k'\,u$	$\dfrac{1}{k'}$	$i\,k'\,\mathrm{sc}$	dc	nc
$(1+k)\,u$	$\dfrac{2\sqrt{k}}{1+k}$	$\dfrac{(1+k)\,\mathrm{sn}}{1+k\,\mathrm{sn}^{2}}$	$\dfrac{\mathrm{cn}\,\mathrm{dn}}{1+k\,\mathrm{sn}^{2}}$	$\dfrac{1-k\,\mathrm{sn}^{2}}{1+k\,\mathrm{sn}^{2}}$
$(1+k')\,u$	$\dfrac{1-k'}{1+k'}$	$(1+k')\,\mathrm{sd}\,\mathrm{cn}$	$\dfrac{1-(1+k')\,\mathrm{sn}^{2}}{\mathrm{dn}}$	$1-(1-k')\,\mathrm{sn}^{2}$
$\dfrac{(1+k')^{2}\,u}{2}$	$\left(\dfrac{1-\sqrt{k'}}{1+\sqrt{k'}}\right)^{2}$	$\dfrac{k^{2}\,\mathrm{sn}\,\mathrm{cn}}{\sqrt{k_{1}}\,(1+\mathrm{dn})\,(k'+\mathrm{dn})}$	$\dfrac{\mathrm{dn}-\sqrt{k'}}{1-\sqrt{k'}}\sqrt{\dfrac{2\,(1+k')}{(1+\mathrm{dn})\,(\mathrm{dn}+k')}}$	$\dfrac{\sqrt{1+k_{1}}\,(\mathrm{dn}+\sqrt{k'})}{\sqrt{1+\mathrm{dn}}\,\sqrt{k'+\mathrm{dn}}}$

Die drittletzte Transformation wird nach Gauss, die vorletzte nach Landen benannt.

Aus dieser Tabelle ergibt sich die *imaginäre Transformation von Jacobi.*

$$\operatorname{sn}(iu, k) = i\operatorname{sc}(u, k'),$$
$$\operatorname{cn}(iu, k) = \operatorname{nc}(u, k'),$$
$$\operatorname{dn}(iu, k) = \operatorname{dc}(u, k').$$

Die Jacobischen elliptischen Funktionen als Umkehrfunktionen des elliptischen Integrals erster Gattung.

Betrachtet man im elliptischen Integral 1. Gattung in der Legendreschen Normalform

$$u(k, \varphi) \equiv F(k, \varphi) = \int_0^{\varphi} \frac{d\psi}{\sqrt{1 - k^2 \sin^2 \psi}},$$

φ als Funktion von u, so heißt φ die *Amplitude* von u

$$\varphi = \operatorname{am}(u, k).$$

φ ist eine unendlich vieldeutige periodische Funktion von u mit der Periode $i\,4K'$. Es drücken sich dann die Jacobischen elliptischen Funktionen folgendermaßen aus:

$$\operatorname{sn}(u, k) = \sin \varphi = \sin \operatorname{am}(u, k),$$
$$\operatorname{cn}(u, k) = \cos \varphi = \cos \operatorname{am}(u, k),$$
$$\operatorname{dn}(u, k) = \sqrt{1 - k^2 \sin^2 \varphi} = \sqrt{1 - k^2 \operatorname{sn}^2(u, k)}.$$

Wird im elliptischen Integral 1. Gattung an Stelle von φ die neue Variable $x = \sin \varphi$ eingeführt, so folgt aus

$$u(k, x) = \int_0^{x} \frac{dt}{\sqrt{(1 - t^2)(1 - k^2 t^2)}}$$

$$x = \operatorname{sn}(u, k).$$

Für die Funktion $\operatorname{am}(u, k)$ gilt folgende Fourier-Entwicklung:

$$\operatorname{am}(u, k) = \frac{\pi u}{2K} + \sum_{n=1}^{\infty} \frac{2 q^n}{n(1 + q^{2n})} \sin\left(\pi n \frac{u}{2K}\right)$$

$$\left(q = e^{i\pi\tau} = e^{-\pi \frac{K'}{K}}\right).$$

Diese Darstellung gilt im Bereich $|\operatorname{Im}(u)| < \frac{\pi}{2} \operatorname{Im}(\tau)$.

Es gelten noch folgende Entwicklungen:

$$\operatorname{sn} u = \frac{\pi}{2kK} \sum_{n=-\infty}^{+\infty} \frac{1}{\sin \frac{\pi}{2K}[u - (2n - 1)iK']},$$

$$\operatorname{cn} u \;=\; \frac{\pi i}{2\,k\,K}\sum_{n=-\infty}^{+\infty}\frac{(-1)^n}{\sin\dfrac{\pi}{2\,K}\,[u-(2\,n-1)\,i\,K']}\,,$$

$$\operatorname{dn} u \;=\; \frac{\pi i}{2\,K}\sum_{n=-\infty}^{+\infty}\frac{(-1)^n}{\tan\dfrac{\pi}{2\,K}\,[u-(2\,n-1)\,i\,K']}\,.$$

§ 4. Die Jacobische Zetafunktion.

Die Jacobische Zetafunktion ist definiert durch

$$\operatorname{zn}(u,\,k) \;=\; \int_0^u \operatorname{dn}^2(t,\,k)\,dt - \frac{\mathsf{E}(k)}{\mathsf{K}(k)}\,u$$

oder $\qquad\quad \operatorname{zn}(u,\,k) \;=\; E(k,\,\operatorname{am}(u,\,k)) - \dfrac{\mathsf{E}(k)}{\mathsf{K}(k)}\,u.$

Zusammenhang mit der Thetafunktion.

$$\operatorname{zn}(u,\,k) \;=\; \frac{d}{d\,u}\ln\vartheta_0\!\left(\frac{u}{2\,K}\right), \qquad \operatorname{zn}(u+2\,K) \;=\; \operatorname{zn} u.$$

Additionstheorem.

$$\operatorname{zn}(u+v) \;=\; \operatorname{zn} u + \operatorname{zn} v - k\,\operatorname{sn} u\,\operatorname{sn} v\,\operatorname{sn}(u+v).$$

Imaginäres Argument.

$$\operatorname{zn}(i\,u,\,k) \;=\; i\left[\operatorname{sc}(u,\,k')\,\operatorname{dc}(u,\,k') - \frac{\pi\,u}{2\,K\,K'} - \operatorname{zn}(u,\,k')\right].$$

Fourier-Entwicklung.

$$\operatorname{zn}(u,\,k) \;=\; -\frac{2\,\pi}{K}\sum_{n=1}^{\infty}\frac{q^n}{1-q^{2n}}\sin\!\left(\pi\,n\,\frac{u}{K}\right) \;=\; \frac{\pi}{K}\sum_{n=1}^{\infty}\frac{\sin\!\left(\pi\,n\,\dfrac{u}{K}\right)}{\mathfrak{Sin}\!\left(\pi\,n\,\dfrac{K'}{K}\right)}$$

$$\text{für } \left|\operatorname{Im}\!\left(\frac{\pi\,u}{2\,K}\right)\right| < \frac{\pi}{2}\operatorname{Im}(\tau).$$

Es ist $\operatorname{zn}(n\,K,\,k) = 0\;$ für $\;n = 0,\,1,\,2,\,\ldots\,.$

Integrale über die Jacobischen Funktionen.

$$\int\operatorname{sn} u\;du \;=\; -\frac{1}{k}\ln(\operatorname{dn} u + k\,\operatorname{cn} u),\quad \int\operatorname{cn} u\;du \;=\; \frac{i}{k}\ln(\operatorname{dn} u - i\,k\,\operatorname{sn} u),$$

$$\int\operatorname{dn} u\;du \;=\; i\ln(\operatorname{cn} u - i\,\operatorname{sn} u),\qquad \int\frac{d\,u}{\operatorname{sn} u} \;=\; \ln\!\left(\frac{\operatorname{dn} u - \operatorname{cn} u}{\operatorname{sn} u}\right),$$

$$\int\frac{d\,u}{\operatorname{cn} u} \;=\; \frac{1}{k'}\ln\!\left(\frac{\operatorname{dn} u + k'\,\operatorname{sn} u}{\operatorname{cn} u}\right),\qquad \int\frac{d\,u}{\operatorname{dn} u} \;=\; \frac{1}{i\,k'}\ln\!\left(\frac{\operatorname{cn} u + i\,k'\,\operatorname{sn} u}{\operatorname{dn} u}\right),$$

$$\int \frac{\operatorname{sn} u}{\operatorname{cn} u}\, du = \frac{1}{k'} \ln\left(\frac{\operatorname{dn} u + k'}{\operatorname{cn} u}\right), \qquad \int \frac{\operatorname{sn} u}{\operatorname{dn} u}\, du = \frac{i}{k\,k'} \ln\left(\frac{i\,k' - k\,\operatorname{cn} u}{\operatorname{dn} u}\right),$$

$$\int \frac{\operatorname{cn} u}{\operatorname{dn} u}\, du = -\frac{1}{k} \ln\left(\frac{1 - k\,\operatorname{sn} u}{\operatorname{dn} u}\right), \quad \int \frac{\operatorname{cn} u}{\operatorname{sn} u}\, du = \ln\left(\frac{1 - \operatorname{dn} u}{\operatorname{sn} u}\right),$$

$$\int \frac{\operatorname{dn} u}{\operatorname{sn} u}\, du = \ln\left(\frac{1 - \operatorname{cn} u}{\operatorname{sn} u}\right), \qquad \int \frac{\operatorname{dn} u}{\operatorname{cn} u}\, du = \ln\left(\frac{1 + \operatorname{sn} u}{\operatorname{cn} u}\right),$$

$$\int \operatorname{sn} u\, \operatorname{cn} u\, du = -\frac{1}{k^2}\operatorname{dn} u, \qquad \int \operatorname{sn} u\, \operatorname{dn} u\, du = -\operatorname{cn} u,$$

$$\int \operatorname{cn} u\, \operatorname{dn} u\, du = \operatorname{sn} u, \qquad \int \frac{du}{\operatorname{sn} u\, \operatorname{cn} u} = \int \frac{\operatorname{cn} u}{\operatorname{sn} u}\, du + \int \frac{\operatorname{sn} u}{\operatorname{cn} u}\, du,$$

$$\int \operatorname{dn}^2 u\, du = \operatorname{zn} u + \frac{\mathsf{E}}{\mathsf{K}}\, u, \qquad \int \frac{du}{\operatorname{sn}^2 u} = \left(1 - \frac{\mathsf{E}}{\mathsf{K}}\right) u - \frac{d}{du} \ln \vartheta_1\left(\frac{u}{2K}\right),$$

$$\int \frac{du}{\operatorname{cn}^2 u} = \frac{1}{k'^2}\left[\left(k'^2 - \frac{\mathsf{E}}{\mathsf{K}}\right) u - \frac{d}{du} \ln \vartheta_2\left(\frac{u}{2K}\right)\right],$$

$$\int \frac{du}{\operatorname{dn}^2 u} = \frac{1}{k'^2}\left[\frac{\mathsf{E}}{\mathsf{K}}\, u + \frac{d}{du} \ln \vartheta_3\left(\frac{u}{2K}\right)\right],$$

$$\int \frac{\operatorname{cn} u\, \operatorname{dn} u}{\operatorname{sn} u}\, du = \ln \operatorname{sn} u, \qquad \int \frac{\operatorname{sn} u\, \operatorname{dn} u}{\operatorname{cn} u}\, du = -\ln \operatorname{cn} u,$$

$$\int \frac{\operatorname{sn} u\, \operatorname{cn} u}{\operatorname{dn} u}\, du = -\frac{1}{k^2} \ln \operatorname{dn} u, \qquad \int \frac{\operatorname{sn} u}{\operatorname{cn} u\, \operatorname{dn} u}\, du = \frac{1}{k'^2} \ln \frac{\operatorname{dn} u}{\operatorname{cn} u},$$

$$\int \frac{\operatorname{cn} u}{\operatorname{sn} u\, \operatorname{dn} u}\, du = \ln \frac{\operatorname{sn} u}{\operatorname{dn} u}, \qquad \int \frac{\operatorname{dn} u}{\operatorname{sn} u\, \operatorname{cn} u}\, du = \ln \frac{\operatorname{sn} u}{\operatorname{cn} u},$$

$$\int \frac{\operatorname{sn} u}{\operatorname{cn}^2 u}\, du = \frac{1}{k'^2} \frac{\operatorname{dn} u}{\operatorname{cn} u}, \qquad \int \frac{\operatorname{cn} u}{\operatorname{sn}^2 u}\, du = -\frac{\operatorname{dn} u}{\operatorname{sn} u},$$

$$\int \frac{\operatorname{dn} u}{\operatorname{sn}^2 u}\, du = -\frac{\operatorname{cn} u}{\operatorname{sn} u}, \qquad \int \frac{\operatorname{sn} u}{\operatorname{dn}^2 u}\, du = -\frac{1}{k'^2} \frac{\operatorname{cn} u}{\operatorname{dn} u},$$

$$\int \frac{\operatorname{cn} u}{\operatorname{dn}^2 u}\, du = \frac{\operatorname{sn} u}{\operatorname{dn} u}, \qquad \int \frac{\operatorname{dn} u}{\operatorname{cn}^2 u}\, du = \frac{\operatorname{sn} u}{\operatorname{cn} u}.$$

§ 5. Die Weierstrass'sche $\wp$-Funktion.

Die Weierstrass'sche $\wp$-Funktion ist eine elliptische Funktion; ihre Perioden (vgl. die Vorbemerkungen zu diesem Kapitel) seien 2ω und $2\omega'$. Der Quotient τ der beiden Perioden $\tau = \dfrac{\omega'}{\omega}$ sei nicht reell und habe einen positiven Imaginärteil. Die $\wp$-Funktion ist dann gegeben durch:

$$\wp(u) = \frac{1}{u^2} + \sum_{n,m}{}' \left[\frac{1}{(u - 2n\omega - 2m\omega')^2} - \frac{1}{(2n\omega + 2m\omega')^2}\right].$$

Die rechtsstehende Summe ist über alle ganzzahligen Wertepaare n, m mit Ausnahme von $n = m = 0$ zu erstrecken. Die LAURENT-sche Reihenentwicklung um den Nullpunkt hat die Form

$$\wp(u) = \frac{1}{u^2} + \frac{g_2}{20}\,u^2 + \frac{g_3}{28}\,u^4 + \frac{g_2^2}{1200}\,u^6 + 3\,\frac{g_2 g_3}{6160}\,u^8 + \cdots.$$

Hier treten als Parameter an Stelle der Perioden 2ω, $2\omega'$ zwei neue Größen g_2 und g_3 die sogenannten *Invarianten* auf. Sie drücken sich durch die Perioden 2ω und $2\omega'$ folgendermaßen aus.

$$g_2 = \frac{15}{4} \sideset{}{'}\sum_{n,m} \frac{1}{(n\omega + m\omega')^4}. \qquad g_3 = \frac{35}{16} \sideset{}{'}\sum_{n.m} \frac{1}{(n\omega + m\omega')^6}.$$

Will man die Abhängigkeit von $\wp(u)$ von ω und ω' bzw. g_2 und g_3 betonen, so schreibt man $\wp(u; 2\omega. 2\omega')$ bzw. $\wp(u; g_2, g_3)$ statt $\wp(u)$. $\wp(u)$ genügt der Differentialgleichung erster Ordnung

$$\wp'^2 = \left(\frac{d\wp}{du}\right)^2 = 4\{[\wp(u) - e_1]\,[\wp(u) - e_2]\,[\wp(u) - e_3]\}$$
$$\equiv 4\wp^3(u) - g_2\,\wp(u) - g_3.$$

wobei die von u unabhängigen Größen e_1, e_2, e_3 gegeben sind durch

$$e_1 = \wp(\omega), \quad e_2 = \wp(\omega + \omega'), \quad e_3 = \wp(\omega').$$

Der Zusammenhang zwischen den Größen e und g ist nach dem obigen gegeben durch

$$e_1 + e_2 + e_3 = 0, \quad e_1 e_2 e_3 = \tfrac{1}{4}\,g_3. \quad e_1 e_2 + e_1 e_3 + e_2 e_3 = -\tfrac{1}{4}\,g_2.$$

Aus der Differentialgleichung für $\wp(u)$ folgt. daß $y = \wp(u)$ die Umkehrfunktion ist von

$$u = \int_y^\infty \frac{dt}{\sqrt{4t^3 - g_2 t - g_3}} = \int_y^x \frac{dt}{2\sqrt{(t - e_1)(t - e_2)(t - e_3)}}.$$

Additionstheorem.

$$\wp(u + v) = -\wp(u) - \wp(v) + \frac{1}{4}\left[\frac{\wp'(u) - \wp'(v)}{\wp(u) - \wp(v)}\right]^2.$$

So ist z. B.

$$\wp(u + \omega) = e_1 + \frac{(e_1 - e_2)(e_1 - e_3)}{\wp(u) - e_1};$$

$$\wp(u + \omega + \omega') = e_2 + \frac{(e_2 - e_1)(e_2 - e_3)}{\wp(u) - e_2}.$$

$$\wp(u + \omega') = e_3 + \frac{(e_3 - e_1)(e_3 - e_2)}{\wp(u) - e_3}.$$

Doppeltes Argument.

$$\wp(2u) = \frac{\left[\wp^2(u) + \dfrac{g_2}{4}\right]^2 + 2\,g_3\,\wp(u)}{4\wp^3(u) - g_2\,\wp(u) - g_3}.$$

Zusammenhang mit den Thetafunktionen.

$$\wp(u) = -\frac{\eta_1}{\omega} - \frac{d^2 \ln \vartheta_1\!\left(\dfrac{u}{2\omega}\right)}{d u^2}. \qquad \text{mit} \quad \eta_1 = -\frac{1}{12\,\omega}\frac{\vartheta_1'''}{\vartheta_1'}$$

$$q = e^{\,i\pi\frac{\omega'}{\omega}}$$

Ferner

$$\sqrt{\wp(u) - e_k} = \frac{1}{2\omega}\frac{\vartheta_1'}{\vartheta_{k+1}}\frac{\vartheta_{k+1}\!\left(\dfrac{u}{2\omega}\right)}{\vartheta_1\!\left(\dfrac{u}{2\omega}\right)}. \qquad (k = 1, 2, 3;\ \vartheta_4 \equiv \vartheta_0)$$

$$= \frac{i\pi}{\omega}\left[\frac{1}{z - z^{-1}} + \sum_{n=1}^{\infty}\left(\frac{q^n z^{-1}}{1 - q^{2n} z^{-2}} - \frac{q^n z}{1 - q^{2n} z^2}\right)\right]$$
$$(\text{mit}\quad z = e^{i\pi u/(2\omega)}),$$

$$\wp'(u) = -\frac{1}{4\omega^3}\frac{\vartheta_2\!\left(\dfrac{u}{2\omega}\right)\vartheta_3\!\left(\dfrac{u}{2\omega}\right)\vartheta_0\!\left(\dfrac{u}{2\omega}\right)\vartheta_1'^3}{\vartheta_2\,\vartheta_3\,\vartheta_0\,\vartheta_1^3\!\left(\dfrac{u}{2\omega}\right)}.$$

Transformationsformeln.

$$\wp(t u;\ t\omega,\ t\omega') = t^{-2}\,\wp(u;\ \omega,\ \omega'),$$
$$\wp(i u;\ g_2,\ g_3) = -\wp(u;\ g_2,\ -g_3),$$
$$\wp(t u;\ t^{-4} g_2,\ t^{-6} g_3) = t^{-2}\,\wp(u;\ g_2,\ g_3).$$

Zusammenhang mit den Jacobischen elliptischen Funktionen.

$$\wp\left(\frac{u}{\sqrt{e_1 - e_3}}\right) = e_1 + (e_1 - e_3)\frac{\operatorname{cn}^2 u}{\operatorname{sn}^2 u} = e_2 + (e_1 - e_3)\frac{\operatorname{dn}^2 u}{\operatorname{sn}^2 u}$$
$$= e_3 + (e_1 - e_3)\frac{1}{\operatorname{sn}^2 u}.$$

Der Modul k der Jacobischen Funktionen und das zu diesem zugehörige vollständige elliptische Integral erster Gattung ist dann

$$k = \sqrt{\frac{e_2 - e_3}{e_1 - e_3}}, \quad K(\tau) = \mathsf{K}(k) = \omega\sqrt{e_1 - e_3}.$$

Entwicklung nach trigonometrischen Funktionen.

$$\wp(u) = -\frac{\eta_1}{\omega} + \left(\frac{\pi}{2\omega}\right)^2 \sum_{n=-\infty}^{+\infty} \frac{1}{\sin^2\!\left(\dfrac{\pi}{2\omega}\,u + n\pi\dfrac{\omega'}{\omega}\right)},$$

ferner

$$\wp(u) = -\frac{\eta_1}{\omega} + \left(\frac{\pi}{2\omega}\right)^2 \frac{1}{\sin^2\left(\dfrac{\pi u}{2\omega}\right)} - 2\left(\frac{\pi}{\omega}\right)^2 \sum_{n=1}^{\infty} \frac{n\,q^{2n}}{1-q^{2n}} \cos\left(n\pi\,\frac{u}{\omega}\right)$$

$$\text{mit}\quad q = e^{i\pi\frac{\omega'}{\omega}},\qquad \eta_1 = -\frac{1}{12\,\omega}\frac{\vartheta_1'''}{\vartheta_1'}.$$

Die Weierstrasssche ζ-Funktion.

Definition $\qquad \dfrac{d\zeta(u)}{du} = -\wp(u);\quad \zeta(u) = -\int \wp(u)\,du.$

Man schreibt auch $\zeta(u) = \zeta(u; \omega, \omega')$ oder $\zeta(u) = \zeta(u; g_2, g_3)$, je nachdem, ob die Abhängigkeit von den Parametern ω, ω' oder g_2, g_3 betont werden soll.

Transformationsformeln.

$$\zeta(tu;\, t\omega, t\omega') = t^{-1}\zeta(u;\, \omega, \omega'),$$
$$\zeta(tu;\, t^{-4}g_2, t^{-6}g_3) = t^{-1}\zeta(u;\, g_2, g_3).$$

Partialbruchzerlegung.

$$\zeta(u) = \frac{1}{u} + \sideset{}{'}\sum_{n,m}\left[\frac{1}{(u-2n-2m)} + \frac{u}{(2n+2m)^2} + \frac{1}{(2n+2m)}\right]$$

oder, wenn eine Summation ausgeführt wird:

$$\zeta(u) = \frac{\eta_1}{\omega}u + \frac{\pi}{2\omega}\cotan\left(\frac{\pi u}{2\omega}\right) + \frac{\pi}{2\omega}\sum_{1}^{\infty}\left[\cotan\left(\frac{\pi u}{2\omega} + m\pi\,\frac{\omega'}{\omega}\right)\right.$$
$$\left. + \cotan\left(\frac{\pi u}{2\omega} - m\pi\,\frac{\omega'}{\omega}\right)\right].$$

Laurent-Entwicklung.

$$\zeta(u) = \frac{1}{u} - \frac{g_2}{60}u^3 - \frac{g_3}{140}u^5 - \cdots.$$

Bei Vermehrung des Arguments um die Größen $2n\omega$ bzw. $2m\omega'$ ergibt sich

$$\zeta(u + 2n\omega + 2m\omega') = \zeta(u) + 2n\eta_1 + 2m\eta_2$$
$$(n, m = 0, \pm 1, \pm 2, \ldots).$$

Hierbei ist

$$\eta_1 = \zeta(\omega) = -\frac{1}{12\omega}\frac{\vartheta_1'''}{\vartheta_1'},$$
$$\eta_2 = \zeta(\omega'),$$
$$\eta_3 = \zeta(\omega + \omega') = \eta_1 + \eta_2.$$

Dabei gilt (Legendresche Relation):

$$\omega'\eta_1 + \omega\eta_2 = i\,\frac{\pi}{2}.$$

Additionstheorem.

$$\zeta(u+v) = \zeta(u) + \zeta(v) + \frac{1}{2}\,\frac{\zeta''(u) - \zeta''(v)}{\zeta'(u) - \zeta'(v)}\,.$$

Zusammenhang mit der Thetafunktion.

$$\zeta(u) = \frac{\eta_1}{\omega}\,u + \frac{d \ln \vartheta_1\left(\dfrac{u}{2\,\omega}\right)}{d\,u}\,.$$

Fourier-Entwicklung:

$$\zeta(u) = \frac{\eta_1}{\omega}\,u + \frac{\pi}{2\,\omega}\cotan\left(\frac{\pi\,u}{2\,\omega}\right) + \frac{2\,\pi}{\omega}\sum_{n=1}^{\infty}\frac{q^{2n}}{1 - q^{2n}}\sin\left(n\,\frac{\pi\,u}{\omega}\right).$$

Die Weierstrass'sche σ-Funktion.

Definition:
$$\sigma(u) = e^{\int \zeta(u)\,d u}\,,$$

d. h.
$$\zeta(u) = \frac{\sigma'(u)}{\sigma(u)}\,.$$

Produktdarstellung:

$$\sigma(u) = u \prod_{n,\,m}{}' \left(1 - \frac{u}{w}\right) e^{\frac{u}{w} + \frac{1}{2}\left(\frac{u}{w}\right)^2}$$

mit $w = 2\,n\,\omega + 2\,m\,\omega'$; $n, m = 0, \pm 1, \pm 2, \ldots$;

n, m nicht beide Null.

Reihenentwicklung um den Nullpunkt.

$$\sigma(u) = u - \frac{g_2}{2^4 . 3 . 5}\,u^5 - \frac{g_3}{2^3 . 3 . 5 . 7}\,u^7 - \frac{g_2^2}{2^9 . 3^2 . 5 . 7}\,u^9 - \cdots.$$

Bei der Vermehrung des Arguments um die Perioden der $\wp$-Funktion ergibt sich

$$\sigma(u + 2\,n\,\omega + 2\,m\,\omega') = \pm\, e^{(2\,n\,\eta_1 + 2\,m\,\eta_2)\,(u + n\,\omega + m\,\omega')}\,\sigma(u).$$

Hierbei ist das $+$ Zeichen zu wählen, wenn sowohl m als auch n gerade Zahlen sind.

Zusammenhang mit der Thetafunktion.

$$\sigma(u) = \frac{2\,\omega}{\vartheta_1'}\,e^{\frac{\eta_1}{2\,\omega}\,u^2}\,\vartheta_1\left(\frac{u}{2\,\omega}\right). \qquad \tau = \frac{\omega'}{\omega}$$

Definition von $\sigma_\alpha(u)$.

$$\sigma_\alpha(u) = e^{\frac{\eta_1}{2\,\omega}\,u^2}\,\frac{\vartheta_\alpha\left(\dfrac{u}{2\,\omega}\right)}{\vartheta_\alpha}\,. \qquad (\alpha = 0, 2, 3)$$

Substitution halber Perioden.

$$\sigma\,(u + \omega) \;=\; e^{\eta_1\,u}\,\sigma\,(\omega)\,\sigma_2\,(u),$$
$$\sigma\,(u + \omega') \;=\; e^{\eta_2\,u}\,\sigma\,(\omega')\,\sigma_0\,(u),$$
$$\sigma\,(u + \omega + \omega') \;=\; e^{\eta_3\,u}\,\sigma\,(\omega + \omega')\,\sigma_3\,(u).$$

Zusammenhang mit der $\wp$-Funktion.

$$\frac{\sigma_2\,(u)}{\sigma\,(u)} \;=\; \sqrt{\wp\,(u) - e_1}\;; \quad \frac{\sigma_3\,(u)}{\sigma\,(u)} \;=\; \sqrt{\wp\,(u) - e_1}\;; \quad \frac{\sigma_0\,(u)}{\sigma\,(u)} \;=\; \sqrt{\wp\,(u) - e_3}\;,$$

$$\wp'\,(2\,u) \;=\; -\,2\,\frac{\sigma_0\,(u)\,\sigma_2\,(u)\,\sigma_3\,(u)}{\sigma^3\,(u)} \;=\; -\,\frac{\sigma\,(2\,u)}{\sigma^4\,(u)}\,,$$

$$\wp\,(u) - \wp\,(v) \;=\; -\,\frac{\sigma\,(u - v)\,\sigma\,(u + v)}{\sigma^2\,(u)\,\sigma^2\,(v)}\,.$$

Zusammenhang mit den Jacobischen Funktionen.

$$\frac{\sigma\,(u)}{\sigma_0\,(u)} \;=\; \frac{\omega}{K}\,\operatorname{sn}\left(\frac{K\,u}{\omega}\right), \quad \frac{\sigma_2\,(u)}{\sigma_0\,(u)} \;=\; \operatorname{cn}\left(\frac{K\,u}{\omega}\right), \quad \frac{\sigma_3\,(u)}{\sigma_0\,(u)} \;=\; \operatorname{dn}\left(\frac{K\,u}{\omega}\right).$$

Transformation.

$$\sigma\,(t\,u;\; t\,\omega,\, t\,\omega') \;=\; t\,\sigma\,(u;\; \omega,\, \omega').$$

§ 6. Umrechnungsformeln und Ausartungen.

Die im Vorhergehenden behandelten Funktionen $\vartheta_\alpha\,(u)$, $\operatorname{sn} u$, $\operatorname{cn} u$, $\operatorname{dn} u$, $\operatorname{am} u$, $\operatorname{zn} u$, $\wp\,(u)$, $\zeta\,(u)$, $\sigma\,(u)$ hängen außer von der Variablen u noch von einem bzw. was die drei letzten der hier aufgeführten Funktionen betrifft, von zwei Parametern ab.

Funktion	Parameter
$\vartheta_\alpha\,(u)$	τ bzw. $q = e^{i\pi\tau}$
$\operatorname{am} u$ $\operatorname{sn} u$ $\operatorname{cn} u$ $\operatorname{dn} u$ $\operatorname{zn} u$	$k = \dfrac{\vartheta_2^2}{\vartheta_3^2}$
$\wp\,(u)$ $\zeta\,(u)$ $\sigma\,(u)$	ω, ω' bzw. $g_2\,,\,g_3$ bzw. $e_1\,,\,e_2\,,\,e_3$

Da die letzten drei der in der vorstehenden Tabelle aufgeführten Funktionen sich auf die Thetafunktionen bzw. auf die Jacobischen elliptischen Funktionen zurückführen lassen, werden in der nachstehenden Übersicht die Umrechnungsformeln zusammengestellt, die es gestatten, bei Kenntnis eines Parameterpaares die anderen zu errechnen.

1. *Gegeben ω und ω'.*

Es folgt dann für die anderen Parameter

$$g_2 = \frac{15}{4} \sum_{n,m}' \frac{1}{(n\omega + m\omega')^4}, \qquad g_3 = \frac{35}{16} \sum_{n,m}' \frac{1}{(n\omega + m\omega')^6},$$

$$e_1 = \wp(\omega), \quad e_2 = \wp(\omega + \omega'), \quad e_3 = \wp(\omega')$$

oder

$$g_2 = \left(\frac{\pi}{\omega}\right)^4 \left\{ \frac{1}{12} + 20 \sum_{n=1}^{\infty} \frac{n^3 q^{2n}}{1 - q^{2n}} \right\}, \qquad g_3 = \left(\frac{\pi}{\omega}\right)^6 \left\{ \frac{1}{216} - \frac{7}{3} \sum_{n=1}^{\infty} \frac{n^5 q^{2n}}{1 - q^{2n}} \right\}$$

mit
$$q = e^{i\pi \frac{\omega'}{\omega}}$$

oder

$$e_1 = -\frac{\eta_1}{\omega} + \left(\frac{\pi}{2\omega}\right)^2 \left[1 + 2 \sum_{n=1}^{\infty} \frac{1}{\cos^2(n\pi\tau)} \right],$$

$$e_2 = -\frac{\eta_1}{\omega} + \frac{1}{2}\left(\frac{\pi}{\omega}\right)^2 \sum_{n=1}^{\infty} \frac{1}{\cos^2\left(\frac{2n-1}{2}\pi\tau\right)},$$

$$e_3 = -\frac{\eta_1}{\omega} + \frac{1}{2}\left(\frac{\pi}{\omega}\right)^2 \sum_{n=1}^{\infty} \frac{1}{\sin^2\left(\frac{2n-1}{2}\pi\tau\right)},$$

$$\eta_1 = \frac{\pi^2}{2\omega} \left[\frac{1}{6} + \sum_{n=1}^{\infty} \frac{1}{\sin^2(n\pi\tau)} \right].$$

Für die Berechnung der vorstehenden Größen mittels der Thetafunktionen folgt:

$$\tau = \frac{\omega'}{\omega}; \quad q = e^{i\pi\tau}; \quad \eta_1 = -\frac{1}{12\omega}\frac{\vartheta_1'''}{\vartheta_1'},$$

$$g_2 = \frac{2}{3}\left(\frac{\pi}{2\omega}\right)^4 [\vartheta_0^8 + \vartheta_2^8 + \vartheta_3^8],$$

$$g_3 = \frac{4}{27}\left(\frac{\pi}{2\omega}\right)^6 [\vartheta_2^4 + \vartheta_3^4][\vartheta_0^4 + \vartheta_3^4][\vartheta_0^4 - \vartheta_2^4],$$

$$e_1 = \frac{\pi^2}{12\omega^1}[\vartheta_0^4 + \vartheta_3^4]; \quad e_2 = \frac{\pi^2}{12\omega^2}[\vartheta_2^4 - \vartheta_0^4]; \quad e_3 = -\frac{\pi^2}{12\omega^2}[\vartheta_2^4 + \vartheta_3^4].$$

Der Zusammenhang der vorstehenden Parameter mit dem der Jacobischen elliptischen Funktionen ist:

$$k = \frac{\vartheta_2^2}{\vartheta_3^2} = \sqrt{\frac{e_2 - e_3}{e_1 - e_3}}, \qquad k' = \frac{\vartheta_0^2}{\vartheta_3^2} = \sqrt{\frac{e_1 - e_2}{e_1 - e_3}},$$

$$\mathsf{K}(k) = \omega \sqrt{e_1 - e_3}\,, \qquad\qquad \mathsf{K}(k') = -i\,\omega' \sqrt{e_1 - e_3}\,,$$

$$K(\tau) = K = \frac{\pi}{2}\,\vartheta_3^2\,, \qquad\qquad K'(\tau) = K' = -i\,\tau\,K.$$

2. *Gegeben* e_1, e_2, e_3. $\qquad\qquad\qquad (e_1 + e_2 + e_3 = 0)$

Es ist dann:

$$\omega = \int\limits_{e_3}^{e_2} \frac{dt}{2\sqrt{(t - e_1)(t - e_2)(t - e_3)}}\,,$$

$$\omega' = \int\limits_{e_2}^{e_1} \frac{dt}{2\sqrt{(t - e_1)(t - e_2)(t - e_3)}}\,,$$

$$g_2 = -4\,(e_2 e_3 + e_1 e_3 + e_1 e_2), \quad g_3 = 4\,e_1 e_2 e_3$$

oder auch nach dem Vorhergehenden

$$\omega = \frac{K}{\sqrt{e_1 - e_3}}\,, \quad \omega' = \frac{i\,K'}{\sqrt{e_1 - e_3}} \quad \text{mit} \quad k = \sqrt{\frac{e_2 - e_3}{e_1 - e_3}}\,.$$

Sodann ist wieder $\tau = \dfrac{\omega'}{\omega} = i\,\dfrac{K'}{K}$.

3. *Gegeben* g_2 *und* g_3:

e_1, e_2, e_3 berechnen sich als Wurzeln der Gleichung 3. Grades

$$e^3 - \tfrac{1}{4}\,g_2\,e - \tfrac{1}{4}\,g_3 = 0.$$

Die weiteren Größen wie im vorhergehenden Fall.

Ausartungen der elliptischen Funktionen.

1. $k = 0$, $k' = 1$ $\qquad\qquad \omega = \dfrac{\pi}{\sqrt{6\,e_1}}\,, \quad \omega' = i\infty$

$$\operatorname{sn} u = \sin u, \qquad \wp(u) = -\frac{1}{3}\left(\frac{\pi}{2\,\omega}\right)^2 + \frac{\left(\dfrac{\pi}{2\,\omega}\right)^2}{\sin^2\!\left(\dfrac{\pi\,u}{2\,\omega}\right)}\,,$$

$$\operatorname{cn} u = \cos u,$$

$$\operatorname{dn} u = 1, \qquad \zeta(u) = \frac{\pi\,u}{6\,\omega} + \frac{\pi}{2\,\omega}\cotan\left(\frac{\pi\,u}{2\,\omega}\right),$$

$$K' = \infty,$$

$$K = \frac{\pi}{2}\,, \qquad \sigma(u) = \frac{2\,\omega}{\pi}\sin\left(\frac{\pi\,u}{2\,\omega}\right)e^{\frac{1}{6}\left(\frac{\pi\,u}{2\,\omega}\right)^2}\,,$$

$$\lim_{k=0} \frac{e^{-\pi \frac{K'}{K}}}{k^2} = \frac{1}{16}, \qquad q = 0, \quad \vartheta_0(u) = \vartheta_3(u) = 1,$$

$$\vartheta_1(u) = \vartheta_2(u) = 0,$$

$$e_2 = e_3 = -\tfrac{1}{2} e_1, \quad g_2 = 3 e_1^2, \quad g_3 = e_1^3.$$

---

2. $k = 1, \ k' = 0 \qquad \omega = \infty, \quad \omega' = \dfrac{\pi i}{2 \sqrt{3 e_1}}$

$$\operatorname{sn} u = \operatorname{Tang} u, \qquad \wp(u) = -2 e_1 + 3 e_1 \operatorname{Cotang}^2(u \sqrt{3 e_1}),$$

$$\operatorname{cn} u = \frac{1}{\operatorname{dn} u} = \frac{1}{\operatorname{Cof} u}, \qquad \zeta(u) = -e_1 u + \sqrt{3 e_1} \operatorname{Cotang}(u \sqrt{3 e_1}),$$

$$K = \infty, \quad K' = \frac{\pi}{2}, \qquad \sigma(u) = \frac{1}{\sqrt{3 e_1}} \operatorname{Sin}(u \sqrt{3 e}) \, e^{-\frac{u^2}{2} e_1},$$

$$\lim_{k=1} \frac{e^{-\pi \frac{K}{K'}}}{1 - k^2} = \frac{1}{16}, \qquad q = 1, \quad e_1 = e_2 = -\frac{e_3}{2},$$

$$g_2 = 3 e_3^2, \quad g_3 = e_3^3.$$

---

3. $e_1 = e_2 = e_3 = 0 \qquad \omega = \infty, \quad \omega' = i\infty$

$$\wp(u) = \frac{1}{u^2}, \quad \zeta(u) = \frac{1}{u}, \quad \sigma(u) = u,$$

$$g_2 = g_3 = 0.$$

Achtes Kapitel.

Integraltransformationen und Integralumkehrungen.

Vorbemerkungen: Die Funktionen, die in diesem Kapitel auftreten, sollen in vielen Fällen den folgenden Bedingungen genügen:
Ist $f(t)$ eine reelle Funktion der reellen Variablen t, so soll $f(t)$ stückweise zweimal stetig differentiierbar sein; die Punkte, in denen dies nicht der Fall ist, sollen sich im Endlichen nirgends häufen, und es sollen die Grenzwerte von $f'(t)$ oder $\dfrac{1}{f'(t)}$ bei beiderseitiger Annäherung an dieselben existieren. An Sprungstellen t_0 soll gelten:

$$f(t_0) = \tfrac{1}{2} \left[\lim_{t \to t_0 + 0} f(t) + \lim_{t \to t_0 - 0} f(t) \right].$$

Wenn Gültigkeitsbedingungen für Formeln oder Sätze angemerkt sind, sind sie meist hinreichend aber nicht notwendig; in einigen

Fällen von geringerer Wichtigkeit sind keine solchen Bedingungen angegeben.

Einige Beziehungen zwischen verschiedenen Integraltransformationen: Es sei [1]

$$g(p) = \int_0^\infty e^{-pt} f(t)\, dt; \quad F(u) = \int_0^\infty J_0(2\sqrt{tu})\, f(t)\, dt,$$

$$v(z) = \int_0^\infty e^{-pz} g(p)\, dp.$$

Dann ist

$$g(p) = \frac{1}{p} \int_0^\infty e^{-u/p} F(u)\, du,$$

$$v(z) = \int_0^\infty \frac{f(t)}{z+t}\, dt = 2 \int_0^\infty K_0(2\sqrt{zu})\, F(u)\, du.$$

§ 1. Die FOURIER-Transformation.

Es gilt der Satz: Sind $F_1(x)$ und $F_2(x)$ reelle Funktionen der reellen Veränderlichen x, welche für $-\infty < x < \infty$ definiert sind und den in den Vorbemerkungen von Kapitel VIII genannten Bedingungen genügen; setzt man ferner $F(x) = F_1(x) + i F_2(x)$, und existiert das Integral $\int_{-\infty}^{+\infty} |F(x)|\, dx$, dann existiert für alle reellen Werte von y die Funktion

$(\mathfrak{F}_1)$
$$f(y) = \int_{-\infty}^{+\infty} e^{ixy} F(x)\, dx,$$

und es ist für jede Stelle, an der $F(x)$ endlich ist,

$(\mathfrak{F}_2)$
$$F(x) = \frac{1}{2\pi} \int_{-\infty}^{+\infty} e^{-ixy} f(y)\, dy,$$

wobei das Integral $\int_{-\infty}^{+\infty}$ als $\lim_{A \to \infty} \int_{-A}^{A}$ aufzufassen ist.

Man nennt $f(y)$ die FOURIER-*Transformierte* von $F(x)$; auch die Bezeichnung *Spektralfunktion* von F ist für f gebräuchlich.

Im folgenden wird eine Reihe von Beispielen von Funktionenpaaren $F(x)$ und $f(y)$ aufgeführt, für welche die Beziehungen $(\mathfrak{F}_1)$ und $(\mathfrak{F}_2)$ erfüllt sind.

Die Parameter a, b in den Beispielen sind durchweg als reell und positiv vorausgesetzt.

----

[1] Für die Definition von J_0 und K_0 vgl. Kap. III, § 1.

$F(x) = \dfrac{1}{2\pi} \displaystyle\int_{-\infty}^{+\infty} e^{-ixy} f(y)\, dy$	$f(y) = \displaystyle\int_{-\infty}^{+\infty} e^{ixy} F(x)\, dx$
$\dfrac{1}{\sqrt{\lvert x\rvert}}$	$\sqrt{\dfrac{2\pi}{\lvert y\rvert}}$
$(\operatorname{sgn} x)\,\dfrac{1}{\sqrt{\lvert x\rvert}}$	$i \operatorname{sgn} y \sqrt{\dfrac{2\pi}{\lvert y\rvert}}$
$\dfrac{1}{\lvert x\rvert^{\nu}}\quad (0 < \operatorname{Re}\nu < 1)$	$2\,\Gamma(1-\nu)\sin\left(\dfrac{\nu\pi}{2}\right)\dfrac{1}{\lvert y\rvert^{1-\nu}}$
$\dfrac{\operatorname{sgn} x}{\lvert x\rvert^{\nu}}\quad (0 < \operatorname{Re}\nu < 2)$	$2i\,(\operatorname{sgn} y)\,\Gamma(1-\nu)\cos\left(\dfrac{\nu\pi}{2}\right)\dfrac{1}{\lvert y\rvert^{1-\nu}}$
$\dfrac{\sin ax}{x}$	$\begin{cases} \pi & \text{für } \lvert y\rvert < a \\ 0 & \text{für } \lvert y\rvert > a \end{cases}$
$\dfrac{\sin^2 ax}{x^2}$	$\begin{cases} \pi\left(a - \dfrac{\lvert y\rvert}{2}\right) & \text{für } \lvert y\rvert < 2a \\ 0 & \text{für } \lvert y\rvert > 2a \end{cases}$
$\begin{array}{ll} e^{i\omega x} & \text{für } p < x < q \\ 0 & \text{für } x < p;\ x > q \end{array}$	$i\,\dfrac{e^{ip(\omega+y)} - e^{iq(\omega+y)}}{\omega + y}$
$\begin{array}{ll} e^{-\beta x}\,e^{i\omega x} & \text{für } x > 0 \\ 0 & \text{für } x < 0 \end{array}$	$\dfrac{i}{\omega + y + i\beta}$
$\dfrac{1}{\mathfrak{Cof}\,ax}$	$\dfrac{\pi}{a}\,\dfrac{1}{\mathfrak{Cof}\left(\dfrac{\pi y}{2a}\right)}$
$e^{-\lambda x^2}\qquad \operatorname{Re}(\lambda) > 0$	$\sqrt{\dfrac{\pi}{\lambda}}\,e^{-y^2/4\lambda}\qquad \begin{array}{l}\operatorname{Re}(\lambda) > 0 \\ \operatorname{Re}(\sqrt{\lambda}) > 0\end{array}$
$\cos ax^2$	$\sqrt{\dfrac{\pi}{a}}\,\cos\left(\dfrac{y^2}{4a} - \dfrac{\pi}{4}\right)$
$\sin ax^2$	$\sqrt{\dfrac{\pi}{a}}\,\cos\left(\dfrac{y^2}{4a} + \dfrac{\pi}{4}\right)$
$\dfrac{1}{\sqrt{x^2 + a^2}}$	$2\,K_0(a\lvert y\rvert)$
$(\operatorname{sgn} x)\sqrt{\dfrac{1}{x^2 + a^2}}$	$\pi i \operatorname{sgn} y\,[J_0(iay) + i\,\mathsf{H}_0(iay)]$

$F(x) = \dfrac{1}{2\pi}\displaystyle\int\limits_{-\infty}^{+\infty} e^{-ixy} f(y)\,dy$	$f(y) = \displaystyle\int\limits_{-\infty}^{+\infty} e^{ixy} F(x)\,dx$
$\dfrac{1}{x^2+a^2}$	$\dfrac{\pi}{a}\,e^{-a|y|}$
$\dfrac{1}{x^2+a^2}\operatorname{sgn} x$	$\dfrac{i}{a}\left[e^{-ay}\operatorname{Ei}(ay) - e^{ay}\operatorname{Ei}(-ay)\right]$
$\dfrac{x}{x^2+a^2}\operatorname{sgn} x$	$-\dfrac{1}{a}\left[e^{-ay}\operatorname{Ei}(ay) + e^{ay}\operatorname{Ei}(-ay)\right]$ $\text{mit}\ \ \operatorname{Ei}(-y) = C + \ln y + \sum_{n=1}^{\infty}\dfrac{(-y)^n}{n\cdot n!}$ $\text{für } y>0$
$\dfrac{e^{-a|x|}}{\sqrt{|x|}}$	$\sqrt{2\pi}\,\dfrac{\sqrt{\sqrt{a^2+y^2}+a}}{\sqrt{a^2+y^2}}$
$\dfrac{e^{-a|x|}}{\sqrt{|x|}}\operatorname{sgn} x$	$i\sqrt{2\pi}\operatorname{sgn} y\,\dfrac{\sqrt{\sqrt{a^2+y^2}-a}}{\sqrt{a^2+y^2}}$
$\dfrac{\cos ax}{\sqrt{|x|}}$	$\sqrt{\dfrac{\pi}{2}}\left(\dfrac{1}{\sqrt{|y-a|}} + \dfrac{1}{\sqrt{|y+a|}}\right)$
$\dfrac{\sin ax}{\sqrt{|x|}}$	$i\sqrt{\dfrac{\pi}{2}}\left(\dfrac{1}{\sqrt{|y-a|}} - \dfrac{1}{\sqrt{|y+a|}}\right)$
$\dfrac{\sin ax^2}{x}$	$-i\pi\left[S\!\left(\dfrac{y}{\sqrt{2\pi a}}\right) - C\!\left(\dfrac{y}{\sqrt{2\pi a}}\right)\right]$
$\dfrac{\sin ax^2}{x^2}$	$\pi y\left[S\!\left(\dfrac{y}{\sqrt{2\pi a}}\right) - C\!\left(\dfrac{y}{\sqrt{2\pi a}}\right)\right] + 2\sqrt{\pi a}\sin\!\left(\dfrac{y^2}{4a} + \dfrac{\pi}{4}\right)$
$(\operatorname{sgn} x)\cos ax^2$	$i\sqrt{\dfrac{2\pi}{a}}\left\{\sin\!\left(\dfrac{y^2}{4a}\right)C\!\left(\dfrac{y}{\sqrt{2\pi a}}\right) - \cos\!\left(\dfrac{y^2}{4a}\right)S\!\left(\dfrac{y}{\sqrt{2\pi a}}\right)\right\}$
$(\operatorname{sgn} x)\sin ax^2$	$i\sqrt{\dfrac{2\pi}{a}}\left\{\cos\!\left(\dfrac{y^2}{4a}\right)C\!\left(\dfrac{y}{\sqrt{2\pi a}}\right) + \sin\!\left(\dfrac{y^2}{4a}\right)S\!\left(\dfrac{y}{\sqrt{2\pi a}}\right)\right\}$
$\dfrac{\sin^2 ax}{x}$	$\begin{cases} (\operatorname{sgn} y)\,i\,\dfrac{\pi}{2} & \text{für } |y|<2a \\[2mm] 0 & \text{für } |y|>2a \end{cases}$

$F(x) = \dfrac{1}{2\pi}\displaystyle\int_{-\infty}^{+\infty} e^{-ixy} f(y)\, dy$	$f(y) = \displaystyle\int_{-\infty}^{+\infty} e^{ixy} F(x)\, dx$
$\dfrac{\mathfrak{Sin}\, a x}{\mathfrak{Sin}\, \pi x}$	$\dfrac{\sin a}{\mathfrak{Cos}\, y + \cos a}\qquad (-\pi < a < \pi)$
$\dfrac{\mathfrak{Sin}\, a x}{\mathfrak{Cos}\, \pi x}$	$2i\,\dfrac{\sin\frac{a}{2}\,\mathfrak{Sin}\frac{y}{2}}{\mathfrak{Cos}\, y + \cos a}\qquad (-\pi < a < \pi)$
$\dfrac{\mathfrak{Cos}\, a x}{\mathfrak{Cos}\, \pi x}$	$2\,\dfrac{\cos\frac{a}{2}\,\mathfrak{Cos}\frac{y}{2}}{\mathfrak{Cos}\, y + \cos a}\qquad (-\pi < a < \pi)$
$\dfrac{\sin b\sqrt{a^2 - x^2}}{\sqrt{a^2 - x^2}}$ für $\lvert x\rvert < a$ $-\dfrac{e^{-b\sqrt{x^2-a^2}}}{\sqrt{x - a^2}}$ für $\lvert x\rvert > a$	$\pi N_0(a\sqrt{b^2 + y^2})$
$\dfrac{e^{-a/\sqrt{\lvert x\rvert}}}{\sqrt{\lvert x\rvert}}$	$\sqrt{\dfrac{2\pi}{\lvert y\rvert}}\,(\cos\sqrt{2\,a\,\lvert y\rvert} - \sin\sqrt{2\,a\,\lvert y\rvert})$
$(\operatorname{sgn} x)\,\dfrac{e^{-a/\sqrt{\lvert x\rvert}}}{\sqrt{\lvert x\rvert}}$	$i\operatorname{sgn} y\,\sqrt{\dfrac{2\pi}{\lvert y\rvert}}\,(\cos\sqrt{2\,a\,\lvert y\rvert} + \sin\sqrt{2\,a\,\lvert y\rvert})$
$\dfrac{1}{\sqrt{a^2 - x^2}}$ für $\lvert x\rvert < a$ 0 für $\lvert x\rvert > a$	$\pi J_0(ay)$
0 für $\lvert x\rvert < a$ $\dfrac{\operatorname{sgn} x}{\sqrt{x^2 - a^2}}$ für $\lvert x\rvert > a$	$\pi i\,(\operatorname{sgn} y)\,J_0(ay)$
0 für $\lvert x\rvert < a$ $-\dfrac{1}{\sqrt{x^2 - a^2}}$ für $\lvert x\rvert > a$	$\pi N_0(a\lvert y\rvert)$
$\dfrac{\arcsin\left(\frac{x}{a}\right)}{\sqrt{a^2 - x^2}}$ für $\lvert x\rvert < a$ $\dfrac{\ln\left[\frac{x}{a} - \sqrt{\left(\frac{x}{a}\right)^2 - 1}\right]}{\sqrt{x^2 - a^2}}$ für $\lvert x\rvert > a$	$(\operatorname{sgn} y)\,N_0(a\lvert y\rvert)\,i\,\dfrac{\pi^2}{2}$
$\dfrac{1}{2}\,\dfrac{1}{(x^2 + a^2)^{\nu + 1/2}}\qquad (\operatorname{Re}\nu > -\tfrac12)$	$\left(\dfrac{\lvert y\rvert}{2a}\right)^{\nu}\dfrac{\Gamma(\frac12)}{\Gamma(\nu + \frac12)}\,K_\nu(a\lvert y\rvert)\qquad (\operatorname{Re}\nu > -\tfrac12)$

$F(x) = \dfrac{1}{2\pi} \displaystyle\int_{-\infty}^{+\infty} e^{-ixy} f(y)\, dy$	$f(y) = \displaystyle\int_{-\infty}^{+\infty} e^{ixy} F(x)\, dx$
$\dfrac{\operatorname{Ar\,Sin}\left(\dfrac{x}{a}\right)}{\sqrt{x^2+a^2}}$	$\pi i\,(\operatorname{sgn} y)\, K_0(a\,|y|)$
$e^{ia^3x^3}$	$\dfrac{2}{3a}\sqrt{\dfrac{y}{a}}\, K_{1/3}\!\left(\dfrac{2y}{3a}\sqrt{\dfrac{y}{3a}}\right)\qquad\text{für } y>0$ $\dfrac{2\pi}{3a}\sqrt{\dfrac{|y|}{3a}}\left[J_{1/3}\!\left(\dfrac{2|y|}{3a}\sqrt{\dfrac{|y|}{3a}}\right) + J_{-1/3}\!\left(\dfrac{2|y|}{3a}\sqrt{\dfrac{|y|}{3a}}\right)\right]\qquad\text{für } y<0$
$\dfrac{\cos(b\sqrt{a^2+x^2})}{\sqrt{a^2+x^2}}$	$\begin{cases} 2K_0(a\sqrt{y^2-b^2}) & \text{für } |y|>b \\ -\pi N_0(a\sqrt{b^2-y^2}) & \text{für } |y|<b \end{cases}$
$\dfrac{\sin(b\sqrt{a^2+x^2})}{\sqrt{a^2+x^2}}$	$\begin{cases} 0 & \text{für } |y|>b \\ \pi J_0(a\sqrt{b^2-y^2}) & \text{für } |y|<b \end{cases}$
$\dfrac{e^{-b\sqrt{a^2+x^2}}}{\sqrt{a^2+x^2}}$	$2K_0(a\sqrt{b^2+y^2})$
$\dfrac{e^{ib\sqrt{a^2+x^2}}}{\sqrt{a^2+x^2}}$	$\pi i\, H_0^1(a\sqrt{b^2-y^2})$
$\begin{cases} \dfrac{\cos(b\sqrt{a^2-x^2})}{\sqrt{a^2-x^2}} & \text{für } |x|<a \\ 0 & \text{für } |x|>a \end{cases}$	$\pi J_0(a\sqrt{b^2+y^2})$
$\begin{cases} -\dfrac{\sin(b\sqrt{x^2-a^2})}{\sqrt{x^2-a^2}} & \text{für } |x|>a \\ \dfrac{e^{-b\sqrt{a^2-x^2}}}{\sqrt{a^2-x^2}} & \text{für } |x|<a \end{cases}$	$\begin{cases} \pi J_0(a\sqrt{y^2-b^2}) & \text{für } |y|>b \\ 0 & \text{für } |y|<b \end{cases}$
$\begin{cases} (\operatorname{sgn} x)\,\dfrac{\cos(b\sqrt{x^2-a^2})}{\sqrt{x^2-a^2}}; & |x|>a \\ 0; & |x|<a \end{cases}$	$\begin{cases} \pi i\,(\operatorname{sgn} y)\, J_0(a\sqrt{y^2-b^2}). & \text{für } |y|>b \\ 0 & \text{für } |y|<b \end{cases}$
$\begin{cases} \dfrac{\operatorname{Cof}(b\sqrt{a^2-x^2})}{\sqrt{a^2-x^2}} & \text{für } |x|<a \\ 0 & \text{für } |x|>a \end{cases}$	$\pi J_0(a\sqrt{y^2-b^2})$

$F(x) = \dfrac{1}{2\pi} \displaystyle\int\limits_{-\infty}^{+\infty} e^{-ixy} f(y)\, dy$	$f(y) = \displaystyle\int\limits_{-\infty}^{+\infty} e^{ixy} F(x)\, dx$
$\dfrac{\sin(b\sqrt{a^2+x^2})}{\sqrt{a^2+x^2}} \times [\mathrm{Ci}(b\sqrt{a^2+x^2}+bx) + \mathrm{Ci}(b\sqrt{a^2+x^2}-bx)] - \dfrac{\cos(b\sqrt{a^2+x^2})}{\sqrt{a^2+x^2}} \times [\mathrm{Si}(b\sqrt{a^2+x^2}+bx) + \mathrm{Si}(b\sqrt{a^2+x^2}-bx)]$	$\begin{cases} \pi^2 N_0(a\sqrt{b^2-y^2}) & \text{für } |y|<b \\ 0 & \text{für } |y|>b \end{cases}$
$\dfrac{\cos(b\sqrt{a^2+x^2})}{\sqrt{a^2+x^2}} \times [\pi - \mathrm{Si}(b\sqrt{a^2+x^2}+bx) - \mathrm{Si}(b\sqrt{a^2+x^2}-bx)] + \dfrac{\sin(b\sqrt{a^2+x^2})}{\sqrt{a^2+x^2}} \times [\mathrm{Ci}(b\sqrt{a^2+x^2}+bx) + \mathrm{Ci}(b\sqrt{a^2+x^2}-bx)]$	$\begin{cases} 2\pi K_0(a\sqrt{y^2-b^2}) & \text{für } |y|>b \\ 0 & \text{für } |y|<b \end{cases}$
$\begin{cases} P_n(x) & \text{für } |x|<1 \\ 0 & \text{für } |x|>1 \end{cases}$	$2\,i^n \sqrt{\dfrac{\pi}{2y}}\, J_{n+1/2}(y)$
$\begin{cases} \dfrac{J_\nu(b\sqrt{a^2-x^2})}{\sqrt{a^2-x^2}} & \text{für } |x|<a \\ 0 & \text{für } |x|>a \end{cases}$	$\pi\, J_{\nu/2}\!\left[\dfrac{a}{2}(\sqrt{b^2+y^2}-y)\right] \times J_{\nu/2}\!\left[\dfrac{a}{2}(\sqrt{b^2+y^2}+y)\right]$
$\dfrac{J_\nu(b\sqrt{a^2+x^2})}{\sqrt{a^2+x^2}^{\,\nu}}$	$\begin{cases} \sqrt{2\pi a}\, a^{-\nu} b^{-\nu} \sqrt{b^2-y^2}^{\,\nu-1/2} J_{\nu-1/2}(a\sqrt{b^2-y^2}) & \text{für } |y|<b \\ 0 & \text{für } |y|>b \end{cases}$
$\begin{cases} \sqrt{a^2-x^2}^{\,\nu}\, J_\nu(b\sqrt{a^2-x^2}) & \text{für } |x|<a \\ 0 & \text{für } |x|>a \end{cases}$	$\sqrt{2\pi a}\, a^\nu b^\nu \dfrac{J_{\nu+1/2}(a\sqrt{b^2+y^2})}{\sqrt{b^2+y^2}^{\,\nu+1/2}}$
$\sqrt{a^2+x^2}^{\,\nu}\, K_\nu(b\sqrt{a^2+x^2})$	$\sqrt{2\pi a}\, a^\nu b^\nu \dfrac{K_{\nu+1/2}(a\sqrt{b^2+y^2})}{\sqrt{b^2+y^2}^{\,\nu+1/2}}$
$\dfrac{H_\nu^{(2)}(b\sqrt{a^2+x^2})}{\sqrt{a^2+x^2}^{\,\nu}}$	$i\,2\sqrt{\dfrac{2a}{\pi}}\, a^{-\nu} b^{-\nu} \sqrt{y^2-b^2}^{\,\nu-1/2} K_{\nu-1/2}(a\sqrt{y^2-b^2})$
$e^{-x^2/2}\, He_n(x\sqrt{2})$	$\sqrt{2\pi}\, i^n e^{-y^2/2}\, He_n(y\sqrt{2})$
$e^{-x^2/2}\, He_n(x)\, He_m(x)$	$\sqrt{2\pi}\, n!\, (iy)^{m-n} e^{-y^2/2}\, L_n^{(m-n)}(y^2)$

§ 2. Die LAPLACE-Transformation.

Die in diesem Abschnitt formulierten Sätze beziehen sich ausschließlich auf den einfachsten und wichtigsten Fall, in welchem die
LAPLACE-Transformation benutzt wird; hierbei werden zwei Beziehungen zwischen einer Funktion $f(t)$ und einer Funktion $g(p)$ aufgestellt, wobei Real- und Imaginärteil von $f(t)$ den in den Vorbemerkungen zu diesem Kapitel formulierten Bedingungen genügen
und überdies gilt:

1a) $f(t)$ ist eine für alle reellen Werte von t erklärte Funktion;
es ist $f(t) = 0$ für $t < 0$.

1b) Es gibt eine reelle Konstante c_0, so daß das Integral

$$\int_0^\infty e^{-c_0 t} |f(t)|\, dt$$

existiert.

2a) $g(p)$ ist eine analytische Funktion der komplexen Veränderlichen $p = \sigma + i\tau$, welche in einer ganzen Halbebene $\sigma \geq c_0$ eindeutig und regulär ist.

2b) Die Funktion $|g(p)|$ besitzt für $\sigma > c_0$ eine Majorante $G(\tau)$
mit der Eigenschaft

$$|g(\sigma + i\tau)| \leq G(\tau) \qquad\qquad \text{für } \sigma > c_0$$

derart, daß das Integral

$$\int_{-\infty}^{+\infty} G(\tau)\, d\tau$$

existiert; es genügt, wenn diese Bedingung nicht von $g(p)$ selber,
sondern nur von einer Funktion

$$g_0(p) = g(p) - \frac{a_1}{p^{\nu_1}} - \frac{a_2}{p^{\nu_2}} \cdots - \frac{a_n}{p^{\nu_n}}$$

erfüllt wird, wobei $a_1, \ldots, a_n; \ldots, \nu_n$ Konstanten sind, und $\nu_1, \ldots,$
ν_n einen positiven Realteil besitzen; man muß dann jedenfalls $c_0 > 0$
wählen, und das Integral $\int_{-\infty}^{+\infty}$ in $(\mathfrak{L})$ ist als $\lim\limits_{A \to \infty} \int_{-A}^{+A}$ aufzufassen.

Nun gilt der Satz: Wenn die Funktionen $f(t)$ und $g(p)$ die Bedingungen (1a), (1b); (2a), (2b) erfüllen, und wenn zwischen ihnen
eine der Beziehungen

$$(\mathfrak{L}) \qquad g(p) = \int_0^\infty e^{-pt} f(t)\, dt, \quad f(t) = \frac{1}{2\pi i} \int_{c-i\infty}^{c+i\infty} e^{pt} g(p)\, dp$$

besteht, wobei $c \geq c_0$ aber sonst beliebig ist, so bestehen die *beiden*
Beziehungen $(\mathfrak{L})$ zwischen $g(p)$ und $f(t)$.

Die Bedingungen für $f(t)$ und $g(p)$ lassen sich teilweise durch eine der Beziehungen $(\mathfrak{L})$ ersetzen; aus (1a), (1b) und der ersten Beziehung in $(\mathfrak{L})$ folgt (2a), und aus (2a), (2b) und der zweiten Beziehung in $(\mathfrak{L})$ folgt $f(t) = 0$ für $t < 0$.

Bestehen zwischen $f(t)$ und $g(p)$ die Beziehungen $(\mathfrak{L})$, so heißt $f(t)$ *Oberfunktion* oder *Originalfunktion* und $g(p)$ heißt *Unterfunktion* oder *Bildfunktion*. Man schreibt auch

$$g(p) = \mathfrak{L}f(t), \quad f(t) = \mathfrak{L}^{-1}g(p); \quad f(t) \subset p\,g(p), \quad f(t) \doteqdot p\,g(p)$$

und nennt $g(p)$ die „Laplace-*Transformierte*" von $f(t)$.

Zu beachten ist, daß

$$\lim_{t \to +0} f(t) = 2\,\frac{1}{2\pi i} \int\limits_{c-i\infty}^{c+i\infty} g(p)\,dp$$

ist, da $f(t) = 0$ für $t < 0$ und mithin $f(0) = \tfrac{1}{2}\,\underset{t \to +0}{\text{limes}}\,f(t)$ ist.

Im folgenden werden nun zunächst einige Rechenregeln zusammengestellt, welche es gestatten, aus der Laplace-Transformierten einer Funktion diejenige von weiteren Funktionen zu erhalten, sofern sie existieren. Weiterhin wird eine Reihe von Beispielen zu den Formeln $(\mathfrak{L})$ aufgeführt; in diesen ist über die Größe c_0, welche durch die Bedingung $c > c_0$ den Wertebereich für c beschränkt, nichts Näheres ausgesagt; in den meisten Fällen läßt sich $c_0 > 0$ aber sonst beliebig wählen; im übrigen sind Schranken für c_0 in jedem konkreten Fall leicht zu erhalten.

Die Parameter a und b in den folgenden Formeln sind im allgemeinen reell und positiv zu wählen.

Der Buchstabe n bedeutet stets eine Zahl der Reihe 0, 1, 2, ...

Oberfunktion $$f(t) = \frac{1}{2\pi i} \int\limits_{c-i\infty}^{c+i\infty} e^{pt} g(p)\, dp$$	Unterfunktion $$g(p) = \int\limits_0^\infty e^{-pt} f(t)\, dt$$
$f(t)$	$g(p)$
$f(at)$	$\dfrac{1}{a} g\left(\dfrac{p}{a}\right)$
(a reell und positiv)	(a reell und positiv)
Differentiation im Oberbereich $$\frac{df}{dt}$$ $$\frac{d^n f}{dt^n}$$	$p\,g(p) - f(0)$ $p^n g(p) - \sum\limits_{l=0}^{n-1} p^{n-l-1} f^{(l)}(0)$
Integration im Oberbereich $$\int\limits_0^t f(\tau)\, d\tau$$ $$\int\limits_t^\infty \frac{f(\tau)}{\tau}\, d\tau$$	$$\dfrac{g(p)}{p}$$ $$\frac{1}{p} \int\limits_0^p g(q)\, dq$$
$t^n f(t)$ ($n = 1, 2, 3 \ldots$)	Differentiation im Unterbereich $$(-1)^n \frac{d^n g}{dp^n}$$ ($n = 1, 2, 3, \ldots$)
$$\dfrac{f(t)}{t}$$	Integration im Unterbereich $$\int\limits_p^\infty g(q)\, dq$$
Faltungssatz $f_1(t),\ f_2(t)$ $$\int\limits_0^t f_1(\tau) f_2(t-\tau)\, d\tau$$	$g_1(p),\ g_2(p)$ $g_1(p)\, g_2(p)$
Verschiebung im Oberbereich $\left\{ \begin{array}{ll} f(t-a) & \text{für } t \geq a \\ 0 & \text{für } 0 \leq t < a \end{array} \right\}$ (a reell und positiv)	$e^{-ap} g(p)$ (a reell und positiv)
$f(t+a)$ (a reell und positiv)	$e^{ap}\left[g(p) - \int\limits_0^a e^{-p\tau} f(\tau)\, d\tau\right]$ (a reell und positiv)

Oberfunktion $f(t) = \dfrac{1}{2\pi i} \displaystyle\int_{c-i\infty}^{c+i\infty} e^{pt} g(p)\, dp$	Unterfunktion $g(p) = \displaystyle\int_0^\infty e^{-pt} f(t)\, dt$
$e^{at} f(t)$	Verschiebung im Unterbereich $g(p-a)$
$f(t^2)$	$\dfrac{1}{\sqrt{\pi}} \displaystyle\int_0^\infty e^{-p^2 s^2/4}\, g\left(\dfrac{1}{s^2}\right) \dfrac{ds}{s^2}$
$\dfrac{1}{\sqrt{\pi t}} \displaystyle\int_0^\infty e^{-s^2/4t} f(s)\, ds$	$\dfrac{1}{\sqrt{p}}\, g(\sqrt{p})$
$t^{\nu/2} \displaystyle\int_0^\infty s^{-\nu/2} J_\nu(2\sqrt{st}) f(s)\, ds$ $(\operatorname{Re}\nu > -\tfrac{1}{2})$	$p^{-\nu-1} g\left(\dfrac{1}{p}\right)$ $(\operatorname{Re}\nu > -\tfrac{1}{2})$
$\displaystyle\int_0^t J_0[2\sqrt{s(t-s)}] f(s)\, ds$	$\dfrac{1}{p}\, g\left(p + \dfrac{1}{p}\right)$
$f(t) - \displaystyle\int_0^t f\left(\sqrt{t^2-s^2}\right) J_1(s)\, ds$	$g(\sqrt{p^2+1})$
$\displaystyle\int_0^\infty \dfrac{t^s f(s)}{\Gamma(s+1)}\, ds$	$\dfrac{1}{p}\, g(\ln p)$
$2^{-n/2} \pi^{-1/2} t^{-(n+1)/2} \displaystyle\int_0^\infty e^{-s^2/4t} He_n\left(\dfrac{s}{\sqrt{2t}}\right) f(s)\, ds$ $(n = 0, 1, 2, \ldots)$	$p^{(n-1)/2} g(\sqrt{p})$ $(n = 0, 1, 2, \ldots)$

Die Laplace-*Transformierte periodischer Funktionen.*

Es sei $f(t)$ für $t > 0$ periodisch mit der Periode a, also $f(t+a) = f(t)$; a sei reell und positiv. Ist für $0 \leqq t < a$ die Funktion $f(t) = f_0(t)$, und setzt man

$$\int_0^a f_0(t)\, e^{-pt}\, dt = g_0(p),$$

dann ist die zu $f(t)$ gehörige Unterfunktion $g(p)$ gegeben durch

$$g(p) = \int_0^\infty f(t)\, e^{-pt}\, dt = \frac{g_0(p)}{1 - e^{-ap}}.$$

Oberfunktion $f(t) = \dfrac{1}{2\pi i} \displaystyle\int_{c-i\infty}^{c+i\infty} e^{pt} g(p)\, dp$	Unterfunktion $g(p) = \displaystyle\int_0^\infty e^{-pt} f(t)\, dt$
t^ν	$\dfrac{\Gamma(\nu+1)}{p^{\nu+1}}$ $\qquad$ Re $(\nu) > -1$
$\left(t + \dfrac{i}{2} t^2\right)^{\nu - 1/2}$ $\quad$ (Re $\nu > -\tfrac{1}{2}$)	$\dfrac{i\sqrt{\pi}\,\Gamma(\nu+\tfrac{1}{2})}{2 p^\nu}\, e^{-ip/2}\, H_\nu^{(1)}\!\left(\dfrac{p}{2}\right)$
$\ln t$	$-\dfrac{1}{p}\,(C + \ln p)$
$t^\nu \ln t$ $\quad$ (Re $\nu > -1$)	$\dfrac{\Gamma(\nu+1)}{p^{\nu+1}}\,[\psi(\nu+1) - \ln p]$
$(t^2 - a^2)^\nu$ $\quad$ für $t > a$ $\Big\}$ $\qquad 0 \qquad$ für $t < a$	$\dfrac{2^{\nu+1/2}\,\Gamma(\nu+1)\,a^{\nu+1/2}\,K_{\nu+1/2}(ap)}{\sqrt{\pi}\,p^{\nu+1/2}}$ $\quad$ Re $(\nu) > -1$
$(2at - t^2)^{n-1/2}$ $\quad$ für $0 < t < 2a$ $\Big\}$ $\qquad 0 \qquad$ für $t > 2a$	$\sqrt{\pi}\,\Gamma(n+\tfrac{1}{2})\,2^n a^n p^{-n} e^{-ap}\, I_n(ap)$ $\qquad n > 0$
$(2at + t^2)^\nu$	$\dfrac{\Gamma(\nu+1)}{\sqrt{\pi}}\,2^{\nu+1/2}\,a^{\nu+1/2}\,p^{-\nu-1/2}\,e^{ap}\,K_{\nu+1/2}(ap)$ $\qquad\qquad$ Re $(\nu) > -1$
$\dfrac{1}{1 + at}$	$-\dfrac{1}{a}\,e^{p/a}\,\mathrm{Ei}\!\left(-\dfrac{p}{a}\right)$
$\dfrac{1}{(1 + at)^\nu}$	$\dfrac{p^{\nu/2 - 1}}{a^{\nu/2}}\,e^{p/2a}\,W_{-\nu/2,\,(1-\nu)/2}\!\left(\dfrac{p}{a}\right)$
$\dfrac{1}{\sqrt{1 + at}}$	$\sqrt{\dfrac{\pi}{pa}}\,e^{p/a}\left[1 - \Phi\!\left(\sqrt{\dfrac{p}{a}}\right)\right]$
$\dfrac{t^{\mu - \varkappa - 1/2}}{(1 + t)^{-\mu - \varkappa + 1/2}}$	$e^{p/2}\,p^{-1/2 - \mu}\,\Gamma(\mu + \tfrac{1}{2} - \varkappa)\,W_{\varkappa,\,\mu}(p)$
$\dfrac{1}{1 + a^2 t^2}$	$\dfrac{1}{a}\left[\sin\!\left(\dfrac{p}{a}\right)\mathrm{Ci}\!\left(\dfrac{p}{a}\right) - \cos\!\left(\dfrac{p}{a}\right)\mathrm{si}\!\left(\dfrac{p}{a}\right)\right]$
$\dfrac{t}{1 + a^2 t^2}$	$-\dfrac{1}{a^2}\left[\cos\!\left(\dfrac{p}{a}\right)\mathrm{Ci}\!\left(\dfrac{p}{a}\right) + \sin\!\left(\dfrac{p}{a}\right)\mathrm{si}\!\left(\dfrac{p}{a}\right)\right]$
$\dfrac{1}{\sqrt{1 + a^2 t^2}}$	$\dfrac{\pi}{2a}\left[\mathsf{H}_0\!\left(\dfrac{p}{a}\right) - N_0\!\left(\dfrac{p}{a}\right)\right]$

Oberfunktion $f(t) = \dfrac{1}{2\pi i}\displaystyle\int_{c-i\infty}^{c+i\infty} e^{pt}\, g(p)\, dp$	Unterfunktion $g(p) = \displaystyle\int_0^\infty e^{-pt}\, f(t)\, dt$
$\dfrac{t^{\nu/2-1}}{(1+t)^{(\nu+1)/2}}$	$\Gamma\!\left(\dfrac{\nu}{2}\right) 2^{\nu/2}\, e^{p/2}\, D_{-\nu}\!\left(\sqrt{2p}\right)$ $\qquad$ Re $\nu > 0$
$(at + \sqrt{a^2 t^2 + 1})^n + (at - \sqrt{a^2 t^2 + 1})^n$	$\dfrac{2}{a}\, O_n\!\left(\dfrac{p}{a}\right)$
$\dfrac{(at + \sqrt{a^2 t^2 + 1})^n - (at - \sqrt{a^2 t^2 + 1})^n}{\sqrt{a^2 t^2 + 1}}$	$\dfrac{1}{a}\, S_n\!\left(\dfrac{p}{a}\right)$
$\left.\begin{array}{l} \dfrac{(at + \sqrt{a^2 t^2 - 1})^\nu + (at - \sqrt{a^2 t^2 - 1})^\nu}{\sqrt{a^2 t^2 - 1}} \\[1em] 0 \qquad \text{für } t < \dfrac{1}{a} \end{array}\right\}$	$\dfrac{2}{a}\, K_\nu\!\left(\dfrac{p}{a}\right)$
$\left.\begin{array}{l} (at + \sqrt{a^2 t^2 - 1})^\nu - (at - \sqrt{a^2 t^2 - 1})^\nu \\[1em] 0 \qquad \text{für } t < \dfrac{1}{a} \end{array}\right\}$	$\dfrac{2\nu}{p}\, K_\nu\!\left(\dfrac{p}{a}\right)$
$\sin at$	$\dfrac{a}{p^2 + a^2}$
$\cos at$	$\dfrac{p}{p^2 + a^2}$
$\dfrac{2 e^t}{e^t + 1}$	$\psi\!\left(\dfrac{p+1}{2}\right) - \psi\!\left(\dfrac{p}{2}\right)$
$\dfrac{t}{1 - e^{-at}}$	$\dfrac{d^2}{dp^2}\ln\Gamma(ap)$
$\dfrac{1}{a\,\Gamma(\nu)}(1 - e^{-t/a})^{\nu-1}$ $\quad$ (Re $\nu > 0$)	$\dfrac{\Gamma(ap)}{\Gamma(ap + \nu)}$ $\qquad (a > 0)$
$e^{-bt}\sin(at \pm \vartheta)$	$\dfrac{a\cos\vartheta \pm (p+b)\sin\vartheta}{(p+b)^2 + a^2}$
$e^{-bt}\cos(at \pm \vartheta)$	$\dfrac{(p+b)\cos\vartheta \mp a\sin\vartheta}{(p+b)^2 + a^2}$

Oberfunktion $$f(t) = \frac{1}{2\pi i}\int\limits_{c-i\infty}^{c+i\infty} e^{pt}g(p)\,dp$$	Unterfunktion $$g(p) = \int\limits_{0}^{\infty} e^{-pt}f(t)\,dt$$
$\sin^{2n} a t$	$\dfrac{1}{p\left(2^2+\dfrac{p^2}{a^2}\right)\cdots\left[(2n)^2+\dfrac{p^2}{a^2}\right]}(2n)!$
$\sin^{2n+1} a t$	$\dfrac{1}{a\left(1^2+\dfrac{p^2}{a^2}\right)\cdots\left[(2n+1)^2+\dfrac{p^2}{a^2}\right]}(2n+1)!$
$\dfrac{e^{-bt}\cos\sqrt{at}}{\sqrt{t}}$	$\sqrt{\pi}\,\dfrac{e^{-a^2/4\,(p+ab)}}{\sqrt{p+ab}}$
$\dfrac{\sin a t}{t}$	$\operatorname{arctg}\left(\dfrac{a}{p}\right)$
$\dfrac{1}{t}\sin t^2$	$\dfrac{1}{2}\,D_{-1}\left(\dfrac{1+i}{2}\,p\right)D_{-1}\left(\dfrac{1-i}{2}\,p\right)$
$t^\nu \sin a t$	$\dfrac{1}{2i}\,\dfrac{\Gamma(\nu+1)}{(p^2+a^2)^{\nu+1}}\left[(p+ia)^{\nu+1}-(p-ia)^{\nu+1}\right]$
$t^\nu \cos a t$	$\dfrac{1}{2}\,\dfrac{\Gamma(\nu+1)}{(p^2+a^2)^{\nu+1}}\left[(p+ia)^{\nu+1}+(p-ia)^{\nu+1}\right]$
$\dfrac{\sin^2 a t}{t}$	$\dfrac{1}{2}\ln\sqrt{1+\dfrac{4a^2}{p^2}}$
$\sin(a\sqrt{t})$	$\dfrac{a}{2p}\sqrt{\dfrac{\pi}{p}}\,e^{-a^2/4p}$
$\sqrt{t}\cos(a\sqrt{t})$	$\dfrac{1}{2p}\sqrt{\dfrac{\pi}{p}}\,e^{-a^2/4p}\left(1-\dfrac{a^2}{2p}\right)$
$\dfrac{\sin(a\sqrt{t})}{t}$	$\pi\,\Phi\left(\dfrac{a}{2\sqrt{p}}\right)$
$\cos a t^2$	$\sqrt{\dfrac{\pi}{2a}}\left\{\cos\dfrac{p^2}{4a}\left[\dfrac{1}{2}-S\left(\dfrac{p}{\sqrt{2\pi a}}\right)\right]-\sin\dfrac{p^2}{4a}\left[\dfrac{1}{2}-C\left(\dfrac{p}{\sqrt{2\pi a}}\right)\right]\right\}$
$\sin a t^2$	$\sqrt{\dfrac{\pi}{2a}}\left\{\cos\dfrac{p^2}{4a}\left[\dfrac{1}{2}-C\left(\dfrac{p}{\sqrt{2\pi a}}\right)\right]+\sin\dfrac{p^2}{4a}\left[\dfrac{1}{2}-S\left(\dfrac{p}{\sqrt{2\pi a}}\right)\right]\right\}$
$C(t)$	$\dfrac{1}{p}\left\{\cos\dfrac{p^2}{2\pi}\left[\dfrac{1}{2}-S\left(\dfrac{p}{\pi}\right)\right]-\sin\dfrac{p^2}{2\pi}\left[\dfrac{1}{2}-C\left(\dfrac{p}{\pi}\right)\right]\right\}$

Oberfunktion	Unterfunktion
$f(t) = \dfrac{1}{2\pi i} \displaystyle\int\limits_{c-i\infty}^{c+i\infty} e^{pt} g(p)\, dp$	$g(p) = \displaystyle\int_0^\infty e^{-pt} f(t)\, dt$
$S(t)$	$\dfrac{1}{p}\left\{\cos\dfrac{p^2}{2\pi}\left[\dfrac{1}{2} - C\left(\dfrac{p}{\pi}\right)\right] + \sin\dfrac{p^2}{2\pi}\left[\dfrac{1}{2} - S\left(\dfrac{p}{\pi}\right)\right]\right\}$
$\dfrac{\sin at}{\sqrt{t}}$	$\sqrt{\dfrac{\pi}{2}}\,\dfrac{\sqrt{\sqrt{a^2+p^2}-p}}{\sqrt{a^2+p^2}}$
$\dfrac{\cos at}{\sqrt{t}}$	$\sqrt{\dfrac{\pi}{2}}\,\dfrac{\sqrt{\sqrt{p^2+a^2}+p}}{\sqrt{p^2+a^2}}$
$e^{bt}\dfrac{\sin at}{t}$	$\operatorname{arctg}\dfrac{a}{p-b}$
$t^{-3/4}\sin(a\sqrt{t})$	$\dfrac{\pi}{4}\sqrt{\dfrac{8a}{p}}\,e^{-a^2/8p}\,I_{1/4}\left(\dfrac{a^2}{8p}\right)$
$t^{-3/4}\cos(a\sqrt{t})$	$\dfrac{\pi}{4}\sqrt{\dfrac{8a}{p}}\,e^{-a^2/8p}\,I_{-1/4}\left(\dfrac{a^2}{8p}\right)$
$\dfrac{\cos\left(\dfrac{a}{t}\right)}{\sqrt{t}}$	$\sqrt{\dfrac{\pi}{p}}\,e^{-\sqrt{2pa}}\cos\sqrt{2pa}$
$\dfrac{\sin\left(\dfrac{a}{t}\right)}{\sqrt{t}}$	$\sqrt{\dfrac{\pi}{p}}\,e^{-\sqrt{2pa}}\sin\sqrt{2pa}$
$\left.\begin{array}{ll}\sin(a\sqrt{t^2-b^2}) & t>b \\ 0 & t<b\end{array}\right\}$	$a\,b\,(p^2+a^2)^{-1/2}\,K_1(b\sqrt{p^2+a^2})$
$\mathfrak{Sin}\,at$	$\dfrac{a}{p^2-a^2}$
$\mathfrak{Cof}\,at$	$\dfrac{p}{p^2-a^2}$
$e^{-bt}\,\mathfrak{Sin}\,at$	$\dfrac{a}{(p+b)^2-a^2}$
$e^{-bt}\,\mathfrak{Cof}\,at$	$\dfrac{p+b}{(p+b)^2-a^2}$
$e^{-bt}\,\mathfrak{Sin}\,(2a\sqrt{t})$	$\dfrac{\sqrt{\pi}\,a\,e^{a^2/(p+b)}}{(p+b)^{3/2}}$

Oberfunktion $f(t) = \dfrac{1}{2\pi i} \displaystyle\int\limits_{c-i\infty}^{c+i\infty} e^{pt} g(p)\, dp$	Unterfunktion $g(p) = \displaystyle\int\limits_0^\infty e^{-pt} f(t)\, dt$
$e^{-bt}\,\dfrac{\mathfrak{Coj}\,(2a\sqrt{t})}{\sqrt{t}}$	$\sqrt{\pi}\,\dfrac{e^{a^2/(p+b)}}{\sqrt{p+b}}$
$\dfrac{\mathfrak{Sin}\,at}{t}$	$\dfrac{1}{2}\ln\left(\dfrac{p+a}{p-a}\right)$ $\operatorname{Re}(p) > \operatorname{Re}(a)$
$\dfrac{\mathfrak{Sin}^2\,at}{t}$	$-\dfrac{1}{2}\ln\sqrt{1-\dfrac{4a^2}{p^2}}$
e^{at}	$\dfrac{1}{p-a}$
$e^{at}\,t^{\nu-1}$	$\dfrac{\Gamma(\nu)}{(p-a)^\nu}$ $\operatorname{Re}(\nu) > 0$
$\dfrac{e^{at}}{\sqrt{t}}$	$\sqrt{\pi}\,\dfrac{1}{\sqrt{p-a}}$
$\dfrac{e^{-at}}{\sqrt{t}}$	$\dfrac{\sqrt{\pi}}{\sqrt{p+a}}$
$\dfrac{e^{-a/t}}{\sqrt{t}}$	$\sqrt{\dfrac{\pi}{p}}\,e^{-2\sqrt{ap}}$
$\dfrac{a^\nu}{(2t)^{\nu+1}}\,e^{-a^2/4t}$	$p^{\nu/2}\,K_\nu(a\sqrt{p})$
$\dfrac{e^{-a\sqrt{t}}}{\sqrt{t}}$	$\sqrt{\dfrac{\pi}{p}}\left[1-\Phi\left(\dfrac{a}{2\sqrt{p}}\right)\right]e^{a^2/4p}$
$e^{-a^2 t^2}$	$\dfrac{\sqrt{\pi}}{2a}\,e^{p^2/4a^2}\left[1-\Phi\left(\dfrac{p}{2a}\right)\right]$
$e^{-a^2 t^2}\,t^{\nu-1}$	$\dfrac{a^{-\nu}}{2^{\nu/2}}\,\Gamma(\nu)\,e^{p^2/8a^2}\,D_{-\nu}\left(\dfrac{p}{a\sqrt{2}}\right)$ $\operatorname{Re}(\nu) > 0$
$\ln\sqrt{1+t^2}$	$-\dfrac{1}{p}\,[\cos p\,\operatorname{Ci} p + \sin p\,\operatorname{si}(p)]$
$\operatorname{Ei}(at)$	$-\dfrac{1}{p}\ln\left(\dfrac{p}{a}-1\right)$

Oberfunktion $f(t) = \dfrac{1}{2\pi i} \displaystyle\int\limits_{c-i\infty}^{c+i\infty} e^{pt} g(p)\, dp$	Unterfunktion $g(p) = \displaystyle\int_0^\infty e^{-pt} f(t)\, dt$
$\mathrm{si}\,(at)$	$-\dfrac{1}{p}\,\mathrm{arctg}\left(\dfrac{p}{a}\right)$
$\mathrm{Ci}\,(at)$	$-\dfrac{1}{p}\,\ln\sqrt{\left(\dfrac{p}{a}\right)^2 + 1}$
$\ln\left(\lvert\, t + \sqrt{t^2 - 1}\,\rvert\right)$	$\dfrac{1}{p}\,K_0(p)$
$\ln\left(t + \sqrt{t^2 + 1}\right)$	$\dfrac{\pi}{2p}\,[\mathsf{H}_0(p) - N_0(p)]$
$\Phi(at)$	$\dfrac{1}{p}\,e^{p^2/4a^2}\left[1 - \Phi\left(\dfrac{p}{2a}\right)\right]$
$\Phi\left(\dfrac{a}{\sqrt{t}}\right)$	$\dfrac{1}{p}\,(1 - e^{-2a\sqrt{p}})$
$\Phi(a\sqrt{t})$	$\dfrac{a}{p}\,\dfrac{1}{\sqrt{p + a^2}}$
$e^{bt}\,\Phi(a\sqrt{t})$	$\dfrac{a}{(p - b)\,\sqrt{p + a^2 - b}}$
$e^{-bt}\,\Phi(a\sqrt{t})$	$\dfrac{a}{(p + b)\,\sqrt{p + a^2 + b}}$
$(2t)^{-\nu/2}\,e^{-a^2/8t}\,D_{\nu-1}\left(\dfrac{a}{\sqrt{2t}}\right)$	$\sqrt{\dfrac{\pi}{2}}\,p^{\nu/2-1}\,e^{-a\sqrt{p}}$
$(2t)^{(\nu-1)/2}\,e^{-t/2}\,D_{-\nu}(\sqrt{2t})$	$\dfrac{1}{p}\sqrt{\dfrac{\pi}{2}}\,\dfrac{(\sqrt{p+1}-1)^\nu}{p^{\nu-1}\sqrt{p+1}}$ $(\mathrm{Re}\,\nu > -1)$
$(2t)^{(\nu-1)/2}\,e^{-t/2}\,D_{-\nu-2}(\sqrt{2t})$	$\sqrt{\dfrac{\pi}{2}}\,\dfrac{(\sqrt{p+1}-1)^{\nu+1}}{(\nu+1)\,p^{\nu+1}}$ $(\mathrm{Re}\,(\nu) > -1)$
$_rF_s(\alpha_1, \ldots \alpha_r;\ \gamma_1, \ldots \gamma_s;\ t)$ $(s \geqq r)$	$\left(\dfrac{1}{p}\right)_{(r+1)} F_s\left(\alpha_1, \ldots \alpha_r, 1;\quad \gamma_1, \ldots \gamma_s;\quad \dfrac{1}{p}\right)$
$_rF_s(\alpha_1, \ldots \alpha_r;\ \gamma_1, \ldots \gamma_{s-1}, 1;\ t)$ $s \geqq r)$	$\left(\dfrac{1}{p}\right)\ _rF_{s-1}\left(\alpha_1, \ldots \alpha_r;\quad \gamma_1, \ldots \gamma_{s-1};\quad \dfrac{1}{p}\right)$

Oberfunktion $f(t) = \dfrac{1}{2\pi i} \displaystyle\int_{c-i\infty}^{c+i\infty} e^{pt} g(p)\, dp$	Unterfunktion $g(p) = \displaystyle\int_0^\infty e^{-pt} f(t)\, dt$
${}_r F_s(\alpha_1, \ldots \alpha_r;\ \gamma_1, \ldots \gamma_s;\ t^2)$ $(s > r)$	$\left(\dfrac{1}{p}\right)_{(r+2)} F_s\left(\alpha_1, \ldots \alpha_r;\ 1,\ \dfrac{1}{2};\ \gamma_1, \ldots \gamma_s;\ \dfrac{4}{p^2}\right)$
${}_0 F_n\left(\dfrac{1}{n},\ \dfrac{2}{n},\ \ldots \dfrac{n-1}{n},\ 1;\ \dfrac{t^n}{n^n}\right)$	$\dfrac{1}{p}\, e^{p^{-n}}$
$\dfrac{1}{2^{n/2}\sqrt{\pi}\, t^{(n+1)/2}}\, e^{-a^2/4t}\, H e_n\left(\dfrac{a}{\sqrt{2t}}\right)$	$p^{(n-1)/2}\, e^{-a\sqrt{p}}$
$t^n L_n(t)$	$\dfrac{n!}{p^{n+1}}\, P_n\left(1 - \dfrac{2}{p}\right)$
$e^{-t} L_n(t)$	$\dfrac{p^n}{(p+1)^{n+1}}$
$e^{-t/2} \dot{L}_n(t)$	$\dfrac{2}{2p+1}\left(\dfrac{2p-1}{2p+1}\right)^n$
$e^{\lambda t}\, t^a L_n^{(a)}(t)$ $(\mathrm{Re}\ \alpha > -1)$	$\dfrac{\Gamma(\alpha + n + 1)}{n!}\, \dfrac{(p-\lambda-1)^n}{(p-\lambda)^{n+a+1}}$ $(\mathrm{Re}\ \alpha > -1)$
$M_{\mu, \nu}(t)$	$\dfrac{\Gamma(\nu + \frac{3}{2})}{(p+\frac{1}{2})^{\nu+3/2}}\, {}_2F_1\left(\nu + \tfrac{3}{2},\ -\mu + \nu + \tfrac{1}{2};\ 2\nu + 1;\ \dfrac{1}{p+\frac{1}{2}}\right)$
$t^a M_{\mu, \nu}(t)$	$\dfrac{\Gamma(\alpha + \nu + \frac{3}{2})}{(p+\frac{1}{2})^{a+\nu+3/2}}\, {}_2F_1\left(\alpha + \nu + \tfrac{3}{2},\ -\mu + \nu + \tfrac{1}{2};\ 2\nu + 1;\ \dfrac{1}{p+\frac{1}{2}}\right)$
$t^a e^{t/2} M_{\mu, \nu}(t)$	$\dfrac{\Gamma(\alpha + \nu + \frac{3}{2})}{p^{a+\nu+3/2}}\, {}_2F_1\left(\alpha + \nu + \tfrac{3}{2},\ -\mu + \nu + \tfrac{1}{2};\ 2\nu + 1;\ \dfrac{1}{p}\right)$ $\mathrm{Re}\,(\alpha + \nu) > -\tfrac{3}{2}$
$t^a e^{-t/2} M_{\mu, \nu}(t)$	$\dfrac{\Gamma(\alpha + \nu + \frac{3}{2})}{(p+1)^{a+\nu+3/2}}\, {}_2F_1\left(\alpha + \nu + \tfrac{3}{2},\ -\mu + \nu + \tfrac{1}{2};\ 2\nu + 1;\ \dfrac{1}{p+1}\right)$
$t^{\mu-1/2} e^{\lambda t} M_{\varkappa, \mu}(a t)$ $(\mathrm{Re}\,(2\mu + 1) > 0$	$a^{\mu+1/2}\, \Gamma(2\mu + 1)\, \dfrac{(p - \lambda - \frac{1}{2}a)^{\varkappa - \mu - 1/2}}{(p - \lambda + \frac{1}{2}a)^{\varkappa + \mu + 1/2}}$
$N_{\varkappa, \mu}(t)$ $[\mathrm{Re}\,(2\mu + 1) > 0]$	$\dfrac{(p - \frac{1}{2})^{\varkappa - \mu - 1/2}}{(p + \frac{1}{2})^{\varkappa + \mu + 1/2}}$
$t^a e^{\lambda t} W_{\varkappa, \mu}(b t)$ $\left[\mathrm{Re}\,(\alpha \pm \mu + \tfrac{3}{2}) > 0,\ \mathrm{Re}\,p > \mathrm{Re}\left(\lambda \pm \dfrac{b}{2}\right)\right]$ $(b$ reell und positiv$)$	$\dfrac{\Gamma(\alpha + \mu + \frac{3}{2})\, \Gamma(\alpha - \mu + \frac{3}{2})\, b^{\mu+1/2}}{\Gamma(\alpha - \varkappa + 2)\left(p - \lambda + \dfrac{b}{2}\right)^{a+\mu+3/2}} \times$ $\times\ {}_2F_1\left(\alpha + \mu + \tfrac{3}{2},\ \tfrac{1}{2} + \mu - \varkappa;\ \alpha - \varkappa + 2;\ \dfrac{p - \lambda - \frac{1}{2}b}{p - \lambda + \frac{1}{2}b}\right)$

Oberfunktion $f(t) = \dfrac{1}{2\pi i}\displaystyle\int_{c-i\infty}^{c+i\infty} e^{pt}\,g(p)\,dp$	Unterfunktion $g(p) = \displaystyle\int_0^\infty e^{-pt}f(t)\,dt$
$t^{-1/2}\,He_{2n}\left(\sqrt{2t}\right)$	$(-1)^n\,\sqrt{\pi}\,\dfrac{(2n)!}{n!\,2^n}\,\dfrac{(p-1)^n}{p^{n+1/2}}$
$He_{2n+1}\left(\sqrt{2t}\right)$	$(-1)^n\sqrt{\dfrac{\pi}{2}}\,\dfrac{(2n+1)!}{n!\,2^n}\,\dfrac{(p-1)^n}{p^{n+3/2}}$
$t^{-1/2}\,D_{2n}\left(\sqrt{2t}\right)$	$(-2)^n\,\Gamma\!\left(n+\tfrac{1}{2}\right)\dfrac{(p-\tfrac{1}{2})^n}{(p+\tfrac{1}{2})^{n+1/2}}$
$D_{2n+1}\left(\sqrt{2t}\right)$	$\sqrt{2}\,(-2)^n\,\Gamma\!\left(n+\tfrac{3}{2}\right)\dfrac{(p-\tfrac{1}{2})^n}{(p+\tfrac{1}{2})^{n+3/2}}$
$t^{\varkappa-1/2}\,J_{2\mu}\left(2\sqrt{t}\right)$ $[\mathrm{Re}\,(\mu+\varkappa+\tfrac{1}{2})>0]$	$\dfrac{\Gamma(\tfrac{1}{2}+\mu+\varkappa)}{\Gamma(2\mu+1)}\,p^{-\varkappa}\,e^{-1/(2p)}\,M_{\varkappa,\mu}\!\left(\dfrac{1}{p}\right)$ $[\mathrm{Re}\,(\mu+\varkappa+\tfrac{1}{2})>0]$
$t^{2\mu}\,e^{\lambda t}\,L_n^{(2\mu)}(at)$ $[\mathrm{Re}\,(2\mu+1)>0]$	$\dfrac{\Gamma(2\mu+n+1)}{n!}\,\dfrac{(p-\lambda-a)^n}{(p-\lambda)^{n+2\mu+1}}$
$J_0(at)$	$\dfrac{1}{\sqrt{p^2+a^2}}$
$J_\nu(at)$	$\dfrac{1}{\sqrt{p^2+a^2}}\,\dfrac{a^\nu}{(p+\sqrt{p^2+a^2})^\nu}\qquad \mathrm{Re}\,(\nu)>-1$
$e^{-bt}\,J_\nu(at)$	$\dfrac{a^\nu}{\sqrt{(p+b)^2+a^2}\,[p+b+\sqrt{(p+b)^2+a^2}]^\nu}\qquad \mathrm{Re}\,(\nu)>-1$
$t^\nu\,J_\nu(at)$	$2^\nu\,a^\nu\,\dfrac{\Gamma(\nu+\tfrac{1}{2})}{\sqrt{\pi}}\,\dfrac{1}{\sqrt{p^2+a^2}^{\,2\nu+1}}\qquad \mathrm{Re}\,(\nu)>-\tfrac{1}{2}$
$t^{\nu+1}\,J_\nu(at)$	$2^{\nu+1}\,a^\nu\,\dfrac{\Gamma(\nu+\tfrac{3}{2})}{\sqrt{\pi}}\,\dfrac{p}{\sqrt{p^2+a^2}^{\,2\nu+3}}\qquad \mathrm{Re}\,(\nu)>-1$
$t^{\nu/2}\,J_\nu\left(2\sqrt{at}\right)$	$a^{\nu/2}\,p^{-\nu-1}\,e^{-a/p}\qquad \mathrm{Re}\,(\nu)>-1$
$J_0\left(2\sqrt{at}\right)$	$\dfrac{1}{p}\,e^{-a/p}$
$J_{1/2}(at)$	$\dfrac{1}{\sqrt{a}}\,\dfrac{\sqrt{\sqrt{a^2+p^2}-p}}{\sqrt{a^2+p^2}}$
$J_{-1/2}(at)$	$\dfrac{1}{\sqrt{a}}\,\dfrac{\sqrt{\sqrt{p^2+a^2}+p}}{\sqrt{a^2+p^2}}$

Oberfunktion $f(t)=\dfrac{1}{2\pi i}\displaystyle\int_{c-i\infty}^{c+i\infty}e^{pt}g(p)\,dp$	Unterfunktion $g(p)=\displaystyle\int_0^\infty e^{-pt}f(t)\,dt$
$t^{-1}J_\nu(at)$	$\dfrac{a^\nu}{\nu\,(p+\sqrt{p^2+a^2})^\nu}$ $\qquad$ Re$(\nu)>0$
$t\,J_\nu(at)$	$\dfrac{a^\nu\,(p+\nu\sqrt{p^2+a^2})}{\sqrt{p^2+a^2}^{\,3}\,(p+\sqrt{p^2+a^2})^\nu}$ $\qquad$ Re$(\nu)>-2$
$t^\nu J_\mu(at)$	$p^{-\mu-\nu-1}\dfrac{\Gamma(\mu+\nu+1)}{2^\mu\,\Gamma(\mu+1)}\,a^\mu\,{}_2F_1\left(\dfrac{\mu+\nu+1}{2},\dfrac{\mu+\nu+2}{2}:\mu+1:-\dfrac{a^2}{p^2}\right)$
$J_0^2(at)$	$\dfrac{k}{\pi a}F\left(k,\dfrac{\pi}{2}\right);\quad k=\dfrac{2a}{\sqrt{p^2+4a^2}}$
$J_\mu(at)\,J_\nu(at)$	$\dfrac{k^{\mu+\nu+1}}{\pi a}\displaystyle\int_0^{\pi/2}\dfrac{\cos(\mu-\nu)\vartheta\,\cos^{\mu+\nu}\vartheta\,d\vartheta}{\sqrt{1-k^2\sin^2\vartheta}\left(\dfrac{pk}{2a}+\sqrt{1-k^2\sin^2\vartheta}\right)^{2\nu}}:k=\dfrac{2a}{\sqrt{p^2+4a^2}}$ Re$(\mu+\nu)>-1$
$J_\nu(a\sqrt{t})$	$\dfrac{a}{4}\sqrt{\dfrac{\pi}{p^3}}\,e^{-a^2/8p}\left[I_{(\nu-1)/2}\left(\dfrac{a^2}{8p}\right)-I_{(\nu+1)/2}\left(\dfrac{a^2}{8p}\right)\right]$
$t^{\nu/2}J_\nu(a\sqrt{t})$	$\dfrac{a^\nu}{2^\nu}\dfrac{e^{-a^2/4p}}{p^{\nu+1}}$ $\qquad$ Re$(\nu)>-1$
$t^\nu J_\mu(2\sqrt{at})$	$\dfrac{\Gamma\left(\dfrac{\mu}{2}+\nu+1\right)a^{\mu/2}}{\Gamma(\mu+1)\,p^{\mu/2+\nu+1}}\,{}_1F_1\left(\dfrac{\mu}{2}+\nu+1:\mu+1:-\dfrac{a}{p}\right)$
$t^{n+a/2}J_a(2\sqrt{bt})$	$\dfrac{n!\,b^{a/2}\,e^{-b/p}}{p^{n+a+1}}\,L_n^{(a)}\left(\dfrac{b}{p}\right)$ $\qquad$ $a+n>-1$
$\dfrac{J_{2\nu}(\sqrt{at})}{\sqrt{t}}$	$\sqrt{\dfrac{\pi}{p}}\,e^{-a/8p}\,I_\nu\left(\dfrac{a}{8p}\right)$ $\qquad$ Re$(\nu)>-\tfrac{1}{2}$
$J_\nu(2a\sqrt{t})\,J_\nu(2b\sqrt{t})$	$\dfrac{e^{-(a^2+b^2)/p}}{p}\,I_\nu\left(\dfrac{2ab}{p}\right)$ $\qquad$ Re$(\nu)>-1$
$J_{\nu+\frac{1}{2}}\left(\dfrac{t^2}{2}\right)$	$\dfrac{\Gamma(\nu+1)}{\sqrt{\pi}}\,D_{-\nu-1}(pe^{i\pi/4})\,D_{-\nu-1}(pe^{-i\pi/4})$ $\quad$ Re$(\nu)>-1$

Oberfunktion $f(t) = \dfrac{1}{2\pi i} \displaystyle\int_{c-i\infty}^{c+i\infty} e^{pt} g(p)\, dp$	Unterfunktion $g(p) = \displaystyle\int_0^\infty e^{-pt} f(t)\, dt$
$J_0(a\sqrt{t^2-b^2})$ für $t>b$, $\;0$ für $t<b$	$\dfrac{e^{-b\sqrt{p^2+a^2}}}{\sqrt{p^2+a^2}} = \sqrt{\dfrac{2b}{\pi}}\;\dfrac{K_{1/2}(b\sqrt{p^2+a^2})}{\sqrt[4]{p^2+a^2}}$
$\dfrac{J_1(a\sqrt{t^2-b^2})}{\sqrt{t^2-b^2}}$ für $t>b$, $\;0$ für $t<b$	$\dfrac{1}{ab}\left(e^{-bp} - e^{-b\sqrt{p^2+a^2}}\right)$
$t\,\dfrac{J_1(a\sqrt{t^2-b^2})}{\sqrt{t^2-b^2}}$ für $t>b$, $\;0$ für $t<b$	$\dfrac{1}{a}\left(e^{-bp} - \dfrac{p\,e^{-b\sqrt{p^2+a^2}}}{\sqrt{p^2+a^2}}\right)$
$t\,J_0(a\sqrt{t^2-b^2})$ für $t>b$, $\;0$ für $t<b$	$\dfrac{p}{p^2+a^2}\,e^{-b\sqrt{p^2+a^2}}\left(b + \dfrac{1}{\sqrt{p^2+a^2}}\right)$
$\left(\dfrac{t-b}{t+b}\right)^{\nu/2} J_\nu(a\sqrt{t^2-b^2})$ für $t>b$, $\;0$ für $t<b$	$\dfrac{e^{-b\sqrt{p^2+a^2}}}{\sqrt{p^2+a^2}}\;\dfrac{a^\nu}{(p+\sqrt{p^2+a^2})^\nu}$ $\quad \mathrm{Re}\,(\nu) > -1$
$J_0(a\sqrt{t^2+2bt})$	$\dfrac{e^{b(p-\sqrt{p^2+a^2})}}{\sqrt{p^2+a^2}}$
$\dfrac{t^{\nu/2} J_\nu(a\sqrt{t^2+2bt})}{(t+2b)^{\nu/2}}$	$\dfrac{e^{b(p-\sqrt{p^2+a^2})}}{\sqrt{p^2+a^2}}\;\dfrac{a^\nu}{(p+\sqrt{p^2+a^2})^\nu}$ $\quad \mathrm{Re}\,(\nu) > -1$
$\dfrac{J_\nu(a\sqrt{t^2-b^2})}{\sqrt{t^2-b^2}}$ für $t>b$, $\;0$ für $t<b$	$I_{\nu/2}\left[\dfrac{b}{2}(\sqrt{p^2+a^2}-p)\right] K_{\nu/2}\left[\dfrac{b}{2}(\sqrt{p^2+a^2}+p)\right]$
$(t^2-b^2)^{\nu/2} J_\nu(a\sqrt{t^2-b^2})$ für $t>b$, $\;0$ für $t<b$	$\sqrt{\dfrac{2b}{\pi}}\;a^\nu b^\nu\,\dfrac{K_{\nu+1/2}(b\sqrt{p^2+a^2})}{(\sqrt{p^2+a^2})^{\nu+1/2}}$
$N_0(at)$	$-\dfrac{2}{\pi}\dfrac{1}{\sqrt{p^2+a^2}}\ln\left[\dfrac{p}{a} + \sqrt{1+\left(\dfrac{p}{a}\right)^2}\right]$
$N_\nu(at)$	$\dfrac{1}{\sqrt{p^2+a^2}}\dfrac{\left[\dfrac{p}{a}+\sqrt{1+\left(\dfrac{p}{a}\right)^2}\right]^{-\nu}\cos\nu\pi - \left[\dfrac{p}{a}+\sqrt{1+\left(\dfrac{p}{a}\right)^2}\right]^{\nu}}{\sin\nu\pi}$ $\quad -1 < \mathrm{Re}\,(\nu) < 1$
$N_{1/2}(at)$	$-\dfrac{(p+\sqrt{p^2+a^2})^{1/2}}{\sqrt{a}\,\sqrt{p^2+a^2}}$

Oberfunktion $f(t) = \dfrac{1}{2\pi i} \displaystyle\int_{c-i\infty}^{c+i\infty} e^{pt} g(p)\, dp$	Unterfunktion $g(p) = \displaystyle\int_0^\infty e^{-pt} f(t)\, dt$
$N_{-1/2}(at)$	$\dfrac{(\sqrt{p^2+a^2}-p)^{1/2}}{\sqrt{a}\,\sqrt{p^2+a^2}}$
$H_0^{(1)}(at)$	$\dfrac{1}{\sqrt{p^2+a^2}}\left\{1-\dfrac{2i}{\pi}\ln\left[\dfrac{p}{a}+\sqrt{1+\left(\dfrac{p}{a}\right)^2}\right]\right\}$
$H_0^{(2)}(at)$	$\dfrac{1}{\sqrt{p^2+a^2}}\left\{1+\dfrac{2i}{\pi}\ln\left[\dfrac{p}{a}+\sqrt{1+\left(\dfrac{p}{a}\right)^2}\right]\right\}$
$H_\nu^{(1,\,2)}(at)$	$\dfrac{a^{-\nu}(\sqrt{p^2+a^2}-p)^\nu}{\sqrt{p^2+a^2}}\left\{1\pm\dfrac{i}{\sin\nu\pi}\left[\cos\nu\pi-\dfrac{(p+\sqrt{p^2+a^2})^{2\nu}}{a^{2\nu}}\right]\right\}$ $-1<\mathrm{Re}\,(\nu)<1$
$H_{1/2}^{(1)}(at)$	$\dfrac{1}{\sqrt{p^2+a^2}}\sqrt{\dfrac{\sqrt{p^2+a^2}-p}{a}}\left\{1-i\left[\dfrac{p}{a}+\sqrt{1+\left(\dfrac{p}{a}\right)^2}\right]\right\}$
$H_{-1/2}^{(2)}(at)$	$\dfrac{1}{\sqrt{p^2+a^2}}\sqrt{\dfrac{\sqrt{p^2+a^2}-p}{a}}\left\{1+i\left[\dfrac{p}{a}+\sqrt{1+\left(\dfrac{p}{a}\right)^2}\right]\right\}$
$I_0(at)$	$\dfrac{1}{\sqrt{p^2-a^2}}$
$I_\nu(at)$	$\dfrac{a^\nu}{\sqrt{p^2-a^2}\,(p+\sqrt{p^2-a^2})^\nu}$ $\mathrm{Re}\,(\nu)>-1$
$\left(\dfrac{t-b}{t+b}\right)^{\nu/2} I_\nu\!\left(a\sqrt{t^2-b^2}\right)$ $t>b$ $\qquad\qquad 0 \qquad\qquad t<b$	$\dfrac{e^{-b\sqrt{p^2-a^2}}}{\sqrt{p^2-a^2}}\,\dfrac{a^\nu}{(p+\sqrt{p^2-a^2})^\nu}$ $\mathrm{Re}\,(\nu)>-1$
$K_0(at)$	$\begin{cases}\dfrac{1}{\sqrt{p^2-a^2}}\ln\left[\dfrac{p}{a}+\sqrt{\left(\dfrac{p}{a}\right)^2-1}\right] & \text{für } p>a\\[2ex]\dfrac{2}{\sqrt{a^2-p^2}}\,\mathrm{arctg}\sqrt{\dfrac{a-p}{a+p}} & \text{für } p<a\end{cases}$
$K_\nu(at)$	$\dfrac{\pi}{2\sin\nu\pi}\,\dfrac{\left[\dfrac{p}{a}+\sqrt{\left(\dfrac{p}{a}\right)^2-1}\right]^\nu}{\sqrt{p^2-a^2}}\left(1-\dfrac{a^{2\nu}}{(p+\sqrt{p^2-a^2})^{2\nu}}\right)$ $-1<\mathrm{Re}\,(\nu)<1$
$K_{\pm 1/2}(at)$	$\dfrac{\pi}{\sqrt{2a}}\,\dfrac{1}{\sqrt{p+a}}$

Oberfunktion $f(t) = \dfrac{1}{2\pi i} \displaystyle\int_{c-i\infty}^{c+i\infty} e^{pt} g(p)\,dp$	Unterfunktion $g(p) = \displaystyle\int_0^\infty e^{-pt} f(t)\,dt$
$t^{1/2} K_{\pm 1/2}(at)$	$\sqrt{\dfrac{\pi}{2a}}\,\dfrac{1}{p+a}$
$t\,K_0(at)$	$\dfrac{1}{(p^2-a^2)}\left\{\dfrac{p}{\sqrt{p^2-a^2}}\ln\left[\dfrac{p}{a}+\sqrt{\left(\dfrac{p}{a}\right)^2-1}\right]-1\right\}$
$K_1(a\sqrt{t})$	$\dfrac{a}{8}\sqrt{\dfrac{\pi}{p^3}}\,e^{a^2/8p}\left[K_1\left(\dfrac{a^2}{8p}\right)-K_0\left(\dfrac{a^2}{8p}\right)\right]$
$\begin{aligned}K_0(a\sqrt{t^2-b^2}) &\quad \text{für } t>b \\ 0 &\quad \text{für } t<b\end{aligned}$	$\dfrac{1}{2\sqrt{p^2-a^2}}\times\{e^{b\sqrt{p^2-a^2}}\,\mathrm{Ei}\,[-(p+\sqrt{p^2-a^2})\,b]-$ $\qquad\quad -\,e^{-b\sqrt{p^2-a^2}}\,\mathrm{Ei}\,[-(p-\sqrt{p^2-a^2})\,b]\}\quad$ für $p>a$ $\dfrac{1}{\sqrt{a^2-p^2}}\times[\mathrm{Ci}\,(b\sqrt{a^2-p^2})\sin(b\sqrt{a^2-p^2})-$ $-\,\mathrm{si}\,(b\sqrt{a^2-p^2})\cos(b\sqrt{a^2-p^2})]-\displaystyle\int_0^p\dfrac{e^{-bx}}{x^2+a^2-p^2}\,dx$ für $p<a$
$\operatorname{ber} t$	$\dfrac{\sqrt{\sqrt{p^4+1}+p^2}}{\sqrt{2\,(p^4+1)}}$
$\operatorname{bei} t$	$\dfrac{\sqrt{\sqrt{p^4+1}-p^2}}{\sqrt{2\,(p^4+1)}}$
$\operatorname{ber}_\nu t + i\operatorname{bei}_\nu t$	$i^{3\nu/2}\,\dfrac{1}{\sqrt{p^2-i}\,(p+\sqrt{p^2-i})^\nu}\qquad \mathrm{Re}\,(\nu)>-1$
$\operatorname{ker}_\nu t + i\operatorname{kei}_\nu t$	$\dfrac{\pi}{2\,i^{3\nu/2}\sin\nu\pi}\,\dfrac{(p+\sqrt{p^2-i})^\nu}{\sqrt{p^2-i}}\,[1-i^\nu(p+\sqrt{p^2-i})^{-2\nu}]$ $\qquad\qquad\qquad -1<\mathrm{Re}\,(\nu)<1$
$\mathsf{H}_0(at)$	$\dfrac{2}{\pi}\,\dfrac{1}{\sqrt{p^2+a^2}}\ln\left[\dfrac{a}{p}+\sqrt{1+\left(\dfrac{a}{p}\right)^2}\right]$
$\mathsf{H}_1(at)$	$\dfrac{2}{\pi p}\left\{1-\dfrac{p^2}{a\sqrt{p^2+a^2}}\ln\left[\dfrac{a}{p}+\sqrt{1+\left(\dfrac{a}{p}\right)^2}\right]\right\}$
$\mathsf{H}_{1/2}(at)$	$\sqrt{\dfrac{2}{pa}}-\dfrac{1}{\sqrt{a}}\,\dfrac{\sqrt{\sqrt{p^2+a^2}+p}}{\sqrt{p^2+a^2}}$

Oberfunktion $$f(t) = \frac{1}{2\pi i}\int\limits_{c-i\infty}^{c+i\infty} e^{pt} g(p)\, dp$$	Unterfunktion $$g(p) = \int\limits_0^\infty e^{-pt} f(t)\, dt$$
$\mathsf{H}_{-1/2}(a t)$	$\dfrac{1}{\sqrt{a}}\ \dfrac{\sqrt{\sqrt{p^2+a^2}-p}}{\sqrt{p^2+a^2}}$
$\mathsf{H}_0(t\, i\, \sqrt{i}) = \operatorname{ster} t + i\,\operatorname{stei} t$	$\dfrac{2}{\pi}\ \dfrac{1}{\sqrt{p^2-i}}\ \ln\left(\dfrac{i\,\sqrt{i}+\sqrt{p^2-i}}{p}\right)$
$\vartheta_0(v, i\pi t)$	$\dfrac{\operatorname{\mathfrak{Cof}}(2v\sqrt{p})}{\sqrt{p}\,\operatorname{\mathfrak{Sin}}\sqrt{p}}\qquad \left(-\tfrac{1}{2}\leqq v \leqq \tfrac{1}{2}\right)$
$\vartheta_1(v, i\pi t)$	$-\dfrac{\operatorname{\mathfrak{Sin}}(2v\sqrt{p})}{\sqrt{p}\,\operatorname{\mathfrak{Cof}}\sqrt{p}}\qquad \left(-\tfrac{1}{2}\leqq v \leqq \tfrac{1}{2}\right)$
$\vartheta_2(v, i\pi t)$	$-\dfrac{\operatorname{\mathfrak{Sin}}[(2v-1)\sqrt{p}]}{\sqrt{p}\,\operatorname{\mathfrak{Cof}}\sqrt{p}}\qquad \left(0\leqq v \leqq 1\right)$
$\vartheta_3(v, i\pi t)$	$\dfrac{\operatorname{\mathfrak{Cof}}[(2v-1)\sqrt{p}]}{\sqrt{p}\,\operatorname{\mathfrak{Sin}}\sqrt{p}}\qquad \left(0\leqq v \leqq 1\right)$

§ 3. Die HANKEL-Transformation.

Es sei $F(x)$ eine für $0 \leqq x < +\infty$ erklärte Funktion der reellen Veränderlichen x, deren Real- und Imaginärteil den in den Vorbemerkungen zu Kapitel VIII formulierten Bedingungen genügt, und für welche das Integral

$$\int\limits_0^\infty |F(x)|\, dx$$

existiert. Dann existiert für reelle Werte von $y \geqq 0$ und reelle Werte von $\nu \geqq -\tfrac{1}{2}$ das Integral

$$(\mathfrak{H}_1)\qquad\qquad f(y) = \int\limits_0^\infty J_\nu(xy)\, F(x)\, \sqrt{xy}\, dx,$$

und es ist für $x > 0$

$$(\mathfrak{H}_2)\qquad\qquad F(x) = \int\limits_0^\infty J_\nu(xy)\, f(y)\, \sqrt{xy}\, dy.$$

Man nennt $f(y)$ die HANKEL-*Transformierte*[1] *der Ordnung* ν von $F(x)$.

---

[1] Setzt man $x = \sqrt{2\,\xi}$, $y = \sqrt{2\,\eta}$, $\dfrac{1}{\sqrt{x}} F(x) = \varphi(\xi)$, $\dfrac{1}{\sqrt{y}} f(y) = \psi(\eta)$, so gehen die Formeln $(\mathfrak{H}_1)$ und $(\mathfrak{H}_2)$ über in

Im folgenden sind einige Beispiele von Funktionenpaaren zusammengestellt, die durch die Transformationsformeln ($\mathfrak{H}_1$) und ($\mathfrak{H}_2$) zusammenhängen; der zugehörige Wert des Parameters ν bzw. Beschränkungen für dessen Wertebereich sind in der mittleren Spalte angegeben.

Der in den Formeln auftretende Parameter a besitze einen positiven Realteil. Der Buchstabe n bedeute stets eine Zahl der Reihe $0, 1, 2, \ldots$

$F(x) = \int\limits_0^\infty J_\nu(xy)\,\sqrt{xy}\,f(y)\,dy$	ν	$f(y) = \int\limits_0^\infty J_\nu(xy)\,\sqrt{xy}\,F(x)\,dx$
$x^{-1/2}$	$\nu > -1$	$y^{-1/2}$
$e^{-x^2/2}\,x^{2n+\nu+1/2}\,L_n^{(n+\nu)}\left(\dfrac{x^2}{2}\right)$	$\nu > -1$	$e^{-y^2/2}\,y^{2n+\nu+1/2}\,L_n^{(n+\nu)}\left(\dfrac{y^2}{2}\right)$
$(-1)^n\,e^{-x^2/2}\,x^{\nu+1/2}\,L_n^{(\nu)}(x^2)$	$\nu > -1$	$e^{-y^2/2}\,y^{\nu+1/2}\,L_n^{(\nu)}(y^2)$
$\dfrac{(a-1)^n}{a^{n+\nu+1}}\,e^{-x^2/2a}\,x^{\nu+1/2}\,L_n^{(\nu)}\left(\dfrac{x^2}{2a(1-a)}\right)$	$\nu > 0$	$e^{-ay^2/2}\,y^{\nu+1/2}\,L_n^{(\nu)}\left(\dfrac{y^2}{2}\right)$
$\dfrac{2}{a}\,\sqrt{x}\,e^{-(x^2+1)/a}\,I_n\left(\dfrac{2x}{a}\right)$	$\nu = n$	$e^{-ay^2/4}\,\sqrt{y}\,J_n(y)$
$\sqrt{x}\,J_n\left(\dfrac{x^2}{2}\right)$	$\nu = 2n$	$\sqrt{y}\,J_n\left(\dfrac{y^2}{2}\right)$
$\dfrac{e^{-ax}}{\sqrt{x}}$	$\nu > -1$	$\dfrac{(\sqrt{a^2+y^2}-a)^\nu}{y^{\nu-1/2}\sqrt{a^2+y^2}}$
$x^{4\mu-\nu+1/2}\,e^{-x^2/2}\,{}_1F_1\left(\nu-2\mu;\ 2\mu+1;\ \dfrac{x^2}{2}\right)$ $[\mathrm{Re}\,(4\mu-\nu+\tfrac{3}{2})>0,\ \mathrm{Re}\,(2\mu+1)>0]$	$\nu \geqq 0$	$y^{4\mu-\nu+1/2}\,e^{-y^2/2}\,{}_1F_1\left(\nu-2\mu:\ 2\mu+1;\ \dfrac{y^2}{2}\right)$ $[\mathrm{Re}\,(4\mu-\nu+\tfrac{3}{2})>0;\ \mathrm{Re}\,(2\mu+1)>0]$
$x^{-\nu/3+1/6}\,e^{-x^2/4}\,I_{\nu/3-1/6}\left(\dfrac{x^2}{4}\right)$	$\nu > -1$	$y^{-\nu/3+1/6}\,e^{-y^2/4}\,I_{\nu/3-1/6}\left(\dfrac{y^2}{4}\right)$
$\sqrt{x}\,K_{\nu/4}\left(\dfrac{x^2}{4}\right)I_{\nu/4}\left(\dfrac{x^2}{4}\right)$	$\nu > -1$	$\sqrt{y}\,K_{\nu/4}\left(\dfrac{x^2}{4}\right)I_{\nu/4}\left(\dfrac{x^2}{4}\right)$
$x^{n+1/2}\,e^{-x^2/4}\,D_{2n+2}(x)$	$\nu = n$	$(-1)^{n+1}\,y^{n+1/2}\,e^{-y^2/4}\,D_{2n+2}(y)$
$x^{n+1/2}\,e^{-x^2/4}\,D_{2n+1}(x)$	$\nu = n+1$	$(-1)^n\,y^{n+1/2}\,e^{-y^2/4}\,D_{2n+1}(y)$

$$\psi(\eta) = \int\limits_0^\infty J_\nu(2\sqrt{\xi\eta})\,\varphi(\xi)\,d\xi;\quad \varphi(\xi) = \int\limits_0^\infty J_\nu(2\sqrt{\xi\eta})\,\psi(\eta)\,d\eta.$$

Vielfach wird auch $\psi(\eta)$ als Hankel-Transformierte von $\varphi(\xi)$ bezeichnet.

§ 4. Beispiele zur MELLIN - Transformation.

Gegeben seien eine für $0 \leq t < +\infty$ definierte Funktion $f(t)$ der reellen Veränderlichen t und eine Funktion $\varphi(z)$ der komplexen Variablen $z = x + iy$, welche in einem von zwei zur y-Achse parallelen Geraden begrenzten Bereich eindeutig und regulär ist. Dann gilt beim Erfülltsein geeigneter Regularitäts- und Konvergenzbedingungen, daß das Bestehen einer der beiden Formeln

$$(\mathfrak{M}_1) \qquad \varphi(z) = \int_0^\infty t^{z-1} f(t)\, dt,$$

$$(\mathfrak{M}_2) \qquad f(t) = \frac{1}{2\pi i} \int_{x_0-i\infty}^{x_0+i\infty} t^{-z} \varphi(z)\, dz$$

$f(t) = \dfrac{1}{2\pi i} \displaystyle\int_{x_0-i\infty}^{x_0+i\infty} t^{-z} \varphi(z)\, dz$	$\varphi(z) = \displaystyle\int_0^\infty t^{z-1} f(t)\, dt$
$e^{-t} \qquad (x_0 > 0)$	$\Gamma(z) \qquad (\mathrm{Re}\, z > 0)$
$\begin{array}{l} 0 \text{ wenn } t < 1 \\ t^{-\lambda} \text{ wenn } t > 1 \end{array} \quad (x_0 < \mathrm{Re}\, \lambda)$	$\begin{array}{c}(\lambda - z)^{-1}\\ (\mathrm{Re}\, \lambda > \mathrm{Re}\, z)\end{array}$
$\dfrac{\Gamma(\lambda)}{(1+t)^\lambda} \quad (0 < x_0 < \mathrm{Re}\, \lambda)$	$\Gamma(z)\,\Gamma(\lambda - z) \qquad (\mathrm{Re}\, z > 0)$
$\dfrac{1}{e^t + 1} \qquad (x_0 > 1)$	$\Gamma(z) \displaystyle\sum_{n=1}^\infty (-1)^{n+1} n^{-z} = \Gamma(z)(1 - 2^{1-z}) \displaystyle\sum_{n=1}^\infty n^{-z}$ $(\mathrm{Re}\, z > 1)$
$t^{-\nu} J_\nu(2t)$ $[\mathrm{Re}\, \nu > -1;\ 0 < x_0 < \mathrm{Re}\,(\nu+1)]$	$\dfrac{\frac{1}{2} \Gamma\left(\frac{z}{2}\right)}{\Gamma\left(\nu + 1 - \frac{z}{2}\right)}$ $[\mathrm{Re}\,(\nu+1) > \mathrm{Re}\, z > 0]$
$\sin a t$ (a reell und positiv; $-1 < x_0 < \tfrac{1}{2}$)	$\dfrac{\pi a^{-z}}{2 \cos \frac{\pi z}{2} \Gamma(1-z)} = a^{-z} \Gamma(z) \sin \frac{\pi z}{2}$ $(-1 < \mathrm{Re}\, z < \tfrac{1}{2})$
$\cos a t$ (a reell und positiv; $0 < x_0 < \tfrac{1}{2}$)	$\sqrt{\dfrac{\pi}{2}} \left(\dfrac{a}{2}\right)^z \dfrac{\Gamma\left(\frac{z}{2}\right)}{\Gamma\left(\frac{1-z}{2}\right)} = a^{-z} \Gamma(z) \cos \frac{\pi z}{2}$ $(0 < \mathrm{Re}\, z < \tfrac{1}{2})$

mit Beschränkung der im übrigen willkürlichen reellen Größe x_0 auf ein geeignetes Intervall, jeweils das Bestehen der anderen Formel nach sich zieht. Man nennt $\varphi(z)$ die MELLIN-Transformierte von $f(t)$ und bezeichnet die Formeln $(\mathfrak{M}_1)$ bzw. $(\mathfrak{M}_2)$ als MELLIN-Transformation bzw. deren Umkehrung.

Auf Seite 184 sind einige Beispiele von Funktionenpaaren $f(t)$ und $\varphi(z)$ zusammengestellt, die den Beziehungen $(\mathfrak{M}_1)$ und $(\mathfrak{M}_2)$ genügen. Weitere Beispiele sind in den Formeln für die konfluente hypergeometrische Funktion (Kapitel VI, § 2, § 3) und für die Zylinderfunktionen (Kapitel III, § 7) enthalten; dort ist nur die Beziehung $(\mathfrak{M}_1)$ angegeben.

§ 5. Über die GAUSS-Transformation.

Es sei $u(x_1, x_2, \ldots x_n)$ eine für alle Werte der reellen Variablen $x_1, x_2, \ldots x_n$ erklärte Funktion. Man nennt

$$v(y_1, y_2, \ldots y_n) = \underbrace{\int_{-\infty}^{\infty} \int_{-\infty}^{\infty} \ldots \int_{-\infty}^{\infty}}_{n \text{ mal}} e^{-\sum\limits_{\nu=1}^{n}(y_\nu - x_\nu)^2} u(x_1, x_2, \ldots x_n)\, dx_1\, dx_2 \ldots dx_n$$

die GAUSS-*Transformierte* von u, sofern das Integral existiert. Es gilt der Satz:

Genügt u der Differentialgleichung

$$\Delta u + k^2 u \equiv \sum_{\nu=1}^{n} \frac{\partial^2 u}{\partial x_\nu^2} + k^2 u = 0,$$

dann ist

$$\underbrace{\int_{-\infty}^{+\infty} \int_{-\infty}^{+\infty} \ldots \int_{-\infty}^{+\infty}}_{n \text{ mal}} u(x_1, x_2, \ldots x_n) \cdot e^{-p^2 \sum\limits_{\nu=1}^{n}(x_\nu - y_1)^2}\, dx_1\, dx_2 \ldots dx_n$$

$$= \left(\frac{\sqrt{\pi}}{p}\right)^n e^{-k^2/(4 p^2)} u(y_1, y_2, \ldots y_n),$$

sofern das Integral absolut konvergiert.

Beispiele für $n = 1$.

$$\int_{-\infty}^{+\infty} e^{-(x-y)^2} He_m(x\sqrt{2})\, dx = \sqrt{\pi}\,(y\sqrt{2})^m,$$

$$\int_{-\infty}^{+\infty} e^{-(x-y)^2} \cos 2x\, dx = \frac{\sqrt{\pi}}{e} \cos 2y,$$

$$\int_{-\infty}^{+\infty} e^{-(x-y)^2} \sin 2x\, dx = \frac{\sqrt{\pi}}{e} \sin 2y,$$

$$\int_{-\infty}^{+\infty} e^{-x^2/a^2}\, e^{-(x-y)^2/b^2}\, dx = \frac{a b \sqrt{\pi}}{\sqrt{a^2+b^2}}\, e^{-y^2/(a^2+b^2)}.$$

§ 6. Verschiedene Beispiele von Integralgleichungen erster Art.

Die FOURIER-, LAPLACE-, HANKEL- und MELLIN-Transformation sind spezielle Fälle von Integralgleichungen erster Art mit wesentlich singulärem Kern, wobei die Singularität durch das Auftreten eines unendlichen Integrationsintervalles zustande kommt.

Entsprechende Beispiele mit endlichem Integrationsintervall sind die folgenden:

1. Die Reziprozitätsformel von HILBERT für den Cotangens-Kern: Es seien $f(x)$ bzw. $\varphi(y)$ für $-\pi \leq x \leq \pi$ bzw. $-\pi \leq y \leq \pi$ stetige Funktionen von x bzw. y, und es sei $f(-\pi) = f(\pi)$, $\varphi(-\pi) = \varphi(\pi)$. Dann zieht die Gültigkeit einer der beiden Formeln

$$f(x) = \frac{1}{2\pi} \int_{-\pi}^{\pi} \left(1 + \operatorname{ctg} \frac{x-y}{2}\right) \varphi(y)\, dy.$$

$$\varphi(y) = \frac{1}{2\pi} \int_{-\pi}^{\pi} \left(1 + \operatorname{ctg} \frac{x-y}{2}\right) f(x)\, dx$$

die Gültigkeit der anderen nach sich. Die Integrale sind dabei als „*Hauptwerte*" im Sinne von CAUCHY zu nehmen, d. h. es ist z. B. in der ersten Formel

$$\int_{-\pi}^{\pi} = \lim_{\varepsilon \to 0} \left(\int_{-\pi}^{x-\varepsilon} + \int_{x+\varepsilon}^{\pi} \right)$$

zu setzen.

2. Modifikationen der Formel von HILBERT. a) Vorgelegt sei die Integralgleichung erster Art

$$f(\pi) = \frac{1}{2\pi} \int_{-a}^{+a} \frac{g(y)}{y-x}\, dy,$$

wobei $f(x)$ für $-a \leq x \leq a$ gegeben und $g(y)$ in demselben Intervall gesucht ist; das Integral ist wieder als Hauptwert zu berechnen. Man setze

$$x = -a \cos \varphi, \quad y = -a \cos \psi$$

und nehme an, daß sich $\sin \varphi\, F(\varphi)$ mit

$$F(\varphi) = f(-a \cos \varphi)$$

in eine gleichmäßig konvergente FOURIERreihe mit Sinusgliedern entwickeln lasse:

$$F(\varphi) = -\frac{1}{2} \sum_{n=1}^{\infty} b_n \frac{\sin n\varphi}{\sin \varphi}.$$

Dann wird

$$g(y) = \frac{1}{\sqrt{1 - \dfrac{y^2}{a^2}}} \left(\frac{1}{2} b_0 + \sum_{n=1}^{\infty} b_n \cos n\psi \right),$$

wobei b_0 noch unbestimmt bleibt. Vorausgesetzt werden muß, daß die Reihe für $g(y)$ konvergiert.

b) Vorgelegt sei die Integralgleichung erster Art

$$f(x) = \int_{-a}^{+a} \frac{g(y)\, dy}{x^2 - y^2}$$

mit den gleichen Voraussetzungen wie unter a). Man setze:

$$x = a \sin \frac{\omega}{2}, \quad y = a \sin \psi,$$

$$f(x) = f\left(a \sin \frac{\omega}{2} \right) \equiv F(\omega) = \frac{2\pi}{a} \sum_{n=1}^{\infty} c_n \frac{\sin n\omega}{\sin \omega};$$

dann wird

$$g(y) = \frac{1}{\cos \psi} \left(\frac{1}{2} c_0 + \sum_{n=1}^{\infty} c_n \cos 2n\psi \right),$$

wobei c_0 aus der Forderung zu bestimmen ist, daß $g(\pm a)$ endlich sein muß.

Diese Auflösungen von Integralgleichungen erster Art beruhen auf den Formeln

$$\text{Hauptwert von } \int_0^{\pi} \frac{\cos n\varphi}{\cos \varphi - \cos \psi}\, d\varphi = \pi \, \frac{\sin n\psi}{\sin \psi}$$

$$(n = 0, 1, 2, \ldots).$$

Ein zweidimensionales Analogon hierzu (für einen von einer Ellipse begrenzten ebenen Bereich) hat W. Schmeidler angegeben (s. Literaturverzeichnis).

3. Die Abelsche Integralgleichung. Es sei α eine reelle Zahl und $0 < \alpha < 1$; ferner sei $G(x)$ eine für alle Werte von $x \geqq 0$ stetig differentiierbare Funktion der reellen Veränderlichen x. Dann besitzt die Abelsche Integralgleichung

$$G(x) = \int_0^x (x - y)^{-\alpha} \varphi(y)\, dy$$

eine und nur eine für $y > 0$ stetige Lösung $\varphi(y)$, nämlich

$$\varphi(y) = \frac{\sin \alpha\pi}{\pi} \left[\int_0^y (y - x)^{\alpha-1} \frac{dG(x)}{dx}\, dx + G(0)\, y^{\alpha-1} \right].$$

4. Integralumkehrungen vom Typ der MELLIN-Transformation. a) Es sei $\omega(v)$ eine Funktion der komplexen Variablen $v = \sigma + i\tau$, welche in einem Streifen $|\sigma| \leq \delta$ analytisch ist und der Bedingung $\omega(v) = \omega(-v)$ genügt. Es sei k eine komplexe Zahl $\neq 0$, und $\arg k = -\alpha$ mit $0 < \alpha < \pi$. Für $|\sigma| \leq \delta$ existiere das Integral

$$\int\limits_{-\infty}^{+\infty} |v\,\omega(v)|\, e^{\alpha\tau + \pi(|\tau| - \tau)/2}\, d\tau,$$

und der Integrand gehe in diesem Integral für $|\sigma| \leq \delta$ gleichmäßig mit $|\tau| \to \infty$ gegen Null. Dann existiert für reelle positive Werte von r die Funktion

$$\varphi(kr) = -\tfrac{1}{2} \int\limits_{-i\infty}^{+i\infty} v\,\omega(v)\, e^{i\pi v/2} J_v(kr)\, dv,$$

und es ist

$$\omega(v) = \int\limits_{0}^{\infty} \varphi(kr)\, e^{-iv\pi/2} H_v^{(2)}(kr)\, \frac{dr}{r}.$$

Ein Beispiel hierzu liefern die Funktionen

$$\varphi(kr) = e^{-ikr} - e^{-ikr\cos\beta},$$

$$\omega(v) = -2i\,\frac{1 - \cos v\beta}{v \sin v\pi} \qquad \text{für } 0 \leq \beta < \frac{\pi}{2}.$$

Eine mehr symmetrische Form dieses Satzes lautet: Wenn

$$\varphi(r) = \int\limits_{0}^{\infty} \omega(v)\, H_{iv}^{(2)}(r)\, r^{-1/2}\, dv,$$

dann ist

$$\omega(v) = -\frac{v}{2}\,\mathfrak{Sin}\,\pi v\, e^{\pi v} \int\limits_{0}^{\infty} \varphi(r)\, H_{iv}^{(2)}(r)\, r^{-1/2}\, dr.$$

b) Man setze:

$$p(x, v) = 2^{-v-1}\, e^{v\pi i/4}\, \Gamma\!\left(\frac{-v}{2}\right) {}_1F_1\!\left(\frac{-v}{2};\, \frac{1}{2};\, i x^2\right) =$$

$$= \Gamma(-v)\, e^{v\pi i/4}\, 2^{-1-v/2}\, e^{ix^2/2} \{D_v[(1+i)\,x] + D_v[(-1-i)\,x]\}.$$

Ist dann $\omega(v)$ eine Funktion der komplexen Variablen $v = \sigma + i\tau$, welche für $-1 < \sigma < 0$ regulär analytisch ist, und $f(x)$ eine für $0 \leq x < \infty$ erklärte Funktion der reellen Variablen x, so zieht, beim Erfülltsein geeigneter Konvergenzbedingungen, das Bestehen einer der Gleichungen

$$f(x) = \int\limits_{\sigma_0 - i\infty}^{\sigma_0 + i\infty} p(x, v)\, \omega(v)\, dv \qquad\qquad (-1 < \sigma_0 < 0)$$

$$\omega(v) = -\frac{i}{\pi^2} \int\limits_{0}^{\infty} \bar{p}(x, -\bar{v} - 1)\, f(x)\, dx$$

das Bestehen der anderen Gleichung nach sich; hierbei bedeutet ein Querstrich über einer Größe die zu ihr konjugiert-komplexe Größe.

Eine Verallgemeinerung dieses Satzes wird geliefert durch die Formel von T. M. Cherry. Es genüge $f(x)$ den zu Beginn von § 1 für $F(x)$ formulierten Bedingungen. Dann ist:

$$f(x) = \frac{i}{4\pi} \int_{-1/2-i\infty}^{-1/2+i\infty} d\nu \, \frac{e^{1/2(\nu+1/2)\pi i}}{\sin \nu\pi} \int_{-\infty}^{+\infty} \{D_\nu(\eta x) D_{-\nu-1}(\bar\eta t)$$
$$+ D_\nu(-\eta x) D_{-\nu-1}(-\bar\eta t)\} f(t) \, dt,$$

worin $\eta = e^{i\pi/4}$, $\bar\eta = e^{-i\pi/4}$ gesetzt ist.

c) Eine Integralumkehrung mit Kegelfunktionen:
Wenn

$$\omega(\nu) = \nu \, \mathfrak{Tang} \, \nu\pi \int_1^\infty \mathfrak{P}_{i\nu-1/2}(x) f(x) \, dx$$

ist, dann ist

$$f(x) = \int_0^\infty \mathfrak{P}_{i\nu-1/2}(x) \omega(\nu) \, d\nu$$

und umgekehrt. Für die Bedingungen, unter denen dieser Satz gilt, vergleiche man V. A. Fock (s. Literaturverzeichnis).

d) Eine Integralumkehrung mit konfluenten hypergeometrischen Funktionen von A. Erdélyi: Wenn

$$f(x) = \frac{1}{2\pi i} \int_{-i\infty}^{+i\infty} \frac{M_{\varkappa,m}(ix)}{i^{m+1/2}\sqrt{x}} \omega(\varkappa) \, d\varkappa$$

$(x, m \text{ reell}; x > 0, m > -\tfrac{1}{2}; i = e^{i\pi/2}, -i = e^{-i\pi/2})$

ist, dann ist

$$\omega(\varkappa) = e^{i\varkappa\pi} \frac{\Gamma(\tfrac{1}{2}+m+\varkappa)\,\Gamma(\tfrac{1}{2}+m-\varkappa)}{\{\Gamma(2m+1)\}^2} \int_0^\infty \frac{M_{-\varkappa,m}(-iy)}{(-i)^{m+1/2}\sqrt{y}} f(y) \, dy.$$

5. **Weitere Beispiele**: a) Die Integralgleichung

$$f(\varphi) = \frac{1}{2\pi} \int_0^{2\pi} \frac{g(\psi)\,d\psi}{1 - 2h\cos(\varphi-\psi) + h^2},$$

in welcher $f(\varphi)$ eine für $0 \leqq \varphi \leqq 2\pi$ bekannte, $g(\psi)$ eine für dasselbe Intervall gesuchte Funktion von ψ und $|h| < 1$ ist, läßt sich lösen, wenn $f(\varphi)$ in eine Reihe

$$f(\varphi) = \sum_{n=-\infty}^{+\infty} c_n e^{in\varphi}$$

entwickelt werden kann, indem man

$$g(\psi) = (1 - h^2) \sum_{n=-\infty}^{+\infty} c_n h^{-|n|} e^{in\psi}$$

setzt, falls diese Reihe für $g(\psi)$ konvergiert.

b) Die Integralgleichung

$$f(x) = \int_0^\infty H_0^{(2)}(|x - y|)\, g(y)\, dy$$

mit einer für $0 \leqq x < \infty$ gegebenen Funktion $f(x)$ und einer für $0 \leqq y < \infty$ gesuchten Funktion $g(y)$ läßt sich lösen, wenn für $f(x)$ eine Reihenentwicklung

$$f(x) = \sum_{n=0}^\infty i^n a_n J_n(x),$$

gültig für $0 \leqq x < \infty$ existiert, indem man

$$g(y) = \frac{\pi}{2}\, e^{-i\pi/4} \sum_{m=0}^\infty i^m (2m+1)\, c_m\, \frac{1}{y}\, J_{m+1/2}(y)$$

setzt, wobei die Konstanten c_m sich aus den Konstanten a_n durch die Gleichungen

$$c_m = \frac{1}{2\pi^2} \sum_{n=0}^\infty a_n \left(\frac{1}{\dfrac{2m+1}{2} - n} + \frac{1}{\dfrac{2m+1}{2} + n} \right)$$

bestimmen; es ist dabei:

$$a_n = \varepsilon_n \sum_{m=0}^\infty c_m \left(\frac{1}{\dfrac{2m+1}{2} - n} + \frac{1}{\dfrac{2m+1}{2} + n} \right)$$

$$(\varepsilon_0 = 1,\ \varepsilon_n = 2 \quad \text{für}\quad n = 1, 2, 3, \ldots).$$

Hinreichende aber nicht notwendige Voraussetzung ist die Konvergenz der Reihe $\sum\limits_{n=0}^\infty |a_n|$.

c) Die Integralgleichung

$$f(x) = \int_{-1}^{+1} g(y) \ln(|x - y|)\, dy$$

mit der unbekannten Funktion $g(y)$ ist lösbar, wenn man für $f(x)$ eine Potenz von x einsetzt. Es ist für $-1 \leqq x \leqq 1$:

$$1 = -\frac{1}{\pi \ln 2} \int_{-1}^{+1} \frac{\ln(|x - y|)}{\sqrt{1 - y^2}}\, dy,$$

$$x = -\frac{1}{\pi} \int_{-1}^{+1} \frac{y}{\sqrt{1 - y^2}}\, \ln(|x - y|)\, dy,$$

$$x^2 = -\frac{2}{\pi} \int_{-1}^{+1} \left(\frac{y^2}{\sqrt{1-y^2}} - \frac{\ln 2 - \frac{1}{2}}{2 \ln 2} \frac{1}{\sqrt{1-y^2}} \right) \ln (|x-y|) \, dy \quad \text{usw.}$$

d) Es sei $\chi(s)$ eine für $|s| \leqq 1$ reguläre analytische Funktion der komplexen Variablen s. Setzt man

$$\varphi(t) = \frac{(1-t^2)^{(n-1)/2}}{2\pi} \int^{\pi} \chi(t + \sqrt{t^2-1} \cos \alpha) \sin^{n-1} \alpha \, d\alpha$$

$$(t \text{ reell}; \; -1 \leqq t \leqq +1; \; n = 1, 2, 3, \ldots),$$

so wird für reelle Werte von s zwischen -1 und $+1$:

$$\chi(s) = \int_{-1}^{+1} \frac{n(1-s^2)\,\varphi(t)}{(1 - 2ts + s^2)^{1+n/2}} \, dt.$$

Neuntes Kapitel.

Koordinatentransformationen.

§ 1. Differentialoperationen in orthogonalen Koordinaten.

An Stelle der kartesischen Koordinaten x, y, z seien neue orthogonale Koordinaten u, v, w eingeführt. Der Zusammenhang zwischen den beiden Koordinatensystemen werde gegeben durch:

$$x = x(u, v, w); \; y = y(u, v, w); \; z = z(u, v, w).$$

Die Flächen $u = \text{constans}$, $v = \text{constans}$ und $w = \text{constans}$ sollen ein Orthogonalsystem bilden.

Das Längenelement $ds = \sqrt{dx^2 + dy^2 + dz^2}$ drückt sich dann durch die neuen Koordinaten u, v, w folgendermaßen aus

$$ds^2 = \frac{du^2}{U^2} + \frac{dv^2}{V^2} + \frac{dw^2}{W^2};$$

das Volumenelement $d\tau = dx\,dy\,dz$ ist

$$d\tau = \frac{du}{U} \frac{dv}{V} \frac{dw}{W};$$

die Flächenelemente bzw.

$$\frac{du}{U} \frac{dv}{V}; \; \frac{du}{U} \frac{dw}{W}; \; \frac{dv\,dw}{VW}.$$

Dabei ist:

$$\frac{1}{U} = \sqrt{\left(\frac{\partial x}{\partial u}\right)^2 + \left(\frac{\partial y}{\partial u}\right)^2 + \left(\frac{\partial z}{\partial u}\right)^2},$$

$$\frac{1}{V} = \sqrt{\left(\frac{\partial x}{\partial v}\right)^2 + \left(\frac{\partial y}{\partial v}\right)^2 + \left(\frac{\partial z}{\partial v}\right)^2},$$

$$\frac{1}{W} = \sqrt{\left(\frac{\partial x}{\partial w}\right)^2 + \left(\frac{\partial y}{\partial w}\right)^2 + \left(\frac{\partial z}{\partial w}\right)^2}.$$

Die Normalen der Flächen $u = $ constans, bzw. $v = $ constans, bzw. $w = $ constans haben die Richtungskosinus:

$$\cos(u, x) = \frac{1}{U}\frac{\partial u}{\partial x} = \frac{\partial x}{\partial u}U; \qquad \cos(v, x) = \frac{1}{V}\frac{\partial v}{\partial x} = V\frac{\partial x}{\partial v}:$$

$$\cos(w, x) = \frac{1}{W}\frac{\partial w}{\partial x} = W\frac{\partial x}{\partial w},$$

$$\cos(u, y) = \frac{1}{U}\frac{\partial u}{\partial y} = U\frac{\partial y}{\partial u}; \qquad \cos(v, y) = \frac{1}{V}\frac{\partial v}{\partial y} = V\frac{\partial y}{\partial v}:$$

$$\cos(w, y) = \frac{1}{W}\frac{\partial w}{\partial y} = W\frac{\partial y}{\partial w},$$

$$\cos(u, z) = \frac{1}{U}\frac{\partial u}{\partial z} = U\frac{\partial z}{\partial u}; \qquad \cos(v, z) = \frac{1}{V}\frac{\partial v}{\partial z} = V\frac{\partial z}{\partial v}:$$

$$\cos(w, z) = \frac{1}{W}\frac{\partial w}{\partial z} = W\frac{\partial z}{\partial w}.$$

Weiterhin bedeutet ψ einen Skalar und $\mathfrak{A}$ einen Vektor. Darstellung von grad ψ; div $\mathfrak{A}$; rot $\mathfrak{A}$ und $\varDelta\psi$;

$$\operatorname{grad}_u \psi = U\frac{\partial \psi}{\partial u}; \quad \operatorname{grad}_v \psi = V\frac{\partial \psi}{\partial v}; \quad \operatorname{grad}_w \psi = W\frac{\partial \psi}{\partial w}.$$

$$\operatorname{div}\mathfrak{A} = UVW\left[\frac{\partial}{\partial u}\left(\frac{\mathfrak{A}_u}{VW}\right) + \frac{\partial}{\partial v}\left(\frac{\mathfrak{A}_v}{UW}\right) + \left(\frac{\partial}{\partial w}\frac{\mathfrak{A}_w}{UV}\right)\right],$$

$$\varDelta\psi = \operatorname{div grad}\psi = UVW\left[\frac{\partial}{\partial u}\left(\frac{U}{VW}\frac{\partial \psi}{\partial u}\right) + \frac{\partial}{\partial v}\left(\frac{V}{UW}\frac{\partial \psi}{\partial v}\right) + \frac{\partial}{\partial w}\left(\frac{W}{UV}\frac{\partial \psi}{\partial w}\right)\right],$$

$$\operatorname{rot}_u\mathfrak{A} = VW\left[\frac{\partial}{\partial v}\left(\frac{\mathfrak{A}_w}{W}\right) - \frac{\partial}{\partial w}\left(\frac{\mathfrak{A}_v}{V}\right)\right],$$

$$\operatorname{rot}_v\mathfrak{A} = UW\left[\frac{\partial}{\partial w}\left(\frac{\mathfrak{A}_u}{U}\right) - \frac{\partial}{\partial u}\left(\frac{\mathfrak{A}_w}{W}\right)\right],$$

$$\operatorname{rot}_w\mathfrak{A} = UV\left[\frac{\partial}{\partial u}\left(\frac{\mathfrak{A}_v}{V}\right) - \frac{\partial}{\partial v}\left(\frac{\mathfrak{A}_u}{U}\right)\right].$$

Vektorkomponenten transformiert:

$$\mathfrak{A}_u = \mathfrak{A}_x U\frac{\partial x}{\partial u} + \mathfrak{A}_y U\frac{\partial y}{\partial u} + \mathfrak{A}_z U\frac{\partial z}{\partial u}.$$

$$\mathfrak{A}_v = \mathfrak{A}_x V \frac{\partial x}{\partial v} + \mathfrak{A}_y V \frac{\partial y}{\partial v} + \mathfrak{A}_z V \frac{\partial z}{\partial v},$$

$$\mathfrak{A}_w = \mathfrak{A}_x W \frac{\partial x}{\partial w} + \mathfrak{A}_y W \frac{\partial y}{\partial w} + \mathfrak{A}_z W \frac{\partial z}{\partial w}.$$

Zylinderkoordinaten (ϱ, φ, z).

$$x = \varrho \cos \varphi,$$
$$y = \varrho \sin \varphi,$$
$$z = z,$$

$$u = \varrho, \qquad v = \varphi, \qquad w = z,$$

$$U = 1, \qquad V = \frac{1}{\varrho}, \qquad W = 1,$$

$$ds^2 = d\varrho^2 + \varrho^2 d\varphi^2 + dz^2.$$

$$\mathrm{grad}_\varrho \psi = \frac{\partial \psi}{\partial \varrho}; \quad \mathrm{grad}_\varphi \psi = \frac{1}{\varrho} \frac{\partial \psi}{\partial \varphi}; \quad \mathrm{grad}_z \psi = \frac{\partial \psi}{\partial z},$$

$$\mathrm{div}\, \mathfrak{A} = \frac{1}{\varrho} \frac{\partial}{\partial \varrho} (\varrho \mathfrak{A}_\varrho) + \frac{1}{\varrho} \frac{\partial \mathfrak{A}_\varphi}{\partial \varphi} + \frac{\partial \mathfrak{A}_z}{\partial z},$$

$$\Delta \psi = \frac{\partial^2 \psi}{\partial \varrho^2} + \frac{1}{\varrho} \frac{\partial \psi}{\partial \varrho} + \frac{1}{\varrho^2} \frac{\partial^2 \psi}{\partial \varphi^2} + \frac{\partial^2 \psi}{\partial z^2},$$

$$\mathrm{rot}_\varrho \mathfrak{A} = \frac{1}{\varrho} \frac{\partial \mathfrak{A}_z}{\partial \varphi} - \frac{\partial \mathfrak{A}_\varphi}{\partial z},$$

$$\mathrm{rot}_\varphi \mathfrak{A} = \frac{\partial \mathfrak{A}_\varrho}{\partial z} - \frac{\partial \mathfrak{A}_z}{\partial \varrho},$$

$$\mathrm{rot}_z \mathfrak{A} = \frac{1}{\varrho} \frac{\partial}{\partial \varrho} (\varrho \mathfrak{A}_\varphi) - \frac{1}{\varrho} \frac{\partial \mathfrak{A}_\varrho}{\partial \varphi},$$

$$\mathfrak{A}_\varrho = \mathfrak{A}_x \cos \varphi + \mathfrak{A}_y \sin \varphi; \quad \mathfrak{A}_\varphi = \mathfrak{A}_y \cos \varphi - \mathfrak{A}_x \sin \varphi; \quad \mathfrak{A}_z = \mathfrak{A}_z.$$

Kugelkoordinaten (r, ϑ, φ).

$$x = r \cos \varphi \sin \vartheta,$$
$$y = r \sin \varphi \sin \vartheta,$$
$$z = r \cos \vartheta,$$

$$u = r, \qquad v = \vartheta, \qquad w = \varphi,$$

$$U = 1, \qquad V = \frac{1}{r}, \qquad W = \frac{1}{r \sin \vartheta}.$$

$$ds^2 = dr^2 + r^2 \sin^2 \vartheta\, d\varphi^2 + r^2 d\vartheta^2.$$

$$\mathrm{grad}_r \psi = \frac{\partial \psi}{\partial r}; \quad \mathrm{grad}_\varphi \psi = \frac{1}{r \sin \vartheta} \frac{\partial \psi}{\partial \varphi}; \quad \mathrm{grad}_\vartheta \psi = \frac{1}{r} \frac{\partial \psi}{\partial \vartheta},$$

$$\mathrm{div}\, \mathfrak{A} = \frac{1}{r^2} \frac{\partial}{\partial r} (r^2 \mathfrak{A}_r) + \frac{1}{r \sin \vartheta} \frac{\partial \mathfrak{A}_\varphi}{\partial \varphi} + \frac{1}{r \sin \vartheta} \frac{\partial}{\partial \vartheta} (\sin \vartheta\, \mathfrak{A}_\vartheta),$$

$$\Delta \psi = \frac{1}{r^2 \sin^2 \vartheta} \frac{\partial^2 \psi}{\partial \varphi^2} + \frac{1}{r^2} \frac{\partial}{\partial r} \left(r^2 \frac{\partial \psi}{\partial r} \right) + \frac{1}{r^2 \sin \vartheta} \frac{\partial}{\partial \vartheta} \left(\sin \vartheta \frac{\partial \psi}{\partial \vartheta} \right),$$

$$\mathrm{rot}_r \mathfrak{A} = \frac{1}{r \sin \vartheta} \left[\frac{\partial}{\partial \vartheta} (\sin \vartheta\, \mathfrak{A}_\varphi) - \frac{\partial \mathfrak{A}_\vartheta}{\partial \varphi} \right],$$

$$\mathrm{rot}_\vartheta\,\mathfrak{A} \;=\; \frac{1}{r\sin\vartheta}\left[\frac{\partial\mathfrak{A}_r}{\partial\varphi} - \sin\vartheta\,\frac{\partial}{\partial r}\,(r\,\mathfrak{A}_\varphi)\right],$$

$$\mathrm{rot}_\varphi\,\mathfrak{A} \;=\; \frac{1}{r}\,\frac{\partial}{\partial r}\,(r\,\mathfrak{A}_\vartheta) - \frac{1}{r}\,\frac{\partial\mathfrak{A}_r}{\partial\vartheta}\,.$$

$$\mathfrak{A}_r = \mathfrak{A}_x \sin\vartheta\,\cos\varphi + \mathfrak{A}_y \sin\vartheta\,\sin\varphi + \mathfrak{A}_z \cos\vartheta,$$

$$\mathfrak{A}_\vartheta = \mathfrak{A}_x \cos\vartheta\,\cos\varphi + \mathfrak{A}_y \cos\vartheta\,\sin\varphi - \mathfrak{A}_z \sin\vartheta,$$

$$\mathfrak{A}_\varphi = -\,\mathfrak{A}_x \sin\varphi + \mathfrak{A}_y \cos\varphi.$$

Koordinaten des parabolischen Zylinders (ξ,η,z).

$$x = \xi\eta, \qquad\qquad \xi = \xi_0 = \text{konstant bedeutet: } x^2 = -\,2\xi_0^2\left(y - \frac{\xi_0^2}{2}\right),$$

$$y = \tfrac{1}{2}(\xi^2 - \eta^2),$$

$$z = z, \qquad\qquad \eta = \eta_0 = \text{konstant bedeutet: } x^2 = \quad 2\eta_0^2\left(y + \frac{\eta_0^2}{2}\right),$$

$$\varrho = \sqrt{x^2 + y^2} = \tfrac{1}{2}(\xi^2 + \eta^2),$$

$$u = \xi, \qquad\qquad v = \eta, \qquad\qquad w = z,$$

$$U = \frac{1}{\sqrt{\xi^2 + \eta^2}}\,. \qquad V = \frac{1}{\sqrt{\xi^2 + \eta^2}} \qquad W = 1.$$

$$ds^2 = (\xi^2 + \eta^2)(d\xi^2 + d\eta^2) + dz^2.$$

$$\mathrm{grad}_\xi\,\psi = \frac{1}{\sqrt{\xi^2 + \eta^2}}\,\frac{\partial\psi}{\partial\xi};\quad \mathrm{grad}_\eta\,\psi = \frac{1}{\sqrt{\xi^2 + \eta^2}}\,\frac{\partial\psi}{\partial\eta};\quad \mathrm{grad}_z\,\psi = \frac{\partial\psi}{\partial z},$$

$$\mathrm{div}\,\mathfrak{A} = \frac{1}{\xi^2 + \eta^2}\left[\frac{\partial}{\partial\xi}\,(\mathfrak{A}_\xi\sqrt{\xi^2 + \eta^2}) + \frac{\partial}{\partial\eta}\,(\mathfrak{A}_\eta\sqrt{\xi^2 + \eta^2}) + (\xi^2 + \eta^2)\,\frac{\partial\mathfrak{A}_z}{\partial z}\right],$$

$$\varDelta\psi = \frac{1}{\xi^2 + \eta^2}\left(\frac{\partial^2\psi}{\partial\xi^2} + \frac{\partial^2\psi}{\partial\eta^2}\right) + \frac{\partial^2\psi}{\partial z^2}\,.$$

$$\mathrm{rot}_\xi\,\mathfrak{A} = \frac{1}{\sqrt{\xi^2 + \eta^2}}\left(\frac{\partial\mathfrak{A}_z}{\partial\eta} - \sqrt{\xi^2 + \eta^2}\,\frac{\partial\mathfrak{A}_\eta}{\partial z}\right),$$

$$\mathrm{rot}_\eta\,\mathfrak{A} = \frac{1}{\sqrt{\xi^2 + \eta^2}}\left(\sqrt{\xi^2 + \eta^2}\,\frac{\partial\mathfrak{A}_\xi}{\partial z} - \frac{\partial\mathfrak{A}_z}{\partial\xi}\right),$$

$$\mathrm{rot}_z\,\mathfrak{A} = \frac{1}{\xi^2 + \eta^2}\left[\frac{\partial}{\partial\xi}\,(\sqrt{\xi^2 + \eta^2}\,\mathfrak{A}_\eta) - \frac{\partial}{\partial\eta}\,(\sqrt{\xi^2 + \eta^2}\,\mathfrak{A}_\xi)\right].$$

$$\mathfrak{A}_\xi = \mathfrak{A}_x\,\frac{\eta}{\sqrt{\xi^2 + \eta^2}} + \mathfrak{A}_y\,\frac{\xi}{\sqrt{\xi^2 + \eta^2}}\,,$$

$$\mathfrak{A}_\eta = \mathfrak{A}_x\,\frac{\xi}{\sqrt{\xi^2 + \eta^2}} - \mathfrak{A}_y\,\frac{\eta}{\sqrt{\xi^2 + \eta^2}}\,,$$

$$\mathfrak{A}_z = \mathfrak{A}_z\,.$$

Parabolische Koordinaten (ξ, η, φ).

$$x = \xi\eta\cos\varphi, \qquad\qquad \xi = \text{konstant} = \xi_0 \text{ bedeutet:}$$

$$y = \xi\eta\sin\varphi, \qquad\qquad x^2+y^2 = -2\xi_0^2\left(z-\frac{\xi_0^2}{2}\right) = \varrho^2,$$

$$z = \tfrac{1}{2}(\xi^2 - \eta^2),$$

$$\varrho = \sqrt{x^2+y^2} = \xi\eta, \qquad \eta = \text{konstant} = \eta_0 \text{ bedeutet:}$$

$$R = \sqrt{x^2+y^2+z^2} = \tfrac{1}{2}(\xi^2+\eta^2). \qquad x^2+y^2 = 2\eta_0^2\left(z+\frac{\eta_0^2}{2}\right) = \varrho^2,$$

Dies sind konfokale Rotationsparaboloide mit der z-Achse als Drehachse.

$$u = \xi, \qquad\qquad v = \eta, \qquad\qquad w = \varphi,$$

$$U = \frac{1}{\sqrt{\xi^2+\eta^2}}, \qquad V = \frac{1}{\sqrt{\xi^2+\eta^2}}, \qquad W = \frac{1}{\xi\eta}.$$

$$ds^2 = (\xi^2+\eta^2)(d\xi^2+d\eta^2) + \xi^2\eta^2\,d\varphi^2.$$

$$\operatorname{grad}_\xi \psi = \frac{1}{\sqrt{\xi^2+\eta^2}}\frac{\partial\psi}{\partial\xi}; \quad \operatorname{grad}_\eta \psi = \frac{1}{\sqrt{\xi^2+\eta^2}}\frac{\partial\psi}{\partial\eta}; \quad \operatorname{grad}_\varphi \psi = \frac{1}{\xi\eta}\frac{\partial\psi}{\partial\varphi},$$

$$\operatorname{div}\mathfrak{A} = \frac{1}{\sqrt{\xi^2+\eta^2}}\times$$

$$\times\left[\frac{1}{\xi}\frac{\partial}{\partial\xi}(\xi\mathfrak{A}_\xi) + \frac{1}{\eta}\frac{\partial}{\partial\eta}(\eta\mathfrak{A}_\eta) + \sqrt{\frac{1}{\xi^2}+\frac{1}{\eta^2}}\,\frac{\partial\mathfrak{A}_\varphi}{\partial\varphi} + \frac{1}{\xi^2+\eta^2}(\xi\mathfrak{A}_\xi+\eta\mathfrak{A}_\eta)\right],$$

$$\varDelta\psi = \frac{1}{\xi^2+\eta^2}\left[\frac{1}{\xi}\frac{\partial}{\partial\xi}\left(\xi\frac{\partial\psi}{\partial\xi}\right) + \frac{1}{\eta}\frac{\partial}{\partial\eta}\left(\eta\frac{\partial\psi}{\partial\eta}\right) + \left(\frac{1}{\xi^2}+\frac{1}{\eta^2}\right)\frac{\partial^2\psi}{\partial\varphi^2}\right].$$

$$\operatorname{rot}_\xi\mathfrak{A} = \frac{1}{\xi\eta\sqrt{\xi^2+\eta^2}}\left[\xi\frac{\partial}{\partial\eta}(\eta\mathfrak{A}_\varphi) - \sqrt{\xi^2+\eta^2}\,\frac{\partial\mathfrak{A}_\eta}{\partial\varphi}\right],$$

$$\operatorname{rot}_\eta\mathfrak{A} = \frac{1}{\xi\eta\sqrt{\xi^2+\eta^2}}\left[\sqrt{\xi^2+\eta^2}\,\frac{\partial\mathfrak{A}_\xi}{\partial\varphi} - \eta\frac{\partial}{\partial\xi}(\xi\mathfrak{A}_\varphi)\right],$$

$$\operatorname{rot}_\varphi\mathfrak{A} = -\frac{1}{\sqrt{\xi^2+\eta^2}}\left[\frac{\partial\mathfrak{A}_\xi}{\partial\eta} - \frac{\partial\mathfrak{A}_\eta}{\partial\xi} + \frac{1}{\xi^2+\eta^2}(\eta\mathfrak{A}_\xi-\xi\mathfrak{A}_\eta)\right].$$

$$\mathfrak{A}_\xi = \mathfrak{A}_x\frac{\eta}{\sqrt{\xi^2+\eta^2}}\cos\varphi + \mathfrak{A}_y\frac{\eta}{\sqrt{\xi^2+\eta^2}}\sin\varphi + \mathfrak{A}_z\frac{\xi}{\sqrt{\xi^2+\eta^2}},$$

$$\mathfrak{A}_\eta = \mathfrak{A}_x\frac{\xi}{\sqrt{\xi^2+\eta^2}}\cos\varphi + \mathfrak{A}_y\frac{\xi}{\sqrt{\xi^2+\eta^2}}\sin\varphi - \mathfrak{A}_z\frac{\eta}{\sqrt{\xi^2+\eta^2}},$$

$$\mathfrak{A}_\varphi = -\mathfrak{A}_x\sin\varphi + \mathfrak{A}_y\cos\varphi.$$

Koordinaten des elliptischen Zylinders (ξ, η, z).

$x = c\,\mathfrak{Cos}\,\xi\cos\eta,$ $\xi = \xi_0 =$ konstant bedeutet einen elliptischen

$y = c\,\mathfrak{Sin}\,\xi\sin\eta,$ Zylinder mit den Halbachsen $a = c\,\mathfrak{Cos}\,\xi_0,$

$z = z.$ $b = c\,\mathfrak{Sin}\,\xi_0$

Wertebereich der ξ, η, z. $\dfrac{x^2}{c^2\,\mathfrak{Cos}^2\,\xi_0} + \dfrac{y^2}{c^2\,\mathfrak{Sin}^2\,\xi_0} = 1.$

$0 \leqq \xi < \infty,$ $\eta = \eta_0 =$ konstant bedeutet:

$0 \leqq \eta \leqq 2\pi,$

$-\infty < z < +\infty.$ $\dfrac{x^2}{c^2\cos^2\eta_0} - \dfrac{y^2}{c^2\sin^2\eta_0} = 1.$

$$u = \xi, \qquad v = \eta, \qquad w = z,$$

$$U = \frac{1}{c\,\sqrt{\mathfrak{Sin}^2\,\xi + \sin^2\eta}}, \qquad V = \frac{1}{c\,\sqrt{\mathfrak{Sin}^2\,\xi + \sin^2\eta}}, \qquad W = 1.$$

$$ds^2 = c^2\,(\mathfrak{Sin}^2\,\xi + \sin^2\eta)\,(d\xi^2 + d\eta^2) + dz^2.$$

$$\operatorname{grad}_\xi \psi = \frac{\dfrac{\partial\psi}{\partial\xi}}{c\,\sqrt{\mathfrak{Sin}^2\,\xi + \sin^2\eta}}; \quad \operatorname{grad}_\eta \psi = \frac{\dfrac{\partial\psi}{\partial\eta}}{c\,\sqrt{\mathfrak{Sin}^2\,\xi + \sin^2\eta}}; \quad \operatorname{grad}_z \psi = \frac{\partial\psi}{\partial z},$$

$$\operatorname{div}\mathfrak{A} = \frac{1}{c\,(\mathfrak{Sin}^2\,\xi + \sin^2\eta)}\left[\frac{\partial}{\partial\xi}\left(\sqrt{\mathfrak{Sin}^2\,\xi + \sin^2\eta}\,\mathfrak{A}_\xi\right) + \right.$$

$$\left. + \frac{\partial}{\partial\eta}\left(\sqrt{\mathfrak{Sin}^2\,\xi + \sin^2\eta}\,\mathfrak{A}_\eta\right) + c\,(\mathfrak{Sin}^2\,\xi + \sin^2\eta)\,\frac{\partial\mathfrak{A}_z}{\partial z}\right],$$

$$\varDelta\psi = \frac{1}{c^2\,(\mathfrak{Sin}^2\,\xi + \sin^2\eta)}\left[\frac{\partial^2\psi}{\partial\xi^2} + \frac{\partial^2\psi}{\partial\eta^2} + c^2\,(\mathfrak{Sin}^2\,\xi + \sin^2\eta)\,\frac{\partial^2\psi}{\partial z^2}\right],$$

$$= \frac{\partial^2\psi}{\partial z^2} + \frac{2}{c^2\,(\mathfrak{Cos}\,2\xi - \cos 2\eta)}\left(\frac{\partial^2\psi}{\partial\xi^2} + \frac{\partial^2\psi}{\partial\eta^2}\right).$$

$$\operatorname{rot}_\xi \mathfrak{A} = \frac{1}{c\,\sqrt{\mathfrak{Sin}^2\,\xi + \sin^2\eta}}\left(\frac{\partial\mathfrak{A}_z}{\partial\eta} - c\,\sqrt{\mathfrak{Sin}^2\,\xi + \sin^2\eta}\,\frac{\partial\mathfrak{A}_\eta}{\partial z}\right),$$

$$\operatorname{rot}_\eta \mathfrak{A} = \frac{1}{c\,\sqrt{\mathfrak{Sin}^2\,\xi + \sin^2\eta}}\left(c\,\sqrt{\mathfrak{Sin}^2\,\xi + \sin^2\eta}\,\frac{\partial\mathfrak{A}_\xi}{\partial z} - \frac{\partial\mathfrak{A}_z}{\partial\xi}\right),$$

$$\operatorname{rot}_z \mathfrak{A} = \frac{1}{c\,(\mathfrak{Sin}^2\,\xi + \sin^2\eta)}\times$$

$$\times\left[\frac{\partial}{\partial\xi}\left(\sqrt{\mathfrak{Sin}^2\,\xi + \sin^2\eta}\,\mathfrak{A}_\eta\right) - \frac{\partial}{\partial\eta}\left(\sqrt{\mathfrak{Sin}^2\,\xi + \sin^2\eta}\,\mathfrak{A}_\xi\right)\right].$$

$$\mathfrak{A}_\xi = \mathfrak{A}_x\,\frac{\mathfrak{Sin}\,\xi\cos\eta}{\sqrt{\mathfrak{Sin}^2\,\xi + \sin^2\eta}} + \mathfrak{A}_y\,\frac{\mathfrak{Cos}\,\xi\sin\eta}{\sqrt{\mathfrak{Sin}^2\,\xi + \sin^2\eta}}\,.$$

$$\mathfrak{A}_\eta = -\mathfrak{A}_x\,\frac{\mathfrak{Cos}\,\xi\sin\eta}{\sqrt{\mathfrak{Sin}^2\,\xi + \sin^2\eta}} + \mathfrak{A}_y\,\frac{\mathfrak{Sin}\,\xi\cos\eta}{\sqrt{\mathfrak{Sin}^2\,\xi + \sin^2\eta}},$$

$$\mathfrak{A}_z = \mathfrak{A}_z.$$

Elliptische Koordinaten (ξ, η, φ) (gestrecktes Rotationsellipsoid).

$x = c\sqrt{(1-\eta^2)(\xi^2-1)}\cos\varphi,$

$y = c\sqrt{(1-\eta^2)(\xi^2-1)}\sin\varphi,$

$z = c\xi\eta.$

$\xi = \xi_0$ bedeutet ein gestrecktes Rotationsellipsoid um die z-Achse mit den Halbachsen $a = c\xi_0;\ \ b = c\sqrt{\xi_0^2-1}$

$$\frac{z^2}{c^2\xi_0^2} + \frac{x^2+y^2}{c^2(\xi_0^2-1)} = 1.$$

Wertebereich der ξ, η, φ.

$-1 \leq \eta \leq +1,$

$\ \ 1 \leq \xi < \infty,$

$\ \ 0 \leq \varphi \leq 2\pi.$

$\eta = \eta_0$ bedeutet ein zweischaliges Rotationshyperboloid mit der z-Achse als Rotationsachse und den Halbachsen: $a = c\eta_0;\ \ b = c\sqrt{1-\eta_0^2}$

$$\frac{z^2}{c^2\eta_0^2} - \frac{x^2+y^2}{c^2(1-\eta_0^2)} = 1.$$

$$u = \xi, \qquad v = \eta, \qquad w = \varphi,$$

$$U = \frac{1}{c}\sqrt{\frac{\xi^2-1}{\xi^2-\eta^2}},\quad V = \frac{1}{c}\sqrt{\frac{1-\eta^2}{\xi^2-\eta^2}},\quad W = \frac{1}{c\sqrt{(1-\eta^2)(\xi^2-1)}}.$$

$$ds^2 = \frac{c^2(\xi^2-\eta^2)}{\xi^2-1}\,d\xi^2 + \frac{c^2(\xi^2-\eta^2)}{1-\eta^2}\,d\eta^2 + c^2(1-\eta^2)(\xi^2-1)\,d\varphi^2.$$

$$\operatorname{grad}_\xi \psi = \frac{1}{c}\sqrt{\frac{\xi^2-1}{\xi^2-\eta^2}}\frac{\partial\psi}{\partial\xi};\quad \operatorname{grad}_\eta \psi = \frac{1}{c}\sqrt{\frac{1-\eta^2}{\xi^2-\eta^2}}\frac{\partial\psi}{\partial\eta};$$

$$\operatorname{grad}_\varphi \psi = \frac{1}{c\sqrt{(1-\eta^2)(\xi^2-1)}}\frac{\partial\psi}{\partial\varphi}.$$

$$\operatorname{div}\mathfrak{A} = \frac{1}{c(\xi^2-\eta^2)}\left\{\frac{\partial}{\partial\xi}\left[\sqrt{(\xi^2-\eta^2)(\xi^2-1)}\,\mathfrak{A}_\xi\right] + \frac{\partial}{\partial\eta}\left[\sqrt{(\xi^2-\eta^2)(1-\eta^2)}\,\mathfrak{A}_\eta\right] + \right.$$
$$\left. + \frac{\xi^2-\eta^2}{\sqrt{(\xi^2-1)(1-\eta^2)}}\frac{\partial\mathfrak{A}_\varphi}{\partial\varphi}\right\},$$

$$\varDelta\psi = \frac{1}{c^2(\xi^2-\eta^2)}\left\{\frac{\partial}{\partial\xi}\left[(\xi^2-1)\frac{\partial\psi}{\partial\xi}\right] + \frac{\partial}{\partial\eta}\left[(1-\eta^2)\frac{\partial\psi}{\partial\eta}\right] + \frac{\xi^2-\eta^2}{(1-\eta^2)(\xi^2-1)}\frac{\partial^2\psi}{\partial\varphi^2}\right\},$$

$$\operatorname{rot}_\xi\mathfrak{A} = \frac{1}{c\sqrt{(\xi^2-\eta^2)(\xi^2-1)}}\left\{\frac{\partial}{\partial\eta}\left[\sqrt{(1-\eta^2)(\xi^2-1)}\,\mathfrak{A}_\varphi\right] - \sqrt{\frac{\xi^2-\eta^2}{1-\eta^2}}\frac{\partial\mathfrak{A}_\eta}{\partial\varphi}\right\},$$

$$\operatorname{rot}_\eta\mathfrak{A} = \frac{1}{c\sqrt{(\xi^2-\eta^2)(1-\eta^2)}}\left\{\sqrt{\frac{\xi^2-\eta^2}{\xi^2-1}}\frac{\partial\mathfrak{A}_\xi}{\partial\varphi} - \frac{\partial}{\partial\xi}\left[\sqrt{(1-\eta^2)(\xi^2-1)}\,\mathfrak{A}_\varphi\right]\right\},$$

$$\operatorname{rot}_\varphi\mathfrak{A} = \frac{\sqrt{(1-\eta^2)(\xi^2-1)}}{c(\xi^2-\eta^2)}\left[\frac{\partial}{\partial\xi}\left(\sqrt{\frac{\xi^2-\eta^2}{1-\eta^2}}\,\mathfrak{A}_\eta\right) - \frac{\partial}{\partial\eta}\left(\sqrt{\frac{\xi^2-\eta^2}{\xi^2-1}}\,\mathfrak{A}_\xi\right)\right],$$

$$\mathfrak{A}_\xi = \mathfrak{A}_x\,\xi\sqrt{\frac{1-\eta^2}{\xi^2-\eta^2}}\cos\varphi + \mathfrak{A}_y\,\xi\sqrt{\frac{1-\eta^2}{\xi^2-\eta^2}}\sin\varphi + \mathfrak{A}_z\,\eta\sqrt{\frac{\xi^2-1}{\xi^2-\eta^2}}$$

$$\mathfrak{A}_\eta = -\mathfrak{A}_x\,\eta\,\sqrt{\frac{\xi^2-1}{\xi^2-\eta^2}}\cos\varphi - \mathfrak{A}_y\,\eta\,\sqrt{\frac{\xi^2-1}{\xi^2-\eta^2}}\sin\varphi + \mathfrak{A}_z\,\xi\,\sqrt{\frac{1-\eta^2}{\xi^2-\eta^2}},$$

$$\mathfrak{A}_\varphi = -\mathfrak{A}_x\sin\varphi + \mathfrak{A}_y\cos\varphi.$$

Elliptische Koordinaten (ξ,η,φ) (abgeplattetes Rotationsellipsoid).

$x = c\,\sqrt{(1+\xi^2)\,(1-\eta^2)}\,\cos\varphi,$

$y = c\,\sqrt{(1+\xi^2)\,(1-\eta^2)}\,\sin\varphi,$

$z = c\,\xi\,\eta.$

Wertebereich der ξ,η,φ.

$$0 \leq \xi < \infty,$$
$$-1 \leq \eta \leq +1,$$
$$0 \leq \varphi \leq 2\pi.$$

$\xi = \xi_0$ bedeutet ein abgeplattetes Rotationsellipsoid um die z-Achse mit den Halbachsen $a = c\,\sqrt{1+\xi_0^2}$, $b = c\,\xi_0$

$$\frac{x^2+y^2}{c^2(1+\xi_0^2)} + \frac{z^2}{c^2\,\xi_0^2} = 1.$$

$\eta = \eta_0$ bedeutet ein einschaliges Rotationshyperboloid um die z-Achse mit den Halbachsen $a = c\,\sqrt{1-\eta_0^2}$, $b = c\,\eta_0$

$$\frac{x^2+y^2}{c^2(1-\eta_0^2)} - \frac{z^2}{c^2\,\eta_0^2} = 1.$$

$$u = \xi, \qquad v = \eta, \qquad w = \varphi,$$

$$U = \frac{1}{c}\sqrt{\frac{1+\xi^2}{\xi^2+\eta^2}}, \quad V = \frac{1}{c}\sqrt{\frac{1-\eta^2}{\xi^2+\eta^2}}, \quad W = \frac{1}{c\,\sqrt{(1+\xi^2)\,(1-\eta^2)}},$$

$$ds^2 = \frac{c^2(\xi^2+\eta^2)}{1+\xi^2}\,d\xi^2 + \frac{c^2(\xi^2+\eta^2)}{1-\eta^2}\,d\eta^2 + c^2(1+\xi^2)(1-\eta^2)\,d\varphi^2,$$

$$\operatorname{grad}_\xi\psi = \frac{1}{c}\sqrt{\frac{1+\xi^2}{\xi^2+\eta^2}}\,\frac{\partial\psi}{\partial\xi}; \quad \operatorname{grad}_\eta\psi = \frac{1}{c}\sqrt{\frac{1-\eta^2}{\xi^2+\eta^2}}\,\frac{\partial\psi}{\partial\eta};$$

$$\operatorname{grad}_\varphi\psi = \frac{1}{c\,\sqrt{(1+\xi^2)(1-\eta^2)}}\,\frac{\partial\psi}{\partial\varphi},$$

$$\operatorname{div}\mathfrak{A} = \frac{1}{c\,(\xi^2+\eta^2)}\left\{\frac{\partial}{\partial\xi}\left[\sqrt{(1+\xi^2)\,(\xi^2+\eta^2)}\;\mathfrak{A}_\xi\right] + \frac{\partial}{\partial\eta}\left[\sqrt{(1-\eta^2)\,(\xi^2+\eta^2)}\;\mathfrak{A}_\eta\right]\right.$$
$$\left. + \frac{\xi^2+\eta^2}{\sqrt{(1+\xi^2)\,(1-\eta^2)}}\,\frac{\partial\mathfrak{A}_\varphi}{\partial\varphi}\right\},$$

$$\Delta\psi = \frac{1}{c^2(\xi^2+\eta^2)}\left\{\frac{\partial}{\partial\xi}\left[(1+\xi^2)\,\frac{\partial\psi}{\partial\xi}\right] + \frac{\partial}{\partial\eta}\left[(1-\eta^2)\,\frac{\partial\psi}{\partial\eta}\right] + \frac{\xi^2+\eta^2}{(1+\xi^2)(1-\eta^2)}\,\frac{\partial^2\psi}{\partial\varphi^2}\right\},$$

$$\operatorname{rot}_\xi\mathfrak{A} = \frac{1}{c\,\sqrt{(1+\xi^2)\,(\xi^2+\eta^2)}}\left\{\frac{\partial}{\partial\eta}\left[\sqrt{(1+\xi^2)(1-\eta^2)}\;\mathfrak{A}_\varphi\right] - \sqrt{\frac{\xi^2+\eta^2}{1-\eta^2}}\,\frac{\partial\mathfrak{A}_\eta}{\partial\varphi}\right\},$$

$$\operatorname{rot}_\eta\mathfrak{A} = \frac{1}{c\,\sqrt{(1-\eta^2)\,(\xi^2+\eta^2)}}\left\{\sqrt{\frac{(\xi^2+\eta^2)}{1+\xi^2}}\,\frac{\partial\mathfrak{A}_\xi}{\partial\varphi} - \frac{\partial}{\partial\xi}\left[\sqrt{(1+\xi^2)(1-\eta^2)}\;\mathfrak{A}_\varphi\right]\right\},$$

$$\operatorname{rot}_\varphi\mathfrak{A} = \frac{\sqrt{(1+\xi^2)\,(1-\eta^2)}}{c\,(\xi^2+\eta^2)}\left[\frac{\partial}{\partial\xi}\left(\sqrt{\frac{\xi^2+\eta^2}{1-\eta^2}}\;\mathfrak{A}_\eta\right) - \frac{\partial}{\partial\eta}\left(\sqrt{\frac{\xi^2+\eta^2}{1+\xi^2}}\;\mathfrak{A}_\xi\right)\right],$$

$$\mathfrak{A}_{\xi} = \mathfrak{A}_x\,\xi\,\sqrt{\frac{1-\eta^2}{\xi^2+\eta^2}}\,\cos\varphi + \mathfrak{A}_y\,\xi\,\sqrt{\frac{1-\eta^2}{\xi^2+\eta^2}}\,\sin\varphi + \mathfrak{A}_z\,\eta\,\sqrt{\frac{1+\xi^2}{\xi^2+\eta^2}}\,,$$

$$\mathfrak{A}_{\eta} = -\mathfrak{A}_x\,\eta\,\sqrt{\frac{1+\xi^2}{\xi^2+\eta^2}}\,\cos\varphi - \mathfrak{A}_y\,\eta\,\sqrt{\frac{1+\xi^2}{\xi^2+\eta^2}}\,\sin\varphi + \mathfrak{A}_z\,\xi\,\sqrt{\frac{1-\eta^2}{\xi^2+\eta^2}}\,,$$

$$\mathfrak{A}_{\varphi} = -\mathfrak{A}_x\,\sin\varphi + \mathfrak{A}_y\,\cos\varphi.$$

Toruskoordinaten (ξ, η, φ).

$$x = c\,\frac{\operatorname{Sin}\xi}{\operatorname{Cof}\xi - \cos\eta}\,\cos\varphi, \qquad \xi = \xi_0 \text{ bedeutet:}$$
$$z^2 + (\varrho - c\operatorname{Cotg}\xi_0)^2 = \left(\frac{c}{\operatorname{Sin}\xi_0}\right)^2,$$
$$y = c\,\frac{\operatorname{Sin}\xi}{\operatorname{Cof}\xi - \cos\eta}\,\sin\varphi, \qquad \eta = \eta_0 \text{ bedeutet:}$$
$$(z - c\cot g\,\eta_0)^2 + \varrho^2 = \left(\frac{c}{\sin\eta_0}\right)^2,$$
$$z = c\,\frac{\sin\eta}{\operatorname{Cof}\xi - \cos\eta}\,.$$
$$\varrho = \sqrt{x^2+y^2} = c\,\frac{\operatorname{Sin}\xi}{\operatorname{Cof}\xi - \cos\eta}\,.$$

Wertebereich der ξ, η, φ: $0 \leq \eta \leq 2\pi$; $0 \leq \varphi \leq 2\pi$; $0 \leq \xi < \infty$.

$$u = \xi, \qquad\qquad v = \eta, \qquad\qquad w = \varphi,$$

$$U = \frac{\operatorname{Cof}\xi - \cos\eta}{c}, \quad V = \frac{\operatorname{Cof}\xi - \cos\eta}{c}, \quad W = \frac{\operatorname{Cof}\xi - \cos\eta}{c\,\operatorname{Sin}\xi},$$

$$ds^2 = \frac{c^2}{(\operatorname{Cof}\xi - \cos\eta)^2}\,(d\xi^2 + d\eta^2) + c^2\,\frac{\operatorname{Sin}^2\xi}{(\operatorname{Cof}\xi - \cos\eta)^2}\,d\varphi^2.$$

$$\operatorname{grad}_{\xi}\psi = \frac{\operatorname{Cof}\xi - \cos\eta}{c}\,\frac{\partial\psi}{\partial\xi}; \qquad \operatorname{grad}_{\eta}\psi = \frac{\operatorname{Cof}\xi - \cos\eta}{c}\,\frac{\partial\psi}{\partial\eta};$$

$$\operatorname{grad}_{\varphi}\psi = \frac{\operatorname{Cof}\xi - \cos\eta}{c\,\operatorname{Sin}\xi}\,\frac{\partial\psi}{\partial\varphi}.$$

$$\operatorname{div}\mathfrak{A} = \frac{(\operatorname{Cof}\xi - \cos\eta)^3}{c\,\operatorname{Sin}\xi}\times$$

$$\times\left\{\frac{\partial}{\partial\xi}\left[\frac{\operatorname{Sin}\xi}{(\operatorname{Cof}\xi - \cos\eta)^2}\,\mathfrak{A}_{\xi}\right] + \frac{\partial}{\partial\eta}\left[\frac{\operatorname{Sin}\xi}{(\operatorname{Cof}\xi - \cos\eta)^2}\,\mathfrak{A}_{\eta}\right] + \frac{1}{(\operatorname{Cof}\xi - \cos\eta)^2}\,\frac{\partial\mathfrak{A}_{\varphi}}{\partial\varphi}\right\},$$

$$\varDelta\psi = \frac{(\operatorname{Cof}\xi - \cos\eta)^3}{c^2\,\operatorname{Sin}\xi}\times$$

$$\times\left[\frac{\partial}{\partial\xi}\left(\frac{\operatorname{Sin}\xi}{\operatorname{Cof}\xi - \cos\eta}\,\frac{\partial\psi}{\partial\xi}\right) + \frac{\partial}{\partial\eta}\left(\frac{\operatorname{Sin}\xi}{\operatorname{Cof}\xi - \cos\eta}\,\frac{\partial\psi}{\partial\eta}\right) + \frac{1}{\operatorname{Sin}\xi\,(\operatorname{Cof}\xi - \cos\eta)}\,\frac{\partial^2\psi}{\partial\varphi^2}\right],$$

$$\operatorname{rot}_{\xi}\mathfrak{A} = \frac{(\operatorname{Cof}\xi - \cos\eta)^2}{c\,\operatorname{Sin}\xi}\left[\frac{\partial}{\partial\eta}\left(\frac{\operatorname{Sin}\xi}{\operatorname{Cof}\xi - \cos\eta}\,\mathfrak{A}_{\varphi}\right) - \frac{1}{\operatorname{Cof}\xi - \cos\eta}\,\frac{\partial\mathfrak{A}_{\eta}}{\partial\varphi}\right],$$

$$\operatorname{rot}_{\eta}\mathfrak{A} = \frac{(\operatorname{Cof}\xi - \cos\eta)^2}{c\,\operatorname{Sin}\xi}\left[\frac{1}{\operatorname{Cof}\xi - \cos\eta}\,\frac{\partial\mathfrak{A}_{\xi}}{\partial\varphi} - \frac{\partial}{\partial\xi}\left(\frac{\operatorname{Sin}\xi}{\operatorname{Cof}\xi - \cos\eta}\,\mathfrak{A}_{\varphi}\right)\right],$$

$$\operatorname{rot}_\varphi \mathfrak{A} = \frac{(\mathfrak{Cof}\,\xi - \cos\eta)^2}{c}\left[\frac{\partial}{\partial\xi}\left(\frac{1}{\mathfrak{Cof}\,\xi - \cos\eta}\,\mathfrak{A}_\eta\right) - \frac{\partial}{\partial\eta}\left(\frac{1}{\mathfrak{Cof}\,\xi - \cos\eta}\,\mathfrak{A}_\xi\right)\right].$$

$$\mathfrak{A}_\xi = \mathfrak{A}_x \frac{1 - \cos\eta\,\mathfrak{Cof}\,\xi}{\mathfrak{Cof}\,\xi - \cos\eta}\cos\varphi + \mathfrak{A}_y \frac{1 - \cos\eta\,\mathfrak{Cof}\,\xi}{\mathfrak{Cof}\,\xi - \cos\eta}\sin\varphi - \mathfrak{A}_z \frac{\sin\eta\,\mathfrak{Sin}\,\xi}{\mathfrak{Cof}\,\xi - \cos\eta},$$

$$\mathfrak{A}_\eta = -\mathfrak{A}_x \frac{\mathfrak{Sin}\,\xi\,\sin\eta}{\mathfrak{Cof}\,\xi - \cos\eta}\cos\varphi - \mathfrak{A}_y \frac{\mathfrak{Sin}\,\xi\,\sin\eta}{\mathfrak{Cof}\,\xi - \cos\eta}\sin\varphi + \mathfrak{A}_z \frac{\cos\eta\,\mathfrak{Cof}\,\xi - 1}{\mathfrak{Cof}\,\xi - \cos\eta},$$

$$\mathfrak{A}_\varphi = -\mathfrak{A}_x \sin\varphi + \mathfrak{A}_y \cos\varphi.$$

Elliptische Koordinaten λ, μ, ν (dreiachsiges Ellipsoid).

$$x^2 = \frac{(a^2 + \lambda)(a^2 + \mu)(a^2 + \nu)}{(a^2 - b^2)(a^2 - c^2)},$$

$$y^2 = \frac{(b^2 + \lambda)(b^2 + \mu)(b^2 + \nu)}{(b^2 - a^2)(b^2 - c^2)},$$

$$z^2 = \frac{(c^2 + \lambda)(c^2 + \mu)(c^2 + \nu)}{(a^2 - c^2)(b^2 - c^2)}.$$

$a > b > c > 0.$

λ, μ, ν sind die drei Lösungen der Gleichung 3. Grades in ϱ

$$\frac{x^2}{a^2 + \varrho} + \frac{y^2}{b^2 + \varrho} + \frac{z^2}{c^2 + \varrho} - 1 = 0$$

bei vorgegebenem $x\,y\,z$ derart, daß

$$\lambda > \mu > \nu.$$

Wertebereiche von λ, μ, ν.

$\infty > \lambda > -c^2,$

$-c^2 > \mu > -b^2,$

$-b^2 > \nu > -a^2.$

$\lambda = \lambda_0 =$ konstant ist ein dreiachsiges Ellipsoid.

$\mu = \mu_0 =$ konstant ist ein einschaliges Hyperboloid.

$\nu = \nu_0 =$ konstant ist ein zweischaliges Hyperboloid.

$$u = \lambda, \qquad v = \mu, \qquad w = \nu,$$

$$U = \frac{2\sqrt{f(\lambda)}}{\sqrt{(\lambda - \mu)(\lambda - \nu)}}, \quad V = \frac{2\sqrt{f(\mu)}}{\sqrt{(\mu - \nu)(\mu - \lambda)}}, \quad W = \frac{2\sqrt{f(\nu)}}{\sqrt{(\nu - \lambda)(\nu - \mu)}},$$

mit [1] $f(\lambda) = (a^2 + \lambda)(b^2 + \lambda)(c^2 + \lambda)$; entsprechend $f(\mu)$ und $f(\nu)$.

$$ds^2 = \frac{(\lambda - \mu)(\lambda - \nu)}{4f(\lambda)}\,d\lambda^2 + \frac{(\mu - \nu)(\mu - \lambda)}{4f(\mu)}\,d\mu^2 + \frac{(\nu - \lambda)(\nu - \mu)}{4f(\nu)}\,d\nu^2,$$

---

[1] Es gilt auch noch:

$$\frac{1}{U^2} = \frac{1}{4}\left[\frac{x^2}{(a^2 + \lambda)^2} + \frac{y^2}{(b^2 + \lambda)^2} + \frac{z^2}{(c^2 + \lambda)^2}\right],$$

$$\frac{1}{V^2} = \frac{1}{4}\left[\frac{x^2}{(a^2 + \mu)^2} + \frac{y^2}{(b^2 + \mu)^2} + \frac{z^2}{(c^2 + \mu)^2}\right],$$

$$\frac{1}{W^2} = \frac{1}{4}\left[\frac{x^2}{(a^2 + \nu)^2} + \frac{y^2}{(b^2 + \nu)^2} + \frac{z^2}{(c^2 + \nu)^2}\right].$$

$$\varDelta\psi = 4\,\frac{\sqrt{f(\lambda)}}{(\lambda-\mu)(\lambda-\nu)}\frac{\partial}{\partial\lambda}\Big(\sqrt{f(\lambda)}\,\frac{\partial\psi}{\partial\lambda}\Big) + 4\,\frac{\sqrt{f(\mu)}}{(\mu-\nu)(\mu-\lambda)}\frac{\partial}{\partial\mu}\Big(\sqrt{f(\mu)}\,\frac{\partial\psi}{\partial\mu}\Big)$$

$$+ 4\,\frac{\sqrt{f(\nu)}}{(\nu-\lambda)(\nu-\mu)}\frac{\partial}{\partial\nu}\Big(\sqrt{f(\nu)}\,\frac{\partial\psi}{\partial\nu}\Big)$$

oder

$$\varDelta\psi = \frac{4}{(\mu-\lambda)(\lambda-\nu)(\mu-\nu)}\left[(\nu-\mu)\frac{\partial^2\psi}{\partial\alpha^2} + (\lambda-\nu)\frac{\partial^2\psi}{\partial\beta^2} + (\mu-\lambda)\frac{\partial^2\psi}{\partial\gamma^2}\right]$$

mit

$$d\alpha = \frac{d\lambda}{\sqrt{f(\lambda)}};\quad d\beta = \frac{d\mu}{\sqrt{f(\mu)}};\quad d\gamma = \frac{d\nu}{\sqrt{f(\nu)}}.$$

Hiernach ist:

$$\lambda = 4\,\wp(\alpha) - \frac{a^2+b^2+c^2}{3},\qquad \mu = 4\,\wp(\beta) - \frac{a^2+b^2+c^2}{3},$$

$$\nu = 4\,\wp(\gamma) - \frac{a^2+b^2+c^2}{3}$$

und damit

$$\varDelta\psi = \frac{[\wp(\gamma)-\wp(\beta)]\dfrac{\partial^2\psi}{\partial\alpha^2} + [\wp(\alpha)-\wp(\gamma)]\dfrac{\partial^2\psi}{\partial\beta^2} + [\wp(\beta)-\wp(\alpha)]\dfrac{\partial^2\psi}{\partial\gamma^2}}{4\,[\wp(\beta)-\wp(\gamma)]\,[\wp(\gamma)-\wp(\alpha)]\,[\wp(\alpha)-\wp(\beta)]}.$$

Bipolarkoordinaten $(\xi,\ \eta,\ z)$.

$$x = \frac{c\,\mathfrak{Sin}\,\xi}{\mathfrak{Cof}\,\xi - \cos\eta},\qquad \xi = \xi_0 \text{ bedeutet:}$$

$$(x - c\,\mathfrak{Cotg}\,\xi_0)^2 + y^2 = \frac{c^2}{\mathfrak{Sin}^2\,\xi_0} = c^2(\mathfrak{Cotg}^2\,\xi_0 - 1),$$

$$y = \frac{c\,\sin\eta}{\mathfrak{Cof}\,\xi - \cos\eta},\qquad \eta = \eta_0 \text{ bedeutet:}$$

$$z = z.\qquad x^2 + (y - c\,\cot\eta_0)^2 = \frac{c^2}{\sin^2\eta_0} = c^2(\cot g^2\,\eta_0 + 1).$$

Wertebereich der $\xi,\ \eta$.

$$u = \xi;\qquad v = \eta;\qquad w = z,$$

$$-\infty < \xi < +\infty,\qquad U = \frac{1}{c}(\mathfrak{Cof}\,\xi - \cos\eta);\ V = \frac{1}{c}(\mathfrak{Cof}\,\xi - \cos\eta);\ W = 1.$$

$$0 \leqq \eta \leqq 2\pi.$$

$$\operatorname{grad}_\xi\psi = \frac{1}{c}(\mathfrak{Cof}\,\xi - \cos\eta)\frac{\partial\psi}{\partial\xi};\quad \operatorname{grad}_\eta\psi = \frac{1}{c}(\mathfrak{Cof}\,\xi - \cos\eta)\frac{\partial\psi}{\partial\eta};$$

$$\operatorname{grad}_z\psi = \frac{\partial\psi}{\partial z},$$

$$\operatorname{div}\mathfrak{A} = \frac{1}{c^2}(\mathfrak{Cof}\,\xi - \cos\eta)^2 \times$$

$$\times\left[\frac{\partial}{\partial\xi}\Big(\frac{c}{\mathfrak{Cof}\,\xi-\cos\eta}\,\mathfrak{A}_\xi\Big) + \frac{\partial}{\partial\eta}\Big(\frac{c}{\mathfrak{Cof}\,\xi-\cos\eta}\,\mathfrak{A}_\eta\Big) + \frac{c^2}{(\mathfrak{Cof}\,\xi-\cos\eta)^2}\frac{\partial\mathfrak{A}_z}{\partial z}\right],$$

$$\Delta \psi = \frac{1}{c^2} \left(\mathfrak{Cof}\,\xi - \cos \eta\right)^2 \left(\frac{\partial^2 \psi}{\partial \xi^2} + \frac{\partial^2 \psi}{\partial \eta^2}\right) + \frac{\partial^2 \psi}{\partial z^2},$$

$$\mathrm{rot}_\xi \mathfrak{A} = \frac{1}{c}\left(\mathfrak{Cof}\,\xi - \cos \eta\right)\left(\frac{\partial \mathfrak{A}_z}{\partial \eta} - \frac{c}{\mathfrak{Cof}\,\xi - \cos \eta}\,\frac{\partial \mathfrak{A}_\eta}{\partial z}\right),$$

$$\mathrm{rot}_\eta \mathfrak{A} = \frac{1}{c}\left(\mathfrak{Cof}\,\xi - \cos \eta\right)\left(\frac{c}{\mathfrak{Cof}\,\xi - \cos \eta}\,\frac{\partial \mathfrak{A}_\xi}{\partial z} - \frac{\partial \mathfrak{A}_z}{\partial \xi}\right),$$

$$\mathrm{rot}\,\mathfrak{A} = \frac{1}{c}\left(\mathfrak{Cof}\,\xi - \cos \eta\right)^2 \left[\frac{\partial}{\partial \xi}\left(\frac{1}{\mathfrak{Cof}\,\xi - \cos \eta}\,\mathfrak{A}_\eta\right) - \frac{\partial}{\partial \eta}\left(\frac{1}{\mathfrak{Cof}\,\xi - \cos \eta}\,\mathfrak{A}_\xi\right)\right].$$

Mehrdimensionale Polarkoordinaten.

Im $(p+2)$-dimensionalen Raume $(p = 1, 2, 3, \ldots)$ mit den kartesischen Koordinaten

$$x_1,\ x_2,\ x_p,\ x_{p+1},\ x_{p+2}$$

werden Polarkoordinaten

$$r,\ \vartheta_1,\ \vartheta_2,\ \ldots,\ \vartheta_{p-1},\ \vartheta_p,\ \varphi$$

eingeführt durch die Beziehungen:

$$x_1 = r \cos \vartheta_1 \qquad\qquad (0 \leqq \vartheta_1 \leqq \pi)$$
$$x_2 = r \sin \vartheta_1 \cos \vartheta_2 \qquad\qquad (0 \leqq \vartheta_2 \leqq \pi)$$
$$x_3 = r \sin \vartheta_1 \sin \vartheta_2 \cos \vartheta_3 \qquad\qquad (0 \leqq \vartheta_3 \leqq \pi)$$
$$\cdots \cdots \cdots \cdots \cdots$$
$$x_p = r \sin \vartheta_1 \sin \vartheta_2 \ldots \sin \vartheta_{p-1} \cos \vartheta_p \qquad\qquad (0 \leqq \vartheta_p \leqq \pi)$$
$$\left.\begin{aligned} x_{p+1} &= r \sin \vartheta_1 \sin \vartheta_2 \ldots \sin \vartheta_{p-1} \sin \vartheta_p \cos \varphi \\ x_{p+2} &= r \sin \vartheta_1 \sin \vartheta_2 \ldots \sin \vartheta_{p-1} \sin \vartheta_p \sin \varphi \end{aligned}\right\} \; (0 \leqq \varphi \leqq 2\pi).$$

Das Linienelement wird:

$$ds^2 = dr^2 + r^2 d\vartheta_1^2 + r^2 \sin^2 \vartheta_1\, d\vartheta_2^2 + \cdots + r^2 \sin^2 \vartheta_1 \ldots \sin^2 \vartheta_p\, d\varphi^2.$$

Das Volumenelement wird:

$$d\tau = r^{n+1}\, dr\, d\omega;$$

hierin ist

$$d\omega = \sin^p \vartheta_1 \sin^{p-1} \vartheta_2 \ldots \sin \vartheta_p\, d\vartheta_1\, d\vartheta_2 \ldots d\vartheta_p\, d\varphi$$

das Oberflächenelement der Einheitskugel $r = 1$, deren Oberfläche ω gegeben ist durch

$$\omega = \frac{2\,\pi^{(p+2)/2}}{\Gamma\left(1 + \dfrac{p}{2}\right)}.$$

Der LAPLACEsche Operator

$$\Delta \equiv \sum_{n=1}^{p+2} \frac{\partial^2}{\partial x_n^2}$$

wird gegeben durch

$$r^2 \, \varDelta F = r^{\,1-p} \frac{\partial}{\partial r}\left(r^{p+1} \frac{\partial F}{\partial r}\right) + (\sin \vartheta_1 \ldots \sin \vartheta_p)^{-2} \frac{\partial^2 \cdot F}{\partial \varphi^2}$$

$$+ (\sin \vartheta_1)^{-p} \frac{\partial}{\partial \vartheta_1}\left(\sin^p \vartheta_1 \frac{\partial F}{\partial \vartheta_1}\right)$$

$$+ (\sin \vartheta_1)^{-2} (\sin \vartheta_2)^{1-p} \frac{\partial}{\partial \vartheta_2}\left(\sin^{p-1} \vartheta_2 \frac{\partial F}{\partial \vartheta_2}\right)$$

$$+ \cdot \ \cdot \ \cdot \ \cdot \ \cdot \ \cdot \ \cdot \ \cdot \ \cdot \ \cdot \ \cdot \ \cdot \ \cdot \ \cdot \ \cdot \ \cdot$$

$$+ (\sin \vartheta_1 \ldots \sin \vartheta_{p-1})^{-2} (\sin \vartheta_p)^{-1} \frac{\partial}{\partial \vartheta_p}\left(\sin \vartheta_p \frac{\partial F}{\partial \vartheta_p}\right).$$

§ 2. Beispiele zur Trennung der Veränderlichen.

Im folgenden sollen die Ergebnisse des BERNOULLIschen Ansatzes der Trennung der Veränderlichen für einige wichtige Fälle zusammengefaßt werden.

Dies Verfahren wird nachstehend durchgeführt für folgende Differentialgleichungen:

1. Wellengleichung:

$$\varDelta \psi = \frac{1}{c^2} \frac{\partial^2 \psi}{\partial t^2},$$

2. Wärmeleitungsgleichung:

$$\varDelta \psi = \frac{1}{a^2} \frac{\partial \psi}{\partial t}.$$

Versucht man die Lösung $\psi(x, y, z, t)$ dieser beiden Differentialgleichungen in der Form eines Produktes zweier Funktionen $F(x, y, z)$ und $\chi(t)$ darzustellen, wobei F nur von den Raumkoordinaten $x\,y\,z$ und χ nur von der Zeit t abhängen soll, so ergibt sich für $\chi(t)$ im Falle der Wellengleichung:

$$\chi(t) = e^{\pm\,ikct},$$

im Falle der Wärmeleitungsgleichung:

$$\chi(t) = e^{-k^2 a^2 t},$$

während sich zur Bestimmung von $F(x, y, z)$ in beiden Fällen die Differentialgleichung (*Schwingungsgleichung*)

$$\varDelta F + k^2 F = 0$$

ergibt, wo k eine beliebige Konstante ist. Mit der Bestimmung von F aus obenstehender Differentialgleichung ergibt sich dann die Lösung

$$\psi = F(x, y, z)\, \chi(t).$$

Werden an Stelle der CARTESIschen Koordinaten $x\,y\,z$ beliebige krummlinige orthogonale Koordinaten u, v, w eingeführt, so wird F eine Funktion der neuen Koordinaten u, v, w und die Schwingungsgleichung geht in eine solche mit u, v, w als unabhängigen Veränderlichen über.

$$\varDelta F(u, v, w) + k^2 F(u, v, w) = 0.$$

Unter der Voraussetzung $F(u, v, w) = f_1(u) f_2(v) f_3(w)$, (d. h. die gesuchte Funktion F lasse sich als Produkt dreier Funktionen $f_1(u)$; $f_2(v)$; $f_3(w)$ darstellen, von denen jede nur von einer der drei Variablen u, v, w allein abhängt), werden im folgenden für einige spezielle Koordinatensysteme die Differentialgleichungen denen $f_1(u)$, $f_2(v)$, $f_3(w)$ genügen müssen, sowie linear unabhängige Lösungen jeder dieser drei Differentialgleichungen angegeben.

Zylinderkoordinaten (ϱ, φ, z), $u = \varrho$, $v = \varphi$, $w = z$.

$$\varDelta F + k^2 F = 0; \quad \frac{\partial^2 F}{\partial \varrho^2} + \frac{1}{\varrho} \frac{\partial F}{\partial \varrho} + \frac{1}{\varrho^2} \frac{\partial^2 F}{\partial \varphi^2} + \frac{\partial^2 F}{\partial z^2} + k^2 F = 0,$$

$$F = f_1(\varrho) f_2(\varphi) f_3(z),$$

$$\frac{d^2 f_1}{d\varrho^2} + \frac{1}{\varrho} \frac{df_1}{d\varrho} + \left(k^2 - \alpha^2 - \frac{\mu^2}{\varrho^2}\right) f_1 = 0, \qquad f_1 = \mathfrak{Z}_\mu(\varrho \sqrt{k^2 - \alpha^2}),$$

$$\frac{d^2 f_2}{d\varphi^2} = -\mu^2 f_2, \qquad\qquad f_2 = e^{\pm i\mu\varphi},$$

$$\frac{d^2 f_3}{dz^2} = -\alpha^2 f_3, \qquad\qquad f_3 = e^{\pm i\alpha z},$$

wo α und μ beliebige Konstanten sind.

Ebene Welle und Kugelwelle lassen sich durch Partikularlösungen der Schwingungsgleichung in Zylinderkoordinaten folgendermaßen ausdrücken:

$$\textit{Ebene Welle}: \ e^{ik\varrho \cos\varphi} = \sum_{m=0}^{\infty} i^m \varepsilon_m J_m(k\varrho) \cos m\varphi,$$

$$\varepsilon_0 = 1,$$

$$\varepsilon_m = 2 \quad \text{für } m \geqq 1.$$

$\textit{Kugelwelle}$:

$$\frac{e^{ikR}}{R} = \frac{i}{2} \sum_{m=0}^{\infty} \varepsilon_m \cos m(\varphi - \varphi_0) \int\limits_{\alpha=-\infty}^{+\infty} J_m(\varrho \sqrt{k^2 - \alpha^2}) H_m^1(\varrho_0 \sqrt{k^2 - \alpha^2}) e^{-i\alpha|z-z_0|} d\alpha$$

$$\text{für } \varrho < \varrho_0,$$

$$= \frac{i}{2} \sum_{0}^{\infty} \varepsilon_m \cos m(\varphi - \varphi_0) \int\limits_{\alpha=-\infty}^{+\infty} J_m(\varrho_0 \sqrt{k^2 - \alpha^2}) H_m^1(\varrho \sqrt{k^2 - \alpha^2}) e^{-i\alpha|z-z_0|} d\alpha$$

$$\text{für } \varrho > \varrho_0,$$

$$= \sum_{0}^{\infty} \varepsilon_m \cos m(\varphi - \varphi_0) \int\limits_{\lambda=0}^{\infty} J_m(\lambda\varrho) J_m(\lambda\varrho_0) e^{-|z-z_0|\sqrt{\lambda^2 - k^2}} \frac{\lambda \, d\lambda}{\sqrt{\lambda^2 - k^2}}$$

mit
$$R = \sqrt{\varrho^2 + \varrho_0^2 - 2\,\varrho\,\varrho_0\cos(\varphi - \varphi_0) + (z - z_0)^2}.$$

Kugelkoordinaten (r, ϑ, φ) $u = r$; $v = \vartheta$, $w = \varphi$.

$$\varDelta F + k^2 F = 0;$$

$$\frac{1}{r^2}\frac{\partial}{\partial r}\left(r^2\frac{\partial F}{\partial r}\right) + \frac{1}{r^2\sin\vartheta}\frac{\partial}{\partial\vartheta}\left(\sin\vartheta\frac{\partial F}{\partial\vartheta}\right) + \frac{1}{r^2\sin^2\vartheta}\frac{\partial^2 F}{\partial\varphi^2} + k^2 F = 0,$$

$$F = f_1(r)\,f_2(\vartheta)\,f_3(\varphi),$$

$$\frac{1}{r}\frac{d^2(r f_1)}{d r^2} + \left(k^2 - \frac{\nu(\nu+1)}{r^2}\right)f_1 = 0, \qquad f_1(r) = \frac{\mathfrak{Z}_{\nu+1/2}(k r)}{\sqrt{r}}$$

$$\sin^2\vartheta\frac{d^2 f_2}{d\vartheta^2} + \sin\vartheta\cos\vartheta\frac{d f_2}{d\vartheta} + [\nu(\nu+1)\sin^2\vartheta - \mu^2]f_2 = 0;$$

$$f_2(\vartheta) = P_\nu^\mu(\cos\vartheta),$$

$$\frac{d^2 f_3}{d\varphi^2} = -\mu^2 f_3; \qquad\qquad f_3(\varphi) = e^{\pm i\mu\varphi}.$$

Darstellung von ebener Welle und Kugelwelle durch Partikularlösungen der Schwingungsgleichung in Kugelkoordinaten.

Ebene Welle:

$$e^{ikr\cos\vartheta} = \sqrt{\frac{\pi}{2 k}}\sum_0^\infty (2 n + 1)\, i^n\,\frac{1}{\sqrt{r}}\,J_{n+1/2}(k r)\,P_n(\cos\vartheta).$$

Kugelwelle:

$$\frac{e^{ikR}}{R} = i\frac{\pi}{2}\sum_0^\infty\frac{(2 n + 1)}{\sqrt{r}}\,J_{n+1/2}(k r)\,\frac{1}{\sqrt{r_0}}\,H_{n+1/2}^{(1)}(k r_0)\,P_n(\cos\gamma); \quad \text{für } r < r_0$$

$$= i\frac{\pi}{2}\sum_0^\infty\frac{(2 n + 1)}{\sqrt{r_0}}\,J_{n+1/2}(k r_0)\,\frac{1}{\sqrt{r}}\,H_{n+1/2}^{(1)}(k r)\,P_n(\cos\gamma); \quad \text{für } r > r_0$$

mit

$$R = \sqrt{r^2 + r_0^2 - 2 r r_0\cos\gamma}; \quad \cos\gamma = \cos\vartheta\cos\vartheta_0 + \sin\vartheta\sin\vartheta_0\cos(\varphi-\varphi_0),$$

$$P_n(\cos\gamma) = \sum_{m=0}^n \varepsilon_m\frac{(n-m)!}{(n+m)!}\,P_n^m(\cos\vartheta)\,P_n^m(\cos\vartheta_0)\cos m(\varphi - \varphi_0).$$

Koordinaten des parabolischen Zylinders (ξ, η, z); $u = \xi$, $v = \eta$, $w = z$.

$$\varDelta F + k^2 F = 0; \quad \frac{\partial^2 F}{\partial\xi^2} + \frac{\partial^2 F}{\partial\eta^2} + (\xi^2 + \eta^2)\frac{\partial^2 F}{\partial z^2} + k^2(\xi^2 + \eta^2)F = 0,$$

$$F = f_1(\xi)\,f_2(\eta)\,f_3(z),$$

$$\frac{d^2 f_1}{d\xi^2} + (\lambda + l^2\xi^2)f_1 = 0; \quad (l^2 = k^2 - \alpha^2); \quad f_1 = D_{-(l+i\lambda)/2l}\left[\pm\,\xi\,\sqrt{l(1+i)}\right],$$

$$\frac{d^2 f_2}{d\eta^2} + (-\lambda + l^2\eta^2)f_2 = 0; \qquad f_2 = D_{-(l-i\lambda)/2l}\left[\pm\,\eta\,\sqrt{l(1+i)}\right],$$

$$\frac{d^2 f_3}{d z^2} = -\alpha^2 f_3; \qquad\qquad f_3 = e^{\pm i\alpha z}.$$

Darstellung einer Zylinderwelle:

$$H_0^{(2)}\left(k\,\frac{\xi^2+\eta^2}{2}\right) = \frac{1}{\pi^2\,\sqrt{2}} \int\limits_{\sigma-i\infty}^{\sigma+i\infty} D_\nu\,[(1+i)\,\xi\,\sqrt{k}]\,D_{-\nu-1}[(1+i)\,\eta\,\sqrt{k}]\times$$

$$\times\, \Gamma\left(-\frac{\nu}{2}\right)\Gamma\left(\frac{1+\nu}{2}\right)d\nu,$$

$$\nu = \sigma+i\tau;\ -1<\sigma<0;\ \mathrm{Re}\,(i\xi^2 k)\geqq 0;\ \mathrm{Re}\,(i\eta^2 k)\geqq 0.$$

Parabolische Koordinaten (ξ,η,φ); $u=\xi$, $v=\eta$, $w=\varphi$.

$$\Delta F+k^2 F = 0;$$

$$\frac{\partial^2 F}{\partial\xi^2} + \frac{1}{\xi}\frac{\partial F}{\partial\xi} + \frac{\partial^2 F}{\partial\eta^2} + \frac{1}{\eta}\frac{\partial F}{\partial\eta} + \frac{(\xi^2+\eta^2)}{\xi^2\eta^2}\frac{\partial^2 F}{\partial\varphi^2} + k^2(\xi^2+\eta^2)\,F = 0,$$

$$F = f_1(\xi)\,f_2(\eta)\,f_3(\varphi),$$

$$\frac{d^2 f_1}{d\xi^2} + \frac{1}{\xi}\frac{d f_1}{d\xi} + \left(k^2\xi^2 - \frac{\mu^2}{\xi^2} + \lambda\right)f_1 = 0;$$

$$f_1 = \xi^\mu\,e^{\pm ik\xi^2/2}\,{}_1F_1\left(-\frac{i\lambda}{4k}+\frac{\mu+1}{2};\ \mu+1;\ \mp i k\xi^2\right),$$

bzw. $f_1 = \xi^{-1}\,W_{\lambda/4ik,\,\mu/2}(i k\xi^2).$

$$\frac{d^2 f_2}{d\eta^2} + \frac{1}{\eta}\frac{d f_2}{d\eta} + \left(k^2\eta^2 - \frac{\mu^2}{\eta^2} - \lambda\right)f_2 = 0;$$

$$f_2 = \eta^\mu\,e^{\pm ik\eta^2/2}\,{}_1F_1\left(\frac{i\lambda}{4k}+\frac{\mu+1}{2};\ \mu+1;\ \mp i k\eta^2\right),$$

bzw. $f_2 = \eta^{-1}\,W_{i\lambda/4k,\,\mu/2}(i k\eta^2).$

$$\frac{d^2 f_3}{d\varphi^2} = -\mu^2 f_3;\quad f_3 = e^{\pm i\mu\varphi}.$$

Im Falle $k=0$; $\Delta F = 0$ (Laplacesche Differentialgleichung)

$$f_1 = \mathfrak{Z}_\mu(\sqrt{\lambda}\,\xi),\quad f_2 = \mathfrak{Z}_\mu(i\,\sqrt{\lambda}\,\eta),\quad f_3 = e^{\pm i\mu\varphi}.$$

Kugelwelle in parabolischen Koordinaten mit der Singularität im Brennpunkt (Formeln von Buchholz und Meixner):

$$\frac{e^{-ik(\xi^2+\eta^2)/2}}{k(\xi^2+\eta^2)} = -\frac{i}{2k\xi\eta}\int\limits_{-i\infty}^{+i\infty}\frac{W_{\lambda,\,0}(i k\xi^2)\,W_{-\lambda,\,0}(i k\eta^2)}{\cos\pi\lambda}\,d\lambda$$

$$= \frac{1}{k\xi\eta}\sum_{n=0}^{\infty}(-1)^n\,W_{-n-1/2,\,0}\,(i k\xi^2)\,W_{n+1/2,\,0}(i k\eta^2)$$

(mit $\xi^2>\eta^2$ für die letzte Zeile).

Koordinaten des elliptischen Zylinders (ξ,η,z).

$$\Delta F + k^2 F = 0;$$

$$\frac{\partial^2 F}{\partial \xi^2} + \frac{\partial^2 F}{\partial \eta^2} + \frac{c^2}{2}\left(\mathfrak{Cof}\,2\xi - \cos 2\eta\right)\frac{\partial^2 F}{\partial z^2} + k^2\frac{c^2}{2}\left(\mathfrak{Cof}\,2\xi - \cos 2\eta\right)F = 0,$$

$$F = f_1(\xi)\,f_2(\eta)\,f_3(z),$$

$$\frac{d^2 f_1}{d\xi^2} + \left[-\lambda + \frac{c^2}{2}(k^2 - \alpha^2)\,\mathfrak{Cof}\,2\xi\right]f_1 = 0,$$

$$\frac{d^2 f_2}{d\eta^2} + \left[\lambda - \frac{c^2}{2}(k^2 - \alpha^2)\cos 2\eta\right]f_2 = 0,$$

$$\frac{d^2 f_3}{dz^2} = -\alpha^2 f_3, \qquad\qquad f_3 = e^{\pm i\alpha z}.$$

Die Differentialgleichungen für f_2 und f_1 sind die sogenannten MATHIEU-schen Differentialgleichungen, ihre Lösungen die MATHIEUschen Funktionen.

Die Differentialgleichung für f_1 folgt aus der für f_2, indem an Stelle von η der Wert $i\xi$ gesetzt wird. Das entsprechende folgt auch für die Lösungen der beiden Differentialgleichungen. Näheres hierüber: STRUTT: LAMÉsche und MATHIEUsche Funktionen.

Elliptische Koordinaten (ξ, η, φ) (gestrecktes Rotationsellipsoid).

$$\Delta F + k^2 F = 0; \quad \frac{\partial}{\partial\xi}\left[(\xi^2 - 1)\frac{\partial F}{\partial\xi}\right] + \frac{\partial}{\partial\eta}\left[(1 - \eta^2)\frac{\partial F}{\partial\eta}\right]$$

$$+ \left(\frac{1}{1-\eta^2} + \frac{1}{\xi^2-1}\right)\frac{\partial^2 F}{\partial\varphi^2} + k^2 c^2(\xi^2 - \eta^2)\,F = 0,$$

$$F = f_1(\xi)\,f_2(\eta)\,f_3(\varphi),$$

$$\frac{d}{d\xi}\left[(1 - \xi^2)\frac{df_1}{d\xi}\right] + \left(-\frac{\mu^2}{1-\xi^2} - k^2 c^2 \xi^2 + \lambda\right)f_1 = 0;$$

$$\frac{d}{d\eta}\left[(1 - \eta^2)\frac{df_2}{d\eta}\right] + \left(-\frac{\mu^2}{1-\eta^2} - k^2 c^2 \eta^2 + \lambda\right)f_2 = 0;$$

$$\frac{d^2 f_3}{d\varphi^2} = -\mu^2 f_3; \qquad\qquad f_3 = e^{\pm i\mu\varphi}.$$

Im Falle $k = 0$ (LAPLACEsche Differentialgleichung) ergibt sich mit $\lambda = \nu(\nu + 1)$

$$f_1 = \mathfrak{P}_\nu^\mu(\xi) \text{ bzw. } \mathfrak{Q}_\nu^\mu(\xi), \quad f_2 = P_\nu^\mu(\eta) \text{ bzw. } Q_\nu^\mu(\eta), \quad f_3 = e^{\pm i\mu\varphi}.$$

Für $k \neq 0$ sind die Differentialgleichungen für f_1 und f_2 die sogenannten LAMÉschen Differentialgleichungen, ihre Lösungen die LAMÉschen Wellenfunktionen.

Näheres hierüber siehe STRUTT: LAMÉsche und MATHIEUsche Funktionen.

Elliptische Koordinaten (ξ, η, φ) (abgeplattetes Rotationsellipsoid).

$$\varDelta F + k^2 F = 0; \quad \frac{\partial}{\partial \xi}\left[(1+\xi^2)\frac{\partial F}{\partial \xi}\right] + \frac{\partial}{\partial \eta}\left[(1-\eta^2)\frac{\partial F}{\partial \eta}\right]$$

$$+ \frac{\partial^2 F}{\partial \varphi^2}\left(\frac{1}{1-\eta^2} - \frac{1}{1+\xi^2}\right) + k^2 c^2 (\xi^2 + \eta^2) F = 0,$$

$$F = f_1(\xi) f_2(\eta) f_3(\varphi),$$

$$\frac{d}{d\xi}\left[(1+\xi^2)\frac{df_1}{d\xi}\right] + \left(\frac{\mu^2}{1+\xi^2} + k^2 c^2 \xi^2 - \lambda\right) f_1 = 0,$$

$$\frac{d}{d\eta}\left[(1-\eta^2)\frac{df_2}{d\eta}\right] + \left(-\frac{\mu^2}{1-\eta^2} + k^2 c^2 \eta^2 + \lambda\right) f_2 = 0,$$

$$\frac{d^2 f_3}{d\varphi^2} = -\mu^2 f_3, \qquad\qquad f_3 = e^{\pm i\mu\varphi}.$$

Die Differentialgleichungen für f_1 und f_2 sind wieder die LAMÉschen Differentialgleichungen. Die Differentialgleichung für f_1 folgt aus der für f_2, indem an Stelle von η der Wert $i\xi$ gesetzt wird.

Für $k = 0$ (LAPLACEsche Differentialgleichung) ist mit $\lambda = \nu(\nu+1)$:

$$f_1 = \mathfrak{P}_\nu^\mu(i\xi) \text{ bzw. } \mathfrak{Q}_\nu^\mu(i\xi), \quad f_2 = P_\nu^\mu(\eta), \quad f_3 = e^{\pm i\mu\varphi}.$$

Toruskoordinaten (ξ, η, φ); $u = \xi$, $v = \eta$, $w = \varphi$.

$$\varDelta F + k^2 F = 0; \quad \frac{\partial}{\partial \xi}\left(\frac{\mathfrak{Sin}\,\xi}{\mathfrak{Cof}\,\xi - \cos\eta}\frac{\partial F}{\partial \xi}\right) + \frac{\partial}{\partial \eta}\left(\frac{\mathfrak{Sin}\,\xi}{\mathfrak{Cof}\,\xi - \cos\eta}\frac{\partial F}{\partial \eta}\right)$$

$$+ \frac{\dfrac{\partial^2 F}{\partial \varphi^2}}{\mathfrak{Sin}\,\xi\,(\mathfrak{Cof}\,\xi - \cos\eta)} + \frac{k^2 c^2 \mathfrak{Sin}\,\xi}{(\mathfrak{Cof}\,\xi - \cos\eta)^3} F = 0.$$

Diese Differentialgleichung ist für $k \neq 0$ nicht separierbar. Für $k = 0$ (LAPLACEsche Differentialgleichung) folgt:

$$\varDelta F = 0; \quad \frac{\partial}{\partial \xi}\left(\frac{\mathfrak{Sin}\,\xi}{\mathfrak{Cof}\,\xi - \cos\eta}\frac{\partial F}{\partial \xi}\right) + \frac{\partial}{\partial \eta}\left(\frac{\mathfrak{Sin}\,\xi}{\mathfrak{Cof}\,\xi - \cos\eta}\frac{\partial F}{\partial \eta}\right)$$

$$+ \frac{1}{\mathfrak{Sin}\,\xi\,(\mathfrak{Cof}\,\xi - \cos\eta)}\frac{\partial^2 F}{\partial \varphi^2} = 0.$$

Wird als neue Variable $\mathfrak{Cof}\,\xi = s$ und $F = \sqrt{\mathfrak{Cof}\,\xi - \cos\eta}\, g(s, \eta, \varphi)$ gesetzt, dann ist

$$\frac{\partial}{\partial s}\left[(s^2 - 1)\frac{\partial g}{\partial s}\right] + \frac{\partial^2 g}{\partial \eta^2} + \frac{g}{4} + \frac{1}{s^2 - 1}\frac{\partial^2 g}{\partial \varphi^2} = 0.$$

Mit $g = f_1(s) f_2(\eta) f_3(\varphi)$ wird:

$$(1-s^2)\frac{d^2 f_1}{ds^2} - 2s\frac{df_1}{ds} + \left[(\nu - \tfrac{1}{2})(\nu + \tfrac{1}{2}) - \frac{\mu^2}{1-s^2}\right] f_1 = 0; \quad \begin{cases} f_1 = \mathfrak{P}_{\nu-\frac{1}{2}}^\mu(s) \\ \text{bzw.} \\ f_1 = \mathfrak{Q}_{\nu-\frac{1}{2}}^\mu(s), \end{cases}$$

$$\frac{d^2 f_2}{d\eta^2} = -\nu^2 f_2; \qquad\qquad f_2 = e^{\pm i\nu\eta},$$

$$\frac{d^2 f_3}{d\varphi^2} = -\mu^2 f_3; \qquad\qquad f_3 = e^{\pm i\mu\varphi}.$$

$(p+2)$-dimensionale Polarkoordinaten $(r, \vartheta_1, \ldots, \vartheta_p, \varphi)$.

Partikularlösungen von $\varDelta F + k^2 F = 0$ sind

$$\frac{\mathfrak{Z}_{p/2+m}(k\,r)}{r^{p/2+m}}\, Y_m^{(p)}$$

(vgl. Kap. IV, § 8).

Die ebene Welle und die Kugelwelle werden durch die Additionstheoreme der Zylinderfunktionen (Kap. III, § 2, Gl. (4a) und (4)) und der Gegenbauerschen Funktionen (Kap. IV, § 8) geliefert.

Anhang zum neunten Kapitel.

§ 3. Lineare Differentialgleichungen zweiter Ordnung.

Im folgenden werden einige Formeln zusammengestellt, welche bei der Behandlung gewöhnlicher linearer Differentialgleichungen zweiter Ordnung von Nutzen sind und daher vor allem in der Theorie der hypergeometrischen Funktion, der Kugel- und Zylinderfunktionen vielfach angewandt werden.

Die unabhängige Variable wird weiterhin mit x oder mit t bezeichnet; eine Ableitung nach x wird durch einen Strich $\left(y' = \dfrac{dy}{dx}\right)$, eine Ableitung nach t durch einen Punkt $\left(\dfrac{dv}{dt} = \dot{v}\right)$ bezeichnet. Größen mit dem Index Null $(x_0, y_0, y_0^*, c_0 \ldots)$ sind Konstanten.

Die Differentialgleichung

$$y'' + a(x)\,y' + b(x)\,y = 0$$

besitzt zwei linear unabhängige Lösungen $\eta_1(x)$ und $\eta_2(x)$; ihre allgemeine Lösung lautet

$$y = c_0\,\eta_1(x) + c_0^*\,\eta_2(x).$$

Zur Abkürzung werde weiterhin eine Funktion $A(x)$ mit

$$\frac{d}{dx}A(x) = a(x)$$

eingeführt; wenn $a(x)$ bei $x = 0$ stetig ist, sei insbesondere

$$A(0) = 0, \quad A(x) = \int_0^x a(\xi)\,d\xi.$$

Die inhomogene Differentialgleichung

$$z'' + a(x)z' + b(x)z = f(x);$$

besitzt dann die bei $x = 0$ nebst ihrer ersten Ableitung verschwindende Lösung

$$z = \frac{1}{D_0}\left[\eta_1(x)\int_0^x \eta_2(\xi)\,f(\xi)\,e^{A(\xi)}\,d\xi - \eta_2(x)\int_0^x \eta_1(\xi)\,f(\xi)\,e^{A(\xi)}\,d\xi\right]$$

mit

$$D_0 = \eta_1(0)\,\eta_2'(0) - \eta_2(0)\,\eta_1'(0).$$

Für die „Wronskische Determinante" $\eta_2'\eta_1 - \eta_1'\eta_2$ der Lösungen $\eta_1,\ \eta_2$ der homogenen Gleichung gilt:

$$\eta_1(x)\,\eta_2'(x) - \eta_2(x)\,\eta_1'(x) = D_0\,e^{-A(x)}.$$

Mithin erhält man aus einer Lösung η_1 eine linear unabhängige in Gestalt von

$$\eta_1(x)\int_0^x e^{-A(\xi)}\,\frac{d\xi}{\eta_1^2(\xi)}.$$

Substitutionen. Setzt man

$$y(x) = h(x)\,W(x)$$

mit der gegebenen Funktion h, so wird

$$y'' + a(x)\,y' + b(x)y \equiv h\,W'' + (2h' + ha)\,W' + (h'' + ah' + hb)\,W.$$

Wählt man insbesondere

$$h(x) = e^{-\frac{1}{2}A(x)},$$

so wird $ha + 2h' \equiv 0$ und die Differentialgleichung für y geht über in die Differentialgleichung für W:

$$W'' + \left(b - \frac{a'}{2} - \frac{a^2}{4}\right)W = 0.$$

Setzt man

$$\omega = \frac{y'}{y},$$

so genügt ω der Riccatischen Differentialgleichung

$$\omega' + \omega^2 + a\omega + b = 0.$$

Führt man eine neue unabhängige Variable t ein durch

$$x = \varphi(t),$$

so wird, mit $\alpha(t) = a(\varphi(t)),\ \beta(t) = b(\varphi(t))$

$$y'' + ay' + by \equiv \frac{1}{\dot\varphi^2}\left[\ddot{y} + \left(\alpha\dot\varphi - \frac{\ddot\varphi}{\dot\varphi}\right)\dot{y} + \beta\dot\varphi^2 y\right].$$

Sätze über die Nullstellen der Lösungen. Es sei $\varrho(x)$ eine reelle Funktion der reellen Variablen x. Die Differentialgleichung

$$u'' + \varrho(x)u = 0$$

besitze die linear unabhängigen reellen Lösungen $u_1(x)$ und $u_2(x)$. Dann gilt: Zwischen zwei benachbarten Nullstellen von $u_1(x)$ liegt genau eine Nullstelle von $u_2(x)$. — Es sei weiterhin u eine nicht identisch verschwindende Lösung. Dann gilt: Wenn $\varrho(x)$ in einem Intervall $c_0 \leq x \leq c_1$ stets kleiner oder gleich Null ist, so besitzt u in diesem Intervall höchstens eine Nullstelle. Wenn für $c_0 \leq x \leq c_1$ durchweg $\varrho > 0$ ist und zwei positive Konstanten m und M existieren, so daß

$$m^2 \leq \varrho(x) \leq M^2$$

ist, so gelten für die Koordinaten x_1 und x_2 benachbarter Nullstellen von u die Ungleichungen

$$\frac{\pi}{M} \leq |x_2 - x_1| \leq \frac{\pi}{m}.$$

Setzt man

$$\frac{u'(c_0)}{u(c_0)} = \operatorname{tg} \delta, \qquad\qquad (0 \leq \delta < \pi)$$

so besitzt u im Intervall $c_0 \leq x \leq c_1$ mindestens so viele Nullstellen wie die Funktion

$$\cos\left[(x - c_0 - \delta)\,m\right]$$

und höchstens so viele Nullstellen wie die Funktion

$$\cos\left[(x - c_0 - \delta)\,M\right].$$

Abhängigkeit von einem Parameter. Es sei λ ein Parameter, und es sei $y(x, \lambda)$ eine nicht identisch verschwindende Lösung der Differentialgleichung

$$y'' + a(x)\,y' + [b(x) + \lambda\,g(x)]\,y = 0,$$

welche für $x = 0$ die festen (von λ unabhängigen) Anfangswerte $y(0, \lambda) = y_0$, $y'(0, \lambda) = y_0'$ besitzt.

Ist dann für zwei verschiedene Werte von $\lambda = \lambda_1$ und $\lambda = \lambda_2$ und einen festen Wert von $x_0 \neq 0$ sowohl $y(x_0, \lambda_1)$ als auch $y(x_0, \lambda_2)$ gleich Null, so besteht die Orthogonalitätsrelation:

$$\int_0^{x_0} g(\xi)\,y(\xi, \lambda_1)\,y(\xi, \lambda_2)\,e^{A(\xi)}\,d\xi = 0.$$

Setzt man

$$\frac{\partial y}{\partial \lambda} = h(x, \lambda),$$

so ist der Wert von h an einer Nullstelle x_0 von y gegeben durch

$$\frac{\partial y(x_0,\lambda)}{\partial \lambda} \equiv h(x_0,\lambda) = -\frac{e^{-A(x_0)}}{y'(x_0,\lambda)} \int_0^{x_0} e^{A(x)}\, g(x)\, y^2(x,\lambda)\, dx.$$

Anhang.

§ 1. Fourierreihen, Partialbruch- und Produktdarstellungen einiger elementarer Funktionen.

$$\sum_1^\infty \frac{\sin nx}{n} = \frac{\pi-x}{2} \qquad\qquad 0 < x < 2\pi$$

$$\sum_1^\infty \frac{(-1)^n \sin nx}{n} = -\frac{x}{2} \qquad\qquad -\pi < x < \pi$$

$$\sum_0^\infty \frac{\sin(2n+1)x}{2n+1} = \begin{cases} \dfrac{\pi}{4} & \text{für } 0 < x < \pi \\[2mm] 0 & \text{für } \quad x = 0 \\[2mm] -\dfrac{\pi}{4} & \text{für } \pi < x < 2\pi \end{cases}$$

$$\sum_0^\infty \frac{(-1)^n \sin(2n+1)x}{2n+1} = \begin{cases} \tfrac{1}{2}\ln \cotg\left(\dfrac{\pi}{4}-\dfrac{x}{2}\right) & \text{für } -\dfrac{\pi}{2} < x < \dfrac{\pi}{2} \\[3mm] \tfrac{1}{2}\ln \cotg\left(\dfrac{x}{2}-\dfrac{\pi}{4}\right) & \text{für } \quad \dfrac{\pi}{2} < x < \dfrac{3\pi}{2} \end{cases}$$

$$\sum_1^\infty \frac{\cos nx}{n} = -\ln\left(2\sin\frac{x}{2}\right) \qquad\qquad 0 < x < 2\pi$$

$$\sum_1^\infty \frac{(-1)^n \cos nx}{n} = -\ln\left(2\cos\frac{x}{2}\right) \qquad\qquad -\pi < x < \pi$$

$$\sum_1^\infty \frac{\cos(2n+1)x}{2n+1} = \tfrac{1}{2}\ln\left(\cotg\frac{x}{2}\right) \qquad\qquad 0 < x < \pi$$

$$\sum_1^\infty \frac{\cos nx}{n^2} = \left(\frac{\pi-x}{2}\right)^2 - \frac{\pi^2}{12} \qquad\qquad 0 \leqq x \leqq 2\pi$$

$$\sum_1^\infty \frac{(-1)^n \cos nx}{n^2} = \frac{x^2}{4} - \frac{\pi^2}{12} \qquad\qquad -\pi \leqq x \leqq \pi$$

$$\sum_0^\infty \frac{\cos(2n+1)x}{(2n+1)^2} = \frac{\pi}{4}\left(\frac{\pi}{2}-|x|\right) \qquad\qquad -\pi \leqq x \leqq \pi$$

$$\sum_0^\infty \frac{(-1)^n \sin(2n+1)x}{(2n+1)^2} = \begin{cases} \dfrac{\pi}{4}\,x & \text{für } -\dfrac{\pi}{2} \leqq x \leqq \dfrac{\pi}{2} \\[2ex] \dfrac{\pi}{4}(\pi - x) & \text{für } \dfrac{\pi}{2} \leqq x \leqq \dfrac{3\pi}{2} \end{cases}$$

$$\sum_1^\infty \frac{(-1)^n \cos(n+1)x}{n(n+1)} = \cos x - \frac{x}{2}\sin x - (1+\cos x)\ln\left|2\cos\frac{x}{2}\right|$$

$$\sum_1^\infty \frac{(-1)^n \sin(n+1)x}{n(n+1)} = \sin x - \frac{x}{2}(1+\cos x) - \sin x \ln\left|2\cos\frac{x}{2}\right|$$

$$\sum_1^\infty \frac{1 - \cos 2nx}{4n^2 - 1} = \frac{\pi}{4}\,|\sin x|$$

$$\left.\begin{aligned} \sum_0^\infty \frac{\varepsilon_n \cos nx}{n^2 - \alpha^2} &= -\pi\,\frac{\cos\alpha\,[(2m+1)\pi - x]}{\alpha \sin\alpha\pi} \\[2ex] \sum_0^\infty \frac{n \sin nx}{n^2 - \alpha^2} &= \pi\,\frac{\sin\alpha\,[(2m+1)\pi - x]}{2\sin\alpha\pi} \end{aligned}\right\} \quad \begin{aligned}&\text{für}\\ &2m\pi \leqq x \leqq 2(m+1)\pi\end{aligned}$$

$$\sum_0^\infty \frac{(-1)^n \varepsilon_n \cos nx}{n^2 - \alpha^2} = -\pi\,\frac{\cos[\alpha(2m\pi - x)]}{\alpha \sin\alpha\pi} \qquad \begin{aligned}&\text{für}\end{aligned}$$

$$\sum_0^\infty \frac{(-1)^n n \sin nx}{n^2 - \alpha^2} = \pi\,\frac{\sin[\alpha(2m\pi - x)]}{2\sin\alpha\pi} \qquad (2m-1)\pi \leqq x \leqq (2m+1)\pi$$

$$\alpha \neq 0, \pm 1, \pm 2 \ldots.$$

Die vorstehenden Formeln gelten auch für komplexe Werte von α.

$$\sum_{n=0}^\infty t^n \cos nx = \frac{1 - t\cos x}{1 - 2t\cos x + t^2} \qquad\qquad |t| < 1$$

$$\sum_{n=0}^\infty \varepsilon_n t^n \cos nx = \frac{1 - t^2}{1 - 2t\cos x + t^2} \qquad\qquad |t| < 1$$

$$\sum_1^\infty t^n \sin nx = \frac{t\sin x}{1 - 2t\cos x + t^2} \qquad\qquad |t| < 1$$

$$\sum_1^\infty \frac{t^n}{n}\cos nx = -\tfrac{1}{2}\ln(1 - 2t\cos x + t^2) \qquad\qquad |t| \leqq 1$$

$$\sum_0^\infty \frac{t^{2n+1}}{2n+1}\sin(2n+1)x = \operatorname{arctg}\left(\frac{2t\sin x}{1 - x^2}\right) \qquad\qquad |t| \leqq 1$$

$$\sum_1^\infty \frac{t^n}{n}\sin nx = \operatorname{arctg}\left(\frac{t\sin x}{1 - t\cos x}\right) \qquad\qquad |t| \leqq 1$$

$$\sum_1^\infty e^{-nt}\sin nx = \frac{1}{2}\,\frac{\sin x}{\mathfrak{Cof}\,t - \cos x} \qquad\qquad t > 0$$

$$\sum_0^\infty \varepsilon_n e^{-nt}\cos nx = \frac{\mathfrak{Sin}\,t}{\mathfrak{Cof}\,t - \cos x} \qquad\qquad t > 0$$

$$\sum_1^\infty \frac{\sin n x \,\sin n y}{n}\, e^{-2n|t|} \;=\; \tfrac14 \ln\left[\frac{\sin^2\left(\dfrac{x+y}{2}\right)+\mathfrak{Sin}^2 t}{\sin^2\left(\dfrac{x-y}{2}\right)+\mathfrak{Sin}^2 t}\right]$$

$$\frac{1}{(1-2t\cos x+t^2)^\nu} \;=\; \sum_0^\infty \varepsilon_n A_n \cos n x \qquad\qquad |t|<1$$

$$\text{mit}\quad A_n \;=\; \frac{t^n}{n!}\,\frac{\Gamma(n+\nu)}{\Gamma(\nu)}\,{}_2F_1(\nu,\,n+\nu;\,n+1;\,t^2)$$

$$\frac{1}{(\mathfrak{Cos}\, t-\cos x)^\nu} \;=\; 2^\nu e^{-\nu t}\sum_0^\infty \varepsilon_n A_n \cos n x \qquad\qquad t>0$$

$$\text{mit}\quad A_n \;=\; \frac{e^{-nt}}{n!}\,\frac{\Gamma(n+\nu)}{\Gamma(\nu)}\,{}_2F_1(\nu,\,n+\nu;\,n+1;\,e^{-2t})$$

$$\sum_{-\infty}^{+\infty} e^{-|x+nd|} \;=\; \frac{2}{d}\sum_0^\infty \frac{\varepsilon_n \cos\left(2\pi n\,\dfrac{x}{d}\right)}{1+\left(2\pi\,\dfrac{n}{d}\right)^2}$$

$$\sum_{-\infty}^{+\infty} e^{-(x+nd)^2} \;=\; \frac{\sqrt{\pi}}{d}\sum_{-\infty}^{+\infty} e^{-n^2\frac{\pi^2}{d^2}}\cos\left(2\pi n\,\frac{x}{d}\right)$$

$$\sum_{-\infty}^{+\infty} \frac{1}{\mathfrak{Cos}\,(x+n d)} \;=\; \frac{\pi}{d}\sum_{-\infty}^{+\infty} \frac{\cos\left(2\pi n\,\dfrac{x}{d}\right)}{\mathfrak{Cos}\left(n\,\dfrac{\pi^2}{d}\right)}$$

$$\sum_{-\infty}^{+\infty} \frac{1}{\mathfrak{Cos}^2(x+n d)} \;=\; \frac{2\pi^2}{d^2}\sum_{-\infty}^{+\infty} \frac{n\cos\left(2 n\pi\,\dfrac{x}{d}\right)}{\mathfrak{Sin}\left(n\,\dfrac{\pi^2}{d}\right)}$$

$$\sum_{-\infty}^{+\infty} \operatorname{Ci}\left(|x+2\pi n|\right) \;=\; \tfrac12 \cos x+\ln\left(2\sin\frac{x}{2}\right)$$

$$\sum_{-\infty}^{+\infty} \frac{e^{i(nd-z)}}{n d-z} \;=\; \begin{cases} \dfrac{-\pi e^{-i(2r+1)\pi\frac{z}{d}}}{d\sin\left(\pi\,\dfrac{z}{d}\right)}; & 2r\pi<d<2(r+1)\pi \\[3em] \dfrac{-\pi e^{-i2r\pi\frac{z}{d}}}{d\operatorname{tg}\left(\pi\,\dfrac{z}{d}\right)}; & d=2r\pi \\ & (r\neq 0) \end{cases}$$

$$\sum_{n=1}^\infty \frac{\cos(2 n\pi x)}{n^{2r}} \;=\; (-1)^{r+1}\, 2^{r-1}\, \pi^{2r}\, V_{2r}(x)$$

$$\sum_{n=1}^{\infty} \frac{\sin (2\,n\,\pi\,x)}{n^{2\,r+1}} = (-1)^{r+1}\,2^{2\,r}\,\pi^{2\,r+1}\,V_{2\,r+1}(x)$$

$$r = 1, 2, 3, \ldots \qquad 0 \leqq x \leqq 1.$$

Die $V_k(x)$ sind gegeben durch

$$\frac{t\,e^{tx}}{e^t-1} = \sum_{k=0}^{\infty} t^k\,V_k(x).$$

Es ist:

$$V_{2\,r}(x) = \frac{x^{2r}}{(2\,r)!} - \frac{B_1}{1!}\frac{x^{2r-1}}{(2\,r-1)!} + \frac{B_2}{2!}\frac{x^{2r-2}}{(2\,r-2)!} - \frac{B_4}{4!}\frac{x^{2r-4}}{(2\,r-4)!}$$

$$+ \cdots + (-1)^{r+1}\frac{B_{2r}}{(2\,r)!}$$

$$V_{2\,r+1}(x) = \frac{x^{2r+1}}{(2\,r+1)!} - \frac{B_1}{1!}\frac{x^{2r}}{(2\,r)!} + \frac{B_2}{2!}\frac{x^{2r-1}}{(2\,r-1)!} - \frac{B_4}{4!}\frac{x^{2r-3}}{(2\,r-3)!}$$

$$+ \cdots + (-1)^{r+1}\frac{B_{2r}}{(2\,r)!}\cdot x$$

Hierbei sind die B_k die BERNOULLIschen Zahlen gegeben durch

$$B_0 = 1, \quad B_1 = \tfrac{1}{2}, \quad B_{2n+1} = 0 \qquad\qquad (n>0)$$

$$B_{2n} = \frac{2\,(2\,n)!}{(2\,\pi)^{2n}} \sum_{k=1}^{\infty} \frac{1}{k^{2n}}. \qquad\qquad (n \geqq 1)$$

Es gilt für alle x:

$$V'_{k+1}(x) = V_k(x); \quad V_{k+1}(x+1) - V_{k+1}(x) = \frac{x^k}{k!}.$$

$$\operatorname{cotg} z = \sum_{-\infty}^{+\infty} \frac{1}{z + n\,\pi} = \frac{1}{z} + 2z \sum_1^{\infty} \frac{1}{z^2 - n^2\,\pi^2}$$

$$\frac{1}{\sin^2 z} = \sum_{-\infty}^{+\infty} \frac{1}{(z + n\,\pi)^2}$$

$$\frac{1}{\sin z} = \frac{1}{z} + 2z \sum_1^{\infty} \frac{(-1)^n}{z^2 - n^2\,\pi^2}$$

$$\frac{1}{\cos z} = \sum_1^{\infty} \frac{(-1)^{n+1}(2\,n-1)\,\pi}{[(n-\tfrac{1}{2})\,\pi]^2 - z^2}$$

$$\operatorname{tg} z = 2z \sum_1^{\infty} \frac{1}{[(n-\tfrac{1}{2})\,\pi]^2 - z^2}$$

$$\frac{1}{2\,a} + \frac{\pi}{2\,\sqrt{a\,b}}\,\operatorname{\mathfrak{Cotg}}\left(\pi\,\sqrt{\frac{a}{b}}\right) = \sum_0^{\infty} \frac{1}{a + b\,n^2}$$

$$\frac{\mathfrak{Sin}\,2\,a}{\mathfrak{Cof}\,2\,a - \cos 2\,z} = \sum_{-\infty}^{+\infty} \frac{a}{(z + n\,\pi)^2 + a^2}$$

$$\frac{\Gamma\left(\dfrac{1+2z}{4}\right)\Gamma\left(\dfrac{1-2z}{4}\right)}{\Gamma\left(\dfrac{3+2z}{4}\right)\Gamma\left(\dfrac{3-2z}{4}\right)} = 2\sum_{n=0}^{\infty}\frac{\left(\tfrac{1}{2}\right)_n\left(\tfrac{1}{2}\right)_n}{n!\;\;n!}\cdot\frac{(4n+1)}{(2n+\tfrac{1}{2})^2-z^2}$$

$$\frac{\Gamma\left(\dfrac{3+2z}{4}\right)\Gamma\left(\dfrac{3-2z}{4}\right)}{\Gamma\left(\dfrac{5+2z}{4}\right)\Gamma\left(\dfrac{5-2z}{4}\right)} = \sum_{n=0}^{\infty}\frac{\left(\tfrac{1}{2}\right)_n\left(\tfrac{3}{2}\right)_n}{n!\,(n+1)!}\cdot\frac{(4n+3)}{(2n+\tfrac{3}{2})^2-z^2}$$

$$\sin z = z\prod_{1}^{\infty}\left(1-\frac{z^2}{n^2\pi^2}\right)$$

$$\cos z = \prod_{1}^{\infty}\left\{1-\frac{4z^2}{[(2n-1)\pi]^2}\right\}$$

$$\frac{\pi}{2} = \lim_{n\to\infty}\frac{2^2\cdot 4^2\ldots(2n)^2}{1^2\cdot 3^2\ldots(2n-1)^2}\cdot\frac{1}{2n+1}$$

$$m\cdot 2^{1-m} = \prod_{r=1}^{m-1}\sin\left(\pi\frac{r}{m}\right)$$

$$\frac{\sin z}{z} = \prod_{n=1}^{\infty}\cos\left(\frac{z}{2^n}\right) \qquad\qquad (|z|<1)$$

$$\frac{\sin z}{z} = \prod_{n=1}^{\infty}\left[1-\tfrac{4}{3}\sin^2\left(\frac{z}{3^n}\right)\right]$$

$$e^{az}-e^{bz} = (a-b)z\,e^{\frac{1}{2}(a+b)z}\prod_{1}^{\infty}\left[1+\frac{(a-b)^2z^2}{4n^2\pi^2}\right]$$

$$\cos\left(\frac{\pi}{4}z\right)-\sin\left(\frac{\pi}{4}z\right) = \prod_{n=0}^{\infty}\left[1-\frac{(-1)^n z}{2n+1}\right]$$

$$1+\sin z = \tfrac{1}{8}(\pi+2z)^2\prod_{n=1}^{\infty}\left[1-\left(\frac{\pi+2z}{2n\pi}\right)^2\right]^2$$

$$\frac{\sin\pi(z+a)}{\sin\pi a} = \frac{z+a}{a}\prod_{n=1}^{+\infty}\left(1-\frac{z}{n-a}\right)\left(1+\frac{z}{n+a}\right)$$

$$1-\frac{\sin^2\pi z}{\sin^2\pi a} = \prod_{n=-\infty}^{+\infty}\left[1-\left(\frac{z}{n-a}\right)^2\right]$$

$$\frac{\sin 3z}{\sin z} = -\prod_{n=-\infty}^{+\infty}\left[1-\left(\frac{2z}{z+n\pi}\right)^2\right]$$

$$\frac{\mathfrak{Cos}\,z-\cos\alpha}{1-\cos\alpha} = \prod_{n=-\infty}^{+\infty}\left[1+\left(\frac{z}{2n\pi+\alpha}\right)^2\right].$$

§ 2. Einige Summenformeln.

Poissonsche Summenformel.

$$\tfrac{1}{2} f(a) + f(a + d) + \cdots + f(a+(n-1)d) + \tfrac{1}{2} f(b) \qquad \left[d = \frac{b-a}{n} \right]$$

$$= \frac{1}{d} \sum_{0}^{\infty} \varepsilon_n \int_{a}^{b} f(x) \cos\left[\frac{2\pi n (x-a)}{d} \right] dx$$

$$\sum_{n=-\infty}^{+\infty} e^{ind_1} f(x + nd) = \frac{1}{d} \sum_{-\infty}^{+\infty} G\left(\frac{2\pi n + d_1}{d} \right) e^{-i\frac{x}{d}(2\pi n + d_1)}$$

$$\text{mit} \quad G(t) = \int_{-\infty}^{+\infty} f(x) e^{ixt} dx.$$

Binomischer Satz.

$$(1+z)^\nu = \sum_{n=0}^{N-1} \frac{\Gamma(\nu+1)}{n!\,\Gamma(\nu+1-n)} z^n + R_N$$

$$\text{mit} \quad R_N = \frac{\Gamma(\nu+1)}{N!\,\Gamma(\nu+1-N)} z^N \int_{0}^{1} N(1-t)^{N-1}(1+zt)^{\nu-N} dt.$$

Bedingung hierfür ist, daß $1 + zt$ für keinen innerhalb des Integrationsintervalls Null bis Eins gelegenen Wert von t verschwindet.

Trigonometrische Summen.

$$\sum_{n=1}^{N} e^{inx} = e^{i(N+1)\frac{x}{2}} \frac{\sin\left(N\frac{x}{2} \right)}{\sin\frac{x}{2}}$$

$$\sum_{n=0}^{N} e^{i(2n+1)x} = e^{i(N+1)x} \frac{\sin(N+1)x}{\sin x}$$

$$\sum_{n=1}^{N} \cos nx = \frac{1}{2}\left[\frac{\sin(2N+1)\frac{x}{2}}{\sin\frac{x}{2}} - 1 \right]$$

$$\sum_{n=1}^{N} \sin nx = \frac{\cos\frac{x}{2} - \cos(2N+1)\frac{x}{2}}{2\sin\frac{x}{2}}$$

$$\sum_{n=1}^{N} (-1)^n \cos nx = \frac{1}{2}\left[\frac{(-1)^N \cos(2N+1)\frac{x}{2}}{\cos\frac{x}{2}} - 1 \right]$$

$$\sum_{n=1}^{N} (-1)^n \sin nx = \frac{(-1)^N \sin (2N+1)\dfrac{x}{2} - \sin \dfrac{x}{2}}{2 \cos \dfrac{x}{2}}$$

$$\frac{\sin^2 nx}{\sin^2 x} = n + 2(n-1)\cos 2x + 2(n-2)\cos 4x + \cdots + 2\cos 2(n-1)x.$$

Für gerades n gilt:

$$(-1)^{\frac{n}{2}} \cos nx$$
$$= 1 - \frac{n^2}{2!}\cos^2 x + \frac{n^2(n^2-2^2)}{4!}\cos^4 x - \frac{n^2(n^2-2^2)(n^2-4^2)}{6!}\cos^6 x + \cdots$$

$$\cos nx = 1 - \frac{n^2}{2!}\sin^2 x + \frac{n^2(n^2-2^2)}{4!}\sin^4 x - \frac{n^2(n^2-2^2)(n^2-4^2)}{6!}\sin^6 x + \cdots$$

$$-(-1)^{\frac{n}{2}} \frac{\sin nx}{\sin x \cos x} = n - \frac{n(n^2-2^2)}{3!}\cos^2 x + \frac{n(n^2-2^2)(n^2-4^2)}{5!}\cos^4 x - \cdots$$

$$\frac{\sin nx}{\sin x \cos x} = n - \frac{n(n^2-2^2)}{3!}\sin^2 x + \frac{n(n^2-2^2)(n^2-4^2)}{5!}\sin^4 x - \cdots.$$

Für ungerades n gilt:

$$(-1)^{\frac{1}{2}(n-1)} \cos nx$$
$$= n\cos x - \frac{n(n^2-1^2)}{3!}\cos^3 x + \frac{n(n^2-1^2)(n^2-3^2)}{5!}\cos^5 x - \cdots$$

$$\sin nx = n\sin x - \frac{n(n^2-1^2)}{3!}\sin^3 x + \frac{n(n^2-1^2)(n^2-3^2)}{5!}\sin^5 x - \cdots$$

$$(-1)^{\frac{1}{2}(n-1)} \frac{\sin nx}{\sin x} = 1 - \frac{n^2-1^2}{2!}\cos^2 x + \frac{(n^2-1^2)(n^2-3^2)}{4!}\cos^4 x - \cdots$$

$$\frac{\cos nx}{\cos x} = 1 - \frac{n^2-1^2}{2!}\sin^2 x + \frac{(n^2-1^2)(n^2-3^2)}{4!}\sin^4 x - \cdots.$$

Zusammenstellung der benutzten Abkürzungen.

Es sei $z = x + iy$ eine komplexe Größe. Dann ist

$\mathrm{Re}\ z$ $\quad = \mathrm{Realteil\ von}\ z = x.$

$\mathrm{Im}\ z$ $\quad = \mathrm{Imaginärteil\ von}\ z = y.$

$\bar{z}$ $\quad = x - iy$ die zu z konjugiert komplexe Größe.

$|z|$ $\quad = \mathrm{Absoluter\ Betrag\ von}\ z = + \sqrt{x^2 + y^2}.$

$\arg z$ $\quad = \mathrm{Argument\ oder\ Arcus\ von}\ z;\ \sin(\arg z) = \dfrac{y}{\sqrt{x^2 + y^2}},\ \cos(\arg z)$
$\qquad = \dfrac{x}{\sqrt{x^2 + y^2}}.$

$\ln z$ $\quad = \mathrm{Hauptwert\ des\ natürlichen\ Logarithmus\ von}\ z;\ \ln z = \ln|z| +$
$\qquad + i\arg z$ mit $-\pi < \arg z < \pi$; wenn z reell und negativ ist,
$\qquad$ wird stets besonders angegeben, ob $\arg z = \pi$ oder ob
$\qquad \arg z = -\pi$ zu setzen ist, oder es wird $\arg z$ sonstwie vor-
$\qquad$ geschrieben.

z^{α} $\quad = e^{\alpha \ln z}$, worin $\ln z = \ln|z| + i\arg z$ gesetzt ist.

$\mathrm{sgn}\ x$ $\quad = \mathrm{Signum\ oder\ Vorzeichen\ der\ (reellen)\ Größe}\ x;\ \mathrm{sgn}\,x = +1$
$\qquad$ für $x > 0$, $\mathrm{sgn}\,x = -1$ für $x < 0$, $\mathrm{sgn}\,0 = 0$.

$[x]$ $\quad = \mathrm{größte\ ganze\ Zahl,\ welche\ kleiner\ oder\ gleich\ der\ reellen}$
$\qquad$ Größe x ist.

$f(x_0 + 0)$ $\quad = \lim\limits_{\varepsilon \to 0} f(x_0 + \varepsilon).$ Grenzwert von $f(x)$ bei Annäherung an den
$\qquad$ Punkt x_0 von Werten $x > x_0$ her.

$f(x_0 - 0)$ $\quad = \lim\limits_{\varepsilon \to 0}\mathrm{es}\, f(x_0 - \varepsilon),\ \varepsilon > 0.$

$f(x_0 \pm 0\,i)$ $\quad = \lim\limits_{\varepsilon \to 0} f(x_0 \pm \varepsilon\,i),\ \varepsilon > 0.$

$[f(x)]_a^b$ $\quad = \int\limits_a^b f'(x)\,dx = f(b) - f(a).$

$\int\limits_a^{(b+)}$ $\quad = \mathrm{Schleifenintegral};$ ausgehend von der Stelle a führt der In-
$\qquad$ tegrationsweg in die Nähe der Stelle b (wenn nichts anderes
$\qquad$ gesagt, geradlinig), umläuft b auf einem kleinen Kreise im po-
$\qquad$ sitiven Sinn (Gegensinn des Uhrzeigers) und führt auf dem
$\qquad$ entgegengesetzt durchlaufenen ursprünglichen Wege nach a
$\qquad$ zurück.

$\int\limits_a^{(b-)}$ $\quad = \mathrm{Schleifenintegral},$ definiert wie oben, nur mit Umlauf um b im
$\qquad$ negativen Sinn.

$\int\limits_a^{\infty e^{i\beta}}$ $\quad = \mathrm{Integral\ über\ einen\ vom\ Punkte}\ a$ ausgehenden Weg, der sich
$\qquad$ dem Punkte ∞ auf einer Parallelen zu der Halbgeraden nähert,
$\qquad$ deren Punkte das Argument β haben.

$\int\limits_{\mathfrak{C}}$ $\quad = \mathrm{Integral\ erstreckt\ über\ die\ Kurve}\ \mathfrak{C}.$

n $= 0, 1, 2, \ldots$ bedeutet stets eine nicht negative ganze Zahl, wenn nichts anderes gesagt ist.

$n!$ $= 1 \cdot 2 \ldots n.$

$0!$ $= 1.$

$(\alpha)_n$ $= \alpha(\alpha+1)\ldots(\alpha+n-1)$ für $n = 1, 2, 3, \ldots$

$(\alpha)_0$ $= 1.$

$\binom{\alpha}{n}$ $= (-1)^n \dfrac{(-\alpha)_n}{n!} = \dfrac{\alpha(\alpha-1)\ldots(\alpha-n+1)}{1 \cdot 2 \ldots n}.$

ε_n $=$ Neumannsche Zahlen; $\varepsilon_0 = 1, \varepsilon_n = 2$ für $n = 1, 2, 3, \ldots$

$_2F_1(\alpha, \beta; \gamma; z) =$ Hypergeometrische Reihe

$$= 1 + \frac{\alpha\beta}{\gamma\, 1!}\, z + \frac{\alpha(\alpha+1)\,\beta(\beta+1)}{\gamma(\gamma+1)\, 2!}\, z^2 + \cdots$$

$$= \sum_{n=0}^{\infty} \frac{(\alpha)_n (\beta_n)}{(\gamma)_n\, n!}\, z^n.$$

$_pF_q(\alpha_1, \ldots, \alpha_p; \gamma_1, \ldots, \gamma_q; z) =$ Verallgemeinerte hypergeometrische Reihe (nur für $p \leqq q + 1$ konvergent)

$$= \sum_{n=0}^{\infty} \frac{(\alpha_1)_n \ldots (\alpha_p)_n}{(\gamma_1)_n \ldots (\gamma_q)_n} \frac{z^n}{n!}.$$

$_1F_1(\alpha; \gamma, z)$ $= \displaystyle\sum_{n=0}^{\infty} \frac{(\alpha)_n}{(\gamma)_n} \frac{z^n}{n!}.$

$_0F_1(:\gamma; z)$ $= \displaystyle\sum_{n=0}^{\infty} \frac{z^n}{(\gamma)_n\, n!}.$

(v, n) $= \dfrac{(4v^2 - 1^2)(4v^2 - 3^2) \ldots [4v^2 - (2n-1)^2]}{2^{2n}\, n!}$ für $n = 1, 2, 3 \ldots.$

$(v, 0)$ $= 1.$

V_v $=$ s. Kap. III, § 9.

$O[f(z)]$ $=$ Größenordnung von $f(z)$. Wenn z sich einem Grenzwert z_0 nähert (meist ist z_0 gleich ∞; der Grenzwert z_0 ergibt sich stets aus dem Zusammenhang) schreibt man $g(z) = O[f(z)]$, wenn es eine reelle nicht negative Konstante M gibt, so daß in einer hinreichend kleinen Umgebung von $z = z_0$ beständig

$$|g(z)| \leqq M|f(z)|$$

ist.

$\gg$ $=$ „Groß gegen" $\left.\begin{array}{l}\end{array}\right\}$ Ausdrücke, die gebraucht werden, um die Verwendungsmöglichkeit von Näherungsformeln anzudeuten.

$\ll$ $=$ „Klein gegen"

$\sim$ $=$ „Ungefähr gleich" in Formeln ohne explizite Fehlerabschätzung, hauptsächlich benutzt bei Angabe des ersten Gliedes einer asymptotischen (semikonvergenten) Reihe.

$\approx$ $=$ „Asymptotisch gleich". Das Zeichen wird benutzt bei Angabe einer semikonvergenten Entwicklung für eine Funktion.

$\left.\begin{array}{l} \fallingdotseq \\ \mathfrak{L} \\ \mathfrak{L}^{-1} \end{array}\right\}$ $=$ Zeichen für die Laplace-Transformation und ihre Umkehrung; s. Kap. VIII, § 2.

$\sum\limits_{n}', \sum\limits_{n,m}'$ $=$ Summen über alle ganzzahligen Werte von n bzw. n und m mit Ausnahme von $n = 0$ bzw. $n = m = 0.$

Verzeichnis der Funktionssymbole

in alphabetischer Reihenfolge.

Symbol	Name der Funktion	Kapitel und Abschnitt
$am\,(u, k)$	Amplitude von u zum Modul k	VII, § 3.
$B\,(x, y)$	Betafunktion	I.
B_{2n}	BERNOULLIsche Zahlen	I.
$\mathrm{ber}_\nu z,\, \mathrm{ber}\, z$	Real- und Imaginärteil der BESSELschen Funktionen von $z\,e^{3\pi i/4}$ (bei reellem z)	III, § 1.
$\mathrm{bei}_\nu z,\, \mathrm{bei}\, z$		
C	EULERsche Konstante	I.
$C\,(x)$	FRESNELsches Kosinusintegral	VI, § 4.
$C_n^\nu\,(t)$	GEGENBAUERsche Funktionen (Polynome)	IV, § 8.
$c\,e_{2n}\,(x),\; c\,e_{2n+1}\,(x)$	Periodische MATHIEUsche Funktionen. (Elliptischer Cosinus)	III, § 14.
$Ce_{2n}\,(x),\; Ce_{2n+1}\,(x)$	MATHIEUsche Funktionen mit rein imaginärem Argument	
$\mathrm{Ci}\,(x)$	Integralkosinus	VI, § 4.
$\mathrm{cd}\, u = \dfrac{\mathrm{cn}\, u}{\mathrm{dn}\, u}$	—	VII, § 3.
$\mathrm{cn}\, u$	Cosinus amplitudinis	
$\mathrm{cs}\, u = \dfrac{\mathrm{cn}\, u}{\mathrm{sn}\, u}$	—	
$D_\nu\,(z)$	WEBER-HERMITEsche Funktionen, Funktionen des parabolischen Zylinders	VI, § 3.
$\mathrm{dc}\, u = \dfrac{\mathrm{dn}\, u}{\mathrm{cn}\, u}$	—	VII, § 3.
$\mathrm{dn}\, u$	Delta amplitudinis	
$\mathrm{ds}\, u = \dfrac{\mathrm{dn}\, u}{\mathrm{sn}\, u}$	—	
$e_1,\, e_2,\, e_3$	—	VII, § 5.
$E\,(\alpha, \varphi)$	Elliptisches Normalintegral zweiter Gattung	VII, § 1.
$\mathsf{E}\,(k)$	Vollständiges elliptisches Integral zweiter Gattung	VII, § 1.
$\mathsf{E}'\,(k) = \mathsf{E}\,(k')$	—	VII, § 1.
$E_\nu\,(z)$	WEBERsche Funktion	III, § 9.
$\mathrm{Ei}\,(x)$	Exponentialintegral	VI, § 4.
$\mathrm{Erfc}\,(x)$	Errorfunction	VI, § 4.
ε_n	NEUMANNsche Zahlen	III, § 1.
$F\,(\alpha, \varphi)$	Elliptisches Normalintegral erster Gattung	VII, § 1.
$F\,(a, b;\, c;\, z)$	Hypergeometrische Reihe	II, § 1, s. a. Verzeichn. d.
$_2F_1\,(a, b;\, c;\, z)$		
$_pF_q$	verallgemeinerte hypergeometrische Reihe	Abkürzung.
$_1F_1\,(a;\, c;\, z)$	KUMMERsche Funktion	VI, § 1.
$\mathfrak{F}_n\,(\alpha, \gamma, x)$	JACOBIsche Polynome	V, § 3.

Symbol	Name der Funktion	Kapitel und Abschnitt
g_2, g_3	Invarianten der $\wp$-Funktion	VII, § 5.
$\Gamma(z)$	Gammafunktion	I.
$\gamma = e^C$	—	I.
$\gamma(v, x)$	Unvollständige Gammafunktion	VI, § 4.
$\mathsf{H}_\nu(z)$	STRUVEsche Funktion	III, § 9.
$H_\nu^{(1)}(z),\ H_\nu^{(2)}(z)$	HANKELsche Funktion erster bzw. zweiter Art	III, § 1.
$He_n(x)$	HERMITEsche Polynome	V, § 2.
$he_n(x)$	HERMITEsche Funktionen 2. Art	V, § 2.
$her_\nu(z),\ hei_\nu(z)$ $her(z),\ hei(z)$	—	III, § 1.
$I_\nu(z)$	modifizierte BESSELsche Funktionen	III, § 1.
$J_\nu(z)$	BESSELsche Funktionen	III, § 1.
$\mathsf{J}_\nu(z)$	ANGERsche Funktionen	III, § 9.
k	Modul der (JACOBIschen) elliptischen Funktionen und Integrale	VII, § 1.
$k' = \sqrt{1 - k^2}$	komplementärer Modul	VII, § 1.
$\mathsf{K} = \mathsf{K}(\tau)$ $\mathsf{K}' = \mathsf{K}'(\tau)$	—	VII, § 3.
$\mathsf{K}(k)$	Vollständiges elliptisches Normalintegral erster Gattung	VII, § 1.
$\mathsf{K}(k') = \mathsf{K}'(k)$	—	
$K_\nu(z)$	modifizierte HANKELsche Funktionen	III, § 1.
$kei_\nu(z),\ kei(z)$ $ker_\nu(z),\ ker(z)$	—	III, § 1.
$L_n(x)$	LAGUERREsche Polynome	V, § 4.
$L_n^{(\alpha)}(x)$	Verallgemeinerte LAGUERREsche Polynome	V, § 4.
$L_\nu^{(\mu)}(x)$	LAGUERREsche Funktionen	VI, § 4.
$\mathfrak{L}[f(t)]$	LAPLACE-Transformierte von $f(t)$	VIII, § 2.
$\mathrm{li}(x)$	Integrallogarithmus	VI, § 4.
$N_\nu(z)$	NEUMANNsche Funktionen	III, § 1.
$M_{\varkappa,\mu}(z)$ $N_{\varkappa,\mu}(z)$	konfluente hypergeometrische Funktionen	VI, § 2.
$\mathrm{nc}\,u = \dfrac{1}{\mathrm{cn}\,u}$ $\mathrm{nd}\,u = \dfrac{1}{\mathrm{dn}\,u}$ $\mathrm{ns}\,u = \dfrac{1}{\mathrm{sn}\,u}$	—	VII, § 3.
$O[f(z)]$	—	siehe Verz. d. Abkürzungen S. 221
$O_n(t)$	NEUMANNsche Polynome	III, § 8.
$\wp(u)$	Pe-Funktion von WEIERSTRASS	VII, § 5.
$P_n(z)$	LEGENDREsche Polynome	IV, § 2.

Symbol	Name der Funktion	Kapitel und Abschnitt
$P_n^m(x)$ $\mathfrak{P}_n^m(x)$	zugeordnete LEGENDREsche Funktionen	IV, § 3.
$\mathfrak{P}_\nu(z)$, $P_\nu(x)$	LEGENDREsche Funktionen erster Art	IV, § 4.
$\mathfrak{P}_\nu^\mu(z)$, $P_\nu^\mu(z)$	zugeordnete Kugelfunktionen erster Art	IV, § 5.
$P_{m,l}^{(p)}$	—	IV, § 8.
$\Pi(\varphi, n, k)$	Elliptisches Normalintegral dritter Gattung	VII, § 1.
$\Pi(z)$	Fakultät von z	I.
$P\begin{Bmatrix} a, & b, & c, \\ \alpha, & \beta, & \gamma, & z \\ \alpha', & \beta', & \gamma' \end{Bmatrix}$	RIEMANNsche Differentialgleichung	II, § 3.
$\Phi(x)$	Fehlerintegral	VI, § 4.
$\psi(z)$	EULERsche Psi-Funktion	I.
$\psi_n(z)$	—	III, § 1.
$\mathfrak{Q}_\nu(z)$, $Q_\nu(x)$	LEGENDREsche Funktionen (Kugelfunktionen) zweiter Art	IV, § 4.
$\mathfrak{Q}_\nu^\mu(z)$, $Q_\nu^\mu(x)$	zugeordnete Kugelfunktion zweiter Art	IV, § 5.
$R_{m,\nu}(z)$	LOMMELsche Polynome	III, § 8.
$S(t)$	FRESNELsches Sinus-Integral	VI, § 4.
$S_n(t)$	SCHLÄFLIsche Polynome	III, § 8.
$s_{\mu:\nu:}(z)$ $S_{\mu:\nu}(z)$	LOMMELsche Funktionen	III, § 10.
$sc_{2n}(x)$, $se_{2n+1}(x)$	Periodische MATHIEUsche Funktionen. (Elliptischer Sinus)	III, § 14.
$Se_{2n}(x)$, $Se_{2n+1}(x)$	MATHIEUsche Funktionen mit rein imaginärem Argument	
$Si(x)$, $si(x)$	Integralsinus	VI, § 4.
$sn\, u$	Sinus amplitudinis	VII, § 3.
$T_n(x)$	TSCHEBYSCHEFFsche Polynome	V, § 1.
$T_\alpha^{(n)}(x)$	SONINEsche Polynome	V, § 4.
$\vartheta_1(v, t)$, $\vartheta_2(v, t)$ $\vartheta_3(v, t)$, $\vartheta_0(v, t)$	Elliptische Thetafunktionen	VII, § 2.
$U_n(x)$	TSCHEBYSCHEFFsche Funktionen zweiter Art	V, § 1.
$W_{n-1}(z)$, $W_{n-1}(x)$	—	IV, § 4.
$W_{\varkappa,\mu}(z)$	WHITTAKERsche Funktionen	VI, § 1.
$Y_\nu(z)$	NEUMANNsche Funktionen	III, § 1.
$Y_m^{(p+1)}$	Kugelflächenfunktionen, mehrdimensionale, der Ordnung m	IV, § 8.
$\mathfrak{Z}_\nu(z)$, $Z_\nu(z)$	Zylinderfunktionen	VII, § 1.
$zn\, u$	JACOBIsche Zetafunktion	VII, § 4.

Vermerk: Für die hyperbolischen Funktionen sind die Abkürzungen $\mathfrak{Sin}\, x = \frac{1}{2}(e^x - e^{-x})$, $\mathfrak{Cof}\, x = \frac{1}{2}(e^x + e^{-x})$, $\mathfrak{Tang}\, x = \frac{\mathfrak{Sin}\, x}{\mathfrak{Cof}\, x}$ usw. benutzt worden.

Literaturverzeichnis.

Im folgenden sind zunächst [unter a)] eine Reihe von Lehrbüchern und Monographien zusammengestellt, welche weiterhin [unter b)] nur noch mit dem Namen des Verfassers und Angabe der Seitenzahl zitiert werden. Soweit die betreffenden Werke Kapitelüberschriften besitzen, welche mit den Überschriften, des vorliegenden Buches übereinstimmen, sind besondere Verweise auf Seitenzahlen meist unterblieben. Die Angaben unter b) enthalten zunächst zu jedem einzelnen Kapitel Literaturverweise, welche sich auf das Kapitel als Ganzes beziehen; sodann wird zu den einzelnen Abschnitten ein Nachweis der benutzten Literatur, insbesondere der Originalarbeiten, hinzugefügt, soweit dies notwendig erscheint.

a) Lehrbücher und Monographien.

APPELL, P., J. KAMPÉ DE FÉRIET: Fonctions hypergéometriques et hyperspheriques. Polynomes d'Hermite. Paris 1926. 4⁰.

BATEMAN, H.: Partial differential equations of mathematical Physics. Cambridge 1932.

BIEBERBACH, L.: Theorie der Differentialgleichungen. Berlin 1926.

BOEHMER, Paul Eugen: Differenzengleichungen und bestimmte Integrale. Leipzig 1939.

COSSAR, J. and A. ERDÉLYI: Dictionary of LAPLACE Transforms. London 1944/45.

COURANT, R., HILBERT, D.: Methoden der mathematischen Physik. Bd. 1. 2. Auflage. Berlin 1931.

DOETSCH, G.: Theorie und Anwendung der Laplacetransformation. Berlin 1937.

DROSTE, H. W.: Theorie und Anwendung der Laplacetransformation. Berlin 1939.

ENNEPER, A.: Elliptische Funktionen, 2. Aufl. Halle 1890.

FORSYTHE, A. R., JACOBSTHAL, W.: Differentialgleichungen. Braunschweig 1912.

GRAY, A., MATHEWS, G. B.: A Treatise on Bessel Functions. London 1895.

HAAN, Bierens de: Nouvelles Tables d'intégrales definies. Leide 1867. 4⁰.

HANCOCK, II.: Elliptic Functions. New York 1910.

HAMEL, G.: Integralgleichungen. Berlin 1937.

HOBSON, E. W.: The Theory of spherical and ellipsoidal Harmonics. Cambridge 1931.

HUMBERT, P., MAC LACHLAN, N. W.: Formulaire pour le calcul d'Heaviside. Paris 1939. (Mémorial des sciences mathematiques. Nr. 100.)

HURWITZ, A., COURANT, R.: Funktionentheorie, 2. Auflage, Berlin 1925.

JAHNKE, F., EMDE, F.: Funktionentafeln mit Formeln und Kurven, 2. Aufl. Leipzig 1933; 3. Auflage 1938.

KAMPÉ de FÉRIET, M. J.: La function hypergéométrique. Mémorial des sciences mathématiques. Fascicule 85, Paris 1937.

KLEIN, F.: Vorlesungen über die hypergeometrische Funktion. Berlin 1933.

KRAUSE, M.: Theorie der elliptischen Funktionen. Leipzig 1912.

LAGRANGE, M. RENÉ: Polynomes et fonctions de LEGENDRE. Mémorial des sciences mathématiques. Fascicule 97, Paris 1939.

MAC LACHLAN, N. W.: Complex Variable and operational Calculus with technical applications. Cambridge 1939.

MADELUNG, E.: Die mathematischen Hilfsmittel des Physikers. 3. Aufl. Berlin 1936.

MILNE-THOMSON, L. M.: Die elliptischen Funktionen von JACOBI. Berlin 1931.

NIELSEN, N.: Handbuch der Theorie der Zylinderfunktionen. Leipzig 1904.

POCKELS, F.: Über die partielle Differentialgleichung $\Delta u + K^2 u = 0$. Leipzig 1891.

Polya, G., Szegö, G.: Aufgaben und Lehrsätze aus der Analysis Bd. 2. Berlin 1925.
Mac Robert, T. M.: Spherical Harmonics. London 1928.
Strutt, M. I. O.: Lamésche, Mathieusche und verwandte Funktionen in Physik und Technik. (Ergebnisse der Mathematik und ihrer Grenzgebiete Bd. 1 Nr. 3.) Berlin 1932.
Szegö, G.: Orthogonal Polynomials. New York 1939.
Tricomi, F.: Funzioni ellitiche. Bologna 1937.
Wagner, K. W.: Operatorenrechnung nebst Anwendungen in Physik und Technik. Leipzig 1940.
Watson, G. N.: A Treatise on the Theory of Bessel Functions. Cambridge 1922.
Weyrich, R.: Zylinderfunktionen und ihre Anwendungen. Leipzig 1937.
Whittaker, E. T., Watson, G. N.: A course of modern analysis, 4. Auflage. Cambridge 1927; 5. Aufl. 1935.

b) Literaturnachweise zu den einzelnen Abschnitten.

Erstes Kapitel.

Whittaker-Watson, Watson: S. 449, Boehmer, Artin, E.: Einführung in die Theorie der Gammafunktion. Hamburger mathematische Einzelschriften Nr. 11. Leipzig 1931.

Zweites Kapitel.

Whittaker-Watson, Klein, Forsythe-Jacobsthal, Mac Robert, Kampé de Fériet.
§ 1. Bailey, W. N.: A new proof of Dixons theorem on hypergeometric series. Quart. J. Math. (Oxford ser.) Bd. 8 (1937) S. 113—114. Associated hypergeometric series. Ebd. S. 115—117. Bateman, H.: Paraboloidal Coordinates. Phil. Mag. (7) Bd. 26 (1938) S. 1063—1068. Erdelyi, A.: Transformation of hypergeometric Integrals by means of fractional integration by parts. Quart. J. Math. (Oxford ser.) Bd. 10 (1939) S. 176—189. Mac Robert, T. M.: Proofs of some formulae for the hypergeometric function. Phil. Mag. (7) Bd. 16 (1933) S. 440—449; Proofs of some formulae for the generalized hypergeometric and certain related functions. Ebd. Bd. 26 (1938) S. 82—93. Watson, G. N.: Asymptotic expansions of hypergeometric functions. Trans. Cambridge Philos. Soc. Bd. 22 (1912—1923) Nr. 14 S. 277—308.

Drittes Kapitel.

Watson, Weyrich, Gray-Mathews.
§ 1. Sträubel, R.: Unbestimmte Integrale mit Produkten von Zylinderfunktionen. Ing.-Arch. Bd. 12 (1941) S. 325—336; Bd. 13 (1942) S. 14—20.
§ 2. Watson: S. 395, 363, 368, 142.
§ 3. Jahnke-Emde: 2. Aufl. (1933) S. 204 ff. Debeye, P.: Semikonvergente Entwicklungen für die Zylinderfunktionen und ihre Ausdehnung ins Komplexe. Sitzungsber. der math. phys. Kl. d. Bayr. Akademie d. Wissenschaften zu München Bd. 40 (1910) Nr. 5. Weyrich: S. 49—61. Watson: S. 249 ff. Weyrich: S. 64 ff. Watson: S. 445, 559.
§ 4. Watson: S. 483—485. Siegel, C. L.: Über einige Anwendungen diophantischer Approximationen. Abh. d. Preuß. Akademie d. Wissenschaften 1929 Nr. 1.
§ 6. Buchholz, H.: Approximation formulue for a well known Difference of Products of two Cylinder functions. Phil. Mag. (7) Bd. 27 (1939) S. 407—420. Watson: S. 395—450. von der Pol, B. Niessen, K. F.: Symbolic Calculus. Phil. Mag. (7) Bd. 13 (1932) S. 537—572. Humbert, P.: Sur les fonctions K de Bessel. Timisoara: Bd. 17 (1941) S. 59—64.

§ 7. Watson: S. 385—415. Gray-Mathews: S. 240. Weyrich: S. 110. van der Pol u. Niessen: wie in § 6.

§ 8. Watson: S. 271 ff.

§ 9. Watson: S. 308 ff.

§ 10. Watson: S. 345 ff. Meijer, C. S.: Integraldarstellungen aus der Theorie der Besselschen Funktionen. Proc. Lond. math. Soc. (2) Bd. 40 (1935) S. 1—22.

§ 12. Watson: S. 619. Lowry, H. V.: Operational Calculus. Phil. Mag. (7) Bd. 13 (1932) S. 1033—1048, 1144—1163.

§ 13. Watson: S. 405, 416. Whittaker, E. T.: Mathematische Annalen 57 (1903) S. 341—342. Fox, C.: A class of Null series. Proc. London Math. Soc. 24 (1926) S. 479—493, Some further contributions to the theory of Null series. Proc. London Math. Soc. 26 (1927) S. 35—87. Wilton, J. R.: Some applications of a transformation of series. Proc. London Math. Soc. 27 (1928) S. 81—104. Cooke, R. G.: On the theory of Schloemilch series. Proc. London Math. Soc. 28 (1928) S. 207—241. Watson, G. N.: Some self reciprocal functions. Quarterly J. Math. 2 (1931) S. 298—309. Doetsch, G.: Summatorische Eigenschaften der Besselschen Funktionen. Compositio Math. 1 (1935) S. 85—87. Kober, H.: Tranformationsformeln gewisser Besselscher Reihen. Math. Z. 39 (1935) S. 609—624. Ferrar, W. L.: Summation formulae and their relation to Dirichlet series. Compositio Math. 4 (1937) S. 394—405. Dixon, A. L. and Ferrar, W. L.: On the summation formulae of Voronoi and Poisson. Quarterly J. Math. 8 (1937) S. 66—74. Oberhettinger, F.: unveröffentlicht.

§ 14. Strutt: (Dort ausführliches Literaturverzeichnis.) Bickley, W. C., Mac Lachlan, N. W.: Zitat im Text.

Viertes Kapitel.

Hobson, Bateman, Buchholz, H.: Die Bewegung elektromagnetischer Wellen in einem kegelförmigen Horn. Ann. Phys. (5) Bd. 37 (1940) Anhang S. 215—225.

§ 5. Mac Robert, T. M.: Some formulae for the associated Legendre functions of the first kind. Phil. Mag. (7) Bd. 27 (1939) S. 703—705. The Mehler-Dirichlet Integral and some other Legendre-formulae. Ebd. Bd. 14 (1932) S. 632—656. Proof of some formulae for the generalized hypergeometric function and certain related functions. Ebd. Bd. 26 (1938) S. 82—93. Erdelyi, A.: Integral Representations for Products of Whittaker-Functions. Phil. Mag. (7) Bd. fl26 (1938) S. 871—887.

§ 8. Whittaker-Watson: 4. Aufl. S. 329, 335, 330. Watson: S. 369, 379. Appell-Kampe de Fériet: S. 389—391, 346. Erdélyi, A.: Generating functions of certain continuous orthogonal systems. Proc. Royal Soc. Edinburgh 61 (1941) 61—70. — Die Funksche Integralgleichung der Kugelflächenfunktionen und ihre Übertragung auf die Überkugel. Math. Annalen 115 (1938) 456—465. Hecke, E.: Über orthogonalinvariante Integralgleichungen. Math. Annalen 78 (1918) S. 398—404.

Fünftes Kapitel.

Polya-Szegö: Bd. 2. Courant-Hilbert: Bd. 1. Szegö.

§ 2. Appell-Kampé de Fériet: S. 342—362. Doetsch: S. 184—186, 310. Feldheim, E.: J. London math. Soc. Bd. 13 (1938) S. 22—29.

§ 3. Appel-Kampé de Fériet: S. 99.

§ 4. Bateman: S. 457. Doetsch: S. 136, 181—184, 310. Howell, W. T.: A Note on Laguerre Polynomials. Phil. Mag. (7) Bd. 23 (1937) S. 807—811. On operational Representations of products of parabolic Cylinder functions and products of

Laguerre polynomials. Ebd. Bd. 24 (1937) S. 1082—1093. Toscano, L.: Formula di addizione e moltiplicazione sui polinomi di Laguerre. Atti Accad. Sci. Torino Bd. 76 (1941) S. 417—432.

Sechstes Kapitel.

Whittaker-Watson, Appel-Kampé de Fériet: S. 129—131, 339—341. Buchholz, Herbert: Die konfluente hypergeometrische Funktion mit besonderer Berücksichtigung ihrer Bedeutung für die Integration der Wellengleichung in Koordinaten eines Rotationsparaboloids. Zeitschrift für angewandte Mathematik und Mechanik 23 S. 47—58, 101—118, 1943. Kienast, A.: Untersuchungen über die Lösungen der Differentialgleichung $x y'' + (\gamma - x) y' - \beta y = 0$. Denkschriften der Schweizerischen Naturforschenden Gesellschaft 57, 1921. Meixner, J.: Die Greensche Funktion des wellenmechanischen Keplerproblems. Math. Z. 36 (1933) 677—707.

§ 1, 2, 3. Bailey, W. N.: An integral representation for the Product of two Whittaker funktions. Quart. J. Math. (Oxford ser.) Bd. 8 (1937) S. 51—53. Dhar, S. C.: Bull. Calcutta Math. Soc. Bd. 26 (1933) S. 57. Erdelyi, A.: Funktionalrelationen mit konfluenten hypergeometrischen Funktionen. Math. Z. Bd. 42 (1936) S. 125—143, 641—670. Über eine Integraldarstellung der $M_{\varkappa,\mu}$-Funktionen und ihre asymptotische Darstellung für große Werte von $Re\,\varkappa$. Mathematische Annalen 113 (1936) S. 357—361. Howell, W. T.: Wie zu Kap. V., § 4. Magnus, W.: Zur Theorie des zylindrisch-parabolischen Spiegels. Z. Physik Bd. 118 (1941) S. 343 bis 356. Über eine Beziehung zwischen Whittakerschen Funktionen. Nachrichten der Akademie. der Wissenschaften zu Göttingen 1946, S. 4—5. Meijer, C. S.: Neue Integraldarstellungen aus der Theorie der Whittakerschen und Hankelschen Funktionen. Math. Ann. Bd. 112 (1936) S. 469—489. Mac Robert, T. M.: Proof of some formulae for the generalized hypergeometric and certain related functions. Phil. Mag. (7) Bd. 26 (1938) S. 82—93. Schmidt, H.: Über einige neuere Beispiele zur Wertverteilungslehre. J. reine angew. Math. Bd. 176 (1937) S. 250—252. Shanker, H.: On the expansion of the parabolic- cylinder function in a series of the product of two parabolic Cylinder functions. J. Indian math. Soc. Bd. 3 (1939) S. 228—230. Sharma, J. L.: On Whittakers confluent hypergeometric function. Phil. Mag. (7) Bd. 25 (1938) S. 491—504. Erdélyi, A.: Generating functions of certain continuous orthogonal systems. Proc. Royal Soc. Edinburgh 61 (1941) 61—70.

§ 4. Watson, G. N.: Über eine Reihe aus verallgemeinerten Laguerreschen Polynomen. Sitzungsber. Akad. Wissensch. Wien. II a Bd. 147 (1938) S. 151—159. Tricomi, F.: Sviluppo dei polinomi di Laguerre e di Hermite in serie di funzioni di Bessel. Giorn. Ist. ital. Attuari Bd. 12 (1941) S. 14—33.

Siebentes Kapitel.

Whittaker-Watson, Hurwitz-Courant, Krause, Tricomi, Milne-Thomson, Enneper.

§ 1. Watson, G. N.: Three triple integrals. Quarterly Journal of Mathematics, Oxford series 10 (1939) S. 266—276.

Achtes Kapitel.

Doetsch: (Dort ausführliches Literaturverzeichnis).

§ 1. Campbell, G. A., Foster, R. M.: Fourier Integrals. Bell Telephone Monograph B—584 (1931). Howell, W. T.: Wie in Kap. V, § 4. — Zahlreiche Resultate implizit bei Watson und Whittaker-Watson.

§ 2. Humbert-Mac Lachlan, Mac Lachlan: (Dort ausführliches Literaturverzeichnis), Cossar and Erdélyi, Wagner, K. W. Ferner Dhar, S. C.: On the operational Representation of M-Functions of the confluent hypergeometric type.

Phil. Mag. (7) Bd. 25 (1938) S. 416—425. Mac Lachlan, N. W.: Integrals involving Bessel and Struve Functions. Phil. Mag. (7) Bd. 21 (1936) S. 437—448; Operational forms for Bessel and Struve Functions. Ebd. Bd. 23 (1937) S. 762—774, 918—925; Operational forms and contour integrals for Bessel Functions with argument $a\sqrt{t^2-b^2}$. Ebd. Bd. 26 (1938) S. 394—408. Operational forms and contour integrals for Struve and other functions. Ebd. S. 457—466. Lowry, H. V.: Operational calculus. Phil. Mag. (7) Bd. 13 (1932) S. 1033—1048, 1144—1163. Niessen, K. F.: A contribution to the symbolic calculus. Phil. Mag. (7) Bd. 20 (1935) S. 977—997. van der Pol, B.: On the operational solution of linear differential equations and investigation of properties of these solutions. Phil. Mag. (7) Bd. 8 (1929) S. 861 bis 898. van der Pol, B. Niessen, K. F.: On simultaneous operational calculus. Phil. Mag. (7) Bd. 11 (1931) S. 368—376. Symbolic calculus. Ebd. Bd. 13 (1932) S. 537—577. Ferner Erdélyi, A.: Wie in Kap. VI.

§ 3. Howell, W. T.: On a class of functions which are self-reciprocal in the Hankel-Transforms. Phil. Mag. (7) Bd. 25 (1938) S. 622—628. van der Pol, B., Niessen, K. F.: Symbolic calculus. Phil. Mag. (7) Bd. 13 (1932) S. 537—577. Meijer, C. S.: Beiträge zur Theorie der Whittakerschen Funktionen II, Proc. Akad. Wetensch. Amsterdam Bd. 41 (1938) S. 744—755. Varma, R. S.: Some functions which are self-reciprocal in the Hankel-Transforms. Proc. London math. Soc. (2) Bd. 42 (1936) S. 9—17. Watson, G. N.: A Note on parabolic cylinder functions. J. London math. Soc. Bd. 11 (1936) S. 250—251.

§ 4. Doetsch: S. 318—320.

§ 5. Doetsch: S. 186. Gray-Mahtews: S. 75.

§ 6, 1. Hilbert, D.: Grundzüge einer allgemeinen Theorie der linearen Integralgleichungen. 1. Abschnitt. Leipzig 1912 und 1924.

§ 6, 2. Hamel: S. 145—151. Schmeidler, W.: Über ein zweidimensionales Analogon einer Formel der Integralrechnung. J. reine angew. Math. Bd. 183 (1941) S. 175—182.

§ 6, 3, Doetsch: S. 293.

§ 6, 4. Kontorowich, M. J., Lebedev, N. N.: Über eine Methode zur Lösung einiger Probleme der Beugungstheorie. Journal of Physics (früher: Technical Physics of the U.S.S.R.). Moscou Bd. 1 (1939) S. 229—241. Magnus, W.: Über eine Randwertaufgabe der Wellengleichung für den parabolischen Zylinder. Jahresbericht der Deutschen Mathematiker-Vereinigung Bd. 50 (1940) S. 140—161. Fock, V. A.: On the representation of an anbitrary function by an integral involving Legendres functions with an complex index. C. R. (Doklady) Acad. Sci. U.R.S.S. (N. S.) 39 (1943) S. 253—256. Noch unpublizierte Resultate von A. Erdélyi und von T. M. Cherry (wird erscheinen in Proceedings of the Edinburgh Mathematical Society (2) 7, Part II, 1948).

§ 6, 5. Whittaker-Watson: 5. Aufl. S. 231. Magnus, W.: Über die Beugung elektromagnetischer Wellen an einer Halbebene. Z. Physik Bd. 177 (1941) S. 168 bis 179. Bateman, H.: On the inversion of a definite integral. Math. Ann. Bd. 63 (1907) S. 525—548.

Neuntes Kapitel.

§ 1, 2. Pockels.

§ 2. Sommerfeld, A.: Die ebene und sphärische Welle im polydimensionalen Raum. Mathematische Annalen 119 (1943) S. 1—20. Buchholz, H., Meixner, J., wie zu Kap. VI.

§ 3. Bieberbach.

Sach- und Namenverzeichnis.

Nicht aufgenommen sind Begriffe, die in den Überschriften der Kapitel oder
Paragraphen auftreten oder an Hand des Inhaltsverzeichnisses sofort zu finden
sind wie „Zylinderfunktionen" oder „MATHIEUsche Differentialgleichung", „Er-
gänzungssatz der Gammafunktion" usw. Die Eigennamen beziehen sich auf Sätze,
Formeln oder Funktionen, die nach dem betreffenden Verfasser benannt werden.